煤矿"一规程四细则"系列丛书

全国煤矿典型事故案例剖析之以案学法

全国煤矿安全培训教材建设专家委员会 组织编写

赵睿 菅斐 黄文明 主编

中国矿业大学出版社

·徐州·

内 容 简 介

全国矿山事故警示教育视频会议要求"深刻汲取事故教训,深化矿山安全整治,坚决扭转矿山安全生产被动局面"。为了全面满足煤矿企业开展事故案例警示教育工作的需要,我们组织行业专家编写了本书。

本书提炼了143起全国煤矿典型事故案例,分为瓦斯事故、煤尘事故、火灾事故、顶板事故、爆破事故、水害事故、机电运输事故、其他事故共8篇23章,案例篇幅短小、语言精练。本书配有学习平台、案例视频和学习自测试题,并依据"一规程四细则"等法律法规条款,增设"制度规定"内容,深入剖析事故案例所违反的法律法规规定,做到以案释法、以案学法。

本书适合煤矿企业开展事故案例警示教育、"一规程四细则"学习使用。

图书在版编目(CIP)数据

全国煤矿典型事故案例剖析之以案学法/赵睿,菅斐,黄文明主编. —徐州:中国矿业大学出版社,2023.5

ISBN 978-7-5646-5821-2

Ⅰ.①全… Ⅱ.①赵… ②菅… ③黄… Ⅲ.①煤矿—矿山事故—处理—法规—汇编—中国 Ⅳ.①TD77 ②D922.549

中国国家版本馆 CIP 数据核字(2023)第 083449 号

书　　名	全国煤矿典型事故案例剖析之以案学法
主　　编	赵　睿　菅　斐　黄文明
责任编辑	李　敬　吴学兵
出版发行	中国矿业大学出版社有限责任公司
	(江苏省徐州市解放南路　邮编 221008)
营销热线	(0516)83884103　83885105
出版服务	(0516)83995789　83884920
网　　址	http://www.cumtp.com　E-mail:cumtpvip@cumtp.com
印　　刷	苏州市古得堡数码印刷有限公司
开　　本	787 mm×1092 mm　1/16　印张 21　字数 524 千字
版次印次	2023 年 5 月第 1 版　2023 年 5 月第 1 次印刷
定　　价	58.00 元

(图书出现印装质量问题,本社负责调换)

习近平总书记指出,要做到"一厂出事故、万厂受教育,一地有隐患、全国受警示"。各地区和各行业领域要深刻吸取安全事故带来的教训,强化安全责任,改进安全监管,落实防范措施。

观案学法平台注册学习方法

1. 刮开封底防伪码,获取账号及密码。

2. 手机微信扫一扫二维码进入小程序,输入账号、密码,完成注册,即可在线免费观看事故案例视频进行警示教育。

3. 如有问题请致电0516-83885312。

《全国煤矿典型事故案例剖析之以案学法》编写委员会

主　编　赵　睿　菅　斐　黄文明

副主编　李　刚　张建英　刘金祥　胡开通　谢耀社
　　　　　董新伟　葛　军　韩昕妍　王建合　钱继学
　　　　　冯瀚泓

参　编（按姓氏拼音排序）

蔡韦雨	常季青	常志祥	车彦峰	陈　明
陈健杰	陈彦召	程艳涛	冯英博	付　文
高建康	葛润泽	郭　朋	郭　文	郭长春
贺化平	侯保青	胡晨芷	胡伟涛	胡伟元
黄广攀	蒋　慧	孔德会	李　标	李　燕
李崇娟	李兴伟	刘俊杰	刘丽会	刘小平
刘艳中	卢全督	马晋忠	齐江涛	任旭春
邵佑平	孙宏玲	孙宣坤	唐文娟	王　辉
王海涛	魏威龙	吴俊杰	伍庆风	谢文强
徐志军	杨　钦	张　飞	张　圳	张莉莉
周孝峰				

前　言

2023年3月16日召开的全国矿山事故警示教育视频会议要求"深刻汲取事故教训，深化矿山安全整治，坚决扭转矿山安全生产被动局面"。当前，很多煤矿企业正在按照会议要求大力开展事故案例警示教育活动，但从我们调研了解的情况来看，各企业在组织事故案例警示教育中还存在以下亟待解决的问题：

一是典型事故案例的收集整理困难，网上公布的事故报告、视频资料内容太长，不适合日常培训，且缺少同类事故案例的成因、特点和防范措施综合分析。

二是缺少事故案例所违反法律法规的分析，影响警示教育的效果。

三是学习资料发给职工，职工是否真学无法考核，容易导致事故案例警示教育学习走过场。

为深入贯彻落实全国矿山事故警示教育视频会议精神，全面解决上述问题，方便煤矿企业系统地开展事故案例警示教育工作，做到以案为鉴、警钟长鸣，切实把习近平总书记关于安全生产的重要指示批示精神和有关矿山安全生产的法律法规落到实处，我们组织煤炭行业专家、技术骨干编写了这本《全国煤矿典型事故案例剖析之以案学法》。本书共整理收录了近年来发生的143起典型煤矿事故案例，分为瓦斯事故、煤尘事故、火灾事故、顶板事故、爆破事故、水害事故、机电运输事故、其他事故共8篇23章，为煤矿事故案例警示教育工作提供素材，供大家参考学习。

本书主要特点如下：

一是选取的典型事故案例以有关部门发布的事故调查报告为原型，经过行业专家浓缩、提炼而成，案例典型、事故经过清晰、事故原因明了，篇幅短小、语言精练，方便职工班前、班后会学习。

二是配有学习平台和案例视频，职工可进入平台观看视频学习，视频时长两三分钟，内容生动直观，可提高职工学习的兴趣，减轻职工的学习负担，且警示深刻。

三是依据"一规程四细则"等法律法规条款，增设"制度规定"内容，深入剖析事故案例所违反的法律法规规定，做到以案释法、以案学法。

四是给出了具体的防范措施，为防范类似事故提供建设性建议和意见。

五是每个案例配有结合本事故案例和相关"一规程四细则"等内容编写的学习试题,用于检验职工学习效果,做到以考促学。

本书从事故经过、事故原因、制度规定、防范措施、学习自测五个方面复盘事故发生的全过程,探明事故发生的关键环节和诱因,揭示了违反"一规程四细则"等法律法规所带来的严重后果和血的教训,从血淋淋的事故案例入手,督促煤矿职工掀起学习"一规程四细则"的热潮。

由于本书收录的事故案例有限,无法涵盖所有的安全必知必会知识点,因此为了满足职工安全知识学习的需要,我们对部分案例的学习自测试题内容范围进行了拓展。

为了便于读者阅读学习,书中法律法规名称均省去"中华人民共和国"。

本书在编写过程中,参考了大量的事故案例报告及相关资料,在此向相关的部门和作者表示感谢。

由于编者水平所限,书中不当之处在所难免,恳请广大读者批评指正。

全国煤矿安全培训教材建设专家委员会

2023 年 5 月

目 录

瓦斯事故篇

第一章 瓦斯中毒、窒息事故 ……………………………………………………… 3
第一节 瓦斯中毒、窒息事故概述 …………………………………………… 3
第二节 瓦斯中毒、窒息事故案例 …………………………………………… 4
案例 1 山西晋城某矿有毒有害气体进入井底较大中毒窒息事故 ……… 4
案例 2 某矿盲巷睡觉一般窒息事故 ……………………………………… 6
案例 3 江西赣州某矿"一风吹"违章排瓦斯较大窒息事故 ……………… 7
案例 4 吉林辽源某矿局部通风机停转瓦斯积聚人员误入一般窒息事故 …… 9
案例 5 福建龙岩某矿压出煤引起瓦斯涌出较大窒息事故 ……………… 11
案例 6 湖北恩施某矿雨水倒灌堵塞巷道一般窒息事故 ………………… 12
案例 7 河南新密某矿通风系统不完善较大窒息事故 …………………… 13

第二章 瓦斯爆炸事故 …………………………………………………………… 16
第一节 瓦斯爆炸事故概述 …………………………………………………… 16
第二节 瓦斯爆炸事故案例 …………………………………………………… 18
案例 1 内蒙古赤峰某矿违规焊接引爆瓦斯特别重大事故 ……………… 18
案例 2 重庆永川区某矿风量不足"裸眼"爆破引爆特别重大瓦斯事故 …… 21
案例 3 江西上饶某矿违规启封火区煤炭自燃引起重大瓦斯爆炸事故 …… 23
案例 4 贵州六盘水某矿违规排放瓦斯产生火花造成重大瓦斯爆炸事故 …… 25
案例 5 湖南邵阳某矿发爆器产生电弧引起重大瓦斯爆炸事故 ………… 27
案例 6 山西太原某矿开关内部爆炸引起特别重大瓦斯爆炸事故 ……… 30

第三章 煤与瓦斯突出事故 ……………………………………………………… 33
第一节 煤与瓦斯突出事故概述 ……………………………………………… 33
第二节 煤与瓦斯突出事故案例(采煤工作面) …………………………… 35
案例 1 云南曲靖某矿采煤工作面区域治理不到位重大煤与瓦斯突出
事故 ………………………………………………………………… 35
案例 2 湖北恩施某矿采煤工作面应力集中区回采重大煤与瓦斯突出
事故 ………………………………………………………………… 37

案例 3　湖南郴州某矿采煤工作面遇构造引起较大煤与瓦斯突出事故 ……… 40

案例 4　贵州某矿采煤工作面超鉴定范围生产引起较大煤与瓦斯突出事故 …………………………………………………………………………… 42

第三节　煤与瓦斯突出事故案例（掘进工作面） ………………………… 45

案例 1　河南许昌某矿煤层变厚打钻引起重大煤与瓦斯突出事故 ………… 45

案例 2　河南焦作某矿多种应力叠加作用引起重大煤与瓦斯突出事故 …… 47

案例 3　河南焦作某矿措施出现空白带刷帮顶诱发较大煤与瓦斯突出事故 …… 49

案例 4　贵州黔西南州某矿遇构造措施不到位割煤引起重大煤与瓦斯突出事故 …………………………………………………………………………… 51

案例 5　山西左权某矿遇断层多重应力叠加引起较大煤与瓦斯突出事故 …… 54

案例 6　陕西韩城市某煤业公司应力集中区措施不到位引起较大煤与瓦斯突出事故 …………………………………………………………………… 56

案例 7　贵州贵阳某矿措施不到位爆破引起较大煤与瓦斯突出事故 ……… 59

第四节　煤与瓦斯突出事故案例（石门揭煤） ……………………………… 62

案例 1　重庆某矿措施不到位揭煤特别重大煤与瓦斯突出事故 …………… 62

案例 2　贵州六盘水某矿煤层未消突爆破揭煤引起重大煤与瓦斯突出事故 …………………………………………………………………………… 64

案例 3　河南登封某矿隐瞒瓦斯含量上山揭煤引起重大煤与瓦斯突出事故 …………………………………………………………………………… 66

煤尘事故篇

第四章　煤尘爆炸事故 ……………………………………………………… 73

第一节　煤尘爆炸事故概述 ………………………………………………… 73

第二节　煤尘爆炸事故案例 ………………………………………………… 75

案例 1　山东肥城某矿"8·20"机械摩擦产生火花引燃煤尘较大爆炸事故 …… 75

案例 2　陕西某矿"1·12"非防爆运煤车产生火花点燃煤尘重大爆炸事故 …… 77

案例 3　湖南娄底某矿"2·14"矿车撞击电缆短路产生火花引起煤尘重大爆炸事故 …………………………………………………………………… 80

案例 4　新疆昌吉某矿"12·13"违规实施架间爆破引燃瓦斯煤尘重大爆炸事故 …………………………………………………………………………… 83

案例 5　河北唐山某矿"12·7"绞车摩擦引起特别重大瓦斯煤尘爆炸事故 …… 87

案例 6　黑龙江七台河某矿"11·27"违规爆破处理煤仓火焰引起特别重大煤尘爆炸事故 …………………………………………………………… 89

案例 7　山西吕梁某矿"5·18"违章焊接产生的高温焊弧引爆特别重大煤尘爆炸事故 …………………………………………………………… 92

火灾事故篇

第五章 火灾事故 … 97
第一节 矿井火灾事故概述 … 97
第二节 内因火灾事故案例 … 99
案例1 福建龙岩某矿火区煤炭自燃涉险事故 … 99
案例2 山东济宁某矿采空区自燃热解气体较大爆炸事故 … 101
第三节 外因火灾事故案例 … 103
案例1 黑龙江鸡西某矿馈电开关短路引发较大瓦斯燃烧事故 … 103
案例2 黑龙江双鸭山某矿焊接引发着火、罐笼坠落重大火灾事故 … 105
案例3 福建龙岩某矿违章携带引火工具入井一般瓦斯燃烧事故 … 107
案例4 陕西渭南某矿钻孔摩擦着火较大火灾事故 … 109
案例5 重庆某矿托辊卡死引燃胶带重大火灾事故 … 111
案例6 重庆某矿熔渣引燃油垢和岩层渗出油重大火灾事故 … 113

顶板事故篇

第六章 顶板事故 … 117
第一节 顶板事故概述 … 117
第二节 采煤工作面顶板事故案例 … 120
案例1 安徽宿州某矿采煤工作面过断层致亡一般事故 … 120
案例2 安徽淮南某矿空顶作业致亡一般事故 … 123
案例3 河南新密某矿煤壁片帮致亡一般事故 … 125
案例4 四川某矿末采期间铺网掉矸致亡一般事故 … 127
案例5 广西河池某矿擅自进入采空区致亡重大事故 … 129
案例6 贵州某矿采煤工作面垮落重大事故 … 131
案例7 青海海北某矿重大溃砂溃泥事故 … 134
第三节 工作面端头及两巷顶板事故案例 … 136
案例1 甘肃平凉某煤业公司采煤工作面下出口滚矸致亡一般事故 … 136
案例2 河北承德某矿顶板垮落致亡一般事故 … 138
案例3 安徽淮南某矿机巷漏冒致亡一般事故 … 140
案例4 安徽淮南某矿轨道巷锚索断裂弹出致亡一般事故 … 143
第四节 掘进工作面顶板事故案例 … 145
案例1 青海海北某矿支护强度不足致伤亡一般事故 … 145
案例2 江西丰城某矿空顶作业致亡一般事故 … 147

案例3　河南许昌某矿架棚接顶不实致伤亡一般事故 …………………… 148
　　案例4　青海海北某矿超前支护不到位致亡一般事故 ……………………… 150
　　案例5　河北张家口某矿截锚杆造成片帮致亡一般事故 …………………… 152
　　案例6　河南新密某矿未临时支护致亡一般事故 …………………………… 154
第五节　巷修及特殊地点顶板事故案例 ……………………………………………… 156
　　案例1　湖南株洲某矿修巷未用临时支护致亡一般事故 …………………… 156
　　案例2　吉林长春某矿三岔口冒顶致伤亡较大事故 ………………………… 158

爆破事故篇

第七章　爆破事故 ………………………………………………………………………… 163
　第一节　爆破事故概述 ………………………………………………………………… 163
　第二节　爆破事故案例 ………………………………………………………………… 163
　　案例1　山东烟台某矿混存炸药、雷管爆炸致亡重大事故 ………………… 163
　　案例2　山西霍州某矿未执行"三人连锁爆破"致亡一般事故 ……………… 165
　　案例3　四川宜宾某矿擅自撤岗爆破致亡一般事故 ………………………… 167
　　案例4　黑龙江七台河某矿违章进入爆破贯通点致伤亡一般事故 ………… 169
　　案例5　黑龙江黑河某矿闯警戒爆破致亡一般事故 ………………………… 172

水害事故篇

第八章　地表水水害 ……………………………………………………………………… 177
　第一节　地表水水害概述 ……………………………………………………………… 177
　第二节　地表水水害事故案例 ………………………………………………………… 177
　　案例1　山东新泰某矿"8·17"地表水特别重大水灾事故 ………………… 177
　　案例2　河南三门峡某矿"7·29"地表水透水成功救援事故 ……………… 179
　　案例3　山东某矿"7·26"地表水特别重大透水事故 ……………………… 181
第九章　老空积水水害 …………………………………………………………………… 184
　第一节　老空积水水害概述 …………………………………………………………… 184
　第二节　老空积水水害事故案例 ……………………………………………………… 184
　　案例1　湖南衡阳某矿"11·29"老空区积水重大透水事故 ………………… 184
　　案例2　新疆呼图壁某矿"4·10"老空区积水重大透水事故 ……………… 186
　　案例3　黑龙江七台河某矿"12·1"老空区积水重大透水事故 …………… 188
　　案例4　山西大同某矿"4·19"老空区积水重大透水事故 ………………… 189
　　案例5　云南曲靖某矿"4·7"老空区积水重大透水事故 ………………… 192
　　案例6　云南曲靖某矿"5·9"较大透水事故 ……………………………… 195

案例 7　陕西榆林米脂某矿"7·25"较大透水事故 …………………………… 197

第十章　煤层底板灰岩承压水水害 …………………………………………………… 201
第一节　岩溶陷落柱水害概述 ………………………………………………………… 201
第二节　岩溶陷落柱水害事故案例 …………………………………………………… 201
　　案例 1　内蒙古乌海某矿"3·1"陷落柱透水较大事故 ……………………… 201
　　案例 2　山东济宁某矿"9·10"底板突水较大事故 …………………………… 203
　　案例 3　山西霍州某矿综采工作面底板陷落柱较大突水事故 ………………… 205
第三节　断层水害概述 ………………………………………………………………… 207
第四节　断层水害事故案例 …………………………………………………………… 207
　　案例 1　山西洪洞某矿"12·4"工作面返掘巷断层滞后出水较大事故 ……… 207
　　案例 2　山西霍州某矿"3·23"六采区末端断层水突水一般事故 …………… 209
　　案例 3　黑龙江鹤岗某矿"3·11"重大断层水害事故 ………………………… 210

第十一章　煤层顶板水害 ………………………………………………………………… 212
第一节　煤层顶板水害概述 …………………………………………………………… 212
第二节　煤层顶板水害案例 …………………………………………………………… 212
　　案例 1　山西孝义某矿"4·24"工作面顶板灰岩出水较大事故 ……………… 212
　　案例 2　陕西铜川某矿"4·25"顶板砂岩含水层重大透水事故 ……………… 213

第十二章　第四系松散孔隙含水层和第三系砂砾含水层水害 ………………………… 217
第一节　第四系松散孔隙含水层和第三系砂砾含水层水害概述 …………………… 217
第二节　第四系松散孔隙含水层和第三系砂砾含水层水害案例 …………………… 217
　　案例　河南辉县某矿"4·24"溃水溃砂一般事故 ……………………………… 217

第十三章　封闭不良钻孔水害 …………………………………………………………… 221
第一节　封闭不良钻孔水害概述 ……………………………………………………… 221
第二节　封闭不良钻孔水害案例 ……………………………………………………… 221
　　案例　山西古交某矿"8·8"水文孔奥灰出水一般事故 ……………………… 221

机电运输事故篇

第十四章　立井提升事故 ………………………………………………………………… 225
第一节　立井提升事故概述 …………………………………………………………… 225
第二节　立井提升电气事故案例 ……………………………………………………… 225
　　案例　山东某矿混合井箕斗过卷一般事故 ……………………………………… 225
第三节　立井提升机械事故案例 ……………………………………………………… 227
　　案例　河南济源某矿提升机联轴器损坏导致重大坠罐事故 …………………… 227
第四节　立井提升钢丝绳事故案例 …………………………………………………… 228
　　案例　江西某矿钢丝绳断绳坠罐较大事故 ……………………………………… 228

第五节　立井井筒坠物事故案例 229
　　案例　某矿主井罐道脱落坠井一般事故 229
第六节　立井提升下放物料事故案例 230
　　案例　某矿副井提升机钩头下放综采支架撞毁罐道一般事故 230
第七节　立井提升违章事故案例 231
　　案例　某矿主井员工违规作业导致一般工伤事故 231

第十五章　运输系统事故 233
第一节　运输相关事故概述 233
第二节　电机车运输相关事故案例 234
　　案例　四川达州某矿电机车撞人一般事故 234
第三节　矿车运输相关事故案例 235
　　案例　某矿副井口出车侧矿车出车掉道一般事故 235
第四节　斜巷轨道运输相关事故案例 237
　　案例　河南郑州某矿人员误入正在运行绞车的斜巷一般事故 237
第五节　带式输送机相关事故案例 238
　　案例1　某矿带式输送机机头驱动滚筒处机架上检修挤死人一般事故 238
　　案例2　某矿主运输强力带式输送机断带一般事故 240
第六节　刮板输送机相关事故案例 241
　　案例　某矿刮板输送机卷人过风门致死一般事故 241
第七节　无极绳绞车相关事故案例 243
　　案例　某矿无极绳绞车保护装置失效致人死亡一般事故 243
第八节　架空乘人装置相关事故案例 245
　　案例1　某矿架空乘人装置钢丝绳脱落致亡一般事故 245
　　案例2　某矿违章乘坐架空乘人装置致伤一般事故 246
第九节　单轨吊运输相关事故案例 248
　　案例1　某矿单轨吊操作不当致死一般事故 248
　　案例2　某矿单轨吊连接环不合格坠落致死一般事故 249

第十六章　供电系统事故 251
第一节　供电系统事故概述 251
第二节　供电线路事故案例 252
　　案例　某集团线上跨越架倒塌造成线路跳闸一般事故 252
第三节　地面供电事故案例 253
　　案例　某集团误操作造成停电一般事故 253
第四节　井下供电事故案例 255
　　案例　甘肃平凉某矿违章接线触电一般事故 255

第十七章 主要通风机事故 ... 258
第一节 主要通风机事故概述 ... 258
第二节 主要通风机电气事故案例 ... 258
案例 河南某矿主要通风机受电压波动影响停风一般事故 ... 258
第三节 主要通风机机械事故案例 ... 260
案例 某矿主要通风机风叶扫膛一般事故 ... 260

第十八章 供排水、压风事故 ... 262
第一节 供排水、压风事故概述 ... 262
第二节 供排水事故案例 ... 262
案例 某矿井下供水管漏水伤人一般事故 ... 262
第三节 压风事故案例 ... 263
案例 安徽淮北某矿地面压风机电气火灾一般事故 ... 263

第十九章 吊装事故 ... 265
第一节 吊装事故概述 ... 265
第二节 地面起吊事故案例 ... 265
案例 陕西某项目部人员违章起重一般事故 ... 265
第三节 井下吊装事故案例 ... 267
案例 某矿井下吊装起吊锚杆失效一般事故 ... 267

第二十章 机械事故 ... 269
第一节 机械事故概述 ... 269
第二节 各类机械事故案例 ... 269
案例1 四川泸州某矿违章操作采煤机导致工亡一般事故 ... 269
案例2 山西晋中某矿掘进机司机违章致死一般事故 ... 271
案例3 陕西榆林某矿误开破碎机致死一般事故 ... 272

其他事故篇

第二十一章 露天煤矿事故 ... 277
第一节 露天煤矿事故概述 ... 277
第二节 露天煤矿机电运输事故案例 ... 277
案例1 某矿68 t自卸车着火一般事故 ... 277
案例2 内蒙古锡林浩特某露天煤矿"6·25"较大运输事故 ... 278
案例3 内蒙古呼伦贝尔某露天矿"9·21"排土卡车碾压致死较大事故 ... 280
案例4 内蒙古锡林郭勒某矿"4·21"自卸车侧翻一般事故 ... 281
第三节 露天煤矿坍塌事故案例 ... 283
案例1 内蒙古某露天煤矿采空区塌陷一般事故 ... 283

    案例 2　内蒙古乌海某矿台阶坍塌一般事故 ……………………………………… 285
    案例 3　内蒙古鄂尔多斯某矿台阶落石一般事故 …………………………………… 286
    案例 4　内蒙古包头某矿剥离平台垮塌一般事故 …………………………………… 288
    案例 5　山西晋中某露天煤矿边坡滑坡重大事故 …………………………………… 290
    案例 6　内蒙古鄂尔多斯某露天煤矿爆破飞石致亡一般事故 ……………………… 292

第二十二章　选煤厂事故 ……………………………………………………………… 295
  第一节　选煤厂事故概述 …………………………………………………………… 295
  第二节　选煤厂各类事故案例 ……………………………………………………… 295
    案例 1　湖北某选煤厂"3·22"机械伤害一般事故 ………………………………… 295
    案例 2　某选煤厂"4·23"振动筛滚轴伤人一般事故 ……………………………… 297
    案例 3　山西某选煤厂"12·1"高处坠落一般事故 ………………………………… 298
    案例 4　某选煤厂"1·21"工伤一般事故 …………………………………………… 299
    案例 5　山西某选煤厂"6·21"地面运输一般事故 ………………………………… 300
    案例 6　某选煤厂"11·23"输送带卷人一般事故 ………………………………… 301
    案例 7　新疆某选煤厂"6·27"人员坠仓一般事故 ………………………………… 302
    案例 8　甘肃某选煤厂"12·8"带式输送机卷人一般事故 ………………………… 303
    案例 9　某选煤厂"4·13"原煤输送带撕裂一般事故 ……………………………… 305
    案例 10　内蒙古乌兰木伦某选煤厂"5·17"高空坠落一般事故 ………………… 306

第二十三章　焦化厂事故 ……………………………………………………………… 308
  第一节　焦化厂事故概述 …………………………………………………………… 308
  第二节　焦化厂事故案例 …………………………………………………………… 308
    案例 1　山西太原某焦化厂"11·21"车辆伤害一般事故 ………………………… 308
    案例 2　某焦化厂"6·14"带式输送机伤害一般事故 ……………………………… 310
    案例 3　某焦化厂"11·30"坠落一般事故 ………………………………………… 311
    案例 4　某焦化厂"2·17"车辆伤害一般事故 …………………………………… 311
    案例 5　某焦化厂"8·9"熄焦车伤人一般事故 …………………………………… 312
    案例 6　山东临沂某焦化公司"1·31"较大爆炸事故 …………………………… 313
    案例 7　内蒙古某焦化公司"6·27"较大爆炸事故 ……………………………… 315
    案例 8　江西新余某焦化厂"4·11"煤气中毒一般事故 ………………………… 316

参考文献 …………………………………………………………………………………… 318

瓦斯事故篇

第一章　瓦斯中毒、窒息事故

第一节　瓦斯中毒、窒息事故概述

煤矿瓦斯是指以甲烷为主的混合气体,是在植物成煤过程中生成的,又称煤层气。腐殖型的有机质被细菌分解,可生成瓦斯;其后随着沉积物埋藏深度增加,在漫长的地质年代中,经受高温、高压的作用,进入碳化变质阶段,挥发分减少,固定碳增加,又生成大量瓦斯,保存在煤层或岩层的孔隙和裂隙内。

地下开采时,瓦斯由煤层或岩层内涌出,污染矿内空气。每吨煤、岩含有的瓦斯量称煤、岩的瓦斯含量,其主要取决于煤的变质程度、煤层赋存条件、围岩性质、地质构造和水文地质等因素。一般情况下,同一煤层的瓦斯含量随深度增加而递增。

【危险源分布】

采空区、综采工作面上下隅角、综采工作面机尾处、煤仓、盲巷、通风不良的巷道、浮煤堆积地点。

【有毒有害气体中毒预防】

(1)坚持正常的回采顺序,采煤工作面通常采用后退式回采。工作面按设计采高回采,少留顶煤、浮煤,加快回采速度,减少煤炭自燃概率。

(2)在综采工作面进、回风隅角设挡风设施,减少采空区漏风。

(3)在工作面机尾处安设适当型号的风动压风装置,向回风隅角及架间供风,稀释瓦斯,增加氧气浓度。

(4)在开切眼、停采线(主、辅回撤通道及联巷内)撒岩粉。

(5)及时封闭采空区,工作面回采结束后必须在45天内予以永久封闭。密闭必须按《煤矿安全规程》施工,保证封闭严密不漏风。

(6)指定人员定期测定密闭墙内外温度及CO、CO_2、CH_4、O_2浓度等指标,同时加强对密闭墙体的观测,发现问题及时处理。

(7)工作面设专职瓦斯检查员进行检查,回风隅角处必须检测甲烷浓度,班组长及机尾工必须佩带便携式甲烷、一氧化碳检测报警仪。气体浓度不符合规定时撤离人员,采取措施进行处理。

(8)按规定在回风隅角安设甲烷检测报警仪。

(9)禁止人员在机尾处支架内逗留。

(10)不用的巷道及时封闭,杜绝产生盲巷;杜绝无风、微风巷道。

(11)及时清理浮煤,减少浮煤氧化概率。

【对中毒或窒息人员的急救】

（一）中毒急救

（1）立即将中毒者从灾区运送到新鲜风流中，并安置在顶板良好、无淋水的地点或地面。

（2）迅速将中毒者口、鼻内的黏液、血块、泥土、碎煤等除去，并将其上衣、腰带解开，将鞋脱掉。

（3）用棉被或毯子将中毒者身体覆盖保暖，有条件时可在中毒者身旁放热水袋。

（4）当中毒者出现眼睛红肿、流泪、畏光、喉痛、咳嗽、胸闷现象时，说明是二氧化硫中毒；当出现眼睛红肿、流泪、喉痛及手指、头发呈黄褐色现象时，说明是二氧化氮中毒。

（5）根据心跳、呼吸、瞳孔等特征和伤员的神志情况，初步判断伤情。正常人心跳每分钟 60~80 次，呼吸每分钟 16~18 次，两眼瞳孔是等大、等圆的，遇到光线能迅速收缩变小。休克中毒者两瞳孔不一样大、对光线反应迟钝或不收缩。

（6）人体局部如眼睛受二氧化硫、硫化氢、二氧化氮有害气体刺激，可用 1% 的硼酸水或弱明矾溶液冲洗，喉痛者可用苏打液或硼酸液及盐水漱口。

（7）对因中毒造成呼吸困难或停止呼吸者，要及时输氧或进行人工呼吸。一氧化碳或硫化氢中毒时，可在纯氧中加入 5% 二氧化碳，以刺激中毒者呼吸中枢，增强其肺部呼吸能力，使毒物尽快排出体外。尽量避免刺激中毒者肺部，要注意其是否有肺水肿症状。当中毒者出现心跳停止的现象时，除进行人工呼吸外，还应同时进行胸外心脏按压急救。对二氧化硫和二氧化氮的中毒者只能进行口对口的人工呼吸，不能进行压胸或压背法的人工呼吸，否则会加重伤情。

（8）人工呼吸持续的时间以中毒者恢复自主性呼吸或真正死亡为止。当救护队来到现场后，应转由救护队用苏生器苏生。

（二）窒息急救

井下各种气体中毒都有引起窒息的可能，有时外伤也能引起窒息，如冒顶挤压、煤屑堵住伤员的上呼吸道或压迫了气管、严重脑外伤伤员在昏迷的情况下舌根后坠等都有可能引起窒息。窒息一旦发生，伤员生命处于危急状态，必须争分夺秒地进行抢救。

（1）中毒性窒息，必须迅速将中毒者运送到空气新鲜的地方，给予氧气吸入，必要时做口对口的人工呼吸。

（2）外伤性窒息，应迅速清除伤员口、鼻内的岩尘屑及血块、痰、呕吐物等。

（3）对昏迷的伤员，一定要取侧俯卧位，使其口中的分泌物流出，防止舌后坠，同时把舌头拉出口外。

第二节　瓦斯中毒、窒息事故案例

案例 1　山西晋城某矿有毒有害气体进入井底较大中毒窒息事故

【事故经过】

2017 年 8 月 26 日 7 时 15 分，山西晋城某矿综掘一队的当班工作任务是回收行人斜井和主斜井井底直排泵电缆,并强调了安全注意事项。职工往主斜井井底走了四五十米时,突然发现主斜井井底有一盏矿灯光线不动,怀疑是一个人。职工组织救援时,马某突然晕倒,韩某、李某、成某、田某、朱某抬起马某往上刚走了两三米,田某、朱某几乎同时晕倒,其他人员见状就赶紧往上返,成某鼻夹掉落,打了个趔趄,迅速用手捏住鼻子,于最后一个返回到横川口。此次事故共造成4人死亡,直接经济损失379.1514万元。

【事故原因】

(一)直接原因

此次事故发生的直接原因为:主斜井井底应急水仓回撤水泵后,未对直排井水管口进行封堵,在大气压力和通风负压的共同作用下,地面排水沟里积存的有毒有害气体沿直排井水管涌入主斜井井底;魏某贸然进入氧气浓度极低的有毒有害气体积聚区域,导致窒息事故发生;现场人员对险情处置不当,导致事故扩大。

(二)间接原因

(1)井下现场管理存在漏洞。当班开工前跟班干部、班长、安检员未对事故区域现场进行巡检,瓦斯检查工对主斜井井底区域瓦斯检查不认真、不全面,是造成事故发生的原因之一。

(2)安全管理不到位。措施审查不严密,在会审部门有缺席的情况下审查措施,且会审签字不严格;安检员、班组长、跟班队长入井未按规定携带便携式瓦检仪(瓦斯、氧气两用仪);仪器发放室职工擅自脱岗;相关职能部室对井下作业动态掌握不清,是造成事故发生的又一个原因。

(3)应急救援预案制定不详细、不具体。应急预案中缺少窒息事故救援方面的内容,现场救援缺乏经验,也是造成事故发生的又一个原因。

【制度规定】

(1)《煤矿安全规程》第一百八十条:"矿井必须建立甲烷、二氧化碳和其他有害气体检查制度,并遵守下列规定:(一)矿长、矿总工程师、爆破工、采掘区队长、通风区队长、工程技术人员、班长、流动电钳工等下井时,必须携带便携式甲烷检测报警仪。瓦斯检查工必须携带便携式光学甲烷检测仪和便携式甲烷检测报警仪。安全监测工必须携带便携式甲烷检测报警仪。……(五)瓦斯检查工必须执行瓦斯巡回检查制度和请示报告制度,并认真填写瓦斯检查班报。每次检查结果必须记入瓦斯检查班报手册和检查地点的记录牌上,并通知现场工作人员。甲烷浓度超过本规程规定时,瓦斯检查工有权责令现场人员停止工作,并撤到安全地点。"

(2)《煤矿安全规程》第三十八条:"单项工程、单位工程开工前,必须编制施工组织设计和作业规程,并组织相关人员学习。"

(3)《生产安全事故应急条例》第五条第二项:"生产经营单位应当针对本单位可能发生的生产安全事故的特点和危害,进行风险辨识和评估"。

【防范措施】

(1)矿井要完善关闭期间设备、材料回收的技术方案及安全技术措施,方案及措施中要增加关于预防窒息的措施及规定。有可能与地面连通的水泵、管路等设施拆除后要及时采取相应的安全技术措施。

(2) 加强矿井"一通三防"管理。对井下通风不畅的作业地点要使用局部通风机通风,确保作业安全。

(3) 矿井要加强现场管理力度,特别是要加强零星作业地点现场安全管理。作业前,要对现场的通风、瓦斯、氧气、顶板等情况进行安全检查,确认安全后方可进行作业。

(4) 职能部室要加强协调和沟通,及时掌握现场动态,准确通报现场相关情况;要加强现场监督检查和管理,对现场出现的异常情况及时做出安排、处理和跟踪落实。

(5) 煤矿企业要加强对下属各矿井的管控力度,加大对下属各矿井的日常安全监督检查力度,做细、做实隐患排查治理工作。

【学习自测】

1.(判断题)造成本次事故的主要原因是主斜井井底应急水仓回撤水泵后,未对直排井水管口进行封堵,在大气压力和通风负压的共同作用下,地面排水沟里积存的有毒有害气体沿直排井水管涌入主斜井井底;人员贸然进入氧气浓度极低的有毒有害气体积聚区域,导致窒息事故发生;现场人员对险情处置不当,导致事故扩大。( )

2.(单选题)煤矿作业场所的瓦斯、粉尘或者其他有毒有害气体的浓度超过国家安全标准或者行业安全标准,煤矿安全监察人员应责令( )。

A. 关闭　　　　　B. 限期改正　　　　　C. 立即停止作业

3.(多选题)矿长、矿总工程师、( )、班长、流动电钳工等下井时,必须携带便携式甲烷检测报警仪。

A. 爆破工　　　B. 采掘区队长　　　C. 通风区队长　　　D. 工程技术人员

参考答案:1.√　2. C　3. ABCD

案例2　某矿盲巷睡觉一般窒息事故

【事故经过】

1999年11月11日夜班,某矿掘进队职工张某,由于白天给家人看病没休息好,又因保勤不好请假,于是硬是打起精神去上班,没有吃饭就匆匆地下井了。当班班长安排他运料,他早早就来到距料场50 m左右的一个密闭墙前,认为时间还早,又由于班前未休息好,就想歇一会儿,又怕安检员认为是在巷道里睡觉,便打开密闭的一块板,爬进去并关了灯,到密闭里面去休息了,结果造成窒息死亡事故。

【事故原因】

(一) 直接原因

张某没有休息好就上班下井,且对"一通三防"基础知识不懂,跑到不通风的密闭里去睡觉休息,是造成事故的直接原因。

(二) 间接原因

(1) 跟班队长和值班队长没有及时了解员工的思想状态和精神状态就安排下井,且班长安排工作不具体,单岗作业,互保联保安排不到位,是造成此起事故的间接原因之一。

(2) 技术副队长对作业规程贯彻不到位,导致员工对基本常识和应知应会学习不到位,是造成此起事故的又一间接原因。

(3) 队长、书记对员工安全教育不够,造成员工安全思想意识淡薄,基本常识和应知应会不懂,是造成此起事故的又一间接原因。

【制度规定】

(1)《煤矿安全规程》第二百七十八条:"永久性密闭墙的管理应当遵守下列规定:(一)每个密闭墙附近必须设置栅栏、警标,禁止人员入内,并悬挂说明牌。"

(2)《煤矿安全培训规定》第三十三条:"煤矿企业应当对其他从业人员进行安全培训,保证其具备必要的安全生产知识、技能和事故应急处理能力,知悉自身在安全生产方面的权利和义务。"

【防范措施】

(1) 加强教育培训。要提升员工的安全防范意识,掌握一些基本常识和应知应会,杜绝"三违"现象发生,提升防范能力和操作水平,避免无意识或无知违章。

(2) 加强值班制度的落实,发现员工精神不佳和思想情绪不对,应及时了解清楚,不让不安全人员带着情绪下井,同时加强互保联保制度的落实,跟(值)班队长和班长监管好每位员工的安全。

(3) 加强环境和警示标志的设置,加强对物和环境的管理,不至于造成员工误入不安全的场所和环境。

(4) 加强对职工"一通三防"的教育,增强其安全意识,提高自保、互保能力。所有职工上岗前必须经过岗前培训,对井下基本的安全常识要熟悉熟知,避免违章事故发生。

【学习自测】

1. (判断题)停风的独头巷道,每班在栅栏处至少检查 1 次瓦斯。如发现栅栏内侧 1 m 处瓦斯浓度超过 3%,应采用木板密闭予以封闭。(   )

2. (单选题)采区开采结束后(   )天内,必须在所有与已采区相连通的巷道中设置密闭墙,全部封闭采区。
A. 15　　　　B. 30　　　　C. 45

3. (多选题)一氧化碳是有害气体,应该加以重点监控,井下一氧化碳的来源有(   )。
A. 煤的氧化、自燃及火灾　　　　B. 爆破
C. 瓦斯、煤尘爆炸　　　　D. 朽烂的木质材料

参考答案:1. √　 2. C　 3. ABC

案例 3　江西赣州某矿"一风吹"违章排瓦斯较大窒息事故

【事故经过】

2008 年 1 月 18 日至 3 月 2 日,江西赣州某矿停工停风 45 天之后,上山巷道积聚了大量高浓度的瓦斯等有害气体。2 月 29 日启封后,煤矿没有按规定对上山进行瓦斯排放;3 月 2 日 7 时 10 分,安全员对平巷维修工程验收后,没有按照《煤矿安全规程》的规定逐段排放瓦斯、控制回风流中的瓦斯浓度,而是违章直接接通了原留在上山的风筒进行通风,采取"一风吹"的错误方法排放瓦斯,且排放瓦斯时没有采取安全措施,没有检查瓦斯浓度,人员没有撤离到安全地点,上山排放出来的高浓度瓦斯导致在平巷进行维修作业没有及时撤离的 3 名

工人缺氧窒息死亡,直接经济损失96.1万元。

【事故原因】

(一)直接原因

矿井没有按照《煤矿安全规程》的规定逐段排放瓦斯、控制回风流中的瓦斯浓度,而是违章采取"一风吹"的方法排放瓦斯。

(二)间接原因

(1)违章指挥。煤矿在没有制定安全措施及按规定排放瓦斯的情况下,违章安排上山通风和作业。

(2)作业人员素质低,安全意识差。3名维修工人未听从安全员的指挥,不但没有及时撤离,还违章进入上山。

(3)煤矿安全管理混乱,特别是"一通三防"管理混乱。煤矿管理层特别是安全、生产、技术管理人员对长期停工停风巷道形成瓦斯积聚的危险程度认识不足,存在麻痹思想,没有瓦斯排放意识,导致工作安排不到位,未按照排放瓦斯的要求布置工作,未安排瓦斯检查工检查瓦斯。

(4)矿井安全教育培训不到位。新工人入矿前没有按要求进行72 h强制性教育培训,全员没有按要求进行轮训,从业人员安全意识淡薄、安全素质差,缺乏必要的瓦斯灾害防治知识,不具备自保、互保能力。

【制度规定】

(1)《煤矿安全规程》第一百七十五条:"矿井必须有因停电和检修主要通风机停止运转或者通风系统遭到破坏以后恢复通风、排除瓦斯和送电的安全措施。恢复正常通风后,所有受到停风影响的地点,都必须经过通风、瓦斯检查人员检查,证实无危险后,方可恢复工作。……严禁在停风或者瓦斯超限的区域内作业。"

(2)《煤矿安全规程》第一百七十六条:"……停风区中甲烷浓度或者二氧化碳浓度超过3.0%时,必须制定安全排放瓦斯措施,报矿总工程师批准。在排放瓦斯过程中,排出的瓦斯与全风压风流混合处的甲烷和二氧化碳浓度均不得超过1.5%,且混合风流经过的所有巷道内必须停电撤人,其他地点的停电撤人范围应当在措施中明确规定。……"

(3)《煤矿安全培训规定》第三十三条:"煤矿企业应当对其他从业人员进行安全培训,保证其具备必要的安全生产知识、技能和事故应急处理能力,知悉自身在安全生产方面的权利和义务。"

【防范措施】

(1)矿井要提高瓦斯防范意识,加强矿井瓦斯管理,严格按照《煤矿安全规程》有关规定,要求有关单位必须制定防治瓦斯的规章制度和安全技术措施。

(2)对长久停工停风的巷道恢复作业前必须制定排放瓦斯的安全技术措施并严格按措施规定执行。排放瓦斯时,相关领导现场跟班统一协调指挥,指定专职瓦斯检查工、通风工、安全员、救护队员按照瓦斯排放安全措施同时在现场操作,严禁"一风吹"排放瓦斯。

(3)严禁违章指挥。煤矿要规范排瓦斯期间的各项制度,认真研究制定排瓦斯方案,安全有序排放。排放期间加强领导,强化现场监督管理,严禁违章指挥、违规作业。

(4)加强对煤矿从业人员安全知识和操作技能的教育。提高从业人员的识灾避灾能力和自保与互保安全意识,时刻提醒员工克服侥幸、麻痹思想,及时制止冒险、违章行为。

【学习自测】

1. (判断题)造成本次事故的直接原因是矿井没有按照《煤矿安全规程》的规定逐段排放瓦斯、控制回风流中的瓦斯浓度,而是违章采取"一风吹"的方法排放瓦斯。(　　)
2. (判断题)用局部通风机排放瓦斯应采取"限量排放"措施,严禁"一风吹"。(　　)
3. (单选题)停风区中甲烷浓度或者二氧化碳浓度超过(　　)时,必须制定安全排放瓦斯措施,报矿总工程师批准。
   A. 1.0%　　　　　　　　B. 2.0%　　　　　　　　C. 3.0%
4. (多选题)处理采煤工作面回风隅角瓦斯积聚的方法有(　　)。
   A. 挂风障引流法　　　　　　　　　B. 尾巷排放瓦斯法
   C. 风筒导风法　　　　　　　　　　D. 移动泵站抽采法等

参考答案:1.√　2.√　3. C　4. ABCD

案例4　吉林辽源某矿局部通风机停转瓦斯积聚人员误入一般窒息事故

【事故经过】

2017年1月28日23时30分左右,吉林辽源某矿调度员发现安全监控系统显示1803刮板输送机道掘进工作面甲烷传感器报警,立即通知监测工赵某处理。1月29日,瓦斯检查工陈某在1803刮板输送机道掘进工作面局部通风机安设位置看到局部通风机未开启,就把局部通风机启动。十多分钟后,陈某到掘进工作面距回风巷道口1~2 m范围内检查甲烷浓度为0.3%,二氧化碳浓度为6.0%。又过了十多分钟后,检查甲烷浓度为0,二氧化碳浓度为3.0%。陈某在距掘进工作面15 m处发现范某趴在底板上没有反应,又在距掘进工作面5 m处发现赵某躺在底板上也没有反应。此次事故共造成2人死亡,直接经济损失160.82万元。

【事故原因】

(一)直接原因

1803刮板输送机道掘进工作面局部通风机长时间停风,导致瓦斯积聚,作业人员违章进入,造成窒息死亡。

(二)间接原因

(1)未严格执行瓦斯检查制度,假检、漏检。瓦斯检查工未执行巡回检查,也未对1803刮板输送机道掘进工作面进行瓦斯检查,仍照常填写瓦斯检查手册及日报,并向调度汇报检查情况。

(2)矿井调度值班人员安全业务知识和现场工作经验匮乏,对发现的事故隐患处置不当,发现安全监控系统显示1803刮板输送机道掘进工作面甲烷传感器报警后,未向单位负责人汇报。

(3)矿井安全教育不到位。从业人员缺乏必要的安全生产知识,未严格执行相关的安全生产规章制度和安全操作规程,违章进入瓦斯超限区域,未做到自我保安。

【制度规定】

（1）《煤矿安全规程》第一百六十四条第一项："安装和使用局部通风机和风筒时，必须遵守下列规定：（一）局部通风机由指定人员负责管理。"

（2）《煤矿安全规程》第一百七十五条第三款、第五款："临时停工的地点，不得停风；否则必须切断电源，设置栅栏、警标，禁止人员进入，并向矿调度室报告。停工区内甲烷或者二氧化碳浓度达到3.0%或者其他有害气体浓度超过本规程第一百三十五条的规定不能立即处理时，必须在24 h内封闭完毕。……严禁在停风或者瓦斯超限的区域内作业。"

（3）《煤矿安全规程》第一百八十条第一款第五项："矿井必须建立甲烷、二氧化碳和其他有害气体检查制度，并遵守下列规定：（五）瓦斯检查工必须执行瓦斯巡回检查制度和请示报告制度，并认真填写瓦斯检查班报。每次检查结果必须记入瓦斯检查班报手册和检查地点的记录牌上，并通知现场工作人员。甲烷浓度超过本规程规定时，瓦斯检查工有权责令现场人员停止工作，并撤到安全地点。"

（4）《煤矿安全规程》第四百八十七条："所有矿井必须装备安全监控系统、人员位置监测系统、有线调度通信系统。"

【防范措施】

（1）严格执行通风管理制度，特别是使用局部通风机的工作面，不得停止局部通风。因检修、停电、故障等原因停风时，必须将人员全部撤至全风压进风流处，切断电源，设置栅栏、警示标志，未进行有效通风、气体检测禁止人员擅自进入。严禁无风、微风、循环风作业。

（2）加强瓦斯监测监控系统管理和日常维修检查。强化监控设备调校、测试、巡检，保障系统正常运行。瓦斯超限报警必须立即撤人，特别是瓦斯超限报警必须按规定进行汇报，采取措施及时处理。

（3）加强对职工的安全教育和培训，特别是职工的业务培训，保证职工掌握从事行业的业务技能和安全知识。增强职工安全意识，筑牢安全思想，提高职工自我保安和相互保安能力。

【学习自测】

1. （判断题）造成本次事故的直接原因是掘进工作面局部通风机长时间停风，导致瓦斯积聚，作业人员违章进入，造成窒息死亡。（   ）

2. （单选题）停工区内甲烷或者二氧化碳浓度达到3.0%或者其他有害气体浓度超过规定不能立即处理时，必须在（   ）内封闭完毕。

A. 24 h　　　　　　B. 48 h　　　　　　C. 8 h

3. （多选题）排放瓦斯过程中，必须采取的措施有（   ）。

A. 局部通风机出现不循环风

B. 切断回风系统内的电源

C. 撤出回风系统内的人员

D. 排出的瓦斯和二氧化碳与全风压风流混合处的瓦斯和二氧化碳浓度不超过1.5%

参考答案：1. √　　2. A　　3. ABCD

案例 5　福建龙岩某矿压出煤引起瓦斯涌出较大窒息事故

【事故经过】

2018 年 12 月 28 日,某矿西采区早班 27 名作业人员下井,朱某某等 9 人到达 -100 m 区段开始作业。10 时 30 分左右,-100 m 区段的 $-43^{\#}$ 西采面开切眼掘进工作面发生煤压出继而引发甲烷、二氧化碳等气体瞬间涌出。正在 -20 m 上部车场的安全员罗某某感觉风流异常,认为 -100 m 区段可能发生事故,于是赶往 -100 m 区段。10 时 40 分左右,罗某某到达 -100 m 区段下部车场,发现巷道煤尘大,呼吸困难,无法前进,于是返回到 -20 m 绞车房打电话向井口调度室报告井下发生了事故。此次事故共造成 6 人死亡。

【事故原因】

(一) 直接原因

某矿西采区主井借改建项目名义越界非法盗采,-100 m 区段没有形成通风系统,长期微风、循环风作业,氧气含量低;-100 m 区段的 $-43^{\#}$ 西采面开切眼掘进工作面位于应力集中区域的小背斜轴部,巷道采用木头点柱支护,支护强度低,人工落煤,在煤层底部掏挖,造成集中应力失衡,引发煤炭压出,将作业面 1 名工人掩埋;煤炭压出导致甲烷、二氧化碳等气体和煤尘瞬间涌出,并向下部 -100 m 区段巷道扩散,引起氧气浓度急剧下降,造成在 -100 m 区段巷道作业的 6 名人员死亡。

(二) 间接原因

(1) 越界违法盗采。长期越界违法开采,越界范围最长平面直线距离达 900 m,越界垂深达 245 m,并采用假密闭、假图纸等隐蔽手段逃避监管。

(2) 边建设边生产。以薄弱环节技术改造项目和改建项目为依托,长期以建设项目名义边建设边生产,2016 年 9 月以来至事故发生时,从未停止煤炭生产。

【制度规定】

(1)《煤矿安全规程》第一百四十条:"矿井必须建立测风制度,每 10 天至少进行 1 次全面测风。对采掘工作面和其他用风地点,应当根据实际需要随时测风,每次测风结果应当记录并写在测风地点的记录牌上。应当根据测风结果采取措施,进行风量调节。"

(2)《矿产资源法》第三条第二款:"国家保障矿产资源的合理开发利用。禁止任何组织或者个人用任何手段侵占或者破坏矿产资源。各级人民政府必须加强矿产资源的保护工作。"

(3)《煤矿重大事故隐患判定标准》第十五条:"'新建煤矿边建设边生产,煤矿改扩建期间,在改扩建的区域生产,或者在其他区域的生产超出安全设施设计规定的范围和规模'重大事故隐患,是指有下列情形之一的:(一)建设项目安全设施设计未经审查批准,或者审查批准后作出重大变更未经再次审查批准擅自组织施工的;(二)新建煤矿在建设期间组织采煤的(经批准的联合试运转除外);(三)改扩建矿井在改扩建区域生产的;(四)改扩建矿井在非改扩建区域超出设计规定范围和规模生产的。"

【防范措施】

(1) 依法生产,严禁越界违法盗采。矿井严禁越界违法开采,严禁使用假密闭、假图纸等隐蔽手段逃避监管。

(2)严禁边建设边生产。矿井严禁以薄弱环节技术改造项目和改建项目为依托,以建设项目名义边建设边生产,建设区域严禁生产。

(3)按照国家规定设立安全生产和技术管理机构,充实专业技术人员和管理人员。

(4)加强通风管理。完善通风系统及设施,消除循环风、高温作业。

(5)加强职工安全知识教育和培训,提高职工自我防护意识和遇险处置能力。

【学习自测】

1.(判断题)必须确保通风系统可靠,严禁无风、微风、循环风冒险作业。( )

2.(判断题)掘进工作面断面小、落煤量小,瓦斯涌出量也相对较小,瓦斯事故的危险性较小。( )

3.(单选题)下列不容易引起瓦斯异常涌出现象的是( )。
A. 地质破碎带附近   B. 煤与瓦斯突出   C. 工作面正常爆破

4.(多选题)煤与瓦斯突出前,在瓦斯涌出方面的预兆有( )。
A. 瓦斯浓度忽大忽小   B. 喷瓦斯
C. 哨声   D. 喷煤等

参考答案:1.√ 2.× 3.C 4.ABCD

案例6　湖北恩施某矿雨水倒灌堵塞巷道一般窒息事故

【事故经过】

2020年7月,湖北恩施利川市出现极端天气情况,7月15日以来连续强降雨,某矿地表水通过裂隙渗入井下,汇集于回风平巷低洼区域无法自流排出,导致+1 344 m、+1 370 m两段回风巷道自7月18日起逐渐被水封堵,直至被完全堵塞,+1 158 m及1 344 m、+1 370 m回风巷均形成盲巷,而煤矿有关人员未及时发现矿井通风系统已经中断的重大安全隐患,7月23日造成1人死亡,直接经济损失116.5万元。

【事故原因】

(一)直接原因

事故直接原因是连续强降雨通过裂隙渗入井下,汇集在回风平巷低洼处堵塞风路,导致回风巷形成盲巷;采空区内有害气体涌出后积聚在回风巷内,作业人员冒险进入造成窒息。

(二)间接原因

事故间接原因是煤矿安全投入不足、安全管理能力不足、技术管理混乱、安全风险辨识管控与隐患治理不到位、现场管理不到位、教育培训不到位。

【制度规定】

(1)《煤矿安全规程》第二百九十条:"……煤矿应当建立灾害性天气预警和预防机制,加强与周边相邻矿井的信息沟通,发现矿井水害可能影响相邻矿井时,立即向周边相邻矿井发出预警。"

(2)《煤矿安全规程》第二百九十二条:"当矿井井口附近或者开采塌陷波及区域的地表有水体或者积水时,必须采取安全防范措施,并遵守下列规定:(一)当地表出现威胁矿井生产安全的积水区时,应当修筑泄水沟渠或者排水设施,防止积水渗入井下。(二)当矿井受到河流、山洪威胁时,应当修筑堤坝和泄洪渠,防止洪水侵入。……(四)对于漏水的沟渠和河床,应当及时堵漏或者改道;地面裂缝和塌陷地点应当及时填塞,填塞工作必须有安全措施。"

(3)《煤矿安全规程》第二百九十三条:"降大到暴雨时和降雨后,应当有专业人员观测地面积水与洪水情况、井下涌水量等有关水文变化情况和井田范围及附近地面有无裂缝、采空塌陷、井上下连通的钻孔和岩溶塌陷等现象,及时向矿调度室及有关负责人报告,并将上述情况记录在案,存档备查。情况危急时,矿调度室及有关负责人应当立即组织井下撤人。"

(4)《煤矿安全规程》第三百一十一条:"矿井应当配备与矿井涌水量相匹配的水泵、排水管路、配电设备和水仓等,并满足矿井排水的需要……配电设备的能力应当与工作、备用和检修水泵的能力相匹配,能够保证全部水泵同时运转。"

【防范措施】

(1)切实做好汛期"雨季三防"工作。高度警惕天气因素对安全生产工作的影响。

(2)加强对矿山企业防洪和防治水工作的监督检查。严格落实强降雨期间停产撤人等措施,加强隐患排查治理,严防因自然灾害引发的安全生产事故。

(3)全面做好汛期安全生产工作。认真评估和排查强降雨可能给矿井带来的安全风险,制定有针对性的措施,防范类似问题发生。

(4)按规定配备足够能力的排水设施,满足矿井排水的需要。

(5)加强通风系统管理。加强通风系统的检查,及时发现矿井通风系统存在的重大安全隐患,严格按照规程规定检查风路,严禁微风、无风作业。

【学习自测】

1.(判断题)煤矿应当建立灾害性天气预警和预防机制,加强与周边相邻矿井的信息沟通,发现矿井水害可能影响相邻矿井时,立即向周边相邻矿井发出预警。(　　)

2.(单选题)水文地质条件复杂、极复杂矿井应当每(　　)至少开展1次水害隐患排查及治理活动,其他矿井应当每(　　)至少开展1次水害隐患排查及治理活动。

A. 月　季度　　　　B. 季度　月　　　　C. 月　年

3.(多选题)矿井应当配备与矿井涌水量相匹配的(　　)等,并满足矿井排水的需要。

A. 水泵　　　　B. 排水管路　　　　C. 配电设备　　　　D. 水仓

参考答案:1. √　2. A　3. ABCD

案例7　河南新密某矿通风系统不完善较大窒息事故

【事故经过】

2021年5月26日14时10分,河南新密某矿班长李某组织召开班前会,布置当班工作后安排当班工人下井作业。17时25分,在11采区北区下副巷休息的冉某1听到冉某2在轨道下山下副巷喊"队长不会吭气了"。17时30分,冉某3带人将队长李某抬走时,徐某突然听到冉某2说"里面还有人"。冉某2喊冉某4、徐某进去救人,冉某2在最前面,冉某4在中间、徐某在最后。冉某2跳下工字钢瞬间栽倒,冉某4说了句"不中"就从工字钢上栽了下去,徐某见状立即扭头向外退时晕倒。后续赶到的工人向外拉徐某时感觉呼吸不畅,便呼叫人员向事故地点接压风管吹风。该事故造成4人死亡,直接经济损失1 333.22万元。

【事故原因】

(一)直接原因

11采区北区轨道下山为坡度20°的下山巷道,下副巷底板高于轨道下山底板1.4 m,轨道下山尾巷附近微风、无风,导致尾巷内氧气浓度降低、二氧化碳浓度升高。李某进入11采区北区轨道下山底部尾巷低氧气高二氧化碳浓度区域窒息死亡,徐某、冉某2、冉某4违规冒险施救造成事故扩大。

(二)间接原因

(1)矿井违法越界开采。矿井违法在采矿许可证允许采掘范围外11采区北区11021采煤工作面组织生产。

(2)矿井隐瞒采煤工作面。图纸资料不显示11021采煤工作面,安全监测监控系统和人员位置监测系统不显示越界区域内情况;11021采煤工作面作业人员单独考勤、单独召开班前会,不携带人员定位识别卡,不记录矿灯发放情况,出入井时将副井口工业视频监控切换成提前录制好的假视频;在通往越界区域入口处的风井井底水仓内临时放水、设置栅栏并上锁,在通往越界区域的进风巷道内构筑经过伪装的假密闭,蓄意逃避安全监管。

(3)矿井通风管理混乱。通风系统不完善、不可靠:11采区北区未进行通风系统设计,未形成完整的通风系统,在采区轨道巷末端布置11021采煤工作面,进、回风巷未分别与采区进、回风巷连通;越界区域轨道下山一段进风、一段回风,为11021采煤工作面供风的进风巷道与工作面回风巷道平面交叉;轨道下山坡度较大(20°)且下行通风,工作面下巷口底板高于轨道下山底板1.4 m,导致轨道下山下部微风、无风。通风设施不可靠:11采区北区轨道巷用风帘代替风门隔开工作面进、回风,易造成风流短路、轨道下山微风、无风。现场管理不到位:不按规定定期测风,未及时发现轨道下山尾巷微风、无风的安全隐患。

(4)矿井安全管理混乱。越界区域采掘工程施工前未编制作业规程和安全技术措施,矿井安全管理人员主观回避对越界区域的技术管理。安全教育培训不到位,职工应急知识和技能缺乏,灾害辨识及应急处置能力差,自救互救能力差,事故发生后违规冒险施救,造成事故扩大。事故还暴露出某矿法治意识淡薄,未严格落实事故报告制度,事故发生后矿井主要负责人和投资人未按规定上报,蓄意瞒报事故。

【制度规定】

(1)《煤矿安全规程》第一百四十条:"矿井必须建立测风制度,每10天至少进行1次全面测风。对采掘工作面和其他用风地点,应当根据实际需要随时测风,每次测风结果应当记录并写在测风地点的记录牌上。应当根据测风结果采取措施,进行风量调节。"

(2)《矿产资源法》第三条第二款:"国家保障矿产资源的合理开发利用。禁止任何组织或者个人用任何手段侵占或者破坏矿产资源。各级人民政府必须加强矿产资源的保护工作。"

(3)《煤矿重大事故隐患判定标准》第十五条:"'新建煤矿边建设边生产,煤矿改扩建期间,在改扩建的区域生产,或者在其他区域的生产超出安全设施设计规定的范围和规模'重大事故隐患,是指有下列情形之一的:(一)建设项目安全设施设计未经审查批准,或者审查批准后作出重大变更未经再次审查批准擅自组织施工的;(二)新建煤矿在建设期间组织采煤的(经批准的联合试运转除外);(三)改扩建矿井在改扩建区域生产的;(四)改扩建矿井在非改扩建区域超出设计规定范围和规模生产的。"

【防范措施】

(1)严格落实安全生产主体责任。要建立健全全员安全生产责任体系,加强监督管理,对兼并重组煤矿做到真管理;要强化技术和现场安全管理,强化安全培训,严防违章指挥、违章作业和无证上岗等行为;要认真开展安全风险管控和隐患排查治理,组织开展安全大排查工作,及时化解安全风险,消除事故隐患,坚决防范遏制煤矿生产安全事故。

(2)坚决做到依法办矿。要强化法治意识宣传教育和监督管理,推动所属煤矿企业知法、懂法、守法,牢固树立法治意识,引导所属煤矿企业依法办矿、合法生产,严禁违法越界开采;要依法依规报告生产安全事故,坚决杜绝隐瞒不报、谎报、迟报现象。

【学习自测】

1. (判断题)没有按设计形成通风系统的,或者生产水平和采区未实现分区通风的,属于煤矿重大事故隐患。(　　)

2. (单选题)掘进中的煤及半煤岩巷最低允许风速为(　　)m/s。
A. 0.35　　　　　B. 0.15　　　　　C. 0.25

3. (多选题)矿井通风系统图必须标明(　　)。
A. 风流方向　　　　　　　　　B. 风量
C. 机电设备的安装地点　　　　D. 通风设施的安装地点

参考答案:1. √　　2. C　　3. ABD

第二章 瓦斯爆炸事故

第一节 瓦斯爆炸事故概述

瓦斯,又名沼气、天然气,其主要成分为甲烷。它是无色、无臭、无味、易燃、易爆的气体。如果空气中瓦斯的浓度在5%~16%,有明火的情况下就能发生爆炸。瓦斯爆炸会产生高温、高压、冲击波,并放出有毒气体。

瓦斯爆炸是煤矿中最严重的灾害之一,具有较强的破坏性、突发性,往往造成大量的人员伤亡和财产损失。在处理瓦斯爆炸事故的过程中,如果处理方法不当,要点把握不准,还可能发生多次瓦斯爆炸,造成事故扩大。因此,了解并掌握瓦斯爆炸事故处理的方法,把握其技术要点、难点,科学决策,果断指挥,对于争取救灾时机、控制事故范围、减少人员伤亡和财产损失,具有十分重要的作用。

【爆炸条件】

瓦斯爆炸的条件是:一定浓度的瓦斯、高温火源和充足的氧气。方程式为 $CH_4 + 2O_2 \longrightarrow CO_2 + 2H_2O$,反应条件为点燃。

(一)瓦斯浓度

瓦斯爆炸有一定的浓度范围,我们把在空气中瓦斯遇火后能引起爆炸的浓度范围称为瓦斯爆炸界限。瓦斯爆炸界限为5%~16%。

当瓦斯浓度低于5%时,遇火不爆炸,但能在火焰外围形成燃烧层;当瓦斯浓度为9.5%时,其爆炸威力最大(氧和瓦斯完全反应);瓦斯浓度在16%以上时,失去爆炸性,但在空气中遇火仍会燃烧。

瓦斯爆炸界限并不是固定不变的,它还受温度、压力以及煤尘、其他可燃性气体、惰性气体的混入等因素的影响。

(二)引火温度

瓦斯的引火温度,即点燃瓦斯的最低温度。一般认为,瓦斯的引火温度为650~750 ℃,但会受瓦斯的浓度、火源的性质及混合气体的压力等因素影响而变化。当瓦斯含量在7%~8%时,最易引燃;当混合气体的压力增高时,引燃温度即降低;在引火温度相同时,火源面积越大,点火时间越长,越易引燃瓦斯。

高温火源的存在,是引起瓦斯爆炸的必要条件之一。井下抽烟、电气火花、违章爆破、煤炭自燃、明火作业等都易引起瓦斯爆炸。所以,在有瓦斯的矿井中作业,必须严格遵照《煤矿安全规程》的有关规定。

(三)氧气的浓度

实践证明,空气中的氧气浓度降低时,瓦斯爆炸界限随之缩小,当氧气浓度减少到12%

以下时,瓦斯混合气体即失去爆炸性。这一性质对井下密闭的火区有很大影响:在密闭的火区内往往积存大量瓦斯,且有火源存在,但因氧的浓度低,并不会发生爆炸;如果有新鲜空气进入火区,氧气浓度达到12%以上,就可能发生爆炸。因此,对火区应严加管理,在启封火区时更应格外慎重,必须在火熄灭后才能启封。

【瓦斯爆炸原因】

(一)瓦斯积聚

瓦斯积聚,是指采掘工作面及其他地点,体积大于 0.5 m³ 的空间内,积聚瓦斯浓度达到或超过2%的现象。

瓦斯积聚产生原因:局部通风机停止运转引起瓦斯积聚;风筒断开或严重漏风引起瓦斯积聚;采掘工作面风量不足引起瓦斯积聚;局部通风机出现循环风引起瓦斯积聚;风流短路引起瓦斯积聚;通风系统不合理、不完善引起瓦斯积聚;采空区或盲巷瓦斯积聚;瓦斯涌出异常引起瓦斯积聚;局部地点瓦斯积聚。

瓦斯积聚问题一直都是煤矿开采过程中至关重要的安全问题,在经常发生的煤矿事故中,瓦斯积聚导致的爆炸发生率是最高的,一旦发生瓦斯爆炸,不仅会对施工人员的生命安全造成直接威胁,同时也会给煤矿企业造成严重的经济损失。

(二)引爆火源

(1)电火花引爆火源。由于对井下照明和机械设备的电源及电器装备的管理不善或操作不当,如矿灯失爆、电钻失爆、带电作业、电缆漏电或短路、电缆明接头或抽线、电器开关失爆、电机车架线出火及杂散电流等产生的电火花,都是引起瓦斯爆炸的主要火源。其中,矿灯失爆、电缆明接头及带电作业所占比例较大,杂散电流引爆的瓦斯事故也时有发生。电火花引起瓦斯爆炸事故的比重约为40%。

(2)爆破火花是引爆瓦斯的另一主要火源。爆破火花主要是因炮泥装填不满、最小抵抗线不够、放明炮和糊炮、接线不良及炸药不合乎要求等引起的,爆破火花引起瓦斯爆炸事故的比重约为40%。

(3)井下因撞击和摩擦产生火花的情形多种多样,机械设备之间的摩擦、截齿与坚硬岩石之间的摩擦、坚硬顶板冒落时的撞击、金属表面之间的摩擦,都可能产生火花而引爆瓦斯。随着机械化程度的不断提高,因机电设备撞击出现摩擦火花而引起的爆炸事故也在逐渐增多,仅次于电火花和爆破火花的引爆次数。

(4)明火。井下严禁明火,但是由于各种因素的影响,井下明火并未能杜绝,而由此引爆的瓦斯事故也时有发生。井下明火的主要来源是煤炭自然发火形成的火区、井下电焊、吸烟等。

【爆炸事故的防治】

防止瓦斯积聚,加强通风管理,加强瓦斯检查与监测,及时处理局部积聚的瓦斯。

防止引爆瓦斯,防止明火,防止出现爆破火焰,防止出现电火花,加强其他引火源的治理。

防止瓦斯爆炸灾害扩大,编制灾害预防与处理计划,安设安全装置。

加强对进风井筒与大巷的检查,加强对回风井筒与回风大巷的检查,加强对采区瓦斯的检查,加强对瓦斯管理的检查,加强对矿井瓦斯抽采系统的安全检查,加强煤与瓦斯突出的安全检查,加强安全监测系统的检查,加强瓦斯重大隐患的检查。

第二节 瓦斯爆炸事故案例

案例1 内蒙古赤峰某矿违规焊接引爆瓦斯特别重大事故

【事故经过】

2016年12月3日11时10分,内蒙古赤峰某矿6040综放工作面区域发生瓦斯爆炸事故,共造成32人死亡、20人受伤。

经调查认定,瓦斯爆炸发生在6040工作面进风平巷内,有两个爆炸点(见图1),第一爆炸点是6040巷采工作面口往6040综放工作面方向的6040工作面进风平巷25 m至67 m区域,第二爆炸点是盲巷口。

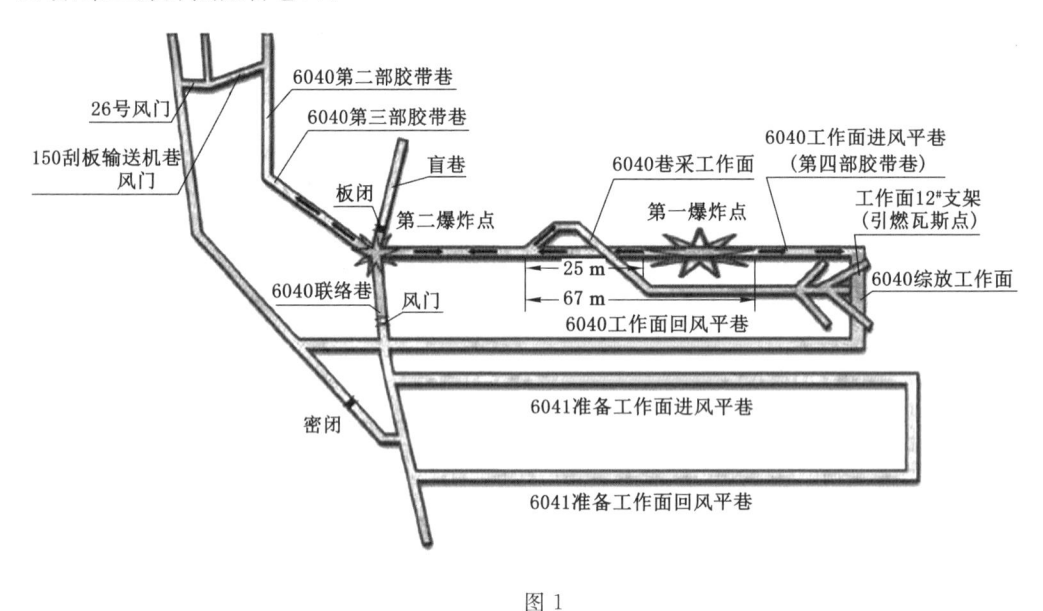

图1

【事故原因】

(一)直接原因

借回撤越界区域内设备名义违法组织生产,6040巷采工作面因停电停风造成瓦斯积聚,1 h后恢复供电通风,积聚的高浓度瓦斯排入与之串联通风的6040综放工作面,遇到正在违规焊接支架的电焊火花引起瓦斯燃烧,产生的火焰传导至6040工作面进风平巷,引起瓦斯爆炸。

(二)间接原因

(1)长时间、长距离、大范围、大规模疯狂进行越界违法开采。违反《矿产资源法》第十九条的规定,从2008年开始超越采矿许可证规定的采矿范围,最长越界直线距离近2 km,越界区域面积约1.45 km²。违反《煤矿安全规程》第九十五条的规定,事故发生前,越界区域布置2个综采放顶煤工作面、1个巷采工作面、3个综合机械化掘进工作面和2个炮掘工作面。2016年1月14日越界开采行为被查处后,不执行"责令该矿立即停止越界开采,封闭所有越界开采区域"的指令,3月底开始以撤回设备的名义,继续在越界区域违法组织生产。

(2) 弄虚作假,掩盖越界区域,销毁证据,蓄意逃避监管。该矿采用假密闭、假图纸、假数据、假回撤等手段隐蔽越界区域,蓄意逃避监管。该矿在通往越界区域的巷道内建有经过伪装的假密闭,越界区域内未安设安全监控系统和人员位置监测系统,并隐匿各类图纸、资料、台账、数据。

(3) 越界区域内管理混乱,冒险蛮干。长期采用国家明令禁止的"巷道式采煤"工艺。通风瓦斯管理制度不落实。6040巷采工作面与6040综放工作面串联通风;6040巷采工作面采用"一风吹"的方式违规排放瓦斯时,未检查甲烷浓度、未停电撤人;6040巷采工作面使用1台局部通风机同时向2个采掘作业地点供风,且局部通风机无"三专两闭锁";6040联络巷风门等通风设施漏风严重;越界区域经常不测风,即使测风后也不记录、不上报。电气设备管理制度不落实,违规使用电焊,仅2016年11月11日至27日,有14天在6040综放工作面使用电焊;不执行停送电报告、审批制度,随意停送电;电缆、开关等电气设备失爆现象严重;越界区域无供配电系统图和电气设备布置图,随意布置电气设备。强令工人冒险作业,"要钱不要命"。回撤已回采完毕的6039工作面设备时,一氧化碳浓度最高达0.05%,工人不同程度出现头疼、恶心等症状,不仅未立即停止作业、排除隐患,而且让工人服用脑立清、葡萄糖、氨酚待因等药物,继续组织工人冒险作业。

【制度规定】

(1)《煤矿安全规程》第十四条第三项、第四项:"井工煤矿必须按规定填绘反映实际情况的下列图纸:(三)巷道布置图。(四)采掘工程平面图。"

(2)《煤矿安全规程》第九十五条第三款:"一个采(盘)区内同一煤层的一翼最多只能布置1个采煤工作面和2个煤(半煤岩)巷掘进工作面同时作业。"

(3)《煤矿安全规程》第一百四十条:"矿井必须建立测风制度,每10天至少进行1次全面测风。对采掘工作面和其他用风地点,应当根据实际需要随时测风,每次测风结果应当记录并写在测风地点的记录牌上。应当根据测风结果采取措施,进行风量调节。"

(4)《煤矿安全规程》第一百五十条第一款:"采、掘工作面应当实行独立通风,严禁2个采煤工作面之间串联通风。"

(5)《煤矿安全规程》第一百五十四条:"采空区必须及时封闭。必须随采煤工作面的推进逐个封闭通至采空区的连通巷道。采区开采结束后45天内,必须在所有与已采区相连通的巷道中设置密闭墙,全部封闭采区。"

(6)《煤矿安全规程》第一百六十四条第九项:"不得使用1台局部通风机同时向2个及以上作业的掘进工作面供风。"

(7)《煤矿安全规程》第一百七十五条第一款:"矿井必须从设计和采掘生产管理上采取措施,防止瓦斯积聚"。

(8)《煤矿安全规程》第一百七十六条:"局部通风机因故停止运转,在恢复通风前,必须首先检查瓦斯,只有停风区中最高甲烷浓度不超过1.0%和最高二氧化碳浓度不超过1.5%,且局部通风机及其开关附近10 m以内风流中的甲烷浓度都不超过0.5%时,方可人工开启局部通风机,恢复正常通风。停风区中甲烷浓度超过1.0%或者二氧化碳浓度超过

1.5%,最高甲烷浓度和二氧化碳浓度不超过3.0%时,必须采取安全措施,控制风流排放瓦斯。停风区中甲烷浓度或者二氧化碳浓度超过3.0%时,必须制定安全排放瓦斯措施,报矿总工程师批准。在排放瓦斯过程中,排出的瓦斯与全风压风流混合处的甲烷和二氧化碳浓度均不得超过1.5%,且混合风流经过的所有巷道内必须停电撤人,其他地点的停电撤人范围应当在措施中明确规定。只有恢复通风的巷道风流中甲烷浓度不超过1.0%和二氧化碳浓度不超过1.5%时,方可人工恢复局部通风机供风巷道内电气设备的供电和采区回风系统内的供电。"

(9)《煤矿安全规程》第一百八十条第一款第一项:"矿井必须建立甲烷、二氧化碳和其他有害气体检查制度,并遵守下列规定:(一)矿长、矿总工程师、爆破工、采掘区队长、通风区队长、工程技术人员、班长、流动电钳工等下井时,必须携带便携式甲烷检测报警仪。瓦斯检查工必须携带便携式光学甲烷检测仪和便携式甲烷检测报警仪。安全监测工必须携带便携式甲烷检测报警仪。"

(10)《煤矿安全规程》第二百五十四条:"井下和井口房内不得进行电焊、气焊和喷灯焊接等作业。如果必须在井下主要硐室、主要进风井巷和井口房内进行电焊、气焊和喷灯焊接等工作,每次必须制定安全措施,由矿长批准并遵守下列规定……煤层中未采用砌碹或者喷浆封闭的主要硐室和主要进风大巷中,不得进行电焊、气焊和喷灯焊接等工作。"

(11)《煤矿安全规程》第四百八十一条第二款:"高压停、送电的操作,可以根据书面申请或者其他联系方式,得到批准后,由专责电工执行。"

(12)《煤矿安全规程》第四百八十二条:"井下防爆电气设备的运行、维护和修理,必须符合防爆性能的各项技术要求。"

(13)《矿产资源法》第十九条第二款:"禁止任何单位和个人进入他人依法设立的国有矿山企业和其他矿山企业矿区范围内采矿。"

【防范措施】

(1)落实煤矿企业主体责任。必须依法办矿、依法生产、依法管理,严格按照国家法律法规及行业标准组织生产建设,健全安全管理机构,配足安全技术管理人员,完善相关制度,加强安全生产管理;加大安全投入,确保安全生产系统、技术、设备符合安全生产法律法规和《煤矿安全规程》等要求;严禁违章指挥、违章作业、超层越界开采,禁止使用国家明令禁止的设备和工艺。

(2)加强安全管理。完善通风系统及设施,提高通风设施可靠性,确保通风系统稳定,消除串联风、微风、循环风;加大瓦斯巡检力度,发现瓦斯积聚和超限立即撤人;制定专项措施,严禁用"一风吹"的方式排放瓦斯;局部通风机供电要实现"三专两闭锁"和"双风机、双电源",严格执行停送电报告、审批制度,未经批准严禁随意停送电;加大巡查力度,防止电缆、开关等电气设备出现失爆现象;禁止随意布置电气设备。

(3)加强职工安全知识教育和培训。按规定开展职工安全培训教育,落实煤矿企业"三项岗位人员"考核的规定,注重提高从业人员的安全素质,提高职工自我防护意识和遇险处置能力。

【学习自测】

1.(判断题)采、掘工作面可以2个工作面之间串联通风。(　　　)

2. (单选题)电焊、气焊和喷灯焊接等工作地点的风流中,甲烷浓度不得超过0.5%,且在检查证明作业地点附近( )m范围内巷道顶部和支护背板后无瓦斯积聚时,方可进行作业。
A. 15　　　　　　　B. 20　　　　　　　C. 25　　　　　　　D. 30
3. (多选题)该矿发生事故的间接原因有( )。
A. 长时间、长距离、大范围、大规模疯狂进行越界违法开采
B. 弄虚作假,掩盖越界区域,销毁证据,蓄意逃避监管
C. 越界区域内管理混乱,冒险蛮干

参考答案:1. ×　2. B　3. ABC

案例2　重庆永川区某矿风量不足"裸眼"爆破引爆特别重大瓦斯事故

【事故经过】

2016年10月31日11时24分,某矿+93 m北一运输平巷1#采煤工作面在实施爆破落煤时发生爆炸,共造成33人死亡、1人受伤。

经调查分析,爆破产生的火焰导致瓦斯爆炸,煤尘参与了爆炸。爆炸产生了大量一氧化碳和高温火焰。因气体爆炸高温热作用导致5人死亡、气体爆炸高温热作用合并一氧化碳中毒导致22人死亡、气体爆炸高温热作用合并颅脑损伤导致6人死亡。

【事故原因】

(一)直接原因

在超层越界违法开采区域采用国家明令禁止的"巷道式采煤"工艺,不能形成全风压通风系统,使用一台局部通风机违规同时向多个作业地点供风,风量不足,造成瓦斯积聚;违章"裸眼"爆破产生的火焰引爆瓦斯,煤尘参与了爆炸。

(二)间接原因

(1)瓦斯积聚。越界区域煤层瓦斯含量高;采用"巷道式采煤"工艺,不能形成全风压通风系统,使用一台局部通风机同时向多个作业地点供风,风量不足;事故发生前瓦斯释放量增加。

(2)爆炸火源。作业人员爆破装药不使用封孔材料,现场勘查也未发现黄泥、水炮泥等封孔材料,可以认定为"裸眼"爆破。该矿日常安排采煤工作面爆破作业前,仅相邻2个采煤工作面作业人员撤出到采煤工作面口,其他采煤工作面人员不撤出。

(3)安全管理规定和制度不落实。矿安全管理机构不健全,未配备矿长及专职安全生产管理人员,技术负责人空岗,未执行入井检身、测风、瓦斯检查等安全管理制度,井下爆破工、机车司机、绞车司机等特种作业人员未经培训、无证上岗,且井下没有专职安全检查、瓦斯检查人员,未组织职工参加安全教育培训。

【制度规定】

(1)《煤矿安全规程》第四条:"从事煤炭生产与煤矿建设的企业(以下统称煤矿企业)必须遵守国家有关安全生产的法律、法规、规章、规程、标准和技术规范。煤矿企业必须加强安全生产管理,建立健全各级负责人、各部门、各岗位安全生产与职业病危害防治责任制。煤矿企业必须建立健全安全生产与职业病危害防治目标管理、投入、奖惩、技术措施审批、培

训、办公会议制度,安全检查制度,安全风险分级管控工作制度,事故隐患排查、治理、报告制度,事故报告与责任追究制度等。煤矿企业必须制定重要设备材料的查验制度,做好检查验收和记录,防爆、阻燃抗静电、保护等安全性能不合格的不得入井使用。煤矿企业必须建立各种设备、设施检查维修制度,定期进行检查维修,并做好记录。煤矿必须制定本单位的作业规程和操作规程。"

(2)《煤矿安全规程》第五条:"煤矿企业必须设置专门机构负责煤矿安全生产与职业病危害防治管理工作,配备满足工作需要的人员及装备。"

(3)《煤矿安全规程》第一百五十三条第一款:"采煤工作面必须采用矿井全风压通风,禁止采用局部通风机稀释瓦斯。"

(4)《煤矿安全规程》第一百六十四条第九项:"不得使用1台局部通风机同时向2个及以上作业的掘进工作面供风。"

(5)《煤矿安全规程》第一百七十五条第一款:"矿井必须从设计和采掘生产管理上采取措施,防止瓦斯积聚"。

(6)《煤矿安全规程》第三百四十七条:"井下爆破工作必须由专职爆破工担任。突出煤层采掘工作面爆破工作必须由固定的专职爆破工担任。爆破作业必须执行'一炮三检'和'三人连锁爆破'制度,并在起爆前检查起爆地点的甲烷浓度。"

(7)《煤矿安全规程》第三百五十八条:"炮眼封泥必须使用水炮泥,水炮泥外剩余的炮眼部分应当用黏土炮泥或者用不燃性、可塑性松散材料制成的炮泥封实……无封泥、封泥不足或者不实的炮眼,严禁爆破。"

(8)《煤矿安全规程》第三百六十二条:"在有煤尘爆炸危险的煤层中,掘进工作面爆破前后,附近20 m的巷道内必须洒水降尘。"

【防范措施】

(1)严格落实煤矿企业主体责任。煤矿企业必须依法办矿、依法生产、依法管理,要严格按照国家法律法规及行业标准组织生产建设,健全安全管理机构,配足安全技术管理人员,完善相关制度,加强安全生产管理;加大安全投入,确保安全生产系统、技术、设备符合安全生产法律法规和《煤矿安全规程》等要求;按规定开展职工安全培训教育,落实煤矿企业"三项岗位人员"考核的规定,注重提高从业人员的安全素质;严禁超层越界、使用国家禁止的生产工艺违法生产。

(2)严格爆破管理。严格执行采掘工作面装药爆破的规定,必须使用水炮泥,外部剩余炮眼部分应用黏土炮泥或不燃性、可塑性松散材料制成的炮泥封实。爆破作业必须严格执行"一炮三检"制。用爆破方法处理卡在溜煤(矸)眼中的煤、矸时,必须采用取得煤矿矿用产品安全标志的用于溜煤(矸)眼的煤矿许用刚性被筒炸药或不低于该安全等级的煤矿许用炸药,并严格控制装药量,爆破前必须检查堵塞部位的上部和下部空间的瓦斯并洒水。严禁在工作面内采用炸药爆破方法处理顶煤、顶板及卡在放煤口的大块煤(矸)。

【学习自测】

1.(判断题)无封泥、封泥不足或者不实的炮眼,严禁爆破。(　　)
2.(单选题)不得使用1台局部通风机同时向(　　)个及以上作业的掘进工作面供风。
A. 2　　　　　　　　B. 3　　　　　　　　C. 4　　　　　　　　D. 5

3. (多选题)炮眼应用水炮泥封堵,水炮泥外剩余的炮眼部分应用(　　)的松散材料制成的炮泥封实。

A. 黏土炮泥　　　　B. 不燃性　　　　C. 可塑性　　　　D. 混合

参考答案:1. √　2. A　3. ABC

案例3　江西上饶某矿违规启封火区煤炭自燃引起重大瓦斯爆炸事故

【事故经过】

2015年10月9日22时7分,江西上饶某矿 E_{10} 煤层－228 m上山以西采空区发生瓦斯爆炸事故,造成10人死亡,直接经济损失1 097万元。

【事故原因】

(一)直接原因

某矿 E_{10} 煤层－228 m上山以西采空区煤炭自燃;该矿对火区采取水淹灭火措施后,在未依规证实火区熄灭的情况下,违规启封火区;煤炭自燃引起采空区内积聚的瓦斯爆炸,导致事故发生。

(二)间接原因

(1)违法组织生产。① 拒不执行监管监察指令,安全生产许可证过期后仍然违法生产。该矿安全生产许可证于2015年1月9日到期,由于未按规定办理延期手续,某市煤管局、某市煤监局监察分局、某县煤管局均对其下达了停止井下一切采掘活动的指令。6月26日,某县煤管局又按照县政府要求对该矿提升绞车采取了上锁、贴封条措施。某县某镇1—10月在检查过程中3次发现该矿违法作业,均下达了停止作业的指令。在这种情况下,矿井仍然无视监管监察指令,私自撕掉提升绞车封条,擅自开锁,违法组织生产。② 以整改维修的名义组织生产。该矿以申办安全生产许可证整改维修的名义组织生产,2015年8月底－190 m煤平巷贯通,形成了全负压通风,之后在－190 m煤平巷以掘代采回采煤炭;事故当班,矿井安排了－190 m东、西上山2个掘进工作面作业。2015年1—9月共产煤约5 500 t。

(2)现场安全管理混乱。① 违反火区管理规定,火区未熄灭,急于组织生产。采用水淹的方式灭火,在未证实火区熄灭的情况下,违反有关规定,盲目排水启封火区,急于安排－190 m东、西上山2个掘进工作面作业。② 通风、瓦斯管理混乱。－228 m上山以西以掘代采,采空区积聚大量瓦斯;－200 m西盲巷未按规定进行封闭;煤矿安全监控系统不完善,－200 m煤平巷布置2个煤巷掘进工作面时,仅在－200 m回风巷中安装1个甲烷传感器和1个一氧化碳传感器,－190 m东、西上山掘进工作面未安设甲烷传感器和一氧化碳传感器。③ 特种作业人员无证上岗。事故当班安排的瓦斯检查工符某、罗某均未取得特种作业人员操作资格证,属于无证上岗。

【制度规定】

(1)《煤矿安全规程》第四条:"从事煤炭生产与煤矿建设的企业(以下统称煤矿企业)必须遵守国家有关安全生产的法律、法规、规章、规程、标准和技术规范。煤矿企业必须加强安全生产管理,建立健全各级负责人、各部门、各岗位安全生产与职业病危害防治责任制。煤矿企业必须建立健全安全生产与职业病危害防治目标管理、投入、奖惩、技术措施审批、培训、办公会议制度,安全检查制度,安全风险分级管控工作制度,事故隐患排查、治理、报告制度,事故报告与责任追究制度等。煤矿企业必须制定重要设备材料的查验制度,做好检查验收和记录,防爆、阻燃抗静电、保护等安全性能不合格的不得入井使用。煤矿企业必须建立各种设备、设施检查维修制度,定期进行检查维修,并做好记录。煤矿必须制定本单位的作业规程和操作规程。"

(2)《煤矿安全规程》第九条:"煤矿企业必须对从业人员进行安全教育和培训。培训不合格的,不得上岗作业。主要负责人和安全生产管理人员必须具备煤矿安全生产知识和管理能力,并经考核合格。特种作业人员必须按国家有关规定培训合格,取得资格证书,方可上岗作业。矿长必须具备安全专业知识,具有组织、领导安全生产和处理煤矿事故的能力。"

(3)《煤矿安全规程》第一百七十五条第一项:"矿井必须从设计和采掘生产管理上采取措施,防止瓦斯积聚;当发生瓦斯积聚时,必须及时处理。当瓦斯超限达到断电浓度时,班组长、瓦斯检查工、矿调度员有权责令现场作业人员停止作业,停电撤人。"

(4)《煤矿安全规程》第二百七十九条:"封闭的火区,只有经取样化验证实火已熄灭后,方可启封或者注销。火区同时具备下列条件时,方可认为火已熄灭:(一)火区内的空气温度下降到 30 ℃以下,或者与火灾发生前该区的日常空气温度相同。(二)火区内空气中的氧气浓度降到 5.0% 以下。(三)火区内空气中不含有乙烯、乙炔,一氧化碳浓度在封闭期间内逐渐下降,并稳定在 0.001% 以下。(四)火区的出水温度低于 25 ℃,或者与火灾发生前该区的日常出水温度相同。(五)上述 4 项指标持续稳定 1 个月以上。"

(5)《煤矿安全规程》第二百八十条:"启封已熄灭的火区前,必须制定安全措施。启封火区时,应当逐段恢复通风,同时测定回风流中一氧化碳、甲烷浓度和风流温度。发现复燃征兆时,必须立即停止向火区送风,并重新封闭火区。启封火区和恢复火区初期通风等工作,必须由矿山救护队负责进行,火区回风风流所经过巷道中的人员必须全部撤出。在启封火区工作完毕后的 3 天内,每班必须由矿山救护队检查通风工作,并测定水温、空气温度和空气成分。只有在确认火区完全熄灭、通风等情况良好后,方可进行生产工作。"

(6)《煤矿安全规程》第四百八十七条:"所有矿井必须装备安全监控系统、人员位置监测系统、有线调度通信系统。"

【防范措施】

(1)煤矿企业必须提高依法办矿的意识。牢固树立"发展决不能以牺牲人的生命为代价"的红线意识,严格遵守煤矿安全生产法律法规,严格执行监管监察指令,要把"生命至上、安全第一"的理念贯穿煤矿生产的全过程,切实做到不安全不生产。

(2)切实加强煤矿安全管理。要配齐安全管理人员,建立健全各岗位安全生产责任制。煤层自然发火的矿井,应建立健全防灭火机构,配备防火技术人员,完善防灭火装备和设施,建立自然发火的监测系统,采取综合预防煤层自然发火的措施,采空区必须按规定及时封闭。不得在火区的同一煤层的周围进行采掘工作,要加强火区管理,科学监控火区通风、温度、火情的变化。严格执行瓦斯检查制度。加强现场通风管理,保证通风系统稳定可靠、有效风量满足要求。严禁采用国家明令禁止的采煤工艺,严禁以掘代采。加强对矿井安全监控系统的日常维护检查,做到监控有效。

(3)加强安全教育培训。强化安全教育培训意识,制订落实煤矿安全培训计划,矿井主要负责人和安全管理人员的安全生产知识和管理能力应当依法考核合格。要按规定配齐配足煤矿特种作业人员,特种作业人员必须做到持证上岗。

【学习自测】

1.（判断题）所有矿井必须装备安全监控系统、人员位置监测系统、有线调度通信系统。（　　）

2.（单选题）从事特种作业的劳动者必须经过专门培训并取得(　　)。

A. 安全工作资格

B. 学历

C. 特种作业操作证

3.（多选题）火区同时具备(　　)条件时,方可认为火已熄灭。

A. 火区内的空气温度下降到28 ℃以下,或者与火灾发生前该区的日常空气温度相同

B. 火区内空气中的氧气浓度降到5.0%以下

C. 火区内空气中不含有乙烯、乙炔,一氧化碳浓度在封闭期间逐渐下降,并稳定在0.001%以下

D. 火区的出水温度低于25 ℃,或者与火灾发生前该区的日常出水温度相同

参考答案:1. √　2. C　3. BCD

案例4　贵州六盘水某矿违规排放瓦斯产生火花造成重大瓦斯爆炸事故

【事故经过】

2014年11月27日3时52分,贵州六盘水某矿发生一起重大瓦斯爆炸事故,造成11人死亡、8人受伤。

【事故原因】

（一）直接原因

因井下监控分站电源漏电造成1705工作面区域停电,1705工作面改造巷停风、瓦斯积聚;恢复送电时,采取"一风吹"的方式将1705工作面改造巷内积聚的高浓度瓦斯压出;误启动1705改造巷开口往里4 m位置闲置的风机,变形叶片运转产生摩擦火花,造成瓦斯爆炸。

（二）间接原因

（1）局部通风、机电管理混乱。一是1705工作面改造巷局部通风机未用"三专两闭锁"供电,未实现"双风机、双电源",1705工作面区域停电后,造成1705工作面改造巷局部通风机停电,瓦斯超限后不能实现瓦斯电闭锁。二是事故当班,1705工作面区域停电,未按规定将作业人员撤至安全区域。三是1705工作面改造巷掘进工作面与1705工作面违反规定同时作业,未实现专用回风巷回风。四是停送电制度不落实,在未检查送电区域瓦斯的情况下,井下人员随意送电。

（2）安全监测监控系统弄虚作假。故意将1705工作面改造巷等隐瞒工作面的甲烷传感器数据不上传,且将1705采煤工作面回风流的T_1甲烷传感器用塑料袋包住,导致安全监测监控系统不能反映真实情况。

(3) 非法越界、多面非法组织生产。一是多面组织生产，事故发生前，井下实际布置有 4 个采煤工作面和 3 个掘进工作面，其中，1705 采煤工作面、1202 采煤工作面下段及 3 个掘进工作面均处于矿界之外。二是非法生产行为，煤矿部分采、掘工作面不上图、不提供生产管理记录，有关部门检查时，采用临时密闭隐瞒不上图的工作面等来逃避监管。三是图纸造假、图实严重不符，掩盖其越界非法生产行为。

(4) 安全制度不落实。事故报告制度不落实，事故发生后，未按有关规定要求及时、如实报告事故。

(5) 安全管理机构不健全。该矿上级公司——贵州某公司虽设置了相应的职能部门，但没有配备足够的管理人员，只配备一名部长，不具备对下属 8 处煤矿实施监管的能力，也没有发挥出应有的监管作用。且事故报告、救援不及时，事故发生后，矿领导带队下井查看现场，迟滞近两个小时才向当地政府报告。

【制度规定】

(1)《煤矿安全规程》第四条："从事煤炭生产与煤矿建设的企业（以下统称煤矿企业）必须遵守国家有关安全生产的法律、法规、规章、规程、标准和技术规范。煤矿企业必须加强安全生产管理，建立健全各级负责人、各部门、各岗位安全生产与职业病危害防治责任制。煤矿企业必须建立健全安全生产与职业病危害防治目标管理、投入、奖惩、技术措施审批、培训、办公会议制度，安全检查制度，安全风险分级管控工作制度，事故隐患排查、治理、报告制度，事故报告与责任追究制度等。煤矿企业必须制定重要设备材料的查验制度，做好检查验收和记录，防爆、阻燃抗静电、保护等安全性能不合格的不得入井使用。煤矿企业必须建立各种设备、设施检查维修制度，定期进行检查维修，并做好记录。煤矿必须制定本单位的作业规程和操作规程。"

(2)《煤矿安全规程》第九条："煤矿企业必须对从业人员进行安全教育和培训。培训不合格的，不得上岗作业。主要负责人和安全生产管理人员必须具备煤矿安全生产知识和管理能力，并经考核合格。特种作业人员必须按国家有关规定培训合格，取得资格证书，方可上岗作业。矿长必须具备安全专业知识，具有组织、领导安全生产和处理煤矿事故的能力。"

(3)《煤矿安全规程》第十四条第三项、第四项："井工煤矿必须按规定填绘反映实际情况的下列图纸：（三）巷道布置图。（四）采掘工程平面图。"

(4)《煤矿安全规程》第一百五十条第一款："采、掘工作面应当实行独立通风，严禁 2 个采煤工作面之间串联通风。"

(5)《煤矿安全规程》第一百六十四条第九项："不得使用 1 台局部通风机同时向 2 个及以上作业的掘进工作面供风。"

(6)《煤矿安全规程》第一百七十五条："矿井必须从设计和采掘生产管理上采取措施，防止瓦斯积聚；当发生瓦斯积聚时，必须及时处理。当瓦斯超限达到断电浓度时，班组长、瓦斯检查工、矿调度员有权责令现场作业人员停止作业，停电撤人。矿井必须有因停电和检修主要通风机停止运转或者通风系统遭到破坏以后恢复通风、排除瓦斯和送电的安全措施。恢复正常通风后，所有受到停风影响的地点，都必须经过通风、瓦斯检查人员检查，证实无危险后，方可恢复工作。所有安装电动机及其开关的地点附近 20 m 的巷道内，都必须检查瓦斯，只有甲烷浓度符合本规程规定时，方可开启。"

(7)《煤矿安全规程》第四百八十七条："所有矿井必须装备安全监控系统、人员位置监测系统、有线调度通信系统。"

【防范措施】

(1) 提高法治意识,严格落实安全生产主体责任。一是必须树立法治思维,坚守法治底线,依法办矿,依法管矿。合法合规安排生产和建设,严禁布置隐蔽工作面违法组织生产,服从监管监察指令,做到令行禁止。二是要完善安全管理制度和管理机构,建立以总工程师为首的技术管理体系及瓦斯防治体系,并配齐专业技术人员和特种作业人员。三是加大反"三违"力度,严禁违章指挥和违章作业。

(2) 强化安全培训和警示教育。规范煤矿从业人员的培训,确保新工人和转岗人员培训时间不得少于72学时,每年再培训的时间不得少于20学时。安排有经验的职工带领新招入矿的井下作业人员进行实习。新招入矿的井下作业人员实习满4个月后,方可独立上岗作业。要加强煤矿安全知识、操作技能、规程措施和应急处置教育,提高从业人员辨识风险的能力和现场应急处置及自救、互救能力。

(3) 强化安全监控系统管理。一是及时升级改造安全监控系统。对于老化严重、故障频繁的安全监控系统要坚决淘汰,进行升级改造,确保监控系统运行可靠、监控有效。二是加强监控作业人员培训,做到持证上岗。监控作业人员必须经专门培训,熟知基础安全知识,熟练掌握系统操作业务,防止盲目执行错误指令,坚决打击弄虚作假行为。

(4) 加强安全管理。完善通风系统及设施,提高通风设施可靠性,确保通风系统稳定,消除串联风、微风、循环风;加大瓦斯巡检力度,发现瓦斯积聚和超限立即撤人;局部通风机供电要实现"三专两闭锁"和"双风机、双电源",严格执行停送电报告、审批制度,未经批准严禁随意停送电;加大巡查力度,防止电缆、开关等电气设备出现失爆现象。

【学习自测】

1. (判断题)特种作业人员必须按国家有关规定培训合格,取得资格证书,方可上岗作业。(　　)

2. (单选题)所有安装电动机及其开关的地点附近(　　)m的巷道内,都必须检查瓦斯,只有甲烷浓度符合《煤矿安全规程》规定时,方可开启。
A. 10　　　　　　　　B. 20　　　　　　　　C. 30

3. (多选题)正常工作的局部通风机必须采用(　　)供电。
A. 专用开关　　　　　　　　B. 专用电缆
C. 专用变压器　　　　　　　　D. 专用线路

参考答案:1. √　2. B　3. ABC

案例5　湖南邵阳某矿发爆器产生电弧引起重大瓦斯爆炸事故

【事故经过】

2013年6月2日,湖南邵阳某矿掘进工作面爆破时发生瓦斯爆炸事故,安全升井29人,死亡10人、15人受伤。

2013年6月2日16时至24时,全矿39人未配发、未携带自救器下井,其中:11采区24人,在2个采煤工作面、4个掘进工作面作业;13采区5人,在+168 m Ⅰ煤采煤工作面

3人、Ⅱ煤掘进工作面2人；8名辅助作业人员在+100 m、+20 m，2名安全员（叶某、梁某）下井带班。

19时50分，13采区+168 m Ⅰ煤采煤工作面爆破时引发瓦斯爆炸，造成在此工作面作业的3人死亡；发现瓦斯爆炸后，在13采区+168 m Ⅱ煤掘进工作面作业的2人迅速撤离，撤至+168 m运输巷时中毒死亡；在11采区作业的人员中，有5人撤至+100 m石门与+100 m总回风巷交叉点时（此处在瓦斯爆炸后发生垮塌）中毒死亡。

【事故原因】

（一）直接原因

13采区+168 m Ⅰ煤采煤工作面违规采用巷道式采煤、局部通风机供风，风量不足，引起瓦斯积聚并达到爆炸浓度，在未检查瓦斯的情况下违规爆破，因发爆器接线柱产生电弧引起瓦斯爆炸，造成人员伤亡。

（二）间接原因

(1)非法违法组织生产。该矿在采矿许可证和煤炭生产许可证过期后，不执行监管部门指令，非法违法组织生产。在该矿采矿许可证过期后，某县国土资源局下达了《停产通知书》，要求该矿立即停止一切采掘施工行为。在该矿生产许可证过期后，某县煤炭局下达了《停产整顿决定》。调查发现，该矿从2013年3月开始每月安排了生产计划，2013年以来实际累计生产原煤4 315.8 t（其中：1月966 t，2月放假，3月520.2 t，4月1 192.4 t，5月1 630.4 t，6月1日至2日6.8 t）。

(2)违法发包且以包代管。2013年3月9日，该矿违反《安全生产法》《国务院关于预防煤矿生产安全事故的特别规定》，将井下生产承包给没有取得煤矿安全生产管理相关资质的李某某，并以包代管，在签订的《煤矿生产承包管理合同》中违法全权委托李某某统一进行安全生产管理。承包人李某某又将各采掘工作面分包，以包代管。

(3)安全生产管理混乱。一是违反《煤矿安全规程》规定，存在以下问题：下井人员没有配发、没有随身携带自救器；事故工作面没有安装甲烷传感器，安全监控系统在2013年5月31日后停止运行；安排没有取得瓦斯检查工资格证书的人员检查瓦斯，从2013年5月17日以后，瓦斯日报表上没有13采区+168 m区域的瓦斯检查记录，也没有矿长和技术负责人审查签字；爆破作业没有执行"一炮三检"和"三人连锁爆破"制度，且违规安排没有取得爆破资质的大工爆破。

(4)通风系统不完善，技术管理不到位。该矿违反《煤矿安全规程》规定，13采区没有专用回风巷，利用运输巷回风；事故工作面没有编制施工组织设计、作业规程；违规采用巷道式采煤，采煤工作面用局部通风机送风，且无两个安全出口。

(5)安全管理机构不健全，安全教育培训不到位。该矿违反《煤矿安全规程》，没有设置安全生产管理机构，没有配齐适应工作需要的安全生产管理人员。安全教育培训不到位，安排未取得操作资格证的人员从事瓦斯检查、爆破等特种作业，未按某县煤炭局的要求进行安全培训，其中：事故当班下井39人中有22人、死亡的10人中有7人未经安全培训。

【制度规定】

(1)《煤矿安全规程》第四条："从事煤炭生产与煤矿建设的企业（以下统称煤矿企业）必须遵守国家有关安全生产的法律、法规、规章、规程、标准和技术规范。煤矿企业必须加强安全生产管理,建立健全各级负责人、各部门、各岗位安全生产与职业病危害防治责任制。煤矿企业必须建立健全安全生产与职业病危害防治目标管理、投入、奖惩、技术措施审批、培训、办公会议制度,安全检查制度,安全风险分级管控工作制度,事故隐患排查、治理、报告制度,事故报告与责任追究制度等。煤矿企业必须制定重要设备材料的查验制度,做好检查验收和记录,防爆、阻燃抗静电、保护等安全性能不合格的不得入井使用。煤矿企业必须建立各种设备、设施检查维修制度,定期进行检查维修,并做好记录。煤矿必须制定本单位的作业规程和操作规程。"

（2）《煤矿安全规程》第九条:"煤矿企业必须对从业人员进行安全教育和培训。培训不合格的,不得上岗作业。主要负责人和安全生产管理人员必须具备煤矿安全生产知识和管理能力,并经考核合格。特种作业人员必须按国家有关规定培训合格,取得资格证书,方可上岗作业。矿长必须具备安全专业知识,具有组织、领导安全生产和处理煤矿事故的能力。"

（3）《煤矿安全规程》第十三条:"入井(场)人员必须戴安全帽等个体防护用品,穿带有反光标识的工作服。入井(场)前严禁饮酒。煤矿必须建立入井检身制度和出入井人员清点制度;必须掌握井下人员数量、位置等实时信息。入井人员必须随身携带自救器、标识卡和矿灯,严禁携带烟草和点火物品,严禁穿化纤衣服。"

（4）《煤矿安全规程》第十四条第三项、第四项:"井工煤矿必须按规定填绘反映实际情况的下列图纸:(三)巷道布置图。(四)采掘工程平面图。"

（5）《煤矿安全规程》第一百三十九条:"矿井每年安排采掘作业计划时必须核定矿井生产和通风能力,必须按实际供风量核定矿井产量,严禁超通风能力生产。"

（6）《煤矿安全规程》第一百四十条:"矿井必须建立测风制度,每10天至少进行1次全面测风。对采掘工作面和其他用风地点,应当根据实际需要随时测风,每次测风结果应当记录并写在测风地点的记录牌上。应当根据测风结果采取措施,进行风量调节。"

（7）《煤矿安全规程》第一百四十一条:"矿井必须有足够数量的通风安全检测仪表。仪表必须由具备相应资质的检验单位进行检验。"

（8）《煤矿安全规程》第一百五十三条第一款:"采煤工作面必须采用矿井全风压通风,禁止采用局部通风机稀释瓦斯。"

（9）《煤矿安全规程》第三百四十七条:"井下爆破工作必须由专职爆破工担任。突出煤层采掘工作面爆破工作必须由固定的专职爆破工担任。爆破作业必须执行'一炮三检'和'三人连锁爆破'制度,并在起爆前检查起爆地点的甲烷浓度。"

（10）《煤矿安全规程》第三百五十八条:"炮眼封泥必须使用水炮泥,水炮泥外剩余的炮眼部分应当用黏土炮泥或者用不燃性、可塑性松散材料制成的炮泥封实。严禁用煤粉、块状材料或者其他可燃性材料作炮眼封泥。无封泥、封泥不足或者不实的炮眼,严禁爆破。"

（11）《煤矿安全规程》第四百八十七条:"所有矿井必须装备安全监控系统、人员位置监测系统、有线调度通信系统。"

【防范措施】

（1）加强安全管理,健全各项安全管理规章制度;按规定配齐安全管理人员,切实强化现场安全管理,严肃查处"三违"行为,加大隐患排查治理力度,确保隐患整治到位;切实加强技术管理,严格执行安全生产法规标准和规程,严格规程措施的制定、审查、审批和落实,严禁无设计施工、无规程作业;严格爆破管理,按规定编制爆破说明书,合理确定炮眼深度、角度、装药量和封孔长度等,并认真执行"一炮三检"及"三人连锁爆破"制度,严禁违章爆破。

(2) 强化事故警示教育,提高防范事故意识。建立健全事故警示教育制度,定期开展警示教育活动,并将事故警示教育纳入煤矿企业安全管理日常工作。对照事故暴露出的问题进行排查治理,严查事故隐患,防范同类事故的发生。

(3) 强化煤矿全员培训工作,提高应急处置能力。开展煤矿管理人员、特种作业人员持证上岗情况专项检查,做好全员培训工作,加强新职工培训、老职工复训,提高职工安全意识和操作技能,做到应知应会,严禁未经培训的职工下井,杜绝违章作业。要完善"安全避险六大系统"建设,加强应急管理,制定应急预案,并依法组织演练,提高职工自救、互救能力,提高事故防范和应急处置能力。

(4) 严格煤矿火工品管理。按照矿井核定的生产能力和工程量需求等实际情况核定火工品使用数量,禁止非持证人员代签、代领、代发火工品等违法违规行为。

【学习自测】

1. (判断题)井下爆破工作必须由专职爆破工担任。(　　)
2. (单选题)采掘工作面及其他巷道内,体积大于 $0.5\ m^3$ 的空间内积聚的甲烷浓度达到(　　)%时,附近 20 m 内必须停止工作,撤出人员,切断电源,进行处理。
   A. 0.75　　　　B. 1.0　　　　C. 1.5　　　　D. 2.0
3. (多选题)装药前和爆破前有下列情况之一的,严禁装药、爆破:(　　)。
   A. 采、掘工作面控顶距离不符合作业规程的规定,或者有支架损坏,或者伞檐超过规定
   B. 爆破地点附近 20 m 以内风流中甲烷浓度达到或者超过 1.0%
   C. 在爆破地点 20 m 以内,矿车、未清除的煤(矸)或者其他物体堵塞巷道断面 1/3 以上
   D. 炮眼内发现异状、温度骤高骤低、有显著瓦斯涌出、煤岩松散、穿透老空区等情况
   E. 采掘工作面风量不足

参考答案:1. √　2. D　3. ABCDE

案例 6　山西太原某矿开关内部爆炸引起特别重大瓦斯爆炸事故

【事故经过】

2009 年 2 月 22 日 2 时 20 分,山西太原某矿南四采区发生特别重大瓦斯爆炸事故,共造成 78 人死亡、114 人受伤,直接经济损失 2 386 万元。

经分析,该事故是由于开关内部爆炸引起瓦斯爆炸继而引起瓦斯抽采管爆炸的连锁反应导致的一起特别重大事故。

【事故原因】

(一) 直接原因

12403 工作面 1 号联络巷共 37 m 长,有 25 m 左右处于微风状态,导致瓦斯积聚。

(二) 间接原因

(1) 未按《煤矿安全规程》规定施工。局部通风机和开关按规程规定设计应该在轨道下安装,结果安放在了 1 号联络巷下。

(2)瓦斯检查不规范。瓦斯检查是在风机的吸风口进行的,没有到开关和电器附近 20 m 内瓦斯积聚的地方检查。

【制度规定】

(1)《煤矿安全规程》第一百四十条:"矿井必须建立测风制度,每 10 天至少进行 1 次全面测风。对采掘工作面和其他用风地点,应当根据实际需要随时测风,每次测风结果应当记录并写在测风地点的记录牌上。应当根据测风结果采取措施,进行风量调节。"

(2)《煤矿安全规程》第一百五十五条第一款:"控制风流的风门、风桥、风墙、风窗等设施必须可靠。"

(3)《煤矿安全规程》第一百七十五条第一款:"矿井必须从设计和采掘生产管理上采取措施,防止瓦斯积聚;当发生瓦斯积聚时,必须及时处理。当瓦斯超限达到断电浓度时,班组长、瓦斯检查工、矿调度员有权责令现场作业人员停止作业,停电撤人。"

(4)《煤矿安全规程》第一百七十八条:"有瓦斯或者二氧化碳喷出的煤(岩)层,开采前必须采取下列措施:(一)打前探钻孔或者抽排钻孔。(二)加大喷出危险区域的风量。(三)将喷出的瓦斯或者二氧化碳直接引入回风巷或者抽采瓦斯管路。"

【防范措施】

(1)观念彻底更新,理念根本转变。坚决树立"瓦斯不治,矿无宁日",瓦斯治理是企业生存和发展的"生命工程""和谐工程","多抽一方瓦斯,多保一份平安","抽采瓦斯就是解放生产力,治理瓦斯就是发展生产力"等先进理念;全力推行开采保护层和区域预抽等最可靠、最有效的瓦斯治本之策;实现三个转变,即治理瓦斯由"局部治理"向"区域治理"、由"过程治理"向"超前治理"、由"管理措施型"向"技术工程型"转变,建设高标准的瓦斯综合治理示范矿井。

(2)建立健全双巷间横贯、角联巷道、高冒区等薄弱地点通风、瓦斯管理制度,消除盲区,消灭盲点。消除井下风流不稳定的角联巷道,减少双巷间横贯、高冒区,明确管理部门负责人,制定专项措施,并设点观察,不间断检查,坚决杜绝无风、微风、瓦斯积聚。

(3)提高局部通风管理标准,严把局部通风机"五专一化一切换"关。井下局部通风机必须严格按照《煤矿安全规程》要求安设在进风流中,做到"五专一化一切换",即:专项设计、专项措施、专人安(移)装、专人验收、专人管理;局部通风机采用"定置化"管理;推行局部通风机"单双日切换"。

(4)简化优化通风系统,提高矿井抗灾能力。简化优化通风系统,定期进行一次矿井通风系统安全可靠性评价;最大限度地减少矿井通风设施数量,强化并提高通风设施质量和强度。风桥原则上全部采用自然风桥,若确需施工人工风桥,必须制定专项设计、专项措施,人工风桥原则上浇筑混凝土厚度不小于 1 m;风门全部永久化,并实现闭锁;服务年限超过 3 个月的其他通风设施必须全部永久化。

(5)提高标准,严格瓦斯浓度掌控。井下所有地点瓦斯浓度必须按《煤矿安全规程》规定控制,所有进风风流不超过 0.5%;回风不超过 1%,有条件的不超过 0.8%;总回风不超过 0.75%;专用回风巷中排放瓦斯横贯与回风横贯间的特殊地段瓦斯浓度不得超过 1.5%,任何人不得放限。严格回采面专用回风巷和专用回风巷内特殊地段的管理,必须设置栅栏,揭示警标,除瓦斯检查工外任何人不经批准不得入内。如遇特殊情况确需进入专用回风巷作业时，必须制定专项措施，逐级审批，并且要严格控制人数，明确专人负责、专人监管。

（6）瓦斯超限即是命令，瓦斯超限就是最大的隐患，瓦斯超限就是事故。瓦斯超限即是命令，必须立即停止作业，切断电源，撤出人员，逐级上报。瓦斯超限就是最大的隐患，必须查明原因，采取措施，进行处理；只有确认隐患消除，通风系统稳定，瓦斯不超限的情况下才能按程序逐步恢复生产。

（7）加强矿井瓦斯监测监控系统建设和管理，提高事故预警能力和反应能力。必须严格按照 AQ 1029—2019 标准建立瓦斯监测监控系统，并加强管理。监测监控系统必须做到：设备齐全、数据准确、断电可靠、处置迅速，机构健全、人员到位。出现故障就是事故，按事故分级进行追查处理，并按故障应急预案进行及时处置。

（8）所有电气设备必须安设在进风流中，严禁安设在无风、微风、风流不稳定的巷道（硐室）内。所有电气设备包括开关必须按照《煤矿安全规程》要求安设在进风流中，严禁安设在无风、微风、风流不稳定的巷道（硐室）内。若不能满足上述条件，必须制定专项措施，逐级审批，并配套设置瓦斯传感器，设点检查瓦斯。

（9）及时淘汰国家明令禁止使用的电气设备，存在安全隐患的电气设备一律不准入井。严把电气设备入井关，对存在安全隐患的电气设备入井的要严肃追查。

（10）提升煤与瓦斯突出矿井防治标准和水平。煤与瓦斯突出矿井以及有煤与瓦斯异常涌出现象的矿井必须明确目标，制定规划，确定重点，有计划地推进保护层开采和区域预抽，做到"不采突出面，不掘突出头"，同时严格落实"四位一体"防突措施。背、向斜构造，逆、正向断层，冲刷剥（侵）蚀、滑（错）动，以及煤体遇有软分层等特殊地点以及近距离煤层作业、揭煤、穿煤（包括不明煤层）等特殊作业必须编制专项防突设计，采取有效防突措施。

（11）所有矿井必须限期淘汰过滤式自救器，全部使用隔离式自救器。提高个人防护装备标准，增强群体抗灾能力，高瓦斯矿井、煤与瓦斯突出矿井必须全部使用隔离式自救器。

【学习自测】

1.（判断题）在有瓦斯、煤尘爆炸危险的井下场所，电气短路不会引起瓦斯、煤尘爆炸。（　　）

2.（单选题）恢复停风巷道通风前，必须检查瓦斯。只有在局部通风机及其开关附近 10 m 以内风流中的瓦斯浓度都不超过（　　）%时，方可人工开启局部通风机。

A. 1.0　　　　　　B. 0.5　　　　　　C. 0.75　　　　　　D. 1.5

3.（多选题）在作出瓦斯、煤尘爆炸事故抢险救灾决策前，必须分析判断的内容有（　　）。

A. 是否切断灾区电源

B. 是否会诱发火灾和连续爆炸

C. 通风系统的破坏程度

D. 可能的影响范围

参考答案：1. ×　2. B　3. BCD

第三章　煤与瓦斯突出事故

第一节　煤与瓦斯突出事故概述

煤与瓦斯突出是一种典型的瓦斯特殊涌出现象,即在压力作用下,破碎的煤与瓦斯由煤体内突然向采掘空间大量喷出的现象。煤与瓦斯突出是煤矿井下生产的一种强大的自然灾害,严重威胁着煤矿的安全生产,具有极大的破坏性。每次突出前都有预兆出现,但出现预兆的种类和时间是不同的,熟悉和掌握预兆对于及时撤出人员、减少伤亡具有重要的意义。

【分类】

根据发生的动力形式,可以分为煤与瓦斯突出、煤的突然倾出伴随瓦斯涌出(简称煤的突然倾出)和煤的突然压出伴随瓦斯涌出(简称煤的突然压出)三种类型。

(一)煤与瓦斯突出

在地应力和瓦斯压力的共同作用下,破碎的煤(岩)和瓦斯(二氧化碳)从煤体内突然喷出到采掘空间的动力现象叫煤(岩)与瓦斯(二氧化碳)突出。其特征有:

(1)突出的煤向外抛出距离较远,从数米到数百米不等。

(2)抛出的煤堆积坡度小于煤的自然安息角,具有分选现象。

(3)抛出的煤破碎程度较高,含有大量的粉煤和煤尘。

(4)突出有明显的动力效应,如破坏支架、推倒矿车、摧毁风门、破坏设备、搬运煤(岩)等。

(5)突出时,伴随大量瓦斯涌出,使回风流瓦斯较长时间超限,有时还会发生逆流;其波及范围视其强度和矿井通风能力可达一个或几个采区乃至全矿井。

(6)突出后的孔洞形状呈口小腔大的梨形、舌形、倒瓶形及其他形状;多数位于巷道的上方或回风隅角。

(二)煤的突然倾出

在地应力的作用下,采掘工作面煤体受到破坏后,其自重力超过煤层的凝聚力和与围岩的摩擦力,加之瓦斯在一定程度上参与作用,破碎而松散的煤炭突然向采掘空间倾出,并伴随涌出大量瓦斯的现象叫煤的突然倾出。其特征有:

(1)倾出的煤就地按自然安息角堆积,不显示气体搬运特征,无分选现象。

(2)倾出后的孔洞形状多为口大腔小,孔洞轴线沿煤层倾斜或铅垂(厚煤层)方向发展。

(3)无明显动力效应。

(4)倾出常发生在煤质松软的急倾斜煤层中。

(5)巷道瓦斯(二氧化碳)涌出量明显增加,但时间短,一般不出现逆流现象。

(三) 煤的突然压出

在地应力,尤其是采掘集中应力的作用下,采掘工作面的煤体被抛出或发生位移,并伴随大量瓦斯涌出的现象叫煤的突然压出。其特征有:

(1) 压出有两种形式,即煤的整体位移或煤有一定距离的抛出,但位移和抛出的距离都较小。

(2) 压出后,在煤层与顶板之间的裂隙中常留有细煤粉,整体位移的煤体上有大量的裂隙。

(3) 压出的煤呈块状,无分选现象。

(4) 压出时,巷道瓦斯(二氧化碳)涌出量增大。

(5) 压出后可能无孔洞或孔洞呈口大腔小的楔形、半圆形。

【强度的划分】

煤与瓦斯突出规模有很大的差别,常用突出强度来表述。突出强度用每次突出中抛出的煤(岩)量(t)和涌出的瓦斯量(m^3)来衡量,因瓦斯量计量困难,通常将突出的煤(岩)量作为划分依据,一般分为四种:

(1) 小型突出:突出强度<100 t。

(2) 中型突出:突出强度100~500 t(含100 t)。

(3) 大型突出:突出强度500~1 000 t(含500 t)。

(4) 特大突出:突出强度≥1 000 t。

【规律】

(1) 突出与地质构造的关系:突出多发生在地质构造带内,如断层、褶曲和火成岩侵入区附近。

(2) 突出与瓦斯的关系:煤层中的瓦斯压力与含量是突出的重要因素之一。一般说来,瓦斯压力和瓦斯含量越大,突出的危险性越大,但突出与煤层的瓦斯压力和瓦斯含量之间没有固定的关系,瓦斯压力低、瓦斯含量小的煤层可能发生突出,而瓦斯压力高、瓦斯含量大的煤层也可能不发生突出,因为突出是多种因素综合作用的结果。

(3) 突出与地压的关系:地压愈大,突出的危险性愈大。当深度增加时,突出的次数和强度都可能增加;在应力集中区内突出的危险性增加。

(4) 突出与煤层构造的关系:煤层构造主要指煤的破坏类型和煤的强度。一般情况下煤的破坏类型愈高、强度愈小,突出的危险性愈大,故突出多发生在软煤层或软分层中。

(5) 突出与围岩性质的关系:若煤层顶底板为坚硬而致密的岩层且厚度较大时,其集中应力较大,瓦斯不易排放,故突出危险性较大;反之则较小。若顶底板中具有容易风化和遇水变软的岩层时,突出危险性将减小。

(6) 突出与水文地质的关系:实践表明,煤层比较湿润,矿井涌水量较大,则突出危险性较小;反之则较大。这是因为地下水流动可带走瓦斯,溶解某些矿物,给瓦斯流动创造了条件。

(7) 突出具有延期性:突出的延期性变化就是震动爆破后没有立即诱导突出,而是相隔一段时间后才发生突出。其延迟时间可从几分钟到几小时。

【预兆】

绝大多数的煤与瓦斯突出在突出发生前都有预兆,没有预兆的突出是极少数的。突出的预兆可分为有声预兆和无声预兆。

（一）有声预兆

（1）响煤炮。由于各矿区、各采掘工作面的地质条件、采掘方法、瓦斯及煤质特征的不同，所以预兆声音的大小、间隔时间、在煤体深处发出的响声种类也不同，有的像炒豆似的噼噼啪啪声，有的像鞭炮声，有的像机关枪连射声，有的似跑车一样的闷雷、嘈杂、沙沙、嗡嗡声以及气体穿过含水裂缝时的吱吱声等。

（2）其他声音预兆。发生突出前，因压力突然增大，支架会出现嘎嘎响、劈裂折断声，煤岩壁会开裂，打钻时会喷煤、喷瓦斯等。

（3）当声响由远而近、由小而大、由断续变连续即是突出危险信号。

（二）无声预兆

（1）煤层结构构造方面表现为煤层层理紊乱，煤变软、变暗淡、无光泽，煤层干燥和煤尘增大，煤层受挤压褶曲变粉碎、厚度变大、倾角变陡。

（2）地压显现方面表现为压力增大，使支架变形，煤壁外鼓、片帮、掉渣，顶底板出现凸起台阶、断层、波状鼓起，手扶煤壁感到震动和冲击，炮眼变形装不进药，打眼时垮孔、顶夹钻等。

（3）其他方面的预兆有瓦斯涌出异常、忽大忽小，煤尘增大，空气气味异常、闷人，有时变热。

【处理】

下井人员必须随身携带隔离式自救器，熟悉工作地点的避灾路线。突出预兆并非每次突出时都同时出现，而是出现一种或几种。当发现有突出的预兆时，现场人员要立即按避灾路线撤离，撤离中快速打开隔离式自救器并佩戴好，迎着新鲜风流继续外撤；在掘进工作面时必须向外迅速撤至反向风门之外，之后把反向风门关好，然后继续外撤；要迅速将发生突出的地点、预兆情况以及人员撤离情况向调度室和所在工区值班人员汇报；立即切断突出地点及回风流中的一切电气设备的电源，撤离现场要关闭反向风门，并在突出区域或瓦斯流区域内设置栅栏，以防人员进入；当确定不能撤离突出的灾区时，如退路被堵或自救器有效时间不够，就要进入就近的避难硐室或压风自救装置处暂避，关好铁门，打开供气阀，做好自救，也可寻找有压缩空气管路的巷道、硐室躲避，这时要把管子的螺钉接头卸开，形成正压通风，延长避难时间，并设法与外界保持联系，等待救护队救援。

有些矿井出现了煤与瓦斯突出的某些预兆，但并不立即突出，过一段时间后才发生突出。遇到这种情况，现场人员不能犹豫不决，必须立即撤出，并佩戴好自救器。

第二节　煤与瓦斯突出事故案例（采煤工作面）

案例1　云南曲靖某矿采煤工作面区域治理不到位重大煤与瓦斯突出事故

【事故经过】

2012年12月5日，云南曲靖某矿一号井在矿井已被停产整顿且没有任何瓦斯抽采系统的情况下,擅自挖开密闭墙组织生产,一号井110212采煤工作面爆破作业引发煤与瓦斯突出事故。事故发生时,当班下井66人,作业分南、北两个采煤工作面,其中南翼39人、北翼110212采煤工作面27人。这起事故导致17人遇难、6人受伤,直接经济损失4 119万元。

【事故原因】

(一)直接原因

(1)瓦斯区域治理措施不到位,在煤层没有消突情况下组织生产。

(2)对地质构造突出征兆重视不够,没有采取有效控制应对措施。

(二)间接原因

(1)瓦斯抽采系统缺失或抽采不到位,矿井瓦斯治理人员配备不齐。

(2)领导及安全监控人员对瓦斯超限报警不敏感,未及时发现并判断事故发生可能性,未能采取应急措施。

(3)培训工作不到位,职工缺乏自救意识,应急处置能力差。

(4)矿井主体责任落实不到位,安全生产责任不清,管理机制不健全。

(5)矿井无证或停产整顿矿井借整改之名超许可范围非法组织生产,违规作业。

【制度规定】

(1)《防治煤与瓦斯突出细则》第六条:"防突工作必须坚持'区域综合防突措施先行、局部综合防突措施补充'的原则,按照'一矿一策、一面一策'的要求,实现'先抽后建、先抽后掘、先抽后采、预抽达标'。突出煤层必须采取两个'四位一体'综合防突措施,做到多措并举、可保必保、应抽尽抽、效果达标,否则严禁采掘活动。"

(2)《防治煤与瓦斯突出细则》第二十五条第三项:"在突出煤层顶、底板掘进岩巷时,地质测量部门必须提前进行地质预测,编制巷道剖面图,及时掌握施工动态和围岩变化情况,验证提供的地质资料,并定期通报给煤矿防突机构和采掘区(队);遇有较大变化时,随时通报。"

(3)《防治煤与瓦斯突出细则》第四十一条第一款:"突出矿井的管理人员和井下工作人员必须接受防突知识的培训,经考试合格后方可上岗作业。"

(4)《煤矿安全规程》第四条:"从事煤炭生产与煤矿建设的企业(以下统称煤矿企业)必须遵守国家有关安全生产的法律、法规、规章、规程、标准和技术规范。煤矿企业必须加强安全生产管理,建立健全各级负责人、各部门、各岗位安全生产与职业病危害防治责任制。煤矿企业必须建立健全安全生产与职业病危害防治目标管理、投入、奖惩、技术措施审批、培训、办公会议制度,安全检查制度,安全风险分级管控工作制度,事故隐患排查、治理、报告制度,事故报告与责任追究制度等。煤矿企业必须制定重要设备材料的查验制度,做好检查验收和记录,防爆、阻燃抗静电、保护等安全性能不合格的不得入井使用。煤矿企业必须建立各种设备、设施检查维修制度,定期进行检查维修,并做好记录。煤矿必须制定本单位的作业规程和操作规程。"

(5)《煤矿安全规程》第五条:"煤矿企业必须设置专门机构负责煤矿安全生产与职业病危害防治管理工作,配备满足工作需要的人员及装备。"

【防范措施】

(1)加强职工的安全思想教育和培训工作,强化对各级从业人员的安全警示教育和安全技术培训,增强安全意识,落实岗位安全责任,杜绝现场违章指挥、违章作业等行为。

(2) 加强对前方构造煤、断层等地质构造的探测工作,充分利用人工观测、物探和钻探、锚杆钻孔施工等手段,综合分析地质构造、煤层赋存条件变化等现象,提高地质构造预报的准确率。

(3) 加强地质资料收集、分析和探查,准确掌握回采区域内煤层赋存状况、瓦斯赋存规律、地质构造形态,为制定、落实有针对性的防突措施提供依据。

(4) 矿井必须设置专门机构负责安全生产与瓦斯防治管理工作,配备满足工作需要的人员及装备。

(5) 明确瓦斯突出的避灾路线并加强培训和日常教育,使从业人员熟悉避灾路线。

【学习自测】

1. (判断题)造成此次事故的直接原因是矿井主体责任落实不到位。(   )
2. (多选题)突出煤层必须采取两个"四位一体"综合防突措施,做到(   ),否则严禁采掘活动。

   A. 多措并举　　　　　　　　　B. 可保必保
   C. 应抽尽抽　　　　　　　　　D. 效果达标

3. (多选题)防突工作必须坚持"区域综合防突措施先行、局部综合防突措施补充"的原则,按照"一矿一策、一面一策"的要求,实现"(   )"。

   A. 先抽后建　　　　　　　　　B. 先抽后掘
   C. 先抽后采　　　　　　　　　D. 预抽达标

参考答案:1. ×　2. ABCD　3. ABCD

案例2　湖北恩施某矿采煤工作面应力集中区回采重大煤与瓦斯突出事故

【事故经过】

2016年12月5日16时5分,湖北恩施某矿+617 m采煤工作面16人入井后,进入工作面采煤。19时10分,工作面上部发出"轰轰"的响声,并有大量的煤粉涌到装载点处,风流逆向,煤尘弥漫看不清,在装载点附近作业的5人立即向三石门外跑,进入主平硐内。19时15分,张某采用三石门的电话向地面调度室报告:"+617 m采煤工作面发生了突出事故"。

根据某矿地面监控中心监控站显示的+617 m采煤工作面下出口装载点处甲烷传感器瞬间超限报警情况,认定该事故发生时间为19时10分,事故发生时井下共有作业人员46人,其中事故工作面作业人员16人,事发后,5人安全出井,11人遇难,造成直接经济损失1 531.5万元。

【事故原因】

(一) 直接原因

某矿开采煤层具有突出危险性,+617 m采煤工作面位于采动应力集中区,未按规定采取防治煤与瓦斯突出措施,在未消除突出危险的情况下违法生产,割煤机扰动诱发煤与瓦斯突出。

(二)间接原因

(1)没有执行《防治煤与瓦斯突出规定》。2013年7月2日,相邻开采同一组煤层的某矿二号井发生煤与瓦斯突出事故,该矿没有按照《防治煤与瓦斯突出规定》要求按突出矿井进行管理。2015年11月19日,在+617 m南三石门运输巷掘进过程中发生响煤炮、卡钻等瓦斯动力现象后,矿井没有按照《防治煤与瓦斯突出规定》的规定重新进行煤与瓦斯突出危险性鉴定,没有按突出煤层管理,没有向有关部门报告。

(2)采掘部署和通风管理混乱。边角煤采区采用明令禁止的前进式采煤和巷道式采煤,没有布置专用回风上山。+660 m回风平巷没有按照设计施工到采区边界,+617 m采煤工作面采过+660 m回风平巷与工作面的联络点后,工作面的回风无法按照设计从+660 m回风平巷进入采区回风上山,而是经过采区上部采空区维护巷道(+660~+686 m区段开切眼、+686~+720 m区段边界回风上山)回到总回风巷。矿井在+660 m回风巷上部违规布置采煤作业点,并利用局部通风机供风,没有形成全风压通风,工作面回风同+617 m采煤工作面(事故地点)回风一起经过采空区排入总回风巷。

(3)技术管理混乱。矿井在发生动力现象后,没有编制防突专项设计,编制的+617 m采煤工作面排放瓦斯措施严重不符合要求,措施无效。没有测定煤层瓦斯含量、压力等与突出危险性相关的参数,没有采取区域防突措施,没有进行瓦斯排放效果检验,无法确定采煤工作面煤层是否消除突出危险性。

(4)安全管理混乱。矿井实际生产过程中的安全管理人员与文件任命的安全管理人员及职责不一致,部分安全管理人员不清楚自己的管理职责。+617 m采煤工作面的作业工人没有经过岗前培训就上岗作业,部分安全员和瓦斯检查工没有取得特殊工种上岗证,防突队成员进矿后没有进行防突培训,不具备防突的能力。该矿没有配备机电副矿长。

(5)违反监管指令违法生产。2016年9月28日,湖北省煤矿交叉执法检查时,发现该矿存在"+617 m采煤工作面、+660 m回风巷未安装甲烷传感器""+617 m采煤工作面利用采空区回风""未严格执行瓦斯检查制度"等21条隐患,责令矿井停产整改,隐患整改结束后报某县安监局复查合格后才能恢复生产。但该矿无视监管监察指令,在隐患未整改到位且未申报某县安监局验收的情况下,擅自于10月20日安排人员到+617 m采煤工作面采煤。

【制度规定】

(1)《防治煤与瓦斯突出细则》第二十五条第三项:"在突出煤层顶、底板掘进岩巷时,地质测量部门必须提前进行地质预测,编制巷道剖面图,及时掌握施工动态和围岩变化情况,验证提供的地质资料,并定期通报给煤矿防突机构和采掘区(队);遇有较大变化时,随时通报。"

(2)《防治煤与瓦斯突出细则》第十一条第一款:"突出煤层鉴定应当首先根据实际发生的瓦斯动力现象进行,瓦斯动力现象特征基本符合煤与瓦斯突出特征或者抛出煤的吨煤瓦斯涌出量大于等于30 m³(或者为本区域煤层瓦斯含量2倍以上)的,应当确定为煤与瓦斯突出,该煤层为突出煤层。"

(3)《防治煤与瓦斯突出细则》第二十三条第一款:"突出矿井必须确定合理的采掘部署,使煤层的开采顺序、巷道布置、采煤方法、采掘接替等有利于区域防突措施的实施。"

(4)《煤矿安全规程》第四条:"从事煤炭生产与煤矿建设的企业(以下统称煤矿企业)必

须遵守国家有关安全生产的法律、法规、规章、规程、标准和技术规范。煤矿企业必须加强安全生产管理,建立健全各级负责人、各部门、各岗位安全生产与职业病危害防治责任制。煤矿企业必须建立健全安全生产与职业病危害防治目标管理、投入、奖惩、技术措施审批、培训、办公会议制度,安全检查制度,安全风险分级管控工作制度,事故隐患排查、治理、报告制度,事故报告与责任追究制度等。煤矿企业必须制定重要设备材料的查验制度,做好检查验收和记录,防爆、阻燃抗静电、保护等安全性能不合格的不得入井使用。煤矿企业必须建立各种设备、设施检查维修制度,定期进行检查维修,并做好记录。煤矿必须制定本单位的作业规程和操作规程。"

(5)《安全生产非法违法行为查处办法》第四条:"任何单位和个人从事生产经营活动,不得违反安全生产法律、法规、规章和强制性标准的规定。生产经营单位主要负责人对本单位安全生产工作全面负责,并对本单位安全生产非法违法行为承担法律责任;公民个人对自己的安全生产非法违法行为承担法律责任。"

(6)《煤矿重大事故隐患判定标准》第十八条:"'其他重大事故隐患',是指有下列情形之一的:(一)未分别配备专职的矿长、总工程师和分管安全、生产、机电的副矿长,以及负责采煤、掘进、机电运输、通风、地测、防治水工作的专业技术人员的。……(五)图纸作假、隐瞒采掘工作面,提供虚假信息,隐瞒下井人数,或者矿长、总工程师(技术负责人)履行安全生产岗位责任制及管理制度时伪造记录,弄虚作假的。"

【防范措施】

(1)矿井应按规定对煤层进行煤与瓦斯突出危险性鉴定,或者直接按照突出煤层进行管理,采取区域和局部综合防突措施。

(2)严格落实两个"四位一体"综合防突措施,建立完善的综合防突措施实施、检查、验收、审批等管理制度,把每一个环节都落实到人,层层把关,责任明确,考核严明。

(3)根据实际地质情况采取有针对性的区域防突措施,确保有效消除突出危险性。

(4)突出矿井必须确定合理的采掘部署,使煤层的开采顺序、巷道布置、采煤方法、采掘接替等有利于区域防突措施的实施。

(5)突出矿井、有突出煤层的采区应当有独立的回风系统,并实行分区通风,采区回风巷和区段回风石门是专用回风巷。突出煤层采掘工作面回风应当直接进入专用回风巷。

(6)采煤工作面出现打钻喷孔、卡钻等瓦斯动力现象、区域验证指标超标情况,必须立即停止作业,对异常区域重新补充有针对性的区域防突措施。

(7)加强防突知识培训,确保人人熟悉防突知识。

(8)加强安全监管队伍建设,完善监管机构建设,充实监管人员数量,增强专业技术力量,提高履职能力和监管效果,为煤矿安全生产工作创造条件。

【学习自测】

1.(判断题)突出煤层采掘工作面回风应当直接进入专用回风巷。(   )

2.(单选题)突出矿井必须确定合理的采掘部署,使煤层的开采顺序、巷道布置、采煤方法、(   )等有利于区域防突措施的实施。

  A. 采煤工艺   B. 采煤设备

  C. 采掘接替   D. 抽采达标

3.(多选题)突出煤层鉴定应当首先根据实际发生的瓦斯动力现象进行,瓦斯动力现象特征基本符合(　　)特征之一的,应当确定为煤与瓦斯突出,该煤层为突出煤层。

A. 煤与瓦斯突出

B. 抛出煤的吨煤瓦斯涌出量大于或等于 30 m³

C. 抛出煤的吨煤瓦斯涌出量大于或等于 20 m³

D. 抛出煤的吨煤瓦斯涌出量为本区域煤层瓦斯含量 2 倍以上的

参考答案:1. √　　2. C　　3. ABD

案例 3　湖南郴州某矿采煤工作面遇构造引起较大煤与瓦斯突出事故

【事故经过】

2019 年 5 月 28 日中班,总工程师组织召开班前会,共安排 23 人入井作业,其中,3463 工作面安排 6 人。16 时左右,6 名作业人员到达 3463 工作面后,一部分人开始移柱放顶,另一部分人在工作面距离机运巷 3 m 处放煤。17 时 40 分,3463 工作面发生了煤与瓦斯突出事故,造成 5 人死亡、1 人受伤,直接经济损失 718.5 万元。

【事故原因】

(一)直接原因

3463 工作面处于地质构造变化带,煤层突然变厚;工作面处于孤岛煤柱中,属应力集中区;煤层未消突,违章放顶煤诱导煤与瓦斯突出,涌出大量高浓度瓦斯,导致作业人员伤亡。

(二)间接原因

(1)拒不执行监管指令,违法组织生产。拒不执行 2019 年 5 月 17 日以来县、乡下达的停止井下一切作业的指令,擅自在 3463 工作面违法组织生产。

(2)蓄意瞒报作业地点,逃避安全监管。一是不在采掘工程平面图上标注 3463 工作面,迎检时,也不向各级监管监察部门汇报;二是 3463 工作面的监控数据人为不上传至地面监控中心;三是 3463 工作面作业人员不携带人员定位识别卡。

(3)违章指挥,冒险作业。一是工作面瓦斯治理不到位。工作面区域防突措施设计、区域瓦斯抽采达标评判不符合相关技术规定,瓦斯抽采未达标,没有消除突出危险,2019 年 5 月 24 日回采以来,未进行防突预测预报,也未实施有效的局部防突措施。二是事故工作面通风系统不完善不可靠,随意施工中间联络巷,风流不稳定,风量严重不足。三是违规放顶煤开采。3463 工作面煤层有突出危险性,采用单体液压支柱和 π 梁支护,放顶煤开采,不符合《煤矿安全规程》第一百一十五条要求。四是事故工作面监控系统不完善。该工作面未按规定安设传感器,且数据不上传。五是瓦斯检查制度不落实。事故当班未检查瓦斯,相关人员没有停止作业,进行隐患整改,反而违章指挥、冒险作业。

(4)采掘工程部署不合理。事故工作面布置在孤岛煤柱中,造成应力集中。

【制度规定】

(1)《防治煤与瓦斯突出细则》第二十三条第一款:"突出矿井必须确定合理的采掘部署,使煤层的开采顺序、巷道布置、采煤方法、采掘接替等有利于区域防突措施的实施。"

(2)《防治煤与瓦斯突出细则》第二十五条第三项:"在突出煤层顶、底板掘进岩巷时,地质测量部门必须提前进行地质预测,编制巷道剖面图,及时掌握施工动态和围岩变化情况,验证提供的地质资料,并定期通报给煤矿防突机构和采掘区(队);遇有较大变化时,随时通报。"

(3)《煤矿安全规程》第八条:"……从业人员有权制止违章作业,拒绝违章指挥;当工作地点出现险情时,有权立即停止作业,撤到安全地点;当险情没有得到处理不能保证人身安全时,有权拒绝作业。从业人员必须遵守煤矿安全生产规章制度、作业规程和操作规程,严禁违章指挥、违章作业。"

(4)《煤矿安全规程》第一百九十一条:"突出矿井的防突工作必须坚持区域综合防突措施先行、局部综合防突措施补充的原则。区域综合防突措施包括区域突出危险性预测、区域防突措施、区域防突措施效果检验和区域验证等内容。局部综合防突措施包括工作面突出危险性预测、工作面防突措施、工作面防突措施效果检验和安全防护措施等内容。突出矿井的新采区和新水平进行开拓设计前,应当对开拓采区或者开拓水平内平均厚度在0.3 m以上的煤层进行突出危险性评估,评估结论作为开拓采区或者开拓水平设计的依据。对评估为无突出危险的煤层,所有井巷揭煤作业还必须采取区域或者局部综合防突措施;对评估为有突出危险的煤层,按突出煤层进行设计。突出煤层突出危险区必须采取区域防突措施,严禁在区域防突措施效果未达到要求的区域进行采掘作业。施工中发现有突出预兆或者发生突出的区域,必须采取区域综合防突措施。经区域验证有突出危险,则该区域必须采取区域或者局部综合防突措施。按突出煤层管理的煤层,必须采取区域或者局部综合防突措施。在突出煤层进行采掘作业期间必须采取安全防护措施。"

(5)《安全生产非法违法行为查处办法》第四条第一款:"任何单位和个人从事生产经营活动,不得违反安全生产法律、法规、规章和强制性标准的规定。"

【防范措施】

(1)进一步做好瓦斯地质管理工作。加强地质资料收集、分析和探查,准确掌握回采区域内煤层赋存状况、瓦斯赋存规律、地质构造形态,为制定、落实有针对性的防突措施提供依据。

(2)根据实际地质情况采取有针对性的区域防突措施。对于煤层厚度变化大、地质构造复杂矿井,必须研究制定适合本矿地质条件的区域性瓦斯治理方法,保证有效消除突出危险。

(3)加强抽采钻孔设计管理。强化防突抽采钻孔的检查和验收工作,确保钻孔按设计要求施工到位,石门揭煤、集中应力区和地质构造带(包括煤层变厚带)应对钻孔轨迹进行测量,严禁出现抽采空白区。

(4)企业针对矿井隐蔽工程,采用假密闭、假图纸等手段蓄意逃避监管的行为,要认真研究对策,制定切实可行的监管措施。

(5)突出矿井必须确定合理的采掘部署,使煤层的开采顺序、巷道布置、采煤方法、采掘接替等有利于区域防突措施的实施。

(6)加强从业人员防突知识培训,确保人人熟悉防突知识。

(7)完善安全监管工作机制,明确安检员工作职责和工作内容,发现违法违规行为要及时制止并向有关部门报告,对知情不报的要严肃追责,充分发挥安检员作用。

(8)安全监控平台进行升级改造,完成与企业监控平台联网,建立健全矿井安全监控平台岗位责任制和监控预警机制,完善分级处置制度,加强值班值守,确保监控有效、处置到位。

(9) 明确瓦斯突出的避灾路线并加强培训和日常教育,使从业人员熟悉避灾路线。

【学习自测】

1. (判断题)要准确掌握回采区域内煤层赋存状况、瓦斯赋存规律、地质构造形态,为制定、落实有针对性的防突措施提供依据。( )

2. (单选题)区域综合防突措施包括( )、区域防突措施、区域防突措施效果检验和区域验证等内容。

　　A. 区域突出危险性预测　　　　　　B. 区域验证
　　C. 区域预测　　　　　　　　　　　D. 区域防突措施

3. (多选题)任何单位和个人从事生产经营活动,不得违反安全生产( )的规定。

　　A. 法律　　　　　　　　　　　　　B. 法规
　　C. 规章　　　　　　　　　　　　　D. 强制性标准

参考答案:1. √　2. A　3. ABCD

案例 4　贵州某矿采煤工作面超鉴定范围生产引起较大煤与瓦斯突出事故

【事故经过】

2019 年 7 月 29 日 0 时 30 分左右,接上一班工作,东下山采煤工作面启动采煤机从采煤工作面中部往下割煤,当采煤机运行至距下出口约 15 m 时,采煤工作面距下出口约 30 m 处发生煤与瓦斯突出。煤矿安全监控系统显示:2 时 0 分 58 秒,总回风巷瓦斯浓度超限(超过 0.75%);2 时 1 分 36 秒,总回风巷瓦斯浓度达到传感器最大量程,为 3.99%;2 时 10 分,值班的调度主任陈某某接到电话汇报东下山采煤工作面发生事故。

经事故调查组、专家组现场勘察综合分析认定,7 月 29 日 2 时 00 分,东下山采煤工作面采煤机割煤作业时发生煤与瓦斯突出,突出煤量 132 t,突出瓦斯量 7 067 m^3,造成 4 人死亡、2 人轻伤,直接经济损失 731.72 万元。

【事故原因】

(一) 直接原因

K_7 煤层具有突出危险性,超过突出危险性鉴定范围组织生产,未采取任何防突措施,煤体未消突;事故点煤层煤体松软,断层构造应力和采煤工作面顶板初次来压应力叠加,采煤机割煤诱发煤与瓦斯突出,造成事故。

(二) 间接原因

1. 蓄意违法违规组织生产,主体责任不落实

(1) 违法违规组织生产。一是越界非法开采,盗采煤炭资源。东下山采煤工作面已超出矿界范围,最远越界距离 260 m,最大超深 114 m。二是弄虚作假、逃避监管,采取隐蔽区域不上图、临时密闭、不安设安全监控、出入井检身记录两本账及作业人员不带人员定位识别卡等方式违法违规组织生产。

(2) 未采取任何防突措施。矿井处于国家划定的突出矿区,明知东下山采煤工作面已超出煤与瓦斯突出鉴定范围,出现煤壁片帮、响"煤炮"声、煤壁松软、煤层层理紊乱等征兆

后,未测定相关参数,未采取防突措施。

(3) 违章指挥工人在不具备安全生产条件的隐蔽区域作业。一是隐蔽区域无设计,东下山采煤工作面无作业规程;二是东下山采煤工作面通风线路长,存在多条联络巷,采用风帘、单道风门作为通风设施,通风系统不稳定、不可靠,供风量不足;三是瓦斯检查和瓦斯超限撤人制度不落实,瓦斯检查人员无特种作业资格证;四是隐蔽区域不安装安全监控系统和人员位置监测系统,未安装压风自救装置。

(4) 安全管理混乱。一是将东下山采煤工作面发包给不具备资质的个人组织生产,由实际控制人亲自管控,煤矿安全管理机构和安全管理人员不履行管理职责,造成东下山采煤工作面现场安全管理失控;二是隐蔽区域无图纸,测风、瓦斯检查等数据不建台账。

(5) 蓄意瞒报谎报事故。事故发生后,未向有关部门报告,采取转移遇难者遗体、密闭事故区域、删除安全监控数据、关闭视频监控电源等手段瞒报事故;在有关部门到矿核查时,采取谎报事故地点、事故类别以及相关人员串供等方式对抗调查。

2. 某矿业集团有限公司对下属煤矿管理不力

(1) 公司对下属煤矿及监控中心管控不力。下属煤矿独立经营核算,对某矿的安全生产工作未做到真管真控;未检查出某矿布置隐蔽工程的行为,对某矿非法违法生产行为和安全管理混乱失察;7 月 29 日 2 时许,某矿总回风巷甲烷传感器监测瓦斯浓度最大值达 3.99%,超限持续时间 18 min,值班人员未按规定向县工业和信息化局及公司汇报。

(2) 安全管理机构不健全,人员配置不到位。下属煤矿中有煤与瓦斯突出矿井,未设置专门的防治煤与瓦斯突出管理机构;公司安环部、生产技术部仅有部长 1 人,未配备工作人员;通防部、机电部分别由通防副总、机电副总兼任部门负责人,未配备工作人员。

【制度规定】

(1)《防治煤与瓦斯突出细则》第六条:"防突工作必须坚持'区域综合防突措施先行、局部综合防突措施补充'的原则,按照'一矿一策、一面一策'的要求,实现'先抽后建、先抽后掘、先抽后采、预抽达标'。突出煤层必须采取两个'四位一体'综合防突措施,做到多措并举、可保必保、应抽尽抽、效果达标,否则严禁采掘活动。在采掘生产和综合防突措施实施过程中,发现有喷孔、顶钻等明显突出预兆或者发生突出的区域,必须采取或者继续执行区域防突措施。"

(2)《防治煤与瓦斯突出细则》第二十五条第三项:"在突出煤层顶、底板掘进岩巷时,地质测量部门必须提前进行地质预测,编制巷道剖面图,及时掌握施工动态和围岩变化情况,验证提供的地质资料,并定期通报给煤矿防突机构和采掘区(队);遇有较大变化时,随时通报。"

(3)《防治煤与瓦斯突出细则》第三十五条第一款:"有突出矿井的煤矿企业主要负责人应当每季度、突出矿井矿长应当每月至少进行 1 次防突专题研究,检查、部署防突工作,解决防突所需的人力、财力、物力,确保抽、掘、采平衡和防突措施的落实。"

(4)《防治煤与瓦斯突出细则》第三十六条第一款:"有突出煤层的煤矿企业、煤矿应当设置满足防突工作需要的专业防突队伍。"

(5)《煤矿安全规程》第四条:"从事煤炭生产与煤矿建设的企业(以下统称煤矿企业)必须遵守国家有关安全生产的法律、法规、规章、规程、标准和技术规范。煤矿企业必须加强安全生产管理,建立健全各级负责人、各部门、各岗位安全生产与职业病危害防治责任制。煤矿企业必须建立健全安全生产与职业病危害防治目标管理、投入、奖惩、技术措施审批、培训、办公会议制度,安全检查制度,安全风险分级管控工作制度,事故隐患排查、治理、报告制度,事故报告与责任追究制度等。煤矿企业必须制定重要设备材料的查验制度,做好检查验收和记录,防爆、阻燃抗静电、保护等安全性能不合格的不得入井使用。煤矿企业必须建立各种设备、设施检查维修制度,定期进行检查维修,并做好记录。煤矿必须制定本单位的作业规程和操作规程。"

(6)《煤矿安全规程》第八条:"煤矿安全生产与职业病危害防治工作必须实行群众监督。煤矿企业必须支持群众组织的监督活动,发挥群众的监督作用。从业人员有权制止违章作业,拒绝违章指挥;当工作地点出现险情时,有权立即停止作业,撤到安全地点;当险情没有得到处理不能保证人身安全时,有权拒绝作业。从业人员必须遵守煤矿安全生产规章制度、作业规程和操作规程,严禁违章指挥、违章作业。"

(7)《煤矿安全规程》第九条:"煤矿企业必须对从业人员进行安全教育和培训。培训不合格的,不得上岗作业。主要负责人和安全生产管理人员必须具备煤矿安全生产知识和管理能力,并经考核合格。特种作业人员必须按国家有关规定培训合格,取得资格证书,方可上岗作业。矿长必须具备安全专业知识,具有组织、领导安全生产和处理煤矿事故的能力。"

(8)《煤矿安全规程》第四百九十四条:"矿调度室值班人员应当监视监控信息,填写运行日志,打印安全监控日报表,并报矿总工程师和矿长审阅。系统发出报警、断电、馈电异常等信息时,应当采取措施,及时处理,并立即向值班矿领导汇报;处理过程和结果应当记录备案。"

(9)《生产安全事故报告和调查处理条例》第二章第九条第一款:"事故发生后,事故现场有关人员应当立即向本单位负责人报告;单位负责人接到报告后,应当于1小时内向事故发生地县级以上人民政府安全生产监督管理部门和负有安全生产监督管理职责的有关部门报告。"

【防范措施】

(1)矿井应按规定进行煤层的瓦斯突出危险性鉴定,优化区域防突措施。

(2)严格落实两个"四位一体"的综合防突措施,建立完善综合防突措施实施、检查、验收、审批等管理制度,把每一个环节都落实到人,层层把关,责任明确,考核严明。

(3)加强对前方构造煤、断层等地质构造的探测工作,充分利用人工观测、物探和钻探、锚杆钻孔施工等手段,综合分析地质构造、煤层赋存条件变化等现象,提高地质构造预报的准确率。

(4)建立以总工程师为首的防突技术管理体系,配备专职通风(防突)副总工程师,配备防突专业技术人员,设立专业防突机构和防突队伍,确保防突措施施工到位,措施有效。

(5)加强防突知识培训,对井下从业人员进行全员防突知识培训,确保人人熟悉防突知识。

(6)完善安全监管工作机制,明确安检员工作职责和工作内容,发现违法违规行为要及时制止并向有关部门报告,对知情不报的要严肃追责,充分发挥安检员作用。

(7)企业针对矿井隐蔽工程,采用假密闭、假图纸等手段蓄意逃避监管的行为,要认真研究对策,制定切实可行的监管措施。

(8)建立健全矿井安全监控平台岗位责任制和监控预警机制,完善分级处置制度,加强值班值守,确保监控有效、处置到位。

【学习自测】

1. (判断题)有突出矿井的煤矿企业主要负责人应当每季度、突出矿井矿长应当每月至少进行2次防突专题研究。( )

2. (单选题)有突出矿井的煤矿企业主要负责人应当每季度、突出矿井矿长应当每月至少进行( )次防突专题研究。
A. 1   B. 2   C. 3   D. 4

3. (多选题)煤矿企业必须建立健全安全生产与职业病危害防治目标管理、投入、奖惩、技术措施审批、培训、办公会议制度,安全检查制度,事故隐患( )、治理、报告制度,事故报告与( )制度等。
A. 排查   B. 责任追究   C. 检查   D. 问责

参考答案:1. ×   2. A   3. A,B

第三节　煤与瓦斯突出事故案例(掘进工作面)

案例1　河南许昌某矿煤层变厚打钻引起重大煤与瓦斯突出事故

【事故经过】

2008年8月1日1时3分,河南许昌某矿发生一起重大煤与瓦斯突出事故,突出煤量2 555 t,突出瓦斯量26万 m^3,造成23人死亡,直接经济损失830万元。

2008年8月1日0点班,共有14人在12190机巷作业,0时30分左右,开始使用ZDY-400型钻机施工超前预抽瓦斯抽采孔。1时2分许,正在12190机巷760 m处的瓦斯检查工郭某某和检修工赵某某听到几声"煤炮"声,并看到煤粉从掘进工作面方向涌过来,就立即跑进附近的避难硐室,同时向调度室报告了事故情况。这时,位于地面的通风调度值班人员通过安全监测系统发现12190机巷瓦斯浓度急剧升高,12190机巷T_1瓦斯传感器断线不能监测瓦斯浓度、T_2瓦斯传感器监测到的瓦斯浓度达到40%以上,井下12190风巷、二下采区总回风巷、一采区各作业地点等多处地点出现瓦斯超限情况。1时5分,采煤二队队长朱某某在井下通过电话向调度室报告12160采煤工作面发生风流逆转。

【事故原因】

(一)直接原因

12190机巷掘进工作面前方煤体松软,煤层由薄变厚,为瓦斯富集区;采取的防突措施没有消除突出危险,钻机施工瓦斯抽采孔引发突出。

(二)间接原因

(1)矿井防突工作人员对突出征兆信息的敏感性不强,未能及时收集、汇总、分析研究突出征兆信息,特别是对事故发生前一班在抽采孔施工过程中出现卡钻和瓦斯涌出增加的情况未予以高度重视,既没有向矿领导汇报,也没有采取停止作业等措施,使抽采孔施工工作继续进行。

(2) 矿井对防治突出工作重视不够,未采取区域性防治突出措施。同时,安全教育工作不到位,职工防治突出知识薄弱、意识不强。

(3) 矿井通风系统抗灾能力差,突出导致12160采煤工作面风流逆转造成事故扩大。

【制度规定】

(1)《防治煤与瓦斯突出细则》第六条:"防突工作必须坚持'区域综合防突措施先行、局部综合防突措施补充'的原则,按照'一矿一策、一面一策'的要求,实现'先抽后建、先抽后掘、先抽后采、预抽达标'。突出煤层必须采取两个'四位一体'综合防突措施,做到多措并举、可保必保、应抽尽抽、效果达标,否则严禁采掘活动。在采掘生产和综合防突措施实施过程中,发现有喷孔、顶钻等明显突出预兆或者发生突出的区域,必须采取或者继续执行区域防突措施。"

(2)《防治煤与瓦斯突出细则》第二十五条第三项:"在突出煤层顶、底板掘进岩巷时,地质测量部门必须提前进行地质预测,编制巷道剖面图,及时掌握施工动态和围岩变化情况,验证提供的地质资料,并定期通报给煤矿防突机构和采掘区(队);遇有较大变化时,随时通报。"

(3)《防治煤与瓦斯突出细则》第三十一条第二项:"突出矿井、有突出煤层的采区应当有独立的回风系统,并实行分区通风,采区回风巷和区段回风石门是专用回风巷。突出煤层采掘工作面回风应当直接进入专用回风巷。准备采区时,突出煤层掘进巷道的回风不得经过有人作业的其他采区回风巷。"

(4)《防治煤与瓦斯突出细则》第四十一条:"突出矿井的管理人员和井下工作人员必须接受防突知识的培训,经考试合格后方可上岗作业。各类人员的培训达到下列要求:(一)突出矿井的井下工作人员的培训包括防突基本知识以及与本岗位相关的防突规章制度;(二)突出矿井的区(队)长、班组长和有关职能部门的工作人员应当全面熟悉两个'四位一体'综合防突措施、防突的规章制度等内容;(三)突出矿井的防突工属于特种作业人员,必须接受防突知识、操作技能的专门培训,并取得特种作业操作证;(四)有突出矿井的煤矿企业技术负责人和突出矿井的矿长、总工程师应当接受防突专项培训,具备突出矿井的安全生产知识和管理能力。"

【防范措施】

(1) 矿井必须设置专门机构负责安全生产与瓦斯防治管理工作,配备满足工作需要的人员及装备。

(2) 严格落实两个"四位一体"的综合防突措施,建立完善综合防突措施实施、检查、验收、审批等管理制度,把每一个环节都落实到人,层层把关,责任明确,考核严明。

(3) 加强对前方构造煤、断层等地质构造的探测工作,充分利用人工观测、物探和钻探、锚杆钻孔施工等手段,综合分析地质构造、煤层赋存条件变化等现象,提高地质构造预报的准确率。

(4) 完善安全监管工作机制,明确安检员工作职责和工作内容,发现违法违规行为要及时制止并向有关部门报告,对知情不报的要严肃追责,充分发挥安检员作用。

(5) 建立稳定可靠的通风系统、科学合理的瓦斯抽采体系、有效管用的监控网络和严格规范的现场管理制度。

(6) 加强防突知识培训,提高防突业务水平,及时发现突出征兆并果断处置事故隐患,严防突出事故发生。

【学习自测】

1. (判断题)造成此次事故的直接原因是矿井防突工作人员对突出征兆信息的敏感性不强。( )
2. (单选题)在突出煤层顶、底板掘进岩巷时,地质测量部门必须提前进行地质预测,编制( )。
   A. 巷道平面图 B. 巷道瓦斯地质图 C. 巷道剖面图
3. (单选题)突出煤层必须采取两个"四位一体"综合防突措施,做到多措并举、可保必保、( )、效果达标,否则严禁采掘活动。
   A. 多措并举 B. 可保必保 C. 应抽尽抽 D. 效果达标

参考答案:1. × 2. C 3. C

案例 2 河南焦作某矿多种应力叠加作用引起重大煤与瓦斯突出事故

【事故经过】

2011 年 10 月 26 日 22 时 10 分,掘一队队长、技术主管组织召开 0 点班班前会,安排 16031 回风巷掘进和补架叉棚等工作,共安排出勤 20 人。10 月 27 日 0 时许,0 点班组长李某某和 10 月 26 日 4 点班班长孟某某在 16021 上车场进行了交接班。0 时 20 分左右,班组长李某某在 3 号上帮抽采钻场首先安排 3 名掘进工去 16031 回风巷风门外运料,没有等李某某安排其他人员工作,运料工姚某某就先出发去运料,10 多分钟后刚走到正反向风门外,突然失去知觉,并被气流推倒在局部通风机旁的水沟内。

10 月 27 日 0 时 36 分,地面安全监控系统 16031 回风巷瓦斯传感器报警,T_2 传感器监测到的瓦斯浓度达到 99.25%,16 回风巷 $T_回$ 传感器监测到的瓦斯浓度达到 69.05%,发生了煤与瓦斯突出事故,突出煤(岩)量 3 246 t,瓦斯量 29.12 万 m³,造成 18 人死亡、5 人受伤,直接经济损失 1 151.89 万元。

【事故原因】

(一)直接原因

在具有突出危险性的 16031 回风巷掘进工作面,尽管实施了区域和局部综合防突措施,但受该区域特殊、复杂地质条件的影响,尤其是某断层带的影响,煤体结构、地应力发生异常变化,加之采动引起的集中应力区范围的变化,综合防突措施未能完全消除突出危险。16031 回风巷 3 号上帮抽采钻场掘进工作面前方煤岩体受多种应力叠加作用,积聚的能量超过了其抵抗极限,导致发生了煤与瓦斯突出。

(二)间接原因

(1) 区域综合防突措施不到位,对事故区域复杂地质条件不适用。受某断层带影响,事故区域煤体和地质构造具有特殊性和复杂性,对 16031 回风巷尽管采取了递进掩护顺层钻孔预抽区段、顺层钻孔预抽煤巷条带等区域防突措施,并且区段钻孔预抽时间长达 11 个月,但有效作用范围小,没有实现该区域整体卸压和充分排放煤体中的瓦斯,措施范围内的煤层不能抵抗周围出现的瓦斯压力和地应力大、煤体破坏严重的异常情况,没有达到区域消突目的。

(2) 区域效果检验指标偏高,瓦斯抽采不到位。该矿采用了 11 m^3/t 的实测残余瓦斯含量为区域效果检验指标,16031 回风巷区域措施实施后,虽然实测的残余瓦斯含量最大为 10.66 m^3/t,低于所采用指标,但距规定的指标 8 m^3/t 的瓦斯含量还有差距,对事故区域而言瓦斯抽采量还达不到消突的标准,把 11 m^3/t 的残余瓦斯含量作为始突瓦斯含量的效果检验指标偏高。

(3) 突出地点悬顶面积大,集中应力高,安全屏障防护能力降低。16031 回风巷掘进工作面和 3 号上、下帮钻场施工后,造成该区域悬顶面积大,煤体内部集中应力增高;同时,由于在 16031 回风巷 3 号上、下帮抽采钻场周围 15 m 范围内施工了大量抽采瓦斯、排放瓦斯和防瓦斯超限、效果检验等钻孔,且钻孔交叉或重叠,造成该区域煤体松散破碎,安全保护屏障抵抗能力降低。

(4) 对事故发生区域瓦斯地质条件复杂性、突出危险严重性认识不足。16031 回风巷 3 号上帮抽采钻场掘进工作面区域受某断层带影响,煤体受到严重的挤压、揉搓破坏,硬度极低。同时,受自重应力、水平应力和断层带构造应力叠加作用形成了应力增高区,具有严重的煤与瓦斯突出危险性。但该矿没有高度认识到该区域防突工作的复杂性、艰巨性,采取的措施针对性不强。

(5) 反向风门敞开造成事故扩大。事故发生时,由于反向风门按规定处于敞开状态,突出的瓦斯气体通过 16031 进、回风巷反向风门进入新鲜风流,造成局部风流逆转,致使风门外 2 人死亡、5 人受伤。

(6) 对防突工作重视不够,管理不到位。没有认真研究特殊地质条件下的瓦斯突出治理措施,对区域综合防突措施审查把关不严。

【制度规定】

(1)《防治煤与瓦斯突出细则》第六条第一款:"防突工作必须坚持'区域综合防突措施先行、局部综合防突措施补充'的原则,按照'一矿一策、一面一策'的要求,实现'先抽后建、先抽后掘、先抽后采、预抽达标'。突出煤层必须采取两个'四位一体'综合防突措施,做到多措并举、可保必保、应抽尽抽、效果达标,否则严禁采掘活动。"

(2)《防治煤与瓦斯突出细则》第二十五条第三项:"在突出煤层顶、底板掘进岩巷时,地质测量部门必须提前进行地质预测,编制巷道剖面图,及时掌握施工动态和围岩变化情况,验证提供的地质资料,并定期通报给煤矿防突机构和采掘区(队);遇有较大变化时,随时通报。"

(3)《防治煤与瓦斯突出细则》第三十八条第二项:"采掘作业时,应当严格执行防突措施的规定并有详细准确的记录。由于地质条件或者其他原因不能执行所规定的防突措施的,施工区(队)必须立即停止作业并报告矿调度室,经煤矿总工程师组织有关人员到现场调查后,由原措施编制部门提出修改或者补充措施,并按原措施的审批程序重新审批后方可继续施工;其他部门或者个人不得改变已批准的防突措施。"

(4)《防治煤与瓦斯突出细则》第一百一十六条:"井巷揭穿突出煤层和在突出煤层中进行采掘作业时,必须采取避难硐室、反向风门、压风自救装置、隔离式自救器、远距离爆破等安全防护措施。"

【防范措施】

(1) 严格执行《防治煤与瓦斯突出细则》相关要求,采取合理有效的区域综合防突措施。

(2) 提高防突标准,科学确定防突技术参数。

(3) 加强现场管理,切实提高瓦斯抽采技术水平。

(4) 进一步加强煤层瓦斯地质基础工作,对煤层瓦斯赋存状况和地质变化情况要弄清、找准,以便于更好地指导安全生产。

(5) 提高防突标准,严格监督管理。矿井要严格执行《防治煤与瓦斯突出细则》,研究制定防治煤与瓦斯突出规划、计划,审查防突措施,确保措施适用有效。

【学习自测】

1. (判断题)造成此次事故的直接原因是区域效果检验指标偏高,瓦斯抽采不到位。(　　)

2. (单选题)采掘作业时,应当严格执行防突措施的规定并有详细准确的记录。由于地质条件或者其他原因不能执行所规定的防突措施的,施工区(队)必须立即停止作业并报告(　　)。

A. 矿调度室　　　　B. 通防科　　　　C. 矿领导

3. (多选题)井巷揭穿突出煤层和在突出煤层中进行采掘作业时,必须采取(　　)、远距离爆破等安全防护措施。

A. 避难硐室　　　　　　　　　B. 反向风门
C. 压风自救装置　　　　　　　D. 隔离式自救器

参考答案:1. ×　2. A　3. ABCD

案例 3　河南焦作某矿措施出现空白带刷帮顶诱发较大煤与瓦斯突出事故

【事故经过】

2018年5月14日8点班11时53分,河南焦作某矿作业人员在39061开切眼下段掘进工作面刷帮顶过程中,发生煤与瓦斯突出事故,突出煤量77.28 t,瓦斯量5 961 m³,造成4人遇难(处于迎头区域),直接经济损失472.28万元。

【事故原因】

(一) 直接原因

(1) 39061开切眼东帮18个中深孔中,有12个钻孔未穿过煤层到达顶板位置,距设计巷道顶板0.51~2.30 m,也形成瓦斯抽采空白带。

(2) 39061开切眼上段顺层钻孔按照煤层倾角12°、最大煤层厚度6 m设计,实际掘进过程中煤层赋存条件发生较大变化,煤层倾角变为9°,煤层厚度增至8 m,原设计顺层钻孔无法控制顶部煤层(未控制煤层厚度0~5 m),存在长49 m、宽46~60 m、高0~5 m的瓦斯抽采空白带。

(二) 间接原因

(1) 39061开切眼下段布置区域预抽穿层钻孔234个,共冲出煤量1 681 t,平均每孔冲出煤量 7.18 t,但矿井没有对单个钻孔单位冲煤量进行计量和分析,水力冲孔效果无法准确考核。后经调查组计算分析,大部分水力冲孔单位冲煤量不满足 1~1.5 t/m 的要求。

(2) 对 39061 运输巷底抽巷单个抽采钻孔抽采浓度的统计分析发现,各抽采钻孔初始瓦斯浓度大部分在 40%~70%,但 40% 的钻孔抽采浓度在一个月内衰减到 10% 以下,最低抽采浓度只有 3%。

(3) 5 月 10 日 8 点班 4#验证孔 q 最大值为 4.68 L/min,11 日 8 点班 3#区域验证孔 q 最大值为 4.68 L/min,按照《某矿防突预警分析处置制度》规定,上述两个指标均超过临界值 q(5 L/min) 的 90%,矿总工程师审批为"停掘、打自排孔",但没有重新实施区域措施。

(4) 矿井在设计抽采钻孔时要求中线钻孔应实现开切眼上下段迎头贯通,实际中线钻孔施工 65 m,进入西(左)帮煤壁,未与开切眼上段迎头实现贯通,也未重新施工钻孔,根本实现不了探清 39061 开切眼工作面迎头方向地质构造及瓦斯情况的目的。

(5) 开切眼上下段煤层厚度均有增加趋势,煤厚变化异常。对于施工过程中发现的该异常情况,矿井未对前方煤厚变化进行探测分析和采取进一步区域防突措施。

【制度规定】

(1)《防治煤与瓦斯突出细则》第六条第一款:"防突工作必须坚持'区域综合防突措施先行、局部综合防突措施补充'的原则,按照'一矿一策、一面一策'的要求,实现'先抽后建、先抽后掘、先抽后采、预抽达标'。突出煤层必须采取两个'四位一体'综合防突措施,做到多措并举、可保必保、应抽尽抽、效果达标,否则严禁采掘活动。"

(2)《防治煤与瓦斯突出细则》第二十五条第三项:"在突出煤层顶、底板掘进岩巷时,地质测量部门必须提前进行地质预测,编制巷道剖面图,及时掌握施工动态和围岩变化情况,验证提供的地质资料,并定期通报给煤矿防突机构和采掘区(队);遇有较大变化时,随时通报。"

(3)《防治煤与瓦斯突出细则》第三十八条第二项:"采掘作业时,应当严格执行防突措施的规定并有详细准确的记录。由于地质条件或者其他原因不能执行所规定的防突措施的,施工区(队)必须立即停止作业并报告矿调度室,经煤矿总工程师组织有关人员到现场调查后,由原措施编制部门提出修改或者补充措施,并按原措施的审批程序重新审批后方可继续施工;其他部门或者个人不得改变已批准的防突措施。"

(4)《防治煤与瓦斯突出细则》第四十六条:"采用预抽煤层瓦斯区域防突措施的,应当采取措施确保预抽瓦斯钻孔能够按设计参数控制整个预抽区域。应当记录钻孔位置、实际参数、见煤见岩情况、钻进异常现象、钻孔施工时间和人员等信息,并绘制防突措施竣工图等。有关信息资料应当经施工人员、验收人员和负责人审核签字。采用穿层钻孔预抽煤层瓦斯区域防突措施的,钻孔施工过程中出现见(止)煤深度与设计相差 5 m 及以上时,应当及时核查分析,不合格的及时补孔,出现喷孔、顶钻或者瓦斯异常现象的,应当在防突措施竣工图中标注清楚。防突措施竣工图应当有平面图和剖面图。采用顺层钻孔预抽煤层瓦斯区域防突措施的,必须及时核查分析,绘制平面图,对钻孔见岩长度超过孔深五分之一的,必须对有煤区域提前补孔,消除煤孔空白带。"

【防范措施】

(1) 严格按照《煤矿瓦斯等级鉴定办法》规定进行鉴定,必须对突出危险性 4 项指标(煤的坚固性系数、煤的破坏类型、瓦斯放散初速度、瓦斯压力)进行逐一核实,并核实井下是否出现过顶钻、喷孔等动力现象。

（2）采用穿层钻孔预抽煤层瓦斯区域防突措施的，钻孔施工过程中出现见（止）煤深度与设计相差 5 m 及以上时，应当及时核查分析，不合格的及时补孔，出现喷孔、顶钻或者瓦斯异常现象的，应当在防突措施竣工图中标注清楚。

（3）保证区域措施效果检验可靠。各检验测试点应布置于所在部位钻孔密度较小、孔间距较大、预抽时间较短的位置，在地质构造复杂区域适当增加检验测试点。

（4）遇到地质构造或煤层厚度、倾角等赋存条件急剧变化，及时修改防突设计。

（5）严格落实《煤矿瓦斯抽采达标暂行规定》相关规定：瓦斯抽采计量测点布置应当满足瓦斯抽采达标评价的需要，确保抽采达标评价的准确性。

（6）加强对前方构造煤、断层等地质构造的探测工作，充分利用人工观测、物探和钻探、锚杆钻孔施工等手段，综合分析地质构造、煤层赋存条件变化等现象，提高地质构造预报的准确率。

（7）加强防突知识培训。对井下从业人员进行全员防突知识培训，确保人人熟悉防突知识。

（8）企业针对矿井隐蔽工程，采用假数据、假图纸等手段蓄意逃避监管的行为，要认真研究对策，制定切实可行的监管措施。

（9）优化工程设计和劳动组织，避免相向掘进。

【学习自测】

1.（判断题）瓦斯抽采空白带是造成此次事故的直接原因。（　　）

2.（单选题）由于地质条件或者其他原因不能执行所规定的防突措施的，施工区（队）必须立即停止作业并报告矿调度室，经煤矿（　　）组织有关人员到现场调查后，由原措施编制部门提出修改或者补充措施，并按原措施的审批程序重新审批后方可继续施工；其他部门或者个人不得改变已批准的防突措施。

A. 矿长　　　　　B. 总工程师　　　　　C. 主要负责人　　　　　D. 防突矿长

3.（多选题）采用穿层钻孔预抽煤层瓦斯区域防突措施的，钻孔施工过程中出现见（止）煤深度与设计相差（　　）m 及以上时，应当及时核查分析，不合格的及时补孔，出现喷孔、顶钻或者瓦斯异常现象的，应当在（　　）中标注清楚。

A. 3　　　　　　　　　　　　　　　　　　B. 5
C. 防突预测图　　　　　　　　　　　　　　D. 防突措施竣工图

参考答案：1. √　2. B　3. B,D

案例 4　贵州黔西南州某矿遇构造措施不到位割煤引起重大煤与瓦斯突出事故

【事故经过】

2019 年 12 月 16 日 23 时 10 分，贵州黔西南州某矿 21202 运输巷掘进工作面发生一起煤与瓦斯突出事故，造成 16 人死亡、1 人受伤，直接经济损失约 2 311 万元。

12 月 16 日 20 时 40 分许，21202 运输巷综掘机开始掘进割煤。20 时 44 分，21202 开切眼掘进工作面回风流甲烷传感器发出超限报警信号,监测最大瓦斯浓度值为2.76%。23时10分,正在二部带式输送机机头操作的司机杨某1突然感觉有一股风吹过来,巷道里粉尘变大,眼睛难以睁开。此时,在二采区胶带下山带式输送机机头操作的司机杨某2被风流冲倒,风流持续约10 min后停止。23时14分,韦某发现水泵房、变电所、主水仓入口处甲烷传感器发出报警信号并闻到有焦臭味,便将三个甲烷传感器传输线拔掉并沿胶带运输线路往二采区方向查看情况。23时30分许,韦某到达二采区运输下山斜巷刮板输送机处先后遇到田某和被冲倒后从二采区胶带下山走上来的杨某2。韦某询问杨某2情况,杨某2回答:"被瓦斯冲倒了。"韦某随即打电话给彭某报告"可能发生煤与瓦斯突出了"。汇报完毕后,韦某、杨某2、田某三人沿二部胶带下山(在二部胶带下山带式输送机机头处遇到杨某1并同行)经主斜井升井,17日0时20分许在井口与杨某3相遇。彭某接到井下汇报电话后,随即拨打21202运输巷及回风巷和开切眼的电话,电话均接通但无人接听,直至杨某2等4人升井方确认发生了煤与瓦斯突出事故。

【事故原因】

(一)直接原因

21202运输巷掘进工作面地质构造煤发育,具有煤与瓦斯突出危险性;掘进时未采取针对性的防突措施,未消除煤层突出危险;综掘机截割煤诱导煤与瓦斯突出。

(二)间接原因

(1)未按要求进行瓦斯等级鉴定。在井下出现明显突出预兆后,未重新测定瓦斯参数,也不按照突出煤层管理、采取防突措施,冒险蛮干。

(2)故意隐瞒瓦斯真实情况。不按规定悬挂甲烷传感器,且用塑料袋包裹或用煤泥封堵甲烷传感器进气口。当监控系统发出瓦斯超限报警信号时,监控员就拔掉数据传输线。

(3)在有明显突出预兆的情况下,未下达撤人命令。2019年11月中旬以来,在21202运输巷、回风巷瓦斯频繁超限,并出现响"煤炮"、顶钻、夹钻、喷孔等明显突出预兆的情况下,仍违章指挥工人冒险作业。

(4)技术管理、安全管理混乱。未开展地质基础工作,未及时发现21202运输巷煤层赋存情况变化;违规将工程承包给不具备资质的提某某个人,提某某又将井下采掘工程转包给不具备资质的陆某某;特殊作业人员配备严重不足且无证上岗;拒不执行监管指令,违法违规组织生产。

(5)公司安全管理不到位。对所属煤矿无实际管理权,未做到真控股、真投入、真管理。未履行公司安全生产监督职责,对矿井长期存在的违法违规生产和重大隐患未采取有效手段进行监督并跟踪整改落实到位。

【制度规定】

(1)《防治煤与瓦斯突出细则》第六条:"防突工作必须坚持'区域综合防突措施先行、局部综合防突措施补充'的原则,按照'一矿一策、一面一策'的要求,实现'先抽后建、先抽后掘、先抽后采、预抽达标'。突出煤层必须采取两个'四位一体'综合防突措施,做到多措并举、可保必保、应抽尽抽、效果达标,否则严禁采掘活动。在采掘生产和综合防突措施实施过程中,发现有喷孔、顶钻等明显突出预兆或者发生突出的区域,必须采取或者继续执行区域防突措施。"

(2)《防治煤与瓦斯突出细则》第十三条:"非突出煤层出现下列情况之一的,应当立即进行煤层突出危险性鉴定,或者直接认定为突出煤层;鉴定或者直接认定完成前,应当按照突出煤层管理:(一)有瓦斯动力现象的;(二)煤层瓦斯压力达到或者超过 0.74 MPa 的;(三)相邻矿井开采的同一煤层发生突出或者被鉴定、认定为突出煤层的。"

(3)《防治煤与瓦斯突出细则》第二十五条第三项:"在突出煤层顶、底板掘进岩巷时,地质测量部门必须提前进行地质预测,编制巷道剖面图,及时掌握施工动态和围岩变化情况,验证提供的地质资料,并定期通报给煤矿防突机构和采掘区(队);遇有较大变化时,随时通报。"

(4)《防治煤与瓦斯突出细则》第四十二条:"突出矿井的矿长、总工程师、防突机构和安全管理机构负责人、防突工应当满足下列要求:矿长、总工程师应当具备煤矿相关专业大专及以上学历,具有 3 年以上煤矿相关工作经历;防突机构和安全管理机构负责人应当具备煤矿相关中专及以上学历,具有 2 年以上煤矿相关工作经历;防突机构应当配备不少于 2 名专业技术人员,具备煤矿相关专业中专及以上学历;防突工应当具备初中及以上文化程度(新上岗的煤矿特种作业人员应当具备高中及以上文化程度),具有煤矿相关工作经历,或者具备职业高中、技工学校及中专以上相关专业学历。"

(5)《防治煤与瓦斯突出细则》第四十三条:"突出矿井应当开展突出事故的监测报警工作,实时监测、分析井下各相关地点瓦斯浓度、风量、风向等的突变情况,及时判断突出事故发生的时间、地点和可能的波及范围等。一旦判断发生突出事故,及时采取断电、撤人、救援等措施。"

(6)《煤矿安全规程》第四条:"从事煤炭生产与煤矿建设的企业(以下统称煤矿企业)必须遵守国家有关安全生产的法律、法规、规章、规程、标准和技术规范。煤矿企业必须加强安全生产管理,建立健全各级负责人、各部门、各岗位安全生产与职业病危害防治责任制。煤矿企业必须建立健全安全生产与职业病危害防治目标管理、投入、奖惩、技术措施审批、培训、办公会议制度,安全检查制度,安全风险分级管控工作制度,事故隐患排查、治理、报告制度,事故报告与责任追究制度等。煤矿企业必须建立各种设备、设施检查维修制度,定期进行检查维修,并做好记录。煤矿必须制定本单位的作业规程和操作规程。"

(7)《煤矿安全规程》第五条:"煤矿企业必须设置专门机构负责煤矿安全生产与职业病危害防治管理工作,配备满足工作需要的人员及装备。"

(8)《煤矿重大事故隐患判定标准》第十六条第一项:"'煤矿实行整体承包生产经营后,未重新取得或者及时变更安全生产许可证而从事生产,或者承包方再次转包,以及将井下采掘工作面和井巷维修作业进行劳务承包'重大事故隐患,是指有下列情形之一的:(一)煤矿未采取整体承包形式进行发包,或者将煤矿整体发包给不具有法人资格或者未取得合法有效营业执照的单位或者个人的。"

【防范措施】

(1)严格落实安全生产主体责任,完善安全管理制度和管理机构,建立以总工程师为首的技术管理体系及瓦斯防治体系,并配齐专业技术人员和特种作业人员。

(2)严禁将矿井违法发包给不具备资质的单位及个人,包而不管,以包代管等。

(3)加大反"三违"力度,严禁违章指挥和违章作业。

(4)加大对从业人员的培训,切实提高从业人员安全意识、职业技能水平和综合素质。

(5)严格瓦斯管理特别是防突管理工作,树立瓦斯"零超限"和煤层"零突出"的瓦斯管理理念。

（6）非突出矿井和非突出煤层出现瓦斯动力现象时，必须按照《防治煤与瓦斯突出细则》第十三条的规定停止作业并进行煤层突出危险性鉴定，或按照突出煤层管理。

（7）高度重视瓦斯地质工作，及时准确掌握煤层厚度、产状变化情况。同时做好地质预测预报，临近断层前，采用物探、钻探等手段探明断层构造情况，防止在断层构造应力集中区冒险作业。

（8）突出煤层必须采取两个"四位一体"综合防突措施，做到多措并举、可保必保、应抽尽抽、效果达标，否则严禁采掘活动。

（9）强化安全监控系统管理，加强监控作业人员培训，做到持证上岗。监控作业人员必须经专门培训，熟知基础安全知识，熟练掌握系统操作业务，防止盲目执行错误指令，坚决打击弄虚作假行为。

【学习自测】

1.（判断题）未按要求进行瓦斯等级鉴定，在井下出现明显突出预兆后，未重新测定瓦斯参数，也不按照突出煤层管理、采取防突措施，冒险蛮干是造成此次事故的直接原因。（ ）

2.（单选题）煤矿企业必须设置专门机构负责煤矿安全生产与职业病危害防治管理工作，配备满足工作需要的（ ）。

  A. 设备   B. 资金   C. 负责人   D. 人员及装备

3.（多选题）突出矿井应当开展突出事故的监测报警工作，实时监测、分析井下各相关地点（ ）等的突变情况，及时判断突出事故发生的时间、地点和可能的波及范围等。一旦判断发生突出事故，及时采取断电、撤人、救援等措施。

  A. 瓦斯浓度   B. 风量   C. 风向   D. 流量

参考答案：1. × 2. D 3. ABC

案例 5　山西左权某矿遇断层多重应力叠加引起较大煤与瓦斯突出事故

【事故经过】

2021 年 3 月 25 日 3 时 50 分 56 秒，山西左权某矿 15210 进风巷掘进工作面发生一起较大煤与瓦斯突出事故，造成 4 人死亡，直接经济损失 1 300 万元。

3 月 25 日 3 时 50 分许，在 13 号钻场以里巷内的刘某和在钻场里的赵某、瓦斯检查工穆某等人均听到"啪啪啪"的声音，并看到巷道里煤尘飞扬，发觉异常都赶紧往外跑。3 时 53 分许，在巷口的梁某 1 看到巷道里边突然涌出大量的煤尘，意识到可能发生突出事故了，就用附近的电话汇报矿调度室说"什么也看不见，外头这瓦斯响得哒哒的"，挂完电话梁某 1 和杨某立即跑往二采区轨道大巷。4 时 1 分，李某 1、孙某、赵某、穆某、刘某 5 人也跑到了二采区轨道大巷，孙某又向矿调度室打电话汇报"210 进风突出了，快下来救人，埋了人了"。4 时 5 分，杨某又向矿调度室打电话汇报"210 里边突出了，里边的人没有出来"。之后，李某 1、刘某、孙某、梁某 1、杨某、赵某、穆某 7 人被随后赶来救援的人员协助陆续升井。在工作面的梁某 2、王某、李某 2、韩某 4 人被困。

【事故原因】

(一)直接原因

综掘机割煤作业引起工作面应力重新分布,打破了本已经应力高度集中的工作面前方煤体的应力平衡,诱发了煤与瓦斯突出。

(二)间接原因

(1)突出地点存在小断层,构造煤变厚,煤层突出危险性急剧增加。

(2)突出地点煤层地应力较大,多重应力叠加,具备激发突出的能量。

(3)预抽时间短,区域防突措施和局部防突措施未能消除工作面前方煤体突出危险性,局部防突措施效果检验钻孔未能有效辨识出突出地点瓦斯突出危险性以及构造煤发育。

【制度规定】

(1)《防治煤与瓦斯突出细则》第六条:"防突工作必须坚持'区域综合防突措施先行、局部综合防突措施补充'的原则,按照'一矿一策、一面一策'的要求,实现'先抽后建、先抽后掘、先抽后采、预抽达标'。突出煤层必须采取两个'四位一体'综合防突措施,做到多措并举、可保必保、应抽尽抽、效果达标,否则严禁采掘活动。"

(2)《防治煤与瓦斯突出细则》第二十五条第三项:"在突出煤层顶、底板掘进岩巷时,地质测量部门必须提前进行地质预测,编制巷道剖面图,及时掌握施工动态和围岩变化情况,验证提供的地质资料,并定期通报给煤矿防突机构和采掘区(队);遇有较大变化时,随时通报。"

【防范措施】

(1)加强瓦斯抽采科研攻关,加大抽采力度,提高抽采效率,扭转抽、掘、采衔接紧张的被动局面。

(2)矿井突出煤层应进行突出危险性鉴定,论证开采保护层的可行性,优化区域防突措施,避免采用顺层钻孔预抽煤巷条带煤层瓦斯的区域防突措施。

(3)严格落实两个"四位一体"的综合防突措施,建立完善综合防突措施实施、检查、验收、审批等管理制度,把每一个环节都落实到人,层层把关,责任明确,考核严明。

(4)井下掘进工作面在接近、通过地面压裂抽采井的影响范围前,必须制定专项安全措施,做好井上下协调工作,避免发生意外事故。

(5)加强对掘进巷道前方构造煤、断层等地质构造的探测工作,充分利用人工观测、物探和钻探、锚杆钻孔施工等手段,综合分析地质构造、煤层赋存条件变化等现象,提高地质构造预报的准确率。

(6)建立矿井瓦斯预警系统和瓦斯地质预报体系,对瓦斯超限和煤与瓦斯突出事故提前防范和超前预警。

(7)建立以总工程师为首的防突技术管理体系,配备专职通风(防突)副总工程师,配备防突专业技术人员和研究人员,设立专业防突机构和防突队伍,设立专职的打钻抽采队伍,井下防突工程不得外包,确保施工到位,措施有效。

(8)根据现场实际条件,优化防突措施设计,确保钻孔按设计施工到位。

(9)加强防突知识培训。对井下从业人员进行全员防突知识培训,确保人人熟悉防突知识。

【学习自测】

1. (判断题)预抽时间短,区域防突措施和局部防突措施未能消除工作面前方煤体突出危险性是造成此次事故的直接原因。( )

2. (单选题)在突出煤层顶、底板掘进岩巷时,( )必须提前进行地质预测,编制巷道剖面图,及时掌握施工动态和围岩变化情况,验证提供的地质资料,并定期通报给煤矿防突机构和采掘区(队);遇有较大变化时,随时通报。

  A. 安全部门   B. 通防部门
  C. 矿领导   D. 地质测量部门

3. (多选题)防突工作必须坚持"区域综合防突措施先行、局部综合防突措施补充"的原则,按照"一矿一策、一面一策"的要求,实现"( )"。

  A. 先抽后建   B. 先抽后掘   C. 先抽后采   D. 预抽达标

参考答案:1. × 2. D 3. ABCD

案例6 陕西韩城市某煤业公司应力集中区措施不到位引起较大煤与瓦斯突出事故

【事故经过】

2020年6月10日12时29分,陕西韩城市某煤业公司1105运输巷综掘工作面发生一起较大煤与瓦斯突出事故,造成7人死亡、2人受伤,直接经济损失1 666万元。

6月10日12时20分左右,安检员郭某某第三次到工作面巡查之后离开,当他快行至局部通风机时,突然听到"嗵嗵嗵"的几声响,他就赶紧跑到下山胶带过桥处,用手抓住过桥扶手准备过胶带,就在这时,感觉后背被推了一下,就失去了知觉。12时29分,调度员秦某某接到井下变电所和水泵房打来的电话,称1105运输巷工作面断电,同时调度室监测监控系统显示1105运输巷回风探头瓦斯浓度为40%~50%,总回风瓦斯浓度为6%~17%,调度员秦某某立即将瓦斯浓度异常情况汇报给当日值班机电矿长安某某、矿长党某某、总工程师杨某某等矿领导。12时40分,矿长党某某下达撤出人员命令。13时,经过确认,1105运输巷综掘工作面失联7人。

【事故原因】

(一)直接原因

煤层厚度急剧增加,倾角急剧增大,使掘进区域处于应力集中区;构造煤发育、煤层松软、透气性差,具备煤与瓦斯突出的基本条件;两个"四位一体"综合防突措施执行不到位,瓦斯抽采不达标,没有消除事故地点突出危险性;违规掘进施工,事故地点煤体积聚的能量超过了煤体的抵抗能力,导致事故发生。

(二)间接原因

(1)区域和局部防突措施执行不到位。一是未按照审批的设计和措施实施区域和局部防突措施,表现为钻孔数量不足。2020年5月28日至6月7日,施工区域防突措施孔时,仅在工作面正前方施工了14个钻孔,控制两帮方向的钻孔未施工。施工局部防突措施孔时,仅施工了6个、深度6 m的瓦斯排(释)放孔。二是未进行突出预警分析与处置。1105

运输巷掘进工作面区域预抽瓦斯防突钻孔施工过程中频繁出现喷孔、顶钻、卡钻等明显突出预兆,煤矿相关负责人未组织专业人员进行分析研判、查明原因,采取有效措施。

(2)防突管理工作混乱。一是基础管理工作薄弱。未按规定建立防突技术管理制度、召开防突专题例会、进行通风瓦斯日分析、建立突出预兆分析和处置台账以及编制工作面防突预测图。二是未设置专业防突队伍。某煤业公司于2019年12月28日印发了《关于成立防治煤与瓦斯突出工作领导小组及防突队伍的通知》,成立了以矿长为组长、总工程师和通风矿长为副组长,通风、生产、安检等相关部门负责人为成员的防突工作领导小组,明确了分工和职责。成立了专门防突队伍,明确了队长、副队长、技术员和10名防突工。通过事故调查发现,防突队伍设在综采区,防突队队长由综采区区长兼任,防突队副队长由掘进队队长兼任,技术员由掘进队技术员兼职,配备的10名防突队员中,有2人持证在通风部,8人在掘进队并兼职辅助工作。三是防突措施实施过程中的监督管理不到位。区域预抽、区域效果检验钻孔施工过程中无钻孔轨迹测定或视频监控设备。

(3)职工安全教育培训不到位。一是企业组织的培训内容和考试内容中无煤与瓦斯突出灾害防治和突出预兆知识。二是事故中遇难的孙某、孙某某、王某某未经岗前培训就入井作业。三是在1105运输巷打钻作业的李某某、王某某、姚某某等3人未取得特殊工种操作资格证。四是企业在1105运输巷掘进工作面未进行突出事故逃生、救援演练。

(4)防突资料造假。1105运输巷设计区域防突措施钻孔为56个,5月28日至6月7日井下实际施工钻孔14个,为了应付检查,将其余应按设计施工的42个钻孔由防突工填写虚假钻孔验收单,编制虚假的钻孔竣工图和区域防突措施效果检验单。

【制度规定】

(1)《防治煤与瓦斯突出细则》第六条第一款:"防突工作必须坚持'区域综合防突措施先行、局部综合防突措施补充'的原则,按照'一矿一策、一面一策'的要求,实现'先抽后建、先抽后掘、先抽后采、预抽达标'。突出煤层必须采取两个'四位一体'综合防突措施,做到多措并举、可保必保、应抽尽抽、效果达标,否则严禁采掘活动。"

(2)《防治煤与瓦斯突出细则》第二十五条第三项:"在突出煤层顶、底板掘进岩巷时,地质测量部门必须提前进行地质预测,编制巷道剖面图,及时掌握施工动态和围岩变化情况,验证提供的地质资料,并定期通报给煤矿防突机构和采掘区(队);遇有较大变化时,随时通报。"

(3)《防治煤与瓦斯突出细则》第三十五条第一款:"有突出矿井的煤矿企业主要负责人应当每季度、突出矿井矿长应当每月至少进行1次防突专题研究,检查、部署防突工作,解决防突所需的人力、财力、物力,确保抽、掘、采平衡和防突措施的落实。"

(4)《防治煤与瓦斯突出细则》第三十六条:"有突出煤层的煤矿企业、煤矿应当设置满足防突工作需要的专业防突队伍。突出矿井必须编制突出事故应急预案。突出煤层每个采掘工作面开始作业后10天内应当进行1次突出事故逃生、救援演习,以后每半年至少进行1次逃生演习,但当安全设施或者作业人员发生较大变化时必须进行1次逃生演习。"

(5)《防治煤与瓦斯突出细则》第三十八条:"各项防突措施按照下列要求贯彻实施:(一)施工前,施工防突措施的区(队)负责向本区(队)从业人员讲解并严格组织实施防突措施。(二)采掘作业时,应当严格执行防突措施的规定并有详细准确的记录。由于地质条件或者其他原因不能执行所规定的防突措施的,施工区(队)必须立即停止作业并报告矿调度室,经煤矿总工程师组织有关人员到现场调查后,由原措施编制部门提出修改或者补充措施,并按原措施的审批程序重新审批后方可继续施工;其他部门或者个人不得改变已批准的防突措施。(三)煤矿企业的主要负责人、技术负责人应当每季度至少1次到现场检查各项防突措施的落实情况。矿长和总工程师应当每月至少1次到现场检查各项防突措施的落实情况。(四)煤矿企业、煤矿的防突机构应当随时检查综合防突措施的实施情况,并及时将检查结果分别向煤矿企业主要负责人和技术负责人、矿长和总工程师汇报,有关负责人应当对发现的问题立即组织解决。(五)煤矿企业、煤矿进行安全检查时,必须检查综合防突措施的编制、审批和贯彻执行情况。"

(6)《防治煤与瓦斯突出细则》第四十一条:"突出矿井的管理人员和井下工作人员必须接受防突知识的培训,经考试合格后方可上岗作业。各类人员的培训达到下列要求:(一)突出矿井的井下工作人员的培训包括防突基本知识以及与本岗位相关的防突规章制度;(二)突出矿井的区(队)长、班组长和有关职能部门的工作人员应当全面熟悉两个'四位一体'综合防突措施、防突的规章制度等内容;(三)突出矿井的防突工属于特种作业人员,必须接受防突知识、操作技能的专门培训,并取得特种作业操作证;(四)有突出矿井的煤矿企业技术负责人和突出矿井的矿长、总工程师应当接受防突专项培训,具备突出矿井的安全生产知识和管理能力。"

(7)《防治煤与瓦斯突出细则》第四十六条第二款:"采用穿层钻孔预抽煤层瓦斯区域防突措施的,钻孔施工过程中出现见(止)煤深度与设计相差 5 m 及以上时,应当及时核查分析,不合格的及时补孔,出现喷孔、顶钻或者瓦斯异常现象的,应当在防突措施竣工图中标注清楚。防突措施竣工图应当有平面图和剖面图。采用顺层钻孔预抽煤层瓦斯区域防突措施的,必须及时核查分析,绘制平面图,对钻孔见岩长度超过孔深五分之一的,必须对有煤区域提前补孔,消除煤孔空白带。"

(8)《防治煤与瓦斯突出细则》第四十九条第一款:"突出矿井应当建立通风瓦斯日分析制度、突出预警分析与处置制度和突出预兆的报告制度。总工程师、安全矿长或者通风副总工程师负责每天组织防突、通风、地质和监测监控等人员对突出煤层的采掘工作面瓦斯涌出异常等现象,以及钻孔施工中出现的顶钻、喷孔等明显的突出预兆进行全面分析、查明原因,并采取措施、建立台账。"

(9)《防治煤与瓦斯突出细则》第六十五条第一款:"采用顺层钻孔预抽煤巷条带煤层瓦斯作为区域防突措施时,钻孔预抽煤层瓦斯的有效抽采时间不得少于 20 天;如果在钻孔施工过程中发现有喷孔、顶钻等动力现象的,有效抽采时间不得少于 60 天。"

(10)《防治煤与瓦斯突出细则》第八十六条第一款:"为使工作面预测更可靠,鼓励根据实际条件增加一些辅助预测指标(工作面瓦斯涌出量动态变化、声发射、电磁辐射、钻屑温度、煤体温度等),并采用物探、钻探等手段探测前方地质构造,观察分析煤体结构和采掘作业、钻孔施工中的各种现象,进行工作面突出危险性的综合预测。"

【防范措施】

(1)严格落实矿井主体责任,提升安全生产基础管理水平。

(2)建立健全防突管理机构,配足防突专业技术管理人员。

(3)高度重视地质预测预报工作,采用物探先行、钻探验证的方式,进行超前探测,做好地质编录工作,科学分析地质构造,及时准确掌握煤层层位、地层产状和围岩变化情况,根据构造特点采取有针对性的防范措施。

(4) 严格落实两个"四位一体"防突措施,做到钻孔施工、成孔验收、预测预报和效果检验必须责任到人,遇到地质构造、煤层变厚等特殊情况,防突措施要及时跟进,做到突出危险不消除不掘进不生产。

(5) 加强职工安全培训,提高从业人员安全意识和业务能力。

(6) 优化矿井开拓部署、采掘布置、通风系统,严防因采掘接续紧张、加快掘进进度而忽视隐患治理工作,给瓦斯治理留有足够时间。

(7) 加大煤与瓦斯突出方面的检查力度,严厉打击矿井"瓦斯参数作假、钻孔施工作假、措施检验作假"等行为,对区域防突措施不到位,未消除突出危险的煤层,一律禁止采掘作业,杜绝矿井瓦斯治理效果不达标冒险蛮干行为。

【学习自测】

1. (判断题)两个"四位一体"综合防突措施执行不到位,瓦斯抽采不达标,没有消除事故地点突出危险性是造成此次事故的直接原因。( )

2. (单选题)采用顺层钻孔预抽煤层瓦斯区域防突措施的,必须及时核查分析,绘制平面图,对钻孔见岩长度超过孔深( )的,必须对有煤区域提前补孔,消除煤孔空白带。

A. 二分之一　　　　B. 三分之一　　　　C. 五分之一　　　　D. 六分之一

3. (多选题)采用顺层钻孔预抽煤巷条带煤层瓦斯作为区域防突措施时,钻孔预抽煤层瓦斯的有效抽采时间不得少于( )天;如果在钻孔施工过程中发现有喷孔、顶钻等动力现象的,有效抽采时间不得少于( )天。

A. 20　　　　　　B. 30　　　　　　C. 50　　　　　　D. 60

参考答案:1. √　2. C　3. A,D

案例 7　贵州贵阳某矿措施不到位爆破引起较大煤与瓦斯突出事故

【事故经过】

2022 年 3 月 2 日 2 时 30 分许,贵州贵阳某矿回风斜井延伸巷掘进工作面开始施工炮眼。3 时 30 分许,施工完成 20 个炮眼,装药连线,并将人员撤至井底+1 100 m 石门转弯处。4 时 13 分许,涂某某汇报调度室,收到同意爆破的指令。4 时 17 分,涂某某启动发爆器,爆破后涂某某感受到明显冲击波,随即同 4 名工人往外跑。涂某某跑到主井井底架空乘人装置机尾处,向调度监控室打电话说"回风斜井延伸巷突出了",随即晕倒。

经技术鉴定,事故突出煤量 792 t,涌出瓦斯量 76 632 m³,吨煤瓦斯涌出量 96.76 m³,造成 8 人死亡、13 人受伤,直接经济损失 3 369 万元。

【事故原因】

(一) 直接原因

事故地点 9 号煤层具有煤与瓦斯突出危险性,未按规定采取综合防突措施,煤层突出危险性未消除,爆破诱发煤与瓦斯突出。

(二) 间接原因

(1) 两个"四位一体"综合防突措施不落实,出现突出预兆后违章指挥工人冒险作业。未超前探测煤层厚度及地质构造情况,未施工地质探测钻孔,未测定煤层瓦斯压力及瓦斯含量等与突出危险性相关的参数,未按规定编制防突专项设计并组织实施。煤矿管理人员明知回风斜井延伸巷掘进工作面拟揭穿突出煤层,回风斜井延伸巷掘进至 36.5 m 时施工的 27 个探煤钻孔(兼瓦斯抽采钻孔)见煤并出现喷孔的突出预兆,未立即停止作业并落实石门揭煤措施,违章指挥工人冒险作业。

(2) 隐瞒 7 号煤层隐蔽区域,蓄意逃避监管。采用隐蔽区域不上图、入井检身记录及调度台账等"两本账",遇检查时隐蔽区域不上班等方式,隐瞒 7 号煤层隐蔽区域组织施工的事实。井下施工假密闭隐瞒 7 号煤层隐蔽区域出入口,用设置测风站、安设铁皮柜方式对密闭进行伪装,蓄意逃避监管。

(3) 通风管理混乱。7 号煤层隐蔽区域各作业点无独立的回风系统,无备用局部通风机,一台局部通风机为两个及以上掘进工作面供风。回风斜井延伸巷掘进工作面揭煤前未设置防突风门,为满足 7 号煤层隐蔽区域的用风,在回风侧设置调节风量设施,导致回风不畅,突出后瓦斯逆流波及井下全部巷道,造成伤亡扩大。

(4) 安全生产管理混乱。一是煤矿安全生产管理机构不健全。二级安全生产管理科室专业人员配备不齐,特种作业人员配备不能满足井下建设需要,各作业面的瓦斯检查、安全检查、爆破工作由 1 人兼任。二是岗位责任制不明晰。书面任命的"五职矿长"与口头任命的实际负责矿长及施工队管理"两张皮",造成现场管理失控。三是隐患排查治理和三年攻坚行动避重就轻、弄虚作假。四是矿长、总工程师等管理人员不按规定带班入井。五是两套监控系统分别对一期工程区域和 7 号煤隐蔽区域进行监控,7 号煤隐蔽区域监控数据不上传。人为移动、包裹井下甲烷传感器,导致监测数据失真。六是安全培训走过场,安全培训学时和内容不符合要求。

【制度规定】

(1)《煤矿重大事故隐患判定标准》第十八条:"'其他重大事故隐患',是指有下列情形之一的:(五)图纸作假、隐瞒采掘工作面,提供虚假信息、隐瞒下井人数,或者矿长、总工程师(技术负责人)履行安全生产岗位责任制及管理制度时伪造记录,弄虚作假的。"

(2)《防治煤与瓦斯突出细则》第三十一条第二项:"突出煤层采掘工作面回风应当直接进入专用回风巷。"

(3)《防治煤与瓦斯突出细则》第四十四条:"突出矿井应当对两个'四位一体'综合防突措施的实施进行全过程管理,建立完善综合防突措施实施、检查、验收、审批等管理制度。突出矿井应当详细记录突出预测、防突措施实施、措施效果检验、区域验证等关键环节的主要信息,并与视频监控、仪器测量、抽采计量等数据统一归档管理,并至少保存至相关区域采掘作业结束。鼓励突出矿井建立防突信息系统,实施信息化管理。"

(4)《防治煤与瓦斯突出细则》第一百一十八条第一款:"在突出煤层的井巷揭煤、煤巷和半煤岩巷掘进工作面进风侧,必须设置至少 2 道牢固可靠的反向风门。风门之间的距离不得小于 4 m。"

(5)《煤矿安全规程》第四条:"从事煤炭生产与煤矿建设的企业(以下统称煤矿企业)必须遵守国家有关安全生产的法律、法规、规章、规程、标准和技术规范。煤矿企业必须加强安全生产管理,建立健全各级负责人、各部门、各岗位安全生产与职业病危害防治责任制。煤矿企业必须建立健全安全生产与职业病危害防治目标管理、投入、奖惩、技术措施审批、培训、办公会议制度,安全检查制度,安全风险分级管控工作制度,事故隐患排查、治理、报告制度、事故报告与责任追究制度等。煤矿企业必须制定重要设备材料的查验制度,做好检查验收和记录,防爆、阻燃抗静电、保护等安全性能不合格的不得入井使用。煤矿企业必须建立各种设备、设施检查维修制度,定期进行检查维修,并做好记录。煤矿必须制定本单位的作业规程和操作规程。"

(6)《煤矿安全培训规定》第三十五条:"煤矿企业其他从业人员的初次安全培训时间不得少于七十二学时,每年再培训的时间不得少于二十学时。"

【防范措施】

(1)强化落实矿井安全生产主体责任,牢固树立依法办矿、依规管矿意识,坚守安全红线底线,切实落实矿井主体责任和第一责任人责任。

(2)加强煤矿从业人员安全教育培训,提高相关人员的防突技术技能,实现全员熟悉突出预兆、掌握防突基本常识和技能。

(3)建立健全安全生产管理机构,配备满足安全生产需要的技术和管理人员,健全完善安全制度体系,切实开展隐患排查治理,提升安全管理水平,确保依法依规组织生产。

(4)强化煤层瓦斯地质工作,树立"遇见地质构造没有预报就是事故"的理念。按规定及时开展煤层瓦斯含量和压力、煤的坚固性系数、瓦斯抽采半径等基础参数的测定和分析,及时填绘瓦斯地质图,确保有效指导瓦斯灾害防治工作。

(5)严格按规定开展煤层突出危险性鉴定或认定工作。要密切关注煤层突出预兆、分析瓦斯涌出异常变化等情况,非突出煤层出现突出预兆时,必须立即按规定采取相应措施。

(6)强化煤矿安全技术管理体系建设。建立健全以总工程师为首的技术管理体系,配齐配强煤矿企业技术管理人员,落实有效的技术措施和管理制度。煤层开采顺序和采掘工作面布置要科学合理合规,防止采场应力叠加、应力集中造成安全风险。

(7)煤矿要强化"一通三防"管理,严格落实防突措施。一是严格落实防治煤与瓦斯突出两个"四位一体"综合防突措施,加强地质预测预报,落实煤层瓦斯地质工作,有效指导瓦斯灾害防治工作。二是严格落实揭煤作业的安全技术管理工作,揭开突出煤层时必须避开地质构造带,严格按照揭煤程序开展煤与瓦斯突出防治工作。三是加强通风系统管理,突出煤层和石门揭煤工作面必须实现独立通风并在进风侧设置防突反向风门,必须采取远距离爆破等安全防护措施,严禁在回风侧设置控制风流的设施。四是有针对性编制瓦斯防治"一矿一策、一面一策",及时开展瓦斯参数测定,严格执行开采保护层措施,严格打钻抽采精细化过程管控,严格落实抽采达标评判,严格执行通风瓦斯日分析制度,认真绘制防突预测图,加强防突人员管理。

【学习自测】

1.(判断题)未按规定采取综合防突措施是造成此次事故的直接原因。(　　)

2.(单选题)在突出煤层的井巷揭煤工作面进风侧,必须设置至少(　　)道牢固可靠的反向风门。

A. 1　　　　　　B. 2　　　　　　C. 3　　　　　　D. 4

3.(多选题)突出矿井应当详细记录(　　)等关键环节的主要信息,并与视频监控、仪器测量、抽采计量等数据统一归档管理,并至少保存至相关区域采掘作业结束。

A. 突出预测　　B. 防突措施实施　　C. 措施效果检验　　D. 区域验证

参考答案:1. √　　2. B　　3. ABCD

第四节　煤与瓦斯突出事故案例（石门揭煤）

案例1　重庆某矿措施不到位揭煤特别重大煤与瓦斯突出事故

【事故经过】

2009年5月27日，石门揭煤工作面开始揭煤，揭煤过程中先后4次爆破，揭开2 m² K_3 煤层，经5个钻孔的措施效果检验后，于5月30日10时49分进行第5次爆破，爆破后随即发生煤与瓦斯突出事故。

这起特别重大煤与瓦斯突出事故突出煤量3 000 t、瓦斯量28.2万 m³，造成30人死亡、79人受伤（其中12人重伤），直接经济损失1 219万元。

【事故原因】

（一）直接原因

三采区安稳斜井揭煤工作面所揭的 K_3 煤层为突出煤层，在"四位一体"综合防突措施落实不到位的情况下，违章爆破作业诱导了煤与瓦斯突出，爆破时未按规定撤人和关闭防突反向风门，造成人员伤亡。

（二）间接原因

(1) 施工单位没有认真落实煤矿施工安全生产管理主体责任。

(2) 建设单位落实煤矿施工安全管理责任不力。

(3) 内部管理制度及安全质量标准化工作有漏洞，对外围公司建设工程指导、检查不到位，未认真履行监管职责等。

(4) 监理单位管理混乱，监理工作严重失职。

【制度规定】

(1)《防治煤与瓦斯突出细则》第六条："防突工作必须坚持'区域综合防突措施先行、局部综合防突措施补充'的原则，按照'一矿一策、一面一策'的要求，实现'先抽后建、先抽后掘、先抽后采、预抽达标'。突出煤层必须采取两个'四位一体'综合防突措施，做到多措并举、可保必保、应抽尽抽、效果达标，否则严禁采掘活动。"

(2)《防治煤与瓦斯突出细则》第二十五条第三项："在突出煤层顶、底板掘进岩巷时，地质测量部门必须提前进行地质预测，编制巷道剖面图，及时掌握施工动态和围岩变化情况，验证提供的地质资料，并定期通报给煤矿防突机构和采掘区（队）；遇有较大变化时，随时通报。"

(3)《防治煤与瓦斯突出细则》第三十五条："有突出矿井的煤矿企业主要负责人应当每季度、突出矿井矿长应当每月至少进行1次防突专题研究，检查、部署防突工作，解决防突所需的人力、财力、物力，确保抽、掘、采平衡和防突措施的落实。有突出矿井（煤层）的煤矿企业、煤矿应当建立防突技术管理制度，煤矿企业技术负责人、煤矿总工程师对防突工作负技术责任，负责组织编制、审批、检查防突工作规划、计划和措施。煤矿企业、煤矿的分管负责人负责落实所分管范围内的防突工作。煤矿企业、煤矿的各职能部门负责人对职责范围内的防突工作负责;区(队)长、班组长对管辖范围内防突工作负直接责任;瓦斯防突工对所在岗位的防突工作负责。煤矿企业、煤矿的安全生产管理部门负责对防突工作的监督检查。"

(4)《防治煤与瓦斯突出细则》第一百二十条第一、二、三款:"井巷揭穿突出煤层和突出煤层的炮掘、炮采工作面必须采取远距离爆破安全防护措施。井巷揭煤采用远距离爆破时,必须明确包括起爆地点、避灾路线、警戒范围,制定停电撤人等措施。井巷揭煤起爆及撤人地点必须位于反向风门外且距工作面 500 m 以上全风压通风的新鲜风流中,或者距工作面 300 m 以外的避难硐室内。"

(5)《煤矿安全规程》第四条:"从事煤炭生产与煤矿建设的企业(以下统称煤矿企业)必须遵守国家有关安全生产的法律、法规、规章、规程、标准和技术规范。煤矿企业必须加强安全生产管理,建立健全各级负责人、各部门、各岗位安全生产与职业病危害防治责任制。煤矿企业必须建立健全安全生产与职业病危害防治目标管理、投入、奖惩、技术措施审批、培训、办公会议制度,安全检查制度,安全风险分级管控工作制度,事故隐患排查、治理、报告制度,事故报告与责任追究制度等。煤矿企业必须制定重要设备材料的查验制度,做好检查验收和记录,防爆、阻燃抗静电、保护等安全性能不合格的不得入井使用。煤矿企业必须建立各种设备、设施检查维修制度,定期进行检查维修,并做好记录。煤矿必须制定本单位的作业规程和操作规程。"

(6)《煤矿安全规程》第九条:"煤矿企业必须对从业人员进行安全教育和培训。培训不合格的,不得上岗作业。主要负责人和安全生产管理人员必须具备煤矿安全生产知识和管理能力,并经考核合格。特种作业人员必须按国家有关规定培训合格,取得资格证书,方可上岗作业。矿长必须具备安全专业知识,具有组织、领导安全生产和处理煤矿事故的能力。"

【防范措施】

(1)强化落实矿井安全生产主体责任,牢固树立依法办矿依规管矿意识,坚守安全红线底线,切实落实矿井主体责任和第一责任人责任。

(2)要切实加强煤矿防突管理工作,特别是石门揭煤工作要严格执行《防治煤与瓦斯突出细则》相关要求,认真落实两个"四位一体"综合防突措施,加强对现场钻孔施工的管理,严厉打击弄虚作假行为。

(3)强化防突抽采钻孔施工的检查和验收工作,确保钻孔按设计要求施工到位,特别是石门揭煤、集中应力区和地质构造带(包括煤层变厚带)的重点防治,对钻孔轨迹、终孔位置进行测量,严禁出现抽采空白区。

(4)加强区域措施效果检验的可靠性。各检验测试点应布置于所在部位钻孔密度较小、孔间距较大、预抽时间较短的位置,在地质构造复杂区域适当增加检验测试点。

(5)进一步优化矿井生产布局,减少矿井石门揭煤次数。

(6)加强煤矿干部、职工的安全教育培训,强化个体自救技能,掌握煤与瓦斯突出预兆,提高安全意识和技术素质。

(7)煤与瓦斯突出矿井须明确瓦斯突出的避灾路线,并加强突出避灾路线的培训和日常教育,熟悉避灾路线。

【学习自测】

1.(判断题)施工单位没有认真落实煤矿施工安全生产管理主体责任是造成此次事故

的直接原因。（　　）

2.（单选题）井巷揭穿突出煤层和突出煤层的炮掘、炮采工作面必须采取（　　）安全防护措施。

A. 远距离爆破　　　　B. 爆破　　　　　　C. 机械

3.（多选题）井巷揭煤采用远距离爆破时,必须明确包括（　　）,制定（　　）等措施。

A. 起爆地点　　　　　　　　　　B. 避灾路线
C. 警戒范围　　　　　　　　　　D. 停电撤人

参考答案：1. ×　 2. A　 3. ABC,D

案例2　贵州六盘水某矿煤层未消突爆破揭煤引起重大煤与瓦斯突出事故

【事故经过】

2014年6月10日16时左右开完班前会,曾某某带领当班工人陆续到达1601回风巷2#联络巷,开始出渣、架棚作业。10日23时45分左右,4点班矿调度员在撤出事故区域的其他作业人员后,交班给11日0点班调度员刘某某时说："井下除1601回风巷2#联络巷作业人员外,其余人员已全部撤出,等中班安检员施某某汇报后就可以爆破。"10日24时整施某某向11日0点班调度员刘某某汇报"2#联络巷工作面人员已撤完,岗站好,电源已停,准备爆破",刘某某同意爆破。11日0时5分,1601回风巷2#联络巷工作面发生煤与瓦斯突出,该工作面的 T_1 甲烷传感器显示数据为10%,回风 T_2 甲烷传感器显示数据为4.13%,突出煤(岩)量约1 010 t,瓦斯涌出量约12万 m^3,造成10人死亡,直接经济损失1 634万元。

【事故原因】

(一)直接原因

某矿区域和局部防突措施落实不到位,1601回风巷2#联络巷揭穿的 M_6 煤层未消突,石门揭煤时爆破诱发煤与瓦斯突出。

(二)间接原因

(1)防突措施落实不到位。一是煤矿未对揭煤区域煤层松软、煤层厚度、煤层透气性等瓦斯条件进行认真分析,抽采钻孔由于垮孔严重使得钻孔中垮孔位置以里的部分抽采效果受限,甚至没有抽采,且未对区域抽采钻孔施工和验收进行管理,致使钻孔不能按设计施工到位。二是该掘进工作面消突评价报告中区域效果检验采用1年前的检验结果,未考虑停抽后瓦斯分布情况。三是工作面局部防突措施采用钻孔排放瓦斯,排放孔无设计、无施工管理记录,不能保证局部防突措施落实到位。四是局部防突措施效果检验不符合规定要求,在6月6日测定 K_1 值达0.79后,矿上施工了排放钻孔,但在6月7日中班瓦斯排放完毕后仅测定了瓦斯涌出初速度,未按规定测定 K_1 值,便作出"已消除突出危险"的结论,但实际未消突。

(2)管理混乱,安全设施存在严重问题。一是爆破措施不落实。事故当班1601回风巷2#联络巷工作面爆破未严格按要求落实爆破前撤人、拉警戒等措施。二是通风设施不合格。1601回风巷2#联络巷反向风门设计不严谨,施工管理不到位,竣工未验收风门,风门设置位置不合理,最后一道反向风门距工作面距离小于70 m,仅设置了2道反向风门,且反向风门墙体厚度和强度均达不到设计要求。三是在公司安全监察部发现该矿自查 38 条隐患有 4 条未整改完成,作出验收不通过结论后矿安全监察部自己在综合验收结论栏填写"复查合格,同意复工",并将两份验收表格作为某矿验收合格的依据向某安监站申请复查予以恢复建设。四是矿井监测监控系统、人员定位系统维护和管理不到位。监测监控系统 5 月 1 日至 19 日无监控数据,人员定位系统存在传输程序未编制数据不能上传、漏卡等现象。

【制度规定】

(1)《防治煤与瓦斯突出细则》第六条第一款:"防突工作必须坚持'区域综合防突措施先行、局部综合防突措施补充'的原则,按照'一矿一策、一面一策'的要求,实现'先抽后建、先抽后掘、先抽后采、预抽达标'。突出煤层必须采取两个'四位一体'综合防突措施,做到多措并举、可保必保、应抽尽抽、效果达标,否则严禁采掘活动。"

(2)《防治煤与瓦斯突出细则》第四十五条:"区域预测或者区域措施效果检验测定瓦斯压力、瓦斯含量等参数时,应当记录测试时间、测试点位置、钻孔竣工轨迹及参数、钻进异常现象、取样及测试情况、测定结果和人员等信息。测试点及测定钻孔轨迹应当在瓦斯地质图或者防突措施竣工图上标注。区域预测报告和区域防突措施效果检验报告,应当附包含测定钻孔记录和测定结果等数据资料的表单,记录和表单由测定人员及其部门负责人审核签字。"

(3)《防治煤与瓦斯突出细则》第四十六条:"采用预抽煤层瓦斯区域防突措施的,应当采取措施确保预抽瓦斯钻孔能够按设计参数控制整个预抽区域。应当记录钻孔位置、实际参数、见煤见岩情况、钻进异常现象、钻孔施工时间和人员等信息,并绘制防突措施竣工图等。有关信息资料应当经施工人员、验收人员和负责人审核签字。采用穿层钻孔预抽煤层瓦斯区域防突措施的,钻孔施工过程中出现见(止)煤深度与设计相差 5 m 及以上时,应当及时核查分析,不合格的及时补孔,出现喷孔、顶钻或者瓦斯异常现象的,应当在防突措施竣工图中标注清楚。防突措施竣工图应当有平面图和剖面图。采用顺层钻孔预抽煤层瓦斯区域防突措施的,必须及时核查分析,绘制平面图,对钻孔见岩长度超过孔深五分之一的,必须对有煤区域提前补孔,消除煤孔空白带。"

(4)《防治煤与瓦斯突出细则》第一百一十八条:"在突出煤层的井巷揭煤、煤巷和半煤岩巷掘进工作面进风侧,必须设置至少 2 道牢固可靠的反向风门。风门之间的距离不得小于 4 m。工作面爆破作业或者无人时,反向风门必须关闭。反向风门距工作面的距离和反向风门的组数,应当根据掘进工作面的通风系统和预计的突出强度确定,但反向风门距工作面回风巷不得小于 10 m,与工作面的最近距离一般不得小于 70 m,如小于 70 m 时应设置至少 3 道反向风门。反向风门墙垛可用砖、料石或者混凝土砌筑,嵌入巷道周边岩石的深度可根据岩石的性质确定,但不得小于 0.2 m;墙垛厚度不得小于 0.8 m。在煤巷构筑反向风门时,风门墙体四周必须掏槽,掏槽深度见硬帮硬底后再进入实体煤不小于 0.5 m。通过反向风门墙垛的风筒、水沟、刮板输送机道等,必须设有逆向隔断装置。"

(5)《煤矿安全规程》第四条:"从事煤炭生产与煤矿建设的企业(以下统称煤矿企业)必须遵守国家有关安全生产的法律、法规、规章、规程、标准和技术规范。煤矿企业必须加强安全生产管理,建立健全各级负责人、各部门、各岗位安全生产与职业病危害防治责任制。煤矿企业必须建立健全安全生产与职业病危害防治目标管理、投入、奖惩、技术措施审批、培训、办公会议制度,安全检查制度,安全风险分级管控工作制度,事故隐患排查、治理、报告制度,事故报告与责任追究制度等。煤矿企业必须制定重要设备材料的查验制度,做好检查验收和记录,防爆、阻燃抗静电、保护等安全性能不合格的不得入井使用。煤矿企业必须建立各种设备、设施检查维修制度,定期进行检查维修,并做好记录。煤矿必须制定本单位的作业规程和操作规程。"

(6)《煤矿安全规程》第四百九十四条:"矿调度室值班人员应当监视监控信息,填写运行日志,打印安全监控日报表,并报矿总工程师和矿长审阅。系统发出报警、断电、馈电异常等信息时,应当采取措施,及时处理,并立即向值班矿领导汇报;处理过程和结果应当记录备案。"

【防范措施】

(1)强化落实矿井安全生产主体责任,牢固树立依法办矿、依规管矿意识,坚守安全红线底线,切实落实矿井主体责任和第一责任人责任。

(2)切实加强煤矿防突管理工作,认真落实两个"四位一体"综合防突措施,加强对现场钻孔施工的管理,严厉打击弄虚作假行为。

(3)保证区域措施效果检验可靠性。各检验测试点应布置于所在部位钻孔密度较小、孔间距较大、预抽时间较短的位置,在地质构造复杂区域适当增加检验测试点。

(4)进一步优化矿井生产布局,减少矿井石门揭煤次数。

(5)加强通风设施验收管理。通风设施均要有专项设计及安全技术措施,井下通风设施要进行现场验收且验收资料要存档备查,确保通风设施安设合理、质量可靠。

(6)认真开展隐患排查治理工作。矿井要建立长期排查治理长效机制和重大隐患分级挂牌督办制度,实现隐患排查治理工作常态化、规范化、科学化,重大生产安全隐患要按照"五落实"的要求真正做到措施不落实、隐患不排除不得生产。

(7)加强防突知识培训。对井下从业人员进行全员防突知识培训,确保人人熟悉防突知识。

【学习自测】

1.(判断题)管理混乱,安全设施存在严重问题是造成此次事故的直接原因。( )
2.(单选题)通过反向风门墙垛的风筒、水沟、刮板输送机道等,必须设有( )装置。
A. 逆向隔断   B. 正向隔断
3.(多选题)反向风门距工作面的距离和反向风门的组数,应当根据掘进工作面的通风系统和预计的突出强度确定,但反向风门距工作面回风巷不得小于( )m,与工作面的最近距离一般不得小于( )m,如小于70 m时应设置至少( )道反向风门。
A. 10   B. 70   C. 3   D. 5

参考答案:1. ×   2. A   3. A,B,C

案例3 河南登封某矿隐瞒瓦斯含量上山揭煤引起重大煤与瓦斯突出事故

【事故经过】

2017年1月4日17时35分,河南登封某矿井下-190 m泵房管子道维修期间突然发生冒顶引起瓦斯倾出,瓦斯倾出后巷道堵塞造成9人被掩埋。事故发生后,当班通风科长、安全副科长、瓦斯检查工 3 名人员实施现场抢险,抢险过程中缺氧窒息晕倒,在送往医院救治过程中死亡,剩余当班 39 人安全升井。

该次事故突出煤(岩)量约 254 t、瓦斯量约 5 940 m³,造成 12 人死亡,直接经济损失 1 452.5 万元。

【事故原因】

(一)直接原因

1. 该矿隐瞒矿井真实情况,逃避安全监管监察

(1)不愿意升级为煤与瓦斯突出矿井,在抽采过的区域进行突出鉴定,隐瞒矿井煤层瓦斯含量真实情况,造成鉴定结果失真。

(2)隐瞒-190 m 泵房管子道上、下段掘进工作面和入井作业人数,上、下段掘进工作面均未在矿井图纸及安全监控系统图上反映。

2. 矿井安全监控系统不完善,瓦斯浓度数据失真

(1)-190 m 泵房管子道上、下段掘进工作面均未按规定安装甲烷传感器,与 21161 采煤工作面串联通风之间没有安装甲烷传感器,不能实现风电、瓦斯电闭锁。

(2)总回风巷甲烷传感器安设位置不当,不能正确反映真实瓦斯浓度;人为修改安全监控系统软件设置,降低安全监控系统瓦斯浓度显示及传输数据,掩盖瓦斯超限真相。

(二)间接原因

1. 技术管理薄弱

(1)21 采区采掘工程布置不合理、工作面过多(共有 3 个采煤工作面、3 个掘进工作面,另有一个停采面)且集中,-190 m 泵房管子道下段揭突出煤层采用大坡度上山掘进。

(2)未按规定编制各项安全技术措施。-190 m 泵房管子道上、下段两个掘进工作面均未编制施工组织设计、作业规程、专项瓦斯治理措施、石门揭煤及贯通安全技术措施。

2. 安全投入不够

(1)矿井瓦斯治理工程不到位,没有消除采掘工作面突出危险性;事故区域局部通风机未采用"三专"供电,且为单风机、单电源,事故后局部通风机停运,无法及时恢复通风、排放瓦斯。

(2)紧急避险系统不完善,-190 m 泵房管子道上、下段未安装压风自救装置。

3. 安全管理不到位

(1)通风管理混乱,-190 m 泵房管子道上、下段掘进工作面与 21161 采煤工作面违规二次串联通风。

(2)-190 m 泵房管子道下段掘进工作面和绞车硐室掘进工作面相距 20 m,平行作业,人员集中。

4. 安全培训教育不到位

(1)-190 m 泵房管子道下段掘进工作面爆破人员无证上岗。

(2)事故发生后盲目冒险进入灾区施救。

5. 不服从监管监察指令违规施工

(1)在被政府有关部门责令停产整顿期间,每天领取使用矿井爆炸材料库存储的爆炸物品,用于-190 m 泵房等地点掘进施工,违反上级和当地人民政府关于加强停产整顿矿井安全管理的要求。

(2) 在隐患排查治理期间，没有按照批准的地点、项目和人数进行隐患排查治理作业，擅自掘进施工不在批准范围内的－190 m泵房管子道上、下段和绞车硐室，超出了当地人民政府安全生产领导小组批准该矿的隐患排查治理工程范围。

6. 矿井盲目冒险施救，迟报事故

事故发生后未及时召请专业救援队伍，而是组织人员盲目冒险施救，导致事故扩大后才上报。

【制度规定】

(1)《防治煤与瓦斯突出细则》第一百二十一条第一款："突出煤层采掘工作面附近、爆破撤离人员集中地点、起爆地点必须设有直通矿调度室的电话，并设置有供给压缩空气的避险设施或者压风自救装置。工作面回风系统中有人作业的地点，也应当设置压风自救装置。"

(2)《煤矿安全规程》第九条："煤矿企业必须对从业人员进行安全教育和培训。培训不合格的，不得上岗作业。主要负责人和安全生产管理人员必须具备煤矿安全生产知识和管理能力，并经考核合格。特种作业人员必须按国家有关规定培训合格，取得资格证书，方可上岗作业。矿长必须具备安全专业知识，具有组织、领导安全生产和处理煤矿事故的能力。"

(3)《煤矿安全规程》第十四条："井工煤矿必须按规定填绘反映实际情况的图纸……"

(4)《煤矿安全规程》第三十八条："单项工程、单位工程开工前，必须编制施工组织设计和作业规程，并组织相关人员学习。"

(5)《煤矿安全规程》第九十五条第三款："一个采（盘）区内同一煤层的一翼最多只能布置1个采煤工作面和2个煤（半煤岩）巷掘进工作面同时作业。一个采（盘）区内同一煤层双翼开采或者多煤层开采的，该采（盘）区最多只能布置2个采煤工作面和4个煤（半煤岩）巷掘进工作面同时作业。"

(6)《煤矿安全规程》第一百四十三条第一项："巷道贯通前应当制定贯通专项措施。综合机械化掘进巷道在相距50 m前、其他巷道在相距20 m前，必须停止一个工作面作业，做好调整通风系统的准备工作。"

(7)《煤矿安全规程》第一百五十条第一、二款："采、掘工作面应当实行独立通风，严禁2个采煤工作面之间串联通风。同一采区内1个采煤工作面与其相连接的1个掘进工作面、相邻的2个掘进工作面，布置独立通风有困难时，在制定措施后，可采用串联通风，但串联通风的次数不得超过1次。"

(8)《煤矿安全规程》第一百六十四条第三项："高瓦斯、突出矿井的煤巷、半煤岩巷和有瓦斯涌出的岩巷掘进工作面正常工作的局部通风机必须配备安装同等能力的备用局部通风机，并能自动切换。正常工作的局部通风机必须采用'三专'（专用开关、专用电缆、专用变压器）供电，专用变压器最多可向4个不同掘进工作面的局部通风机供电；备用局部通风机电源必须取自同时带电的另一电源，当正常工作的局部通风机故障时，备用局部通风机能自动启动，保持掘进工作面正常通风。"

(9)《煤矿安全规程》第四百八十九条第三款："系统必须连续运行。电网停电后，备用电源应当能保持系统连续工作时间不小于2 h。"

(10)《煤矿安全规程》第四百九十九条："井下下列地点必须设置甲烷传感器：（一）采

煤工作面及其回风巷和回风隅角,高瓦斯和突出矿井采煤工作面回风巷长度大于1 000 m时回风巷中部。(二)煤巷、半煤岩巷和有瓦斯涌出的岩巷掘进工作面及其回风流中,高瓦斯和突出矿井的掘进巷道长度大于1 000 m时掘进巷道中部。(三)突出矿井采煤工作面进风巷。(四)采用串联通风时,被串采煤工作面的进风巷;被串掘进工作面的局部通风机前。(五)采区回风巷、一翼回风巷、总回风巷。(六)使用架线电机车的主要运输巷道内装煤点处。(七)煤仓上方、封闭的带式输送机地面走廊。(八)地面瓦斯抽采泵房内。(九)井下临时瓦斯抽采泵站下风侧栅栏外。(十)瓦斯抽采泵输入、输出管路中。"

(11)《煤矿安全规程》第五百零四条:"下井人员必须携带标识卡。各个人员出入井口、重点区域出入口、限制区域等地点应当设置读卡分站。"

(12)《煤矿安全规程》第六百七十九条第一款:"煤矿作业人员必须熟悉应急救援预案和避灾路线,具有自救互救和安全避险知识。井下作业人员必须熟练掌握自救器和紧急避险设施的使用方法。"

(13)《河南省人民政府办公厅关于印发河南省遏制煤矿重特大事故工作实施方案的通知》(豫政办〔2016〕167号):"合理组织生产,科学交接班,避免平行交叉作业"。

(14)《煤与瓦斯突出矿井鉴定规范》(AQ 1024—2006)4.1:"如实提供鉴定所需的具有法律效力的相关资料,确保提交资料的真实、可靠和完整"。

(15)《生产安全事故报告和调查处理条例》第二章第九条第一款:"事故发生后,事故现场有关人员应当立即向本单位负责人报告;单位负责人接到报告后,应当于1小时内向事故发生地县级以上人民政府安全生产监督管理部门和负有安全生产监督管理职责的有关部门报告。"

【防范措施】

(1)严格按照《煤矿瓦斯等级鉴定办法》对矿井开采范围内煤层进行鉴定,并核实井下是否出现过顶钻、喷孔等动力现象。

(2)强化落实矿井安全生产主体责任,牢固树立依法办矿、依规管矿意识,坚守安全红线底线,切实落实矿井主体责任和第一责任人责任。

(3)深刻吸取责任不落实、管理层弄虚作假、安全管理不到位等事故教训,坚决杜绝人为屏蔽安全监控系统、工作面造假、图纸造假等重大违法违规行为。

(4)突出矿井必须确定合理的采掘部署,使煤层的开采顺序、巷道布置、采煤方法、采掘接替等有利于区域防突措施的实施。

(5)加强煤矿从业人员安全教育培训,提高相关人员的防突技术技能,实现全员熟悉突出预兆、掌握防突基本常识和避灾路线。

(6)建立健全安全生产管理机构,配备满足安全生产需要的技术和管理人员,健全完善安全制度体系,切实开展隐患排查治理,提升安全管理水平,确保依法依规组织生产。

(7)采掘工作面应当实行独立通风,严禁2个采煤工作面之间串联通风。同一采区内1个采煤工作面与其相连接的1个掘进工作面、相邻的2个掘进工作面,布置独立通风有困难时,在制定措施后,可采用串联通风,但串联通风的次数不得超过1次。

(8)完善安全监管工作机制,明确各部门、各岗位的安全监管职责和具体责任人,层层压实监管责任,防止安全监管职能弱化、虚化。

(9)企业主要负责人应当每季度、矿长应当每月至少进行1次防突专题研究,检查、部署防突工作,解决防突所需的人力、财力、物力,确保抽、掘、采平衡和防突措施的落实。

(10)建立健全矿井安全监控平台岗位责任制和监控预警机制,完善分级处置制度,加强值班值守,确保监控有效、处置到位。

【学习自测】

1.(判断题)技术管理薄弱是造成此次事故的直接原因。(　　)

2.(单选题)系统必须连续运行。电网停电后,备用电源应当能保持系统连续工作时间不小于(　　)h。

A. 1　　　　　　B. 2　　　　　　C. 3　　　　　　D. 4

3.(多选题)巷道贯通前应当制定贯通专项措施。综合机械化掘进巷道在相距(　　)m前、其他巷道在相距(　　)m前,必须停止一个工作面作业,做好调整通风系统的准备工作。

A. 50　　　　　　B. 70　　　　　　C. 20　　　　　　D. 50

参考答案:1. ×　2. B　3. A,C

煤尘事故篇

第四章　煤尘爆炸事故

第一节　煤尘爆炸事故概述

【煤尘爆炸的机理】

煤尘爆炸是在高温或一定点火能的热源作用下,空气中氧气与煤尘急剧氧化的反应过程,是一种非常复杂的链式反应,一般认为其爆炸机理及过程如下:

(1) 煤本身是可燃物质,当它以粉末状态存在时,总表面积显著增加,吸氧和被氧化的能力大大增强,一旦遇见火源,氧化过程迅速展开。

(2) 当温度达到 300~400 ℃时,煤的干馏现象急剧增强,放出大量的可燃性气体,主要成分为甲烷、乙烷、丙烷、丁烷、氢和 1% 左右的其他碳氢化合物。

(3) 形成的可燃气体与空气混合在高温作用下吸收能量,在尘粒周围形成气体外壳,即活化中心,当活化中心的能量达到一定程度后,链反应过程开始,游离基迅速增加,发生了尘粒的闪燃。

(4) 闪燃所形成的热量传递给周围的尘粒,并使之参与链反应,导致燃烧过程急剧地循环进行,当燃烧不断加剧使火焰速度达到每秒数百米后,煤尘的燃烧便在一定临界条件下跳跃式地转变为爆炸。

【煤尘爆炸的特征】

(1) 形成高温、高压、冲击波。煤尘爆炸火焰温度为 1 600~1 900 ℃,爆源的温度达到 2 000 ℃以上,这是煤尘爆炸得以自动传播的条件之一。

在矿井条件下煤尘爆炸的平均理论压力为 736 kPa,但爆炸压力随着离开爆源距离的增加而跳跃式增大。爆炸过程中如遇障碍物,压力将进一步增加,尤其是连续爆炸时,后一次爆炸的理论压力将是前一次的 5~7 倍。煤尘爆炸产生的火焰速度可达 1 120 m/s,冲击波速度为 2 340 m/s。

(2) 煤尘爆炸具有连续性。由于煤尘爆炸具有很高的冲击波速,能将巷道中落尘扬起,甚至使煤体破碎形成新的煤尘,导致新的爆炸,有时可如此反复多次,形成连续爆炸。这是煤尘爆炸的重要特征。

(3) 煤尘爆炸的感应期。煤尘爆炸也有一个感应期(煤尘受热分解产生足够数量的可燃气体形成爆炸所需的时间)。根据试验,煤尘爆炸的感应期主要取决于煤的挥发分含量,一般挥发分含量为 40% 时感应期为 280 ms,挥发分含量越高,感应期越短。

(4) 挥发分减少或形成"黏焦"。煤尘爆炸时,参与反应的挥发分约占煤尘挥发分含量的 40%~70%,致使煤尘挥发分减少,根据这一特征,可以判断煤尘是否参与了井下的爆炸。对于气煤、肥煤、焦煤等黏结性煤的煤尘,一旦发生爆炸,一部分煤尘会被焦化,黏结在一起,沉积于支架的巷道壁上,形成煤尘爆炸所特有的产物——焦炭皮渣或黏块,统称"黏焦"。"黏焦"也是判断井下发生爆炸事故时是否有煤尘参与的重要标志。

(5) 产生大量的CO。煤尘爆炸时产生的CO在灾区气体中浓度可达2%~3%,有时甚至高达8%左右。爆炸事故中的受害者大多数(70%~80%)是CO中毒。

【煤尘爆炸的条件】

煤尘爆炸必须同时具备四个条件:煤尘本身具有爆炸性;煤尘必须悬浮于空气中,并达到一定的浓度;存在能引燃煤尘爆炸的高温热源;一定浓度的氧气。

(1) 煤尘的爆炸性:煤尘具有爆炸性是煤尘爆炸的必要条件。煤尘爆炸的危险性必须经过试验确定。

(2) 悬浮煤尘的浓度:井下空气中只有悬浮的煤尘达到一定浓度时,才可能引起爆炸,单位体积中能够发生煤尘爆炸的最低或最高煤尘量称为下限和上限浓度。低于下限浓度或高于上限浓度的煤尘都不会发生爆炸。煤尘爆炸的浓度范围与煤的成分、粒度、引火源的种类和温度等有关。一般来说,煤尘爆炸的下限浓度为30~50 g/m³,上限浓度为1 000~2 000 g/m³,其中爆炸力最强的浓度范围为300~500 g/m³。一般情况下,浮游煤尘达到爆炸下限浓度的情况是不常有的,但是浅破、爆炸和其他震动冲击都能使大量落尘飞扬,在短时间内使浮尘量增加,达到爆炸浓度。因此,确定煤尘爆炸浓度时,必须考虑落尘这一因素。

(3) 引燃煤尘爆炸的高温热源:煤尘的引燃温度变化范围较大,它随着煤尘性状、浓度及试验条件的不同而变化。我国煤尘爆炸的引燃温度在650~1 050 ℃,一般为700~800 ℃。煤尘爆炸的最小点火能为4.5~40 mJ。这样的温度条件,几乎一切火源均可达到,如爆破火焰、电气火花、机械摩擦火花、瓦斯燃烧或爆炸、井下火灾等。

(4) 一定浓度的氧气:煤尘爆炸还必须要具备一定浓度的氧气,要求氧气的浓度不低于18%(体积百分比)。由于矿井的氧气浓度一定大于18%,所以我们在防止煤尘爆炸过程中一般不会考虑这一条件。

【防尘措施】

(1) 煤层注水。

(2) 湿式打眼和水炮泥。

(3) 采掘机械喷雾降尘。

(4) 运输巷道和转载巷道喷雾。

(5) 水幕净化。

(6) 对井下巷道清扫、冲刷。

(7) 通风除尘。

(8) 个体防护。

(一) 防止煤尘引燃的措施

遵守《煤矿安全规程》的有关规定,严禁携带烟草和点火物品下井;井下禁止使用电炉,禁止打开矿灯;井口房、抽采瓦斯泵房以及通风机房周围20 m内禁止使用明火;井下进行电焊、气焊和喷灯焊接时,应严格遵守有关规定;采用防爆设备;在有瓦斯或煤尘爆炸危险的煤层中,采掘工作面只准使用煤矿安全炸药和瞬发雷管,防止机械摩擦火花;采用抗静电难燃的聚合材料制品等。

（二）限制煤尘爆炸范围扩大的措施

限制煤尘爆炸范围扩大的主要措施有清除落尘、撒布岩粉、设置被动式隔爆棚（岩粉棚和水棚）、设置自动隔爆棚等。

第二节　煤尘爆炸事故案例

案例1　山东肥城某矿"8·20"机械摩擦产生火花引燃煤尘较大爆炸事故

【事故经过】

2020年8月20日3时，山东肥城某矿35000采区因集中运输巷第一部带式输送机故障，运输工区维修，采煤机停机。5时55分，采煤机恢复割煤，安监员某军离开工作面进入胶带巷。约6时26分，当某军走到第三部带式输送机机头三岔口外20 m时，感觉一股风流从工作面吹过来，判断工作面可能出事了，往外赶到液压泵站用语音广播向工作面呼叫，刮板输送机司机鹿某某回答说工作面出事了。某军立即回工作面查看，走到第三部带式输送机机尾附近，遇到从工作面出来的鹿某某、郭某某、丁某某，3人头发烧焦，脸上黢黑，皮肤烧伤起皮。某军又往里走，到转载机处发现卢某某趴倒在排水点底板处，某军将其扶起靠在巷帮，继续向工作面查看，到刮板输送机机头，看到工作面内煤尘飞扬，能见度低。6时36分，某军用防爆手机向安监处汇报工作面出事了，抓紧派人下井救人。该事故造成7人死亡、9人受伤，直接经济损失1 493.68万元。

【事故原因】

（一）直接原因

35000采区35003综放工作面采煤机截割过程中，滚筒截齿与中间巷金属支护材料（锚杆、锚索、钢带）机械摩擦产生火花，引燃截割中间巷松软煤体扬起的煤尘（悬浮尘）导致煤尘爆炸。

（二）间接原因

（1）某矿安全措施不落实。事故当班现场作业人员未按规程措施要求及时拆除巷道锚杆盘、钢带和锚索索具，也未及时拆除缠绕在采煤机滚筒上的锚索，滚筒带动缠绕的锚索旋转导致扬尘增加并产生火花。

（2）某矿综合防尘措施落实不到位。未严格落实综合防尘措施，采煤机内喷雾堵塞未及时处理，推采过程中支架间喷雾、放顶煤喷雾未正常使用。未按设计进行煤层注水。

（3）某矿防范化解风险隐患不到位。某矿虽然辨识出工作面过中间巷煤尘爆炸风险，但管控措施针对性不强，没有对中间巷巷口因压力变化底煤变软的危害进行分析、评估，没有及时拆除中间巷两帮的托盘、钢带、金属网等支护材料，也未将综合防尘类隐患作为排查重点。

（4）某矿安全管理不到位。35003综放工作面揭露中间巷后，未考虑中间巷带来的影响因素,未及时修改作业规程,未对通风、防尘等相关内容进行补充完善。现场作业人员及安全管理人员对煤尘爆炸的危险性认识不足,对现场采煤机割煤时产生火花问题长期不重视。

(5)安全教育培训不到位。采煤机司机配备数量不足,事故当班人员均无采煤机特种作业操作证。对全员培训考核不合格的井下个别采煤作业人员未进行再培训,现场作业人员及安全管理人员对煤尘爆炸的危险性认识不足,对现场采煤机割煤时产生火花问题长期不重视。

(6)集团公司对某矿现场管理、技术管理、安全监督管理、安全教育培训、安全风险管控隐患排查治理不到位及生产组织不合理等问题失察。

【制度规定】

(1)《煤矿安全规程》第四条:"从事煤炭生产与煤矿建设的企业(以下统称煤矿企业)必须遵守国家有关安全生产的法律、法规、规章、规程、标准和技术规范。煤矿企业必须加强安全生产管理,建立健全各级负责人、各部门、各岗位安全生产与职业病危害防治责任制。煤矿企业必须建立健全安全生产与职业病危害防治目标管理、投入、奖惩、技术措施审批、培训、办公会议制度,安全检查制度,安全风险分级管控工作制度,事故隐患排查、治理、报告制度,事故报告与责任追究制度等。煤矿企业必须制定重要设备材料的查验制度,做好检查验收和记录,防爆、阻燃抗静电、保护等安全性能不合格的不得入井使用。煤矿企业必须建立各种设备、设施检查维修制度,定期进行检查维修,并做好记录。煤矿必须制定本单位的作业规程和操作规程。"

(2)《煤矿安全规程》第一百四十九条:"生产水平和采(盘)区必须实行分区通风。……高瓦斯、突出矿井的每个采(盘)区和开采容易自燃煤层的采(盘)区,必须设置至少1条专用回风巷;低瓦斯矿井开采煤层群和分层开采采用联合布置的采(盘)区,必须设置1条专用回风巷。"

(3)《煤矿安全规程》第一百八十六条:"开采有煤尘爆炸危险煤层的矿井,必须有预防和隔绝煤尘爆炸的措施。矿井的两翼、相邻的采区、相邻的煤层、相邻的采煤工作面间,掘进煤巷同与其相连的巷道间,煤仓同与其相连的巷道间,采用独立通风并有煤尘爆炸危险的其他地点同与其相连的巷道间,必须用水棚或者岩粉棚隔开。必须及时清除巷道中的浮煤,清扫、冲洗沉积煤尘或者定期撒布岩粉;应当定期对主要大巷刷浆。"

(4)《煤矿安全规程》第一百八十七条:"矿井应当每年制定综合防尘措施、预防和隔绝煤尘爆炸措施及管理制度,并组织实施。矿井应当每周至少检查1次隔爆设施的安装地点、数量、水量或者岩粉量及安装质量是否符合要求。"

(5)《煤矿安全规程》第一百八十八条:"高瓦斯矿井、突出矿井和有煤尘爆炸危险的矿井,煤巷和半煤岩巷掘进工作面应当安设隔爆设施。"

【防范措施】

(1)加强安全管理。必须树立法治思维,坚守法治底线,依法办矿,依法管矿。严禁超层越界开采,遵守《煤矿安全规程》,健全完善安全生产责任制等各项安全生产规章制度;加强井下现场管理,停风、瓦斯超限立即停产撤人;严格遵守停送电制度,防止意外伤人;采煤机启动前,先清除工作面及其附近的金属支护材料(锚杆、锚索、钢带),保障安全出口通畅,清除障碍物,降低风阻,检查采煤机内外喷雾是否正常运行,降低机械摩擦产生的火花带来的危害。

(2) 加强煤尘防治工作。严格落实综合防尘、预防和隔绝煤尘爆炸等措施及管理制度,加强防尘降尘设备及运行的检查维护,确保喷雾降尘运行正常,防止粉尘超标和爆炸。

(3) 加强通风管理。完善通风系统及设施,提高通风设施可靠性,确保通风系统稳定;局部通风机供电要实现"三专两闭锁"和"双风机、双电源"。

(4) 坚持强基固本,加强安全教育培训工作。认真做好全员培训工作,强化全员安全培训质量和效果,重点学习党的安全生产方针、政策、法律法规和新技术、新装备,确保从业人员具备必要的岗位知识和专业技能,严禁未经培训或者培训不合格人员下井作业,认真开展针对特种作业人员持证情况大排查,确保所有特种作业人员持证上岗。强化警示教育,提升从业人员安全"红线"意识,增强风险辨识、自保互保能力,杜绝违章指挥、违章作业,从源头上提高从业人员的遵章守规意识。

(5) 全力保障安全投入,坚决实现智能化开采。切实转变观念,树立"无人则安、少人则安"的理念,加大安全投入,坚定不移地实施装备技术升级,提高设备可靠性、完好性,按设计要求实施智能化开采。要结合煤矿生产接续现状,加大对所属煤矿冲击地压、机电运输、采掘设备、"一通三防"设施等方面的投入力度,为所属矿井安全高效开采提供有力保障。

【学习自测】

1. (判断题)矿井每年应制定综合防尘措施、预防和隔绝煤尘爆炸措施及管理制度,并组织实施。( )
2. (单选题)当氧含量低于( )时,煤尘就不再爆炸。
A. 19%　　　　　B. 18%　　　　　C. 21%　　　　　D. 20%
3. (多选题)按具体功能的不同,可将煤矿防尘技术措施分为( )。
A. 减尘措施
B. 降尘措施
C. 通风除尘措施
D. 个体防护措施

参考答案:1. √　2. B　3. ABCD

案例2　陕西某矿"1·12"非防爆运煤车产生火花点燃煤尘重大爆炸事故

【事故经过】

2019年1月12日,某矿连采队队长张某主持召开班前会,当班副队长屈某和班长李某安排具体工作。连采队当班出勤26人,当班任务是在506连采工作面三支巷回采3个采硐,并进行运输、放顶、支护等工作,然后在二区掘进。当班人员先后从副平硐乘车入井,开始爆破强制放顶,爆炸冲击波及全矿井,扬起的煤尘遇到无MA标志非防爆C17号运煤车火花发生爆炸,造成21人死亡。

【事故原因】

（一）直接原因

506连采工作面和开采保安煤柱工作面采空区及与之连通的老空区顶板大面积垮落，老空区气体压入与老空区连通的巷道内，扬起巷道内沉积的煤尘，弥漫506连采工作面，并达到爆炸浓度，在三支巷中部处于怠速状态下的无MA标志非防爆C17运煤车产生火花，点燃煤尘，发生爆炸，造成人员伤亡。

（二）间接原因

（1）违法进入老空组织回采，开采老空保安煤柱。一是回采方案和506连采工作面作业规程中设计的部分支巷位于采空区保安煤柱范围内。二是超出回采方案和作业规程中506连采工作面开采范围，违法组织开采采空区煤柱。

（2）使用国家明令禁止的设备和工艺。一是506连采工作面主、辅运输车辆均为无MA标志的非防爆柴油无轨胶轮车，主运输车辆由个人购买，自管自用。二是采用落后淘汰的巷道式开采工艺回采边角煤，以掘代采、以探代采。三是二区边角煤开采没有独立的进风巷，利用506进风巷作为进风巷，垂直于506进风巷掘进探巷，后退式单翼采硐回采，局部通风机通风，串联通风。四是506连采工作面采用每采2~3个采硐强制放顶方式，放顶后工作面只有1个安全出口，工作面风流通过冒落的采空区回风。

（3）井下采掘工程违规承包分包，现场安全管理失控。一是将井下采掘工程分别承包给山东某公司。二是将井下综掘和连采工作面承包给不具备安全生产条件和相应资质的某公司。三是某矿业、某公司项目部、某某公司共同隐瞒采掘承包真相。四是没有建立统一有效、合理健全的安全管理体系，管理体制混乱，职责相互交叉，责任不明确。五是某某公司组织机构不健全，未设置安全管理机构。六是作为在陕公司，并未将采掘承包情况向有关部门报告，对某项目部部分管理人员在某矿业煤矿担任煤矿领导职务制止不力。

（4）资料造假，蓄意隐瞒违法违规行为，逃避监管。一是506连采工作面开切眼东南部老空内巷道及开采情况没有出现在作业规程中，也没有填绘在采掘工程平面图上，图纸、资料等与实际不符。二是对专家"会诊"检查出的重大问题未落实整改。

（5）矿井安全投入不足，职工培训不到位，现场管理混乱。一是某矿业和某公司未配备钻探设备和防爆运输车辆。二是职工安全意识差，安全教育培训不到位，有入井人员携带烟火现象。三是防尘设施不全：洒水管路未按规定延伸至所有作业地点；在进、回风巷未安设自动控制风流净化水幕等设施。

（6）对隐蔽致灾因素没有进行治理。一是对于已经探明的碳窑沟老空存在的大面积悬顶等安全隐患未进行治理。二是掘进巷道9次打通老空后，没有退回并未按规定构筑防爆防水密闭墙。

【制度规定】

（1）《煤矿安全规程》第四条："从事煤炭生产与煤矿建设的企业（以下统称煤矿企业）必须遵守国家有关安全生产的法律、法规、规章、规程、标准和技术规范。煤矿企业必须加强安全生产管理，建立健全各级负责人、各部门、各岗位安全生产与职业病危害防治责任制。煤矿企业必须建立健全安全生产与职业病危害防治目标管理、投入、奖惩、技术措施审批、培训、办公会议制度，安全检查制度，安全风险分级管控工作制度，事故隐患排查、治理、报告制度,事故报告与责任追究制度等。煤矿企业必须制定重要设备材料的查验制度,做好检查验收和记录,防爆、阻燃抗静电、保护等安全性能不合格的不得入井使用。煤矿企业必须建立各种设备、设施检查维修制度,定期进行检查维修,并做好记录。煤矿必须制定本单位的作业规程和操作规程。"

(2)《煤矿安全规程》第九条:"煤矿企业必须对从业人员进行安全教育和培训。培训不合格的,不得上岗作业。主要负责人和安全生产管理人员必须具备煤矿安全生产知识和管理能力,并经考核合格。特种作业人员必须按国家有关规定培训合格,取得资格证书,方可上岗作业。矿长必须具备安全专业知识,具有组织、领导安全生产和处理煤矿事故的能力。"

(3)《煤矿安全规程》第十三条:"入井(场)人员必须戴安全帽等个体防护用品,穿带有反光标识的工作服。入井(场)前严禁饮酒。煤矿必须建立入井检身制度和出入井人员清点制度;必须掌握井下人员数量、位置等实时信息。入井人员必须随身携带自救器、标识卡和矿灯,严禁携带烟草和点火物品,严禁穿化纤衣服。"

(4)《煤矿安全规程》第十四条第三项、第四项:"井工煤矿必须按规定填绘反映实际情况的下列图纸:(三)巷道布置图。(四)采掘工程平面图。"

(5)《煤矿安全规程》第一百六十四条第九项:"……不得使用1台局部通风机同时向2个及以上作业的掘进工作面供风。"

(6)《煤矿安全规程》第一百五十条第一款:"采、掘工作面应当实行独立通风,严禁2个采煤工作面之间串联通风。"

(7)《煤矿安全规程》第一百八十六条:"开采有煤尘爆炸危险煤层的矿井,必须有预防和隔绝煤尘爆炸的措施。矿井的两翼、相邻的采区、相邻的煤层、相邻的采煤工作面间,掘进煤巷同与其相连的巷道间,煤仓同与其相连的巷道间,采用独立通风并有煤尘爆炸危险的其他地点同与其相连的巷道间,必须用水棚或者岩粉棚隔开。必须及时清除巷道中的浮煤,清扫、冲洗沉积煤尘或者定期撒布岩粉;应当定期对主要大巷刷浆。"

(8)《煤矿安全规程》第一百八十七条:"矿井应当每年制定综合防尘措施、预防和隔绝煤尘爆炸措施及管理制度,并组织实施。矿井应当每周至少检查1次隔爆设施的安装地点、数量、水量或者岩粉量及安装质量是否符合要求。"

(9)《煤矿安全规程》第一百八十八条:"高瓦斯矿井、突出矿井和有煤尘爆炸危险的矿井,煤巷和半煤岩巷掘进工作面应当安设隔爆设施。"

(10)《煤矿安全规程》第四百八十二条:"井下防爆电气设备的运行、维护和修理,必须符合防爆性能的各项技术要求。"

(11)《煤矿安全规程》第四百八十七条:"所有矿井必须装备安全监控系统、人员位置监测系统、有线调度通信系统。"

(12)《煤矿安全规程》第十条:"煤矿使用的纳入安全标志管理的产品,必须取得煤矿矿用产品安全标志。未取得煤矿矿用产品安全标志的,不得使用。……严禁使用国家明令禁止使用或者淘汰的危及生产安全和可能产生职业病危害的技术、工艺、材料和设备。"

(13)《矿产资源法》第十九条第二款:"禁止任何单位和个人进入他人依法设立的国有矿山企业和其他矿山企业矿区范围内采矿。"

(14)《煤矿重大事故隐患判定标准》第十六条:"'煤矿实行整体承包生产经营后,未重新取得或者及时变更安全生产许可证而从事生产,或者承包方再次转包,以及将井下采掘工作面和井巷维修作业进行劳务承包重大事故隐患',是指有下列情形之一的:(一)煤矿未采取整体承包形式进行发包,或者将煤矿整体发包给不具有法人资格或者未取得合法有效营业执照的单位或者个人的。"

【防范措施】

(1) 落实煤矿企业主体责任。严格按照国家法律法规和行业标准管理和经营,杜绝"非法违法承包分包""采用国家明令淘汰的巷道式采煤方法采煤""非防爆胶轮车入井""超层越界乱采乱挖""违法开采保安煤柱""隐瞒资料,蓄意造假"等故意违法问题,建立健全风险分级管控、隐患排查治理和安全质量达标"三位一体"的煤矿安全生产管理体系,提高煤矿安全保障能力。

(2) 加大安全投入。按规定开展职工安全培训教育,落实煤矿企业"三项岗位人员"考核的规定,注重提高从业人员的安全素质,提高风险辨识、应急处置、突发性灾害辨识、自救互救和应急逃生能力培训的实效性;采购符合国家标准的机电设备设施,定期检修,保障设备的安全运行。

(3) 建立健全事故隐患排查治理制度。建立事故隐患记录报告工作机制,及时记录排查发现的事故隐患,并逐级上报本企业相关部门;对于有条件立即治理的事故隐患,在采取措施确保安全的前提下,应当及时治理;对于难以采取有效措施立即治理的事故隐患,及时制定治理方案,限期完成治理;对于重大事故隐患,应当由煤矿或煤矿企业主要负责人负责组织制定治理方案;事故隐患治理完成后,相应的验收责任单位应当及时对事故隐患治理结果进行验收,验收合格后解除督办、予以销号。制定的隐患治理方案必须做到责任、措施、资金、时限和预案"五落实"。

【学习自测】

1. (判断题)除水采矿井和水采区外,矿井必须建立完善的防尘供水系统。没有防尘供水管路的采掘工作面不得生产。(　　)

2. (单选题)判断井下发生爆炸事故时是否有煤尘参与的重要标志是(　　)。
A. 黏焦　　　　　B. 水滴　　　　　C. 二氧化碳

3. (多选题)掘进工作面的综合防尘措施有(　　)。
A. 湿式钻眼　　　　　　　　　　B. 采用水炮泥
C. 喷雾洒水　　　　　　　　　　D. 冲洗巷帮

参考答案:1. √　2. A　3. ABCD

案例3　湖南娄底某矿"2·14"矿车撞击电缆短路产生火花引起煤尘重大爆炸事故

【事故经过】

2017年2月14日1时37分,湖南娄底某矿发生跑车引发重大煤尘爆炸事故,造成10人死亡,2人受伤。

初步分析,该矿开采的Ⅱ煤层具有煤尘爆炸危险性;跑车过程中矿车中的煤炭抛出,导致煤尘飞扬达到爆炸浓度;跑车时矿车撞击主斜井左侧供电电缆,电缆短路产生火花引起煤尘爆炸,造成人员伤亡。

【事故原因】

(一)直接原因

该矿开采的Ⅱ煤层具有煤尘爆炸危险性;暗主斜井超挂矿车,没有安装保险绳,串车提煤至上车场变坡点时,材料车下部碰头插销孔上部断裂,插销窜出造成跑车;跑车过程中矿车中的煤炭抛出,导致煤尘飞扬达到爆炸浓度;跑车时矿车撞击主斜井左侧供电电缆,电缆短路产生火花引起煤尘爆炸,造成人员伤亡。

(二)间接原因

(1)违规组织生产。强行拉断绞车锁链,切断煤炭生产视频监控监测系统电源,逃避监管,违规组织生产。

(2)安全投入不到位。一是没有及时更换失修"带病"运行的材料车,暗主斜井串车提升没有加装保险绳,"一坡三挡"未起作用;暗主斜井敷设电缆没有可靠的保护措施。二是安全培训教育不到位。春节开工后该矿仅组织了1天安全培训,10名遇难者中有7名未参加再培训,事故中3名新入矿的遇难者初次安全培训时间少于72学时。三是应急管理不到位。该矿编制的应急预案和灾害预防处理计划没有组织评审和培训。事故当班只有4人随身携带了标识卡,入井人员没有随身携带自救器。四是采煤工作面采用注水防尘和煤仓(溜煤眼)放煤口喷雾洒水措施落实不到位。

【制度规定】

(1)《煤矿安全规程》第四条:"从事煤炭生产与煤矿建设的企业(以下统称煤矿企业)必须遵守国家有关安全生产的法律、法规、规章、规程、标准和技术规范。煤矿企业必须加强安全生产管理,建立健全各级负责人、各部门、各岗位安全生产与职业病危害防治责任制。煤矿企业必须建立健全安全生产与职业病危害防治目标管理、投入、奖惩、技术措施审批、培训、办公会议制度,安全检查制度,安全风险分级管控工作制度,事故隐患排查、治理、报告制度,事故报告与责任追究制度等。煤矿企业必须制定重要设备材料的查验制度,做好检查验收和记录,防爆、阻燃抗静电、保护等安全性能不合格的不得入井使用。煤矿企业必须建立各种设备、设施检查维修制度,定期进行检查维修,并做好记录。煤矿必须制定本单位的作业规程和操作规程。"

(2)《煤矿安全规程》第九条:"煤矿企业必须对从业人员进行安全教育和培训。培训不合格的,不得上岗作业。主要负责人和安全生产管理人员必须具备煤矿安全生产知识和管理能力,并经考核合格。特种作业人员必须按国家有关规定培训合格,取得资格证书,方可上岗作业。矿长必须具备安全专业知识,具有组织、领导安全生产和处理煤矿事故的能力。"

(3)《煤矿安全规程》第十三条:"入井(场)人员必须戴安全帽等个体防护用品,穿带有反光标识的工作服。入井(场)前严禁饮酒。煤矿必须建立入井检身制度和出入井人员清点制度;必须掌握井下人员数量、位置等实时信息。入井人员必须随身携带自救器、标识卡和矿灯,严禁携带烟草和点火物品,严禁穿化纤衣服。"

(4)《煤矿安全规程》第一百八十六条:"开采有煤尘爆炸危险煤层的矿井,必须有预防和隔绝煤尘爆炸的措施。矿井的两翼、相邻的采区、相邻的煤层、相邻的采煤工作面间,掘进煤巷同与其相连的巷道间,煤仓同与其相连的巷道间,采用独立通风并有煤尘爆炸危险的其他地点同与其相连的巷道间,必须用水棚或者岩粉棚隔开。必须及时清除巷道中的浮煤,清扫、冲洗沉积煤尘或者定期撒布岩粉;应当定期对主要大巷刷浆。"

(5)《煤矿安全规程》第一百八十七条:"矿井应当每年制定综合防尘措施、预防和隔绝煤尘爆炸措施及管理制度,并组织实施。矿井应当每周至少检查1次隔爆设施的安装地点、数量、水量或者岩粉量及安装质量是否符合要求。"

(6)《煤矿安全规程》第一百八十八条:"高瓦斯矿井、突出矿井和有煤尘爆炸危险的矿井,煤巷和半煤岩巷掘进工作面应当安设隔爆设施。"

(7)《煤矿安全规程》第四百八十七条:"所有矿井必须装备安全监控系统、人员位置监测系统、有线调度通信系统。"

(8)《煤矿安全规程》第四百一十六条:"立井和斜井使用的连接装置的性能指标和投用前的试验,必须符合下列要求:……(三)各种连接装置主要受力件的冲击功必须符合下列要求:1. 常温(15 ℃)下不小于100 J;2. 低温(-30 ℃)下不小于70 J。(四)各种保险链以及矿车的连接环、链和插销等,必须符合下列要求:1. 批量生产的,必须做抽样拉断试验,不符合要求时不得使用;2. 初次使用前和使用后每隔2年,必须逐个以2倍于其最大静荷重的拉力进行试验,发现裂纹或者永久伸长量超过0.2%时,不得使用。(五)立井提升容器与提升钢丝绳的连接,应当采用楔形连接装置。每次更换钢丝绳时,必须对连接装置的主要受力部件进行探伤检验,合格后方可继续使用。楔形连接装置的累计使用期限:单绳提升不得超过10年;多绳提升不得超过15年。(六)倾斜井巷运输时,矿车之间的连接、矿车与钢丝绳之间的连接,必须使用不能自行脱落的连接装置,并加装保险绳。(七)倾斜井巷运输用的钢丝绳连接装置,在每次换钢丝绳时,必须用2倍于其最大静荷重的拉力进行试验。(八)倾斜井巷运输用的矿车连接装置,必须至少每年进行1次2倍于其最大静荷重的拉力试验。"

【防范措施】

(1)加强提升运输系统工作。完善倾斜井巷内串车提升"一坡三挡"等安全防护设施,矿车之间的连接、矿车与钢丝绳之间的连接使用不能自行脱落的连接装置,并加装保险绳。强化提升运输设备的维护保养和检测检验。必须对安全设备进行经常性维护、保养,并定期检测,保证正常运转。维护、保养、检测应当做好记录,并由有关人员签字。严禁使用变形、破损、淘汰和无煤矿安全标志的设备设施;机械提升的进风倾斜井巷中不应敷设电力电缆,必要时,应当有可靠的保护措施。

(2)加强煤尘爆炸防治工作。严格落实综合防尘措施,建立完善防尘供水管路,落实湿式钻眼、水炮泥、爆破喷雾、装岩(煤)洒水和净化风流等防尘措施。井下煤仓(溜煤眼)放煤口、转载点等地点都必须安设喷雾装置。及时清除井巷中的浮煤,清扫、冲洗沉积煤尘。高瓦斯矿井、突出矿井和有煤尘爆炸危险的矿井,煤巷和半煤岩巷掘进工作面应当安设隔爆设施。

(3)加强应急管理工作。设置安全生产应急管理机构,建立专职或兼职救护队,配备必要的应急装备。要完善井下紧急撤离和避险设施,紧急避险设施应当设置在避灾路线上,并有醒目标识。入井人员必须随身携带自救器、标识卡。标识卡必须集中管理,统一发放。

(4)强化安全培训和警示教育。加强煤矿安全知识、操作技能、规程措施和应急处置教育,提高从业人员辨识风险的能力和现场应急处置及自救、互救能力,做到持证上岗。

【学习自测】

1. (判断题)矿井每年应制定综合防尘措施、预防和隔绝煤尘爆炸措施及管理制度,并组织实施。(　　)
2. (单选题)煤矿、非煤矿山、危险化学品、烟花爆竹、金属冶炼等生产经营单位新上岗的从业人员安全培训时间不得少于72学时,每年再培训的时间不得少于(　　)学时。
 A. 20　　　　　　B. 24　　　　　　C. 32　　　　　　D. 48
3. (多选题)矿井必须建立完善的防尘洒水系统。其防尘管路应(　　)。
 A. 保证各用水点水压满足降尘需要
 B. 铺设到所有可能产尘的地点
 C. 保证水质清洁

参考答案:1. √　2. A　3. ABC

案例4　新疆昌吉某矿"12·13"违规实施架间爆破引燃瓦斯煤尘重大爆炸事故

【事故经过】

2013年12月12日,高某某主持召开综采队班前会,工作安排:紧固前后刮板输送机挡煤板螺丝;外移下端头的排水泵;领5个架间眼的炸药,上下端头打4个炮眼,将4个炮眼及早班因炸药不够而未装药的一个眼的炸药装好;工作面放煤,放完煤后进行爆破作业。13日凌晨1时25分左右,高某某填完矿领导交接班记录后在水泵房硐室口面朝副井口,突然感到后面冲击波来了,被冲击波冲到信号硐室打点器处,倒下时抓住了硐室口的一根角钢,这时听到一声响。高某某随即站起来,进入信号硐室给监控室等地打电话,均无反应,意识到电话已经不通后,即从信号硐室回到井底,副井风向已经正常。电工孟某某从后面跑过来,两人即从副井升井,时间为1时31分。该事故造成22人死亡、1人受伤,直接经济损失4 094.06万元。

【事故原因】

(一)直接原因

煤矿违规实施架间爆破引燃综放面采空区积聚的瓦斯,并形成了瓦斯爆炸;冲击波沿运输平巷、+1 561 m运输平巷传播途中,联络巷、探巷内积聚的瓦斯以及运输平巷、+1 561 m运输平巷扬起的煤尘参与爆炸,形成了瓦斯煤尘爆炸事故,导致事故扩大。

(二)间接原因

(1)矿井技术管理混乱,违规组织生产。① 煤矿在B4-03综采放顶煤工作面开采设计未报批的情况下,违规组织生产。② 2013年11月30日,在初次放顶布置的炮眼爆破完成后,某矿违反某煤管复字〔2013〕42号第3条"待所有问题整改完成且初放工作完成,报我局复查验收合格后方可正式进行采煤作业"的指令,未提出验收申请,擅自决定工作面继续推进。B4-03综放工作面在开切眼布置的切顶孔爆破后,在工作面架间顶梁处布置架间炮孔处理顶煤。煤矿编制的《B4-03综放工作面初次放顶安全技术措施》和作业规程没有对工作面初次放顶的顶板、顶煤冒落范围、冒落程度等放顶效果标准进行明确,没有制定初次放顶效果不好时的处理方法和措施;没有对初次放顶炮眼爆破后初采期间的采煤工作面割煤、放煤和顶煤处理等采放煤工艺予以明确,并制定措施;没有编制爆破作业说明书,架间打眼爆破处理顶煤无任何安全技术措施。

(2) 弄虚作假,蓄意隐瞒存在的违法违规行为。① 煤矿有关人员明知该煤层顶板、顶煤难以自然冒落、需要进行爆破处理的情况下,《B4-03 综采放顶煤工作面开采设计》仍然写的是"B4 煤层顶板冒落性较好,随采随垮,能及时充填采空区"。② 煤矿有关人员采用将架间眼用黄泥封堵外抹煤末及在支架顶梁间放置大块煤的遮挡方式,掩盖在工作面采用架间眼爆破处理顶煤的违法事实。11 月 17 日该矿晚调度会对初次放顶爆破的起爆位置是设在井下还是地面问题进行了讨论,决定实际爆破地点设置在井下,但在编制安全措施时将爆破地点写成在地面,以应对煤炭管理部门的检查。③ 在图纸上编造高程数据,掩盖 B4-03 工作面开切眼实际标高。

(3) 爆破管理混乱。井下爆破未使用水炮泥,炮线布置在巷帮电缆架上,发爆器没有集中管理,且使用人不固定;在采煤工作面放顶煤的同时进行架间打眼装药作业,打眼与装药多次交叉平行作业;装药后没有及时爆破,等数个班后再集中进行分次爆破;作业规程规定采煤工作面爆破作业时,人员应撤出工作面至+1 549 m 材料运输平巷,实际井下爆破时爆破警戒距离不够,放深孔炮警戒距离仅 150 m。

(4) 煤矿安全管理混乱。煤矿设置的安全科、生产技术科、调度室等职能科室除没有部门负责人外,没有配备其他工作人员,无法履行安全检查、安全管理及安全生产调度指挥职能;煤矿部分岗位和职能部门没有制定安全生产责任制,已制定的安全生产责任制也没有以正式的文件下发并执行;任命的部分管理人员不具备任职条件,常务副总经理、安全生产副总经理、安全副矿长、生产副矿长及部分安全生产管理机构负责人为高中、初中或小学学历。

(5) 职工培训不到位,特种作业人员配备不足。职工安全意识不强,自保、互保意识差,部分新工人未按规定进行安全培训;部分职工对于打眼装药平行作业、一次装药分几个班次爆破、爆破距离也未按作业规程的规定执行等违法违规现象习以为常。特殊作业人员配备不足,未为放顶煤采煤工作面配备专职瓦斯检查工。

(6) 综合防尘措施不到位。矿井粉尘防治措施计划对综放工作面采取煤层注水措施,实际采煤工作面没有实施煤层注水;降柱、移架和放煤时没有实现同步喷雾;爆破未使用水炮泥。

【制度规定】

(1)《煤矿安全规程》第四条:"从事煤炭生产与煤矿建设的企业(以下统称煤矿企业)必须遵守国家有关安全生产的法律、法规、规章、规程、标准和技术规范。煤矿企业必须加强安全生产管理,建立健全各级负责人、各部门、各岗位安全生产与职业病危害防治责任制。煤矿企业必须建立健全安全生产与职业病危害防治目标管理、投入、奖惩、技术措施审批、培训、办公会议制度,安全检查制度,安全风险分级管控工作制度,事故隐患排查、治理、报告制度,事故报告与责任追究制度等。煤矿企业必须制定重要设备材料的查验制度,做好检查验收和记录,防爆、阻燃抗静电、保护等安全性能不合格的不得入井使用。煤矿企业必须建立各种设备、设施检查维修制度,定期进行检查维修,并做好记录。煤矿必须制定本单位的作业规程和操作规程。"

(2)《煤矿安全规程》第九条:"煤矿企业必须对从业人员进行安全教育和培训。培训不合格的,不得上岗作业。主要负责人和安全生产管理人员必须具备煤矿安全生产知识和管理能力,并经考核合格。特种作业人员必须按国家有关规定培训合格,取得资格证书,方可上岗作业。矿长必须具备安全专业知识,具有组织、领导安全生产和处理煤矿事故的能力。"

(3)《煤矿安全规程》第一百一十五条:"采用放顶煤开采时,必须遵守下列规定:(一)矿井第一次采用放顶煤开采,或者在煤层(瓦斯)赋存条件变化较大的区域采用放顶煤开采时,必须根据顶板、煤层、瓦斯、自然发火、水文地质、煤尘爆炸性、冲击地压等地质特征和灾害危险性进行可行性论证和设计,并由煤矿企业组织行业专家论证。(二)针对煤层开采技术条件和放顶煤开采工艺特点,必须制定防瓦斯、防火、防尘、防水、采放煤工艺、顶板支护、初采和工作面收尾等安全技术措施。(三)放顶煤工作面初采期间应当根据需要采取强制放顶措施,使顶煤和直接顶充分垮落。(四)采用预裂爆破处理坚硬顶板或者坚硬顶煤时,应当在工作面未采动区进行,并制定专门的安全技术措施。严禁在工作面内采用炸药爆破方法处理未冒落顶煤、顶板及大块煤(矸)。"

(4)《煤矿安全规程》第一百八十六条:"开采有煤尘爆炸危险煤层的矿井,必须有预防和隔绝煤尘爆炸的措施。矿井的两翼、相邻的采区、相邻的煤层、相邻的采煤工作面间,掘进煤巷同与其相连的巷道间,煤仓同与其相连的巷道间,采用独立通风并有煤尘爆炸危险的其他地点同与其相连的巷道间,必须用水棚或者岩粉棚隔开。必须及时清除巷道中的浮煤,清扫、冲洗沉积煤尘或者定期撒布岩粉;应当定期对主要大巷刷浆。"

(5)《煤矿安全规程》第一百八十七条:"矿井应当每年制定综合防尘措施、预防和隔绝煤尘爆炸措施及管理制度,并组织实施。矿井应当每周至少检查1次隔爆设施的安装地点、数量、水量或者岩粉量及安装质量是否符合要求。"

(6)《煤矿安全规程》第一百八十八条:"高瓦斯矿井、突出矿井和有煤尘爆炸危险的矿井,煤巷和半煤岩巷掘进工作面应当安设隔爆设施。"

(7)《煤矿安全规程》第三百四十七条:"井下爆破工作必须由专职爆破工担任。突出煤层采掘工作面爆破工作必须由固定的专职爆破工担任。爆破作业必须执行'一炮三检'和'三人连锁爆破'制度,并在起爆前检查起爆地点的甲烷浓度。"

(8)《煤矿安全规程》第三百四十八条第一款第三项:"爆破作业必须编制爆破作业说明书,并符合下列要求:(三)必须编入采掘作业规程,并及时修改补充。钻眼、爆破人员必须依照说明书进行作业。"

(9)《煤矿安全规程》第三百五十一条:"在有瓦斯或者煤尘爆炸危险的采掘工作面,应当采用毫秒爆破。在掘进工作面应当全断面一次起爆,不能全断面一次起爆的,必须采取安全措施。在采煤工作面可分组装药,但一组装药必须一次起爆。严禁在1个采煤工作面使用2台发爆器同时进行爆破。"

(10)《煤矿安全规程》第三百五十八条:"炮眼封泥必须使用水炮泥,水炮泥外剩余的炮眼部分应当用黏土炮泥或者用不燃性、可塑性松散材料制成的炮泥封实。……无封泥、封泥不足或者不实的炮眼,严禁爆破。"

(11)《煤矿安全规程》第三百六十二条:"在有煤尘爆炸危险的煤层中,掘进工作面爆破前后,附近20 m的巷道内必须洒水降尘。"

(12)《煤矿安全规程》第三百六十三条:"爆破前,必须加强对机电设备、液压支架和电缆等的保护。爆破前,班组长必须亲自布置专人将工作面所有人员撤离警戒区域,并在警戒线和可能进入爆破地点的所有通路上布置专人担任警戒工作。警戒人员必须在安全地点警戒。警戒线处应当设置警戒牌、栏杆或者拉绳。"

【防范措施】

（1）强化法治意识，建立健全安全责任体系。自觉把落实主体责任贯穿到工作决策部署、考核监督、人员准入等各环节、全过程。按照国家法律法规及行业标准组织生产建设，健全安全管理机构，配足安全技术管理人员，完善相关制度，加强安全生产管理；加大安全投入，确保安全生产系统、技术、设备符合安全生产法律法规和《煤矿安全规程》等要求。

（2）必须根据煤层地质特征编制放顶煤开采设计。① 工作面必须符合以下条件：无煤（岩）与瓦斯（二氧化碳）突出危险性；顶煤和煤层顶板能随放煤即行垮落或在采取预裂爆破等措施后能及时垮落，且顶板垮落充填采空区的高度大于采放煤高度。② 必须针对煤层的开采技术条件和放顶煤开采工艺的特点，对防火、防尘、防瓦斯、放煤步距、放煤顺序、采放平行关系、顶板控制、支架选型、端头支护、开切眼扩面、支架安装、初次放顶（煤）、工作面收尾及支架回撤等制定安全技术措施。③ 大块煤（矸）卡住放煤口时，严禁爆破处理，有瓦斯或煤尘爆炸危险时，严禁挑顶煤爆破作业。

（3）严格爆破管理。严格执行采掘工作面装药爆破的规定，必须使用水炮泥，外部剩余炮眼部分应用黏土炮泥或不燃性、可塑性松散材料制成的炮泥封实。爆破作业必须严格执行"一炮三检"制。用爆破方法处理卡在溜煤（矸）眼中的煤、矸时，必须采用取得煤矿矿用产品安全标志的用于溜煤（矸）眼的煤矿许用刚性被筒炸药或不低于该安全等级的煤矿许用炸药，并严格控制装药量，爆破前必须检查堵塞部位的上部和下部空间的瓦斯并洒水。严禁在工作面内采用炸药爆破方法处理顶煤、顶板及卡在放煤口的大块煤（矸）。

（4）严格落实综合防尘降尘措施。建立完善防尘供水系统，配齐用好喷雾降尘和捕尘器除尘等设施装备，严格落实湿式钻眼、水炮泥、爆破喷雾、采掘设备内外喷雾、装岩（煤）洒水和净化风流等防尘降尘措施。坚持做好积尘冲洗清扫工作，及时组织清除巷道、地面带式输送机走廊等地点中的浮煤，及时冲洗清除沉积煤尘，确保符合防尘降尘标准。完善隔爆设施。隔爆设施的安装地点、数量、水量或岩粉量必须符合有关规定，并确保安装质量。坚持每周至少检查 1 次，及时整改存在的问题。采煤工作面爆破时采用高压喷雾等高效降尘措施，采用高压喷雾降尘措施时，喷雾压力不得小于 8.0 MPa。采煤工作面爆破前后宜冲洗煤壁、顶板并浇湿底板积落煤，在出煤过程中，宜边出煤边洒水。

（5）加强职工安全教育和培训，提高职工队伍的安全素质。切实加强职工安全技术教育培训工作，不断提高职工整体安全素质。按规定开展职工安全培训教育，落实煤矿企业"三项岗位人员"考核的规定，注重提高从业人员的安全素质，提高职工自我防护意识和遇险处置能力；加强煤矿安全知识、操作技能、规程措施和应急处置教育，提高从业人员辨识风险的能力和现场应急处置及自救、互救能力。

【学习自测】

1.（判断题）严禁在工作面内采用炸药爆破方法处理未冒落顶煤、顶板及大块煤（矸）。（　　）

2.（单选题）矿长、总工程师应当具备煤矿相关专业大专及以上学历，具有（　　）年以上煤矿相关工作经历。

A. 3　　　　　　　　B. 1　　　　　　　　C. 5　　　　　　　　D. 2

3.（多选题）煤矿井下生产中,下列（　　）项可能引起煤尘爆炸事故。
A. 使用非煤矿安全炸药爆破
B. 在煤尘中放连环炮
C. 在有积尘的地方放明炮
D. 煤仓中放浮炮处理堵仓

参考答案:1. √　2. A　3. ABCD

案例5　河北唐山某矿"12·7"绞车摩擦引起特别重大瓦斯煤尘爆炸事故

【事故经过】

2005年12月7日15时14分,河北唐山某矿发生一起特别重大瓦斯煤尘爆炸事故,造成108人死亡、29人受伤,直接经济损失4 870.67万元。

【事故原因】

(一)直接原因

该矿1193(下)工作面开切眼遇到断层,煤层垮落,引起瓦斯涌出量突然增加;9煤层总回风巷三、四联络巷间风门打开,风流短路,造成开切眼瓦斯积聚;在开切眼下部用绞车回柱作业时,产生摩擦火花引爆瓦斯,煤尘参与爆炸。

(二)间接原因

(1)违规建设。该矿私自找没有设计资质的单位修改设计,将矿井设计年生产能力30万t改为15万t,在《安全专篇》未经批复情况下,擅自施工;煤矿安全监察机构下达停止施工的通知,该矿拒不执行。

(2)非法生产。该矿在基建阶段,在未竣工验收的情况下,从2005年3月至11月累计出煤63 300 t,存在非法生产行为。

(3)管理混乱。"一通三防"管理混乱,采掘及通风系统布置不合理,无综合防尘系统,电气设备失爆造成重大安全生产隐患;劳动组织管理混乱,违法承包作业,无资质的承包队伍在井下施工。

【制度规定】

(1)《煤矿安全规程》第四条:"从事煤炭生产与煤矿建设的企业(以下统称煤矿企业)必须遵守国家有关安全生产的法律、法规、规章、规程、标准和技术规范。煤矿企业必须加强安全生产管理,建立健全各级负责人、各部门、各岗位安全生产与职业病危害防治责任制。煤矿企业必须建立健全安全生产与职业病危害防治目标管理、投入、奖惩、技术措施审批、培训、办公会议制度,安全检查制度,安全风险分级管控工作制度,事故隐患排查、治理、报告制度,事故报告与责任追究制度等。煤矿企业必须制定重要设备材料的查验制度,做好检查验收和记录,防爆、阻燃抗静电、保护等安全性能不合格的不得入井使用。煤矿企业必须建立各种设备、设施检查维修制度,定期进行检查维修,并做好记录。煤矿必须制定本单位的作业规程和操作规程。"

(2)《煤矿安全规程》第九条:"煤矿企业必须对从业人员进行安全教育和培训。培训不合格的,不得上岗作业。主要负责人和安全生产管理人员必须具备煤矿安全生产知识和管理能力,并经考核合格。特种作业人员必须按国家有关规定培训合格,取得资格证书,方可上岗作业。矿长必须具备安全专业知识,具有组织、领导安全生产和处理煤矿事故的能力。"

(3)《煤矿安全规程》第十条:"煤矿使用的纳入安全标志管理的产品,必须取得煤矿矿用产品安全标志。未取得煤矿矿用产品安全标志的,不得使用。……严禁使用国家明令禁止使用或者淘汰的危及生产安全和可能产生职业病危害的技术、工艺、材料和设备。"

(4)《煤矿安全规程》第十四条第三项、第四项:"井工煤矿必须按规定填绘反映实际情况的下列图纸:(三)巷道布置图。(四)采掘工程平面图。"

(5)《煤矿安全规程》第一百五十条第一款:"采、掘工作面应当实行独立通风,严禁2个采煤工作面之间串联通风。"

(6)《煤矿安全规程》第一百六十四条第九项:"……不得使用1台局部通风机同时向2个及以上作业的掘进工作面供风。"

(7)《煤矿安全规程》第一百八十六条:"开采有煤尘爆炸危险煤层的矿井,必须有预防和隔绝煤尘爆炸的措施。矿井的两翼、相邻的采区、相邻的煤层、相邻的采煤工作面间,掘进煤巷同与其相连的巷道间,煤仓同与其相连的巷道间,采用独立通风并有煤尘爆炸危险的其他地点同与其相连的巷道间,必须用水棚或者岩粉棚隔开。必须及时清除巷道中的浮煤,清扫、冲洗沉积煤尘或者定期撒布岩粉;应当定期对主要大巷刷浆。"

(8)《煤矿安全规程》第一百八十七条:"矿井应当每年制定综合防尘措施、预防和隔绝煤尘爆炸措施及管理制度,并组织实施。矿井应当每周至少检查1次隔爆设施的安装地点、数量、水量或者岩粉量及安装质量是否符合要求。"

(9)《煤矿安全规程》第一百八十八条:"高瓦斯矿井、突出矿井和有煤尘爆炸危险的矿井,煤巷和半煤岩巷掘进工作面应当安设隔爆设施。"

(10)《煤矿安全规程》第四百八十七条:"所有矿井必须装备安全监控系统、人员位置监测系统、有线调度通信系统。"

【防范措施】

(1)提高法治意识。一是必须树立法治思维,坚守法治底线,依法办矿,依法管矿。合法合规安排生产和建设。二是要完善安全管理制度和管理机构,并配齐专业技术人员和特种作业人员。三是严禁将矿井违法发包给不具备资质的单位及个人,包而不管,以包代管等。四是加大反"三违"力度,严禁违章指挥和违章作业。

(2)规范劳动组织工作。认真落实煤矿劳动定员管理的有关规定,严格控制井下作业人数,纠正劳动组织管理方面的混乱问题。对多水平、多采区同时生产的矿井,必须按规定严格控制采掘工作面个数,达不到劳动定员要求的矿井要坚决压产减人。合理安排作业工序,严禁交叉作业。除带班人员和要害岗位、特殊工种人员需现场交接班外,严禁其他人员在采掘作业现场交接班。

(3)加强"一通三防"工作。严防煤与瓦斯突出事故;规范采掘部署和加强通风管理,严格执行瓦斯检查制度,确保安全监控系统运行可靠;严格落实井下防灭火综合措施,要加大设备的安全投入,确保安全设施、机电设备运行正常;完善通风系统及设施,提高通风设施可靠性,确保通风系统稳定,消除串联风、微风、循环风。

【学习自测】

1.（判断题）采煤工作面U型通风系统实行上行风时,采煤工作面瓦斯积聚通常首先发生在回风隅角处。（　　）

2.（单选题）煤矿安全管理机构负责人应当具备煤矿相关专业大专及以上学历,具有（　　）年以上煤矿相关工作经历。

A. 3　　　　　　　B. 1　　　　　　　C. 5　　　　　　　D. 2

3.（多选题）处理采煤工作面回风隅角瓦斯积聚的方法有（　　）。

A. 挂风障引流法　　　　　　　B. 风筒导风法
C. 移动泵站抽采法　　　　　　D. 扩散排除法

参考答案:1. √　2. D　3. ABC

案例6　黑龙江七台河某矿"11·27"违规爆破处理煤仓火焰引起特别重大煤尘爆炸事故

【事故经过】

2005年11月27日21时22分,黑龙江七台河某矿发生一起特别重大煤尘爆炸事故,造成171人死亡、48人受伤,直接经济损失4 293万元。

【事故原因】

（一）直接原因

违规爆破处理主煤仓堵塞,导致煤仓给煤机垮落、煤仓内的煤炭突然倾出,带出大量煤尘并造成巷道内的积尘飞扬达到爆炸界限,爆破火焰引起煤尘爆炸。

（二）间接原因

(1) 该矿长期违规作业,特种作业人员无证上岗严重,超能力生产。

(2) 某公司对该矿超能力生产未采取有效解决措施,对事故隐患整改情况不跟踪落实。

(3) 某集团对该矿长期存在的重大事故隐患失察。

【制度规定】

(1)《煤矿安全规程》第四条:"从事煤炭生产与煤矿建设的企业(以下统称煤矿企业)必须遵守国家有关安全生产的法律、法规、规章、规程、标准和技术规范。煤矿企业必须加强安全生产管理,建立健全各级负责人、各部门、各岗位安全生产与职业病危害防治责任制。煤矿企业必须建立健全安全生产与职业病危害防治目标管理、投入、奖惩、技术措施审批、培训、办公会议制度,安全检查制度,安全风险分级管控工作制度,事故隐患排查、治理、报告制度,事故报告与责任追究制度等。煤矿企业必须制定重要设备材料的查验制度,做好检查验收和记录,防爆、阻燃抗静电、保护等安全性能不合格的不得入井使用。煤矿企业必须建立各种设备、设施检查维修制度,定期进行检查维修,并做好记录。煤矿必须制定本单位的作业规程和操作规程。"

(2)《煤矿安全规程》第九条:"煤矿企业必须对从业人员进行安全教育和培训。培训不合格的,不得上岗作业。主要负责人和安全生产管理人员必须具备煤矿安全生产知识和管理能力,并经考核合格。特种作业人员必须按国家有关规定培训合格,取得资格证书,方可上岗作业。矿长必须具备安全专业知识,具有组织、领导安全生产和处理煤矿事故的能力。"

(3)《煤矿安全规程》第十三条:"入井(场)人员必须戴安全帽等个体防护用品,穿带有反光标识的工作服。入井(场)前严禁饮酒。煤矿必须建立入井检身制度和出入井人员清点制度;必须掌握井下人员数量、位置等实时信息。入井人员必须随身携带自救器、标识卡和矿灯,严禁携带烟草和点火物品,严禁穿化纤衣服。"

(4)《煤矿安全规程》第一百八十六条:"开采有煤尘爆炸危险煤层的矿井,必须有预防和隔绝煤尘爆炸的措施。矿井的两翼、相邻的采区、相邻的煤层、相邻的采煤工作面间,掘进煤巷同与其相连的巷道间,煤仓同与其相连的巷道间,采用独立通风并有煤尘爆炸危险的其他地点同与其相连的巷道间,必须用水棚或者岩粉棚隔开。必须及时清除巷道中的浮煤,清扫、冲洗沉积煤尘或者定期撒布岩粉;应当定期对主要大巷刷浆。"

(5)《煤矿安全规程》第一百八十七条:"矿井应当每年制定综合防尘措施、预防和隔绝煤尘爆炸措施及管理制度,并组织实施。矿井应当每周至少检查1次隔爆设施的安装地点、数量、水量或者岩粉量及安装质量是否符合要求。"

(6)《煤矿安全规程》第三百四十七条:"井下爆破工作必须由专职爆破工担任。突出煤层采掘工作面爆破工作必须由固定的专职爆破工担任。爆破作业必须执行'一炮三检'和'三人连锁爆破'制度,并在起爆前检查起爆地点的甲烷浓度。"

(7)《煤矿安全规程》第三百五十一条:"在有瓦斯或者煤尘爆炸危险的采掘工作面,应当采用毫秒爆破。在掘进工作面应当全断面一次起爆,不能全断面一次起爆的,必须采取安全措施。在采煤工作面可分组装药,但一组装药必须一次起爆。严禁在1个采煤工作面使用2台发爆器同时进行爆破。"

(8)《煤矿安全规程》第三百五十九条:"炮眼深度和炮眼的封泥长度应当符合下列要求:(一)炮眼深度小于0.6 m时,不得装药、爆破;在特殊条件下,如挖底、刷帮、挑顶确需进行炮眼深度小于0.6 m的浅孔爆破时,必须制定安全措施并封满炮泥。(二)炮眼深度为0.6~1 m时,封泥长度不得小于炮眼深度的1/2。(三)炮眼深度超过1 m时,封泥长度不得小于0.5 m。(四)炮眼深度超过2.5 m时,封泥长度不得小于1 m。(五)深孔爆破时,封泥长度不得小于孔深的1/3。(六)光面爆破时,周边光爆炮眼应当用炮泥封实,且封泥长度不得小于0.3 m。"

(9)《煤矿安全规程》第三百五十八条:"炮眼封泥必须使用水炮泥,水炮泥外剩余的炮眼部分应当用黏土炮泥或者用不燃性、可塑性松散材料制成的炮泥封实。……无封泥、封泥不足或者不实的炮眼,严禁爆破。"

(10)《煤矿安全规程》第三百六十二条:"在有煤尘爆炸危险的煤层中,掘进工作面爆破前后,附近20 m的巷道内必须洒水降尘。"

(11)《煤矿安全规程》第三百六十三条:"爆破前,必须加强对机电设备、液压支架和电缆等的保护。爆破前,班组长必须亲自布置专人将工作面所有人员撤离警戒区域,并在警戒线和可能进入爆破地点的所有通路上布置专人担任警戒工作。警戒人员必须在安全地点警戒。警戒线处应当设置警戒牌、栏杆或者拉绳。"

(12)《煤矿重大事故隐患判定标准》第四条:"'超能力、超强度或者超定员组织生产'重大事故隐患,是指有下列情形之一的:(一)煤矿全年原煤产量超过核定(设计)生产能力幅度在10%以上,或者月原煤产量大于核定(设计)生产能力的10%的;(二)煤矿或其上级公司超过煤矿核定(设计)生产能力下达生产计划或者经营指标的;(三)煤矿开拓、准备、回采煤量可采期小于国家规定的最短时间,未主动采取限产或者停产措施,仍然组织生产的(衰老煤矿和地方人民政府计划停产关闭煤矿除外);(四)煤矿井下同时生产的水平超过2个,或者一个采(盘)区内同时作业的采煤、煤(半煤岩)巷掘进工作面个数超过《煤矿安全规程》规定的;(五)瓦斯抽采不达标组织生产的;(六)煤矿未制定或者未严格执行井下劳动定员制度,或者采掘作业地点单班作业人数超过国家有关限员规定20%以上的。"

【防范措施】

(1) 筑牢"隐患就是事故"的理念。开展隐患问题排查治理,形成问题清单和整改清单,做到隐患整改责任、措施、资金、时限、预案"五落实"。对于能够立即整改的隐患,要对账销号,督促整改到位;对于暂时不能整改的隐患,要制订整改计划、落实防范措施、安排专人盯防,确保安全生产;对于发现的重大隐患,要立即报告,并进行挂牌督办、跟踪整改、验收销号,确保闭环管理。

(2) 严禁超能力、超定员、超强度生产。严格按核定生产能力组织生产。煤矿企业必须严格按核定的生产能力合理安排全年生产计划和劳动定员;坚持正规循环作业,做到均衡生产;按规定安排主要采掘设备、提升运输设备检修,严禁挤占设备检修时间进行生产作业。严禁两班交叉作业。

(3) 加强防治煤尘工作。铺设防尘供水管路,落实湿式钻眼、水炮泥、爆破喷雾、装岩(煤)洒水和净化风流等防尘措施。井下煤仓(溜煤眼)放煤口、转载点等地点都必须安设喷雾装置。及时清除井巷中的浮煤,清扫、冲洗沉积煤尘。高瓦斯矿井、突出矿井和有煤尘爆炸危险的矿井,煤巷和半煤岩巷掘进工作面应当安设隔爆设施。

(4) 加强安全教育培训。强化安全教育培训意识,制订落实煤矿安全培训计划,矿井主要负责人和安全管理人员的安全生产知识和管理能力应当依法考核合格。按规定配齐配足煤矿特种作业人员,特种作业人员必须做到持证上岗。

(5) 严格爆破管理。严格执行采掘工作面装药爆破的规定,必须使用水炮泥,外部剩余炮眼部分应用黏土炮泥或不燃性、可塑性松散材料制成的炮泥封实。爆破作业必须严格执行"一炮三检"制。用爆破方法处理卡在溜煤(矸)眼中的煤、矸时,必须采用取得煤矿用产品安全标志的用于溜煤(矸)眼的煤矿许用刚性被筒炸药或不低于该安全等级的煤矿许用炸药,并严格控制装药量,爆破前必须检查堵塞部位的上部和下部空间的瓦斯并洒水。严禁在工作面内采用炸药爆破方法处理顶煤、顶板及卡在放煤口的大块煤(矸)。

【学习自测】

1. (判断题)井下煤仓放煤口、溜煤眼放煤口、输送机转载点和卸载点,以及地面筛分厂、破碎车间、带式输送机走廊、转载点等地点,都必须安设喷雾装置或除尘器,作业时进行喷雾降尘或用除尘器除尘。( )

2. (单选题)检查煤仓、溜煤(矸)眼和处理堵塞时,必须制定安全措施,( )人员从下方进入。

A. 严禁　　　　　B. 允许　　　　　C. 不准

3. (多选题)爆破前,班(组)长必须亲自布置专人在警戒线和可能进入爆破地点的所有道路上担任警戒工作。警戒人员必须在有掩护的安全地点进行警戒。警戒线处应设置（　　）等。

A. 警戒牌　　　　B. 警戒网　　　　C. 栏杆　　　　D. 拉绳

参考答案：1. √　　2. A　　3. ACD

案例7　山西吕梁某矿"5·18"违章焊接产生的高温焊弧引爆特别重大煤尘爆炸事故

【事故经过】

2004年5月18日18时18分，山西吕梁某矿发生一起特别重大煤尘爆炸事故，造成33人死亡，直接经济损失293.3万元。

【事故原因】

（一）直接原因

该矿煤尘具有爆炸危险性，但该矿不按规定采取防尘措施，井下生产运输过程中大量煤尘飞扬，致使井下维修硐室的煤尘达到爆炸浓度；工人违章在维修硐室焊接三轮车，产生的高温焊弧引爆煤尘。

（二）间接原因

（1）违法组织生产。该矿在采矿许可证、煤炭生产许可证及营业执照已过期且未经验收合格的情况下，违法组织生产。

（2）安全生产管理混乱。违反《安全生产法》和《煤矿安全规程》的规定，没有保证矿井防尘方面的资金投入，没有建立完善的矿井防尘供水系统，南、北煤库均未安设喷雾洒水装置，没有预防和隔绝煤尘爆炸的措施；没有采取及时清除巷道中的浮煤、清扫或冲洗沉积煤尘、定期撒布岩粉等措施；井下布置了19个掘进头，通风系统紊乱，无法将矿尘稀释排出；工人违章长期在井下使用电焊机；在没有消除矿井存在的重大事故隐患的情况下，违章指挥工人进行生产。

【制度规定】

（1）《煤矿安全规程》第四条："从事煤炭生产与煤矿建设的企业（以下统称煤矿企业）必须遵守国家有关安全生产的法律、法规、规章、规程、标准和技术规范。煤矿企业必须加强安全生产管理，建立健全各级负责人、各部门、各岗位安全生产与职业病危害防治责任制。煤矿企业必须建立健全安全生产与职业病危害防治目标管理、投入、奖惩、技术措施审批、培训、办公会议制度，安全检查制度，安全风险分级管控工作制度，事故隐患排查、治理、报告制度，事故报告与责任追究制度等。煤矿企业必须制定重要设备材料的查验制度，做好检查验收和记录，防爆、阻燃抗静电、保护等安全性能不合格的不得入井使用。煤矿企业必须建立各种设备、设施检查维修制度，定期进行检查维修，并做好记录。煤矿必须制定本单位的作业规程和操作规程。"

（2）《煤矿安全规程》第九条："煤矿企业必须对从业人员进行安全教育和培训。培训不合格的，不得上岗作业。主要负责人和安全生产管理人员必须具备煤矿安全生产知识和管理能力，并经考核合格。特种作业人员必须按国家有关规定培训合格，取得资格证书，方可上岗作业。矿长必须具备安全专业知识,具有组织、领导安全生产和处理煤矿事故的能力。"

(3)《煤矿安全规程》第十四条第三项、第四项:"井工煤矿必须按规定填绘反映实际情况的下列图纸:(三)巷道布置图。(四)采掘工程平面图。"

(4)《煤矿安全规程》第一百三十九条:"矿井每年安排采掘作业计划时必须核定矿井生产和通风能力,必须按实际供风量核定矿井产量,严禁超通风能力生产。"

(5)《煤矿安全规程》第一百四十条:"矿井必须建立测风制度,每10天至少进行1次全面测风。对采掘工作面和其他用风地点,应当根据实际需要随时测风,每次测风结果应当记录并写在测风地点的记录牌上。应当根据测风结果采取措施,进行风量调节。"

(6)《煤矿安全规程》第一百八十六条:"开采有煤尘爆炸危险煤层的矿井,必须有预防和隔绝煤尘爆炸的措施。矿井的两翼、相邻的采区、相邻的煤层、相邻的采煤工作面间,掘进煤巷同其相连的巷道间,煤仓同与其相连的巷道间,采用独立通风并有煤尘爆炸危险的其他地点同与其相连的巷道间,必须用水棚或者岩粉棚隔开。必须及时清除巷道中的浮煤,清扫、冲洗沉积煤尘或者定期撒布岩粉;应当定期对主要大巷刷浆。"

(7)《煤矿安全规程》第一百八十七条:"矿井应当每年制定综合防尘措施、预防和隔绝煤尘爆炸措施及管理制度,并组织实施。矿井应当每周至少检查1次隔爆设施的安装地点、数量、水量或者岩粉量及安装质量是否符合要求。"

(8)《煤矿安全规程》第一百八十八条:"高瓦斯矿井、突出矿井和有煤尘爆炸危险的矿井,煤巷和半煤岩巷掘进工作面应当安设隔爆设施。"

(9)《煤矿安全规程》第四百八十七条:"所有矿井必须装备安全监控系统、人员位置监测系统、有线调度通信系统。"

(10)《煤矿安全规程》第二百五十四条:"井下和井口房内不得进行电焊、气焊和喷灯焊接等作业。如果必须在井下主要硐室、主要进风井巷和井口房内进行电焊、气焊和喷灯焊接等工作,每次必须制定安全措施,由矿长批准并遵守下列规定:(一)指定专人在场检查和监督。(二)电焊、气焊和喷灯焊接等工作地点的前后两端各10 m的井巷范围内,应当是不燃性材料支护,并有供水管路,有专人负责喷水,焊接前应当清理或者隔离焊碴飞溅区域内的可燃物。上述工作地点应当至少备有2个灭火器。(三)在井口房、井筒和倾斜巷道内进行电焊、气焊和喷灯焊接等工作时,必须在工作地点的下方用不燃性材料设施接受火星。(四)电焊、气焊和喷灯焊接等工作地点的风流中,甲烷浓度不得超过0.5%,只有在检查证明作业地点附近20 m范围内巷道顶部和支护背板后无瓦斯积存时,方可进行作业。(五)电焊、气焊和喷灯焊接等作业完毕后,作业地点应当再次用水喷洒,并有专人在作业地点检查1 h,发现异常,立即处理。(六)突出矿井井下进行电焊、气焊和喷灯焊接时,必须停止突出煤层的掘进、回采、钻孔、支护以及其他所有扰动突出煤层的作业。煤层中未采用砌碹或者喷浆封闭的主要硐室和主要进风大巷中,不得进行电焊、气焊和喷灯焊接等工作。"

【防范措施】

(1)加强煤尘爆炸防治工作。建立完善的防尘供水系统,主要运输巷、掘进巷道、煤仓及溜煤眼口、装卸载点等地点必须安设防尘供水管路。开采有煤尘爆炸危险煤层的矿井,必须有预防和隔绝煤尘爆炸的措施,及时清除巷道中的浮煤,清扫和冲洗沉积煤尘;定期撒布岩粉和对主要大巷刷浆。

(2)加大煤矿防火工作。建立井下防火制度,严禁在井下进行电焊、气焊和喷灯焊接工作,严禁携带烟火入井、使用灯泡取暖和使用电炉,坚决消灭井下明火、明电作业和失爆现象。

(3)强化安全培训和警示教育。按规定开展职工安全培训教育,落实煤矿企业"三项岗位人员"考核的规定,注重提高从业人员的安全素质,提高职工自我防护意识和遇险处置能力;加强煤矿安全知识、操作技能、规程措施和应急处置教育,提高从业人员辨识风险的能力和现场应急处置及自救、互救能力。

(4)加强通风管理。完善通风系统及设施,科学合理计算采掘工作面配风量,优化通风路线,减少通风阻力,保证采掘工作面风量充足、风流稳定,消除串联风、微风、循环风。

【学习自测】

1.(判断题)煤尘只有呈悬浮状态并达到一定浓度时才有可能发生爆炸。(　　)

2.(单选题)煤尘挥发分越高,感应期(　　)。

A. 不变　　　　　B. 越长　　　　　C. 越短

参考答案:1. √　2. C

火灾事故篇

第五章 火灾事故

第一节 矿井火灾事故概述

矿井火灾又叫矿内火灾或井下火灾,是指发生在煤矿井下巷道、工作面、硐室、采空区等地点的火灾。矿井发生的火灾(包括危及井下的地面火灾),常招致人员伤亡、设备损毁、矿井停产、资源破坏,甚至引起瓦斯、煤尘或硫化矿尘爆炸。

【内因火灾】

(一)煤自燃

有自燃倾向的煤在常温下吸附空气中的氧,在表面生成不稳定的氧化物。煤开始氧化时发热量少,能及时散发,煤温并不增加,但化学活性增大,煤的着火温度稍有降低,这一阶段为自燃潜伏期。随后,煤的氧化速度加快,不稳定的氧化物先后分解成 H_2O、CO_2 和 CO,氧化发热量增大,当热量不能充分散发时,煤温逐渐升高,这一阶段称为自热期。煤温继续升高,超过临界温度(通常为 80 ℃左右),氧化速度剧增,煤温猛升,达到着火温度即开始燃烧。在到达临界温度前,若停止或减少供氧,或改善散热条件,则自热阶段中断,煤温逐渐下降,趋于冷却风化状态。

煤的化学成分和碳化程度是影响煤自燃倾向的重要因素。褐煤最易自燃;烟煤、中长焰煤和气煤较易自燃;无烟煤则很少自燃。碳化程度低、含水分大的煤,水分蒸发后易自燃;碳化程度高的煤,水分对自燃的影响不明显。煤成分中的镜煤、丝煤吸氧能力强,着火温度低,煤中含量越多,越易自燃。实验室鉴定煤的自燃倾向的方法很多,都是模拟煤的氧化过程,以其氧化能力作为判定依据。

(二)预防自燃措施

预防自燃的基本原则是减少矿体的破坏和碎矿的堆积,以免形成有利于矿石氧化和热量积聚的漏风条件。预防自燃的措施主要有:① 选择正确的开拓开采方法。合理布置巷道,减少矿层切割量,少留矿、煤柱或留足够尺寸的矿、煤柱,防止压碎,提高回采率,加快回采速度。② 采用合理的通风系统。正确设置通风构筑物,减少采空区和矿柱裂隙的漏风,工作面采完后及时封闭采空区。③ 预防性灌浆。在地面或井下用土制成泥浆,通过钻孔和管道灌入采空区,泥浆包裹碎矿、煤表面,隔绝空气,防止氧化发热,是防止自燃火灾的有效措施。根据生产条件,可边采边灌,也可先采后灌。前者灌浆均匀,防火效果好,自然发火期短的矿井均采用此种方式。泥浆浓度(土、水体积比)通常取 1:5~1:4。在缺土地区,可考虑用页岩等矸石破碎后代替黄土制浆,粉煤灰或无燃性矿渣也可作为一种代用品。④ 均压防火。可采用调节风压的方法降低漏风风路两侧压差,减少漏风,抑制自燃。调压方法有风窗调节、辅助通风机调节、风窗-辅助通风机联合调节、通风系统调节等。⑤ 阻化剂灭火。

将防止矿石或煤氧化的化学制剂,如 $CaCl_2$、$MgCl_2$ 等的溶液灌注到可能自燃的地方,在碎矿石或碎煤表面形成稳定的抗氧化保护膜,降低矿石或煤的氧化能力。

【外因火灾】

一切产生高温或明火的器材设备,如果使用管理不当,可点燃易燃物造成火灾。在中、小型煤矿中,各种明火和爆破工作常是外因火灾的起因。随着机械化程度的提高,机电设备火灾的比例逐渐增加。预防外因火灾的主要措施有:煤矿井下禁止吸烟和明火照明;电气设备和器材的选择、安装与使用必须严格遵守有关规定,配备完善的保护装置;机械运转部分要定期检查,防止因摩擦产生高温,采煤机械截割部必须有完善的喷雾装置,防止引燃瓦斯或煤尘;易燃物和炸药、雷管的运送、保管、领发和使用均应遵守有关规定;尽量用不燃材料代替易燃材料;一些主要巷道和机电硐室必须砌碹或用不燃性材料支护;设防火门。

（一）矿井灭火

火灾烟气顺风蔓延,当热烟气流经倾斜或垂直井巷时,可产生与自然风压类似的局部火风压,使相关井巷中的风量变化,甚至发生风流停滞或反向,常导致火灾影响范围扩大,人员不能安全撤退,无法进行灭火,有时还能引起瓦斯或煤尘爆炸。在上行风路中发生火灾,其火风压作用方向与主要通风机作用方向一致,使火源所在风路的风量增加,旁侧风路的风量减少;随火势发展,火风压增加,旁侧风路的风流可能反向,烟气将侵入。在下行风路中发生火灾,其火风压作用方向与主要通风机相反,使火源所在风路的风量减少,旁侧风路的风量增加;当火风压增大时,火源所在风路的风流可能反向,烟气侵入旁侧风路。在矿井总进风风流中发生火灾时,往往需要进行全矿性反风,以免烟气侵入采掘区。因此,主要通风机必须装有反风设备,必须能在 10 min 内改变巷道中的风流方向。

（二）灭火方法

火灾初起时,可用水、砂或化学灭火器直接灭火,有时还要配合挖除火源。火势较大,不能接近火源时,可用高倍数泡沫灭火机灭火。在采空区内发生自燃火灾或在井巷中发生火灾,无法直接灭火时,可用隔绝灭火法,即在火源进、回风两侧合适地点修筑密闭墙严密封闭火区,可使火源缺氧熄灭。常用的封闭材料有泥、砖、石等。用液态高分子材料就地发泡成型,或用塑料、橡胶气囊充气修筑临时密闭墙,均可减轻劳动强度,缩短修筑时间。有瓦斯涌出的火区,要考虑在封闭过程中发生瓦斯爆炸的危险,通常应先用砂、土袋修筑隔爆墙,在其掩护下建立密闭墙。

火区封闭后,少量漏风使火区内氧浓度维持在 3%～5% 时,火源可能长期阴燃不熄。为了加速灭火,防止漏风,可采用联合灭火法,向封闭的火区灌注黄泥浆最有效,也可灌注 N_2 或 CO_2。

（三）火区管理

火区封闭后,要经常检查密闭墙的严密性,定期测定墙内空气成分和温度。对于煤矿,当墙内 CO 浓度稳定在 0.001% 以下,气温 30 ℃、水温 25 ℃ 以下,氧气浓度低于 2% 时,才能认为火已熄灭。对于硫化矿山,也有相应规定。启封火区时应将火区回风流直接引向回风道。在有瓦斯、煤尘爆炸危险的矿井,应切断与火区相连地点的电源。启封工作应由矿山救护队进行。启封时要在防止新鲜风流进入火区条件下,从回风侧进入侦察,确认火已熄灭,再打开进风侧密闭墙,逐步恢复通风,排除有害气体,清理巷道,消除火灾残迹后,才能恢复生产。

第二节 内因火灾事故案例

案例1 福建龙岩某矿火区煤炭自燃涉险事故

【事故经过】

2016年7月21日,福建龙岩某矿维修队队长李某带领班长王某1及6名维修工从+248 m副井下到+100 m水平进行抽排水的行人巷道维修。16时20分左右,运输工许某发现+100 m车场尾部有一小股白色烟雾。16时30分左右,王某1看到套架所用的材料快没了,就叫林某1、林某2和黄某三人去+100 m车场运材料,王某2和王某1则继续套架,当林某1、林某2和黄某走到巷道岔口处看到有烟雾就往+100 m车场撤离。16时40分左右,许某发现+100 m车场尾部的白色烟雾浓度变大,而且有向起坡点扩散的迹象,就马上打电话到地面调度室报告。经救援7名涉险人员均成功脱险。

【事故原因】

(一)直接原因

+100 m东大巷周边存在被封闭火区,火区因巷道坍塌漏风,使火区煤炭缓慢氧化发生自燃;该矿在+100 m东大巷维修作业时,将+100 m车场尾部本应处于关闭状态的风门打开,致使+100 m东大巷处于全风压通风状态,火区自燃产生大量的烟雾及有毒有害气体通过与+100 m东大巷有关联的通道涌入该矿,导致事故发生。

(二)间接原因

(1)防火措施落实不到位。该矿在接收原某矿+100 m东大巷作为排水系统时,没有收集原某矿六采区的火区资料,没有制定有针对性的防灭火措施并认真贯彻落实到位。

(2)通风设施管理不到位。该矿没有开展煤矿通风等安全设施的专项检查,没有及时发现+100 m车场的通风设施(风门)被打开,致使风流紊乱。

(3)安全技术管理走过场。该矿在没有及时收集原某矿火区等资料的情况下开展安全技术论证,所编制的巷道维修措施针对性不够。

(4)巷道密闭管理制度落实不彻底。该矿在接收原某矿+100 m东大巷作为排水系统后,没有开展专项的安全检查,没有对原某矿+100 m东大巷附近的废弃巷道采取砌碹封闭隔离。

(5)安全教育培训效果差。该矿在日常安全培训过程中,对避灾线路、通风、防止气体中毒等内容培训效果较差,井下作业人员对发生事故后的避灾线路不熟悉、防范事故能力较薄弱。

【制度规定】

(1)《煤矿安全规程》第二百七十四条:"矿井必须制定防止采空区自然发火的封闭及管理专项措施。采煤工作面回采结束后,必须在45天内进行永久性封闭,每周至少1次抽取封闭采空区气样进行分析,并建立台账。开采自燃和容易自燃煤层,应当及时构筑各类密闭并保证质量。"

(2)《煤矿安全规程》第一百三十条:"报废的井巷必须做好隐蔽工程记录,并在井上、下对照图上标明,归档备查。"

(3)《煤矿安全规程》第一百八十条第一款第一项、第六项:"矿井必须建立甲烷、二氧化碳和其他有害气体检查制度,并遵守下列规定:(一)矿长、矿总工程师、爆破工、采掘区队长、通风区队长、工程技术人员、班长、流动电钳工等下井时,必须携带便携式甲烷检测报警仪。瓦斯检查工必须携带便携式光学甲烷检测仪和便携式甲烷检测报警仪。安全监测工必须携带便携式甲烷检测报警仪。(六)在有自然发火危险的矿井,必须定期检查一氧化碳浓度、气体温度等变化情况。"

(4)《煤矿安全规程》第二百七十七条:"煤矿必须绘制火区位置关系图,注明所有火区和曾经发火的地点。每一处火区都要按形成的先后顺序进行编号,并建立火区管理卡片。火区位置关系图和火区管理卡片必须永久保存。"

(5)《煤矿安全规程》第二百七十八条第一款第二项、第三项、第四项:"永久性密闭墙的管理应当遵守下列规定:(二)定期测定和分析密闭墙内的气体成分和空气温度。(三)定期检查密闭墙外的空气温度、瓦斯浓度,密闭墙内外空气压差以及密闭墙墙体。发现封闭不严、有其他缺陷或者火区有异常变化时,必须采取措施及时处理。(四)所有测定和检查结果,必须记入防火记录簿。"

(6)《煤矿安全培训规定》第三十三条:"煤矿企业应当对其他从业人员进行安全培训,保证其具备必要的安全生产知识、技能和事故应急处理能力,知悉自身在安全生产方面的权利和义务。"

【防范措施】

(1)深刻吸取事故教训,切实加强密闭管理。建立井下密闭管理台账并确定巡查责任人员,在关联区域外围设置火区隔离密闭,同时加强井下通风和防灭火设施设备的安全管理工作。

(2)加强矿井现场安全管理和通风管理工作,完善矿井监测监控系统。设置安装监控摄像头和一氧化碳传感器,实时监测井下一氧化碳浓度变化情况;安全管理人员入井必须携带便携式多功能气体检测报警仪,随时监测井下气体浓度,发现险情及时撤离井下人员。

(3)开展井下隐蔽致灾因素排查。认真收集矿井所有可能致灾因素的资料,制定有针对性的防灭火措施并认真贯彻落实到位。

(4)加强职工的安全教育培训工作。开展气体中毒、防灭火和应急救援等安全知识的专项培训,要求职工掌握自救器等劳动防护用品的操作方法。

(5)加强通风设施管理。加强通风设施设备巡回检查,发现问题及时处理,严禁私自打开按规定需关闭的设施,防止风流紊乱。

【学习自测】

1.(判断题)报废的井巷必须做好隐蔽工程记录,并在井上、下对照图上标明,归档备查。(　　)

2.(单选题)采煤工作面回采结束后,必须在(　　)天内进行永久性封闭。
A. 30　　　　　B. 45　　　　　C. 60

3. (多选题)矿井内因火灾防治技术有(　　)等。
A. 合理的开拓开采及通风系统　　　　B. 防止漏风
C. 预防性灌浆　　　　　　　　　　　D. 阻化剂灭火

参考答案:1. √　2. B　3. AB,CD

案例2　山东济宁某矿采空区自燃热解气体较大爆炸事故

【事故经过】

2018年12月5日,山东济宁某矿在井下材料周转库工作的职工吕某发现230综放工作面轨道巷密闭墙外飘浮黄色烟雾(烟雾在巷道顶板至顶板以下0.5 m范围内),随即向矿调度室报告。通防副矿长兼通防副总工程师冯某接到报告后立即下井查看情况,并在升井后,会同矿长、总工程师、生产矿长共同研究制定处置方案,决定同时砌筑1号密闭墙和2号密闭墙进行封闭。12月7日20时24分,230综放工作面封闭采空区发生爆炸,强冲击波冲垮1号密闭墙,将7人冲倒。此次事故造成3人死亡、3人受伤,直接经济损失475.5万元。

【事故原因】

(一) 直接原因

某矿230综放工作面封闭采空区遗煤自燃热解气体爆炸是事故发生的直接原因。

(二) 间接原因

(1) 某矿发现230综放工作面封闭采空区自然发火后,没有认识到自燃热解气体能够爆炸,治理封闭采空区自然发火专业能力不足,处置方案不合理。

① 在施工1号密闭墙和2号密闭墙时,在230探巷密闭墙、230胶带巷密闭墙分别新开设了调节风窗(0.20 m×0.20 m),只考虑了1号密闭墙至支架检修硐室的通风问题以及1号密闭墙和230胶带巷密闭墙之间的均压问题,没有分析到封闭火区改变局部通风系统使230综放工作面终采线漏风线路处于角联状态(原终采线漏风线路为并联),引起230综放工作面终采线漏风风压、风流方向和热解气体积聚条件改变,自燃热解气体积聚达到爆炸界限,遇自燃高温火点发生爆炸。

② 发现230综放工作面封闭采空区自然发火后,没有增设防火观测站、布置束管监测点,没有对封闭采空区气体成分进行分析和测定。

(2) 该矿对隐蔽致灾因素排查、安全风险辨识不到位,没有排查、辨识出230综放工作面封闭采空区自然发火风险。

(3) 安全技术管理体系不健全,通防副总工程师由副总经理兼任,通防办公室隶属生产技术处,没有配备"一通三防"技术管理和工作人员。

【制度规定】

(1)《煤矿安全规程》第二百七十六条:"封闭火区时,应当合理确定封闭范围,必须指定专人检查甲烷、氧气、一氧化碳、煤尘以及其他有害气体浓度和风向、风量的变化,并采取防止瓦斯、煤尘爆炸和人员中毒的安全措施。"

(2)《煤矿安全规程》第二百六十一条:"开采容易自燃和自燃煤层时,必须开展自然发火监测工作,建立自然发火监测系统,确定煤层自然发火标志气体及临界值,健全自然发火预测预报及管理制度。"

(3)《煤矿安全规程》第二百六十五条:"开采容易自燃和自燃煤层时,必须制定防治采空区(特别是工作面始采线、终采线、上下煤柱线和三角点)、巷道高冒区、煤柱破坏区自然发火的技术措施。当井下发现自然发火征兆时,必须停止作业,立即采取有效措施处理。在发火征兆不能得到有效控制时,必须撤出人员,封闭危险区域。进行封闭施工作业时,其他区域所有人员必须全部撤出。"

(4)《煤矿安全规程》第二百七十四条第二款:"开采自燃和容易自燃煤层,应当及时构筑各类密闭并保证质量。"

(5)《国家安全监管总局 国家煤矿安监局关于进一步加强煤矿企业安全技术管理工作的指导意见》(安监总煤装〔2011〕51号):"要设立采掘生产技术、矿井'一通三防'、地质测量、水害防治、职业危害防治、工程设计和科研等安全技术管理机构,配齐技术管理和工作人员。"

【防范措施】

(1)排查井下采空区隐蔽致灾因素,发现隐患及时处理。查明井下采空区分布、形成时间、范围,煤层厚度、回采率、煤柱留设、积水、自然发火和有害气体等情况,制定专项整改措施,切实消除事故隐患。

(2)提高采空区封闭质量,杜绝采空区漏风。密闭墙内气体成分要定期取样分析,发现自然发火征兆应及时发出预警,并采取安全措施进行处理。

(3)加强矿井日常安全生产管理。加强对通风、瓦斯、煤尘、防灭火检查,完善专项治理措施,防止自然发火事故发生。

(4)健全"一通三防"管理体系。建立健全矿长和总工程师等安全生产责任制,配齐技术管理人员。

(5)加强教育培训,提高员工素质。按规定开展安全教育培训,提高安全教育培训的针对性、有效性。

【学习自测】

1.(判断题)开采自燃和容易自燃煤层,应当及时构筑各类密闭并保证质量。(　　)

2.(单选题)煤矿灭火方法有直接灭火法、隔绝灭火法和(　　)三种。

A. 综合灭火法

B. 人工灭火法

C. 自然灭火法

3.(多选题)开采容易自燃和自燃煤层时,必须制定防治(　　)自然发火的技术措施。

A. 采空区

B. 巷道高冒区

C. 煤柱破坏区

D. 井口

参考答案:1. √　2. A　3. ABC

第三节 外因火灾事故案例

案例1 黑龙江鸡西某矿馈电开关短路引发较大瓦斯燃烧事故

【事故经过】

2015年11月28日,黑龙江鸡西某矿矿长张某组织召开生产调度会,布置当天的任务是集中所有人员到二段左零路35#层采煤工作面下巷采后留巷回撤该巷道内的设备。王某完成导车工作后,带领3名机电工人回撤JD-11.4调度绞车。9时20分,矿井地面安全监控系统报警,二段左零路35#层采煤工作面上巷瓦斯超限,此时3名机电工人正在运送拆卸下来的电缆,拉扯中造成巷道内距离终采线32 m处的JD-25调度绞车馈电开关倾倒,产生电火花,引燃了该处积聚的瓦斯,瞬间产生的高温气体冲击回撤巷道内的设备及作业人员,现场人员遭受不同程度烧伤及挫伤。此次事故共造成3人死亡、9人受伤,直接经济损失439万元。

【事故原因】

(一)直接原因

二段左零路35#层采煤工作面下巷采后留巷内微风,采空区瓦斯涌出,造成留巷内瓦斯积聚,在留巷内的人员作业时造成JD-25调度绞车馈电开关倾倒,致使馈电开关内电源线相间短路,产生电火花,引燃巷道内瓦斯,导致事故发生。

(二)间接原因

(1)矿井隐患排查治理不到位。该矿未按照停产期间市、县煤矿安全监管部门的有关要求开展隐患自检自查。二段左零路35#层采煤工作面回撤设备前,基本顶来压时,曾发生过瓦斯超限,发现这一情况后,煤矿未制定防范措施。

(2)矿井通风管理不到位。11月28日矿井回撤设备期间,对二段左零路35#层采煤工作面下巷采后留巷存在风量不足、不符合通风要求和该工作面上巷瓦斯监控异常的情况没有采取措施进行处理,致使瓦斯突然涌出,造成瓦斯积聚。

(3)矿井机电设备管理不到位。井下机电作业人员未严格落实回撤报告中井下电气设备防爆的有关要求,违规作业。JD-11.4调度绞车与回撤运输用JD-25调度绞车共用一台馈电开关作为电源,在拆除电缆时,未安装馈电开关的防爆部件,造成馈电开关失爆。

(4)作业现场安全管理不到位。回撤作业现场安全管理混乱,多工种交叉作业,人员及设备集中,回撤无序,导致馈电开关倾倒,造成馈电开关内电源线相间短路而产生电火花。

(5)矿井未严格执行停产、停工监管指令。该矿未执行各级煤矿安全监管部门下达的停产停工监管指令,通过非正常手段打开安全锁,组织工人违规采煤和回撤设备。

【制度规定】

(1)《煤矿安全规程》第四百四十八条:"防爆电气设备到矿验收时,应当检查产品合格证、煤矿矿用产品安全标志,并核查与安全标志审核的一致性。入井前,应当进行防爆检查,签发合格证后方准入井。"

(2)《煤矿安全规程》第一百七十五条:"矿井必须从设计和采掘生产管理上采取措施,防止瓦斯积聚;当发生瓦斯积聚时,必须及时处理。当瓦斯超限达到断电浓度时,班组长、瓦斯检查工、矿调度员有权责令现场作业人员停止作业,停电撤人。"

(3)《煤矿安全规程》第十六条:"井工煤矿必须制定停工停产期间的安全技术措施,保证矿井供电、通风、排水和安全监控系统正常运行,落实 24 h 值班制度。复工复产前必须进行全面安全检查。"

(4)《煤矿安全规程》第九十四条:"采(盘)区结束后、回撤设备时,必须编制专门措施,加强通风、瓦斯、顶板、防火管理。"

(5)《煤矿安全规程》第四条:"从事煤炭生产与煤矿建设的企业(以下统称煤矿企业)必须遵守国家有关安全生产的法律、法规、规章、规程、标准和技术规范。煤矿企业必须加强安全生产管理,建立健全各级负责人、各部门、各岗位安全生产与职业病危害防治责任制。"

(6)《安全生产法》第二十五条第一款第五项:"生产经营单位的安全生产管理机构以及安全生产管理人员履行下列职责:(五)检查本单位的安全生产状况,及时排查生产安全事故隐患,提出改进安全生产管理的建议"。

【防范措施】

(1)加强对煤矿事故隐患的排查治理。建立安全生产事故隐患排查治理长效机制,建立健全事故隐患排查治理制度,加大隐患排查、自检自查力度,研究制定有针对性的防范措施。

(2)强化煤矿通风、瓦斯、顶板管理。加强通风系统的检查,严禁微风、无风作业。加大对采煤工作面采空区的顶板管理工作,采空区悬顶超过规程规定时必须进行强制放顶。

(3)加强煤矿井下设备管理。煤矿要加强设备管理,制定井下机电设备安全管理措施,严格按照操作规程作业,杜绝电气设备失爆,保证机电设备安全可靠。

(4)加强回撤期间的现场安全管理。规范设备回撤期间的各项制度,认真研究制定回撤方案,安全有序回撤。严禁违章指挥、违规作业。

(5)强化煤矿依法办矿意识。煤矿企业要严格落实监管指令,在复产复工前,要严格履行开工手续,报请有关部门批准,坚决杜绝擅自开工及违法违章作业行为。

【学习自测】

1.(判断题)当瓦斯超限达到断电浓度时,班组长、瓦斯检查工、矿调度员有权责令现场作业人员停止作业,停电撤人。(　　)

2.(单选题)掘进中的煤及半煤岩巷最低允许风速为(　　)m/s。
　　A. 0.15　　　　　　B. 0.25　　　　　　C. 0.35

3.(多选题)防爆电气设备入井前,应检查其(　　),并核查与安全标志审核的一致性。入井前,应当进行(　　),签发合格证后方准入井。

A. 产品合格证 B. 煤矿矿用产品安全标志
C. 安全性能 D. 防爆检查

参考答案：1. √ 2. B 3. AB,D

案例 2　黑龙江双鸭山某矿焊接引发着火、罐笼坠落重大火灾事故

【事故经过】

2017年3月9日,黑龙江双鸭山某矿电焊工于某违规在副井井口运输平台对轨道开焊错口处进行焊接,电焊引发电缆、井口液压系统液压油着火。陈某等人发现火情进行灭火,但消防管路水量少,火势无法得到有效控制,继而烧断钢丝绳导致罐笼坠落事故。此次事故造成17名矿工遇难,直接经济损失1 996.1万元。

【事故原因】

(一) 直接原因

电焊工在副井井口运输平台违章电焊,产生的高温焊渣引燃运输平台负一层内可燃物,导致提升机电力电缆线、信号电缆线和井口操车系统液压油管及液压油燃烧。由于副井井口辅助提升到位停车开关信号电缆着火造成线路短路,提升机实施一级制动,致使罐笼提升59 m(由-500 m标高水平上提至-441 m标高水平)后停止运行。此时,副井平衡锤侧提升钢丝绳处于高温火区内,抗拉强度急剧下降,最终在静张力的作用下断裂,造成罐笼坠落(坠落高度为94 m)。

(二) 间接原因

(1) 工人违章作业,现场管理缺失。运转队一车间工人违反《煤矿安全规程》的规定进行无安全措施的违章电焊作业,现场无专人检查和监督、无专人负责喷水、工作地点下方没有用不燃性材料设施接受火星。2017年以来,运转队一车间多次在副井井口房内进行无安全措施的风电焊作业。

(2) 机电管理不力,隐患排查不彻底。一是对副井井口运输平台负一层存在的可燃物、油污和副井操车系统漏油问题未采取针对性措施进行处理。二是矿井防灭火隐患排查不到位,未将副井井口房列为安全隐患排查重点,没有制定针对性的有效防范措施和管理制度。三是未按照《公司井下风电焊作业安全管理规定》对长期违章敷设的电焊机电源线进行处理。

(3) 安全、技术管理不力。一是安全检查工检查范围只局限于井下,未能对井上下进行全面检查。二是安全生产管理人员日常安全监督管理不力,没有有效杜绝习惯性违章作业行为。三是安全生产责任制不健全,个别岗位、人员没有分类分别建立安全生产责任制,未能实现全员安全生产责任制。四是运转队违反《矿作业规程编制、审批、贯彻、实施、复审管理制度》,贯彻安全措施和规程不严格,存在他人代签问题;未按照《矿技术资料档案管理工作制度》对风电焊措施进行审批、登记、备案、存档。

(4) 消防应急处置管理不到位。一是煤矿地面消防系统不完善,分时段临时供水,不能保证消防栓24 h有水有压。二是煤矿未按照《机关、团体、企业、事业单位消防安全管理规定》健全消防档案,消防安全管理内容缺项。三是煤矿没有严格执行《矿防火检查制度》,消防安全检查不全面、记录不真实。四是日常消防安全教育、演练流于形式,干部职工的防火

意识不强,火情发生后工人应急灭火能力差,缺乏消防灭火技能和常识。

(5)安全教育培训不到位。一是安全培训未做到全员覆盖,煤矿存在工人未经培训入井作业问题。二是瓦斯检查工兼任安全检查工,且部分瓦斯检查工没有经过安全检查工的能力培训,没有取得安全检查工资格证。三是矿日常安全思想教育不到位,班前教育和安全生产群众监督教育流于形式,对于副井井口房内多次无措施违章电焊及违章敷设的电焊机电源线长期存在等习惯性违章作业行为无人问津、无人制止。

【制度规定】

(1)《煤矿安全规程》第二百五十四条第一款第一项、第二项、第三项:"井下和井口房内不得进行电焊、气焊和喷灯焊接等作业。如果必须在井下主要硐室、主要进风井巷和井口房内进行电焊、气焊和喷灯焊接等工作,每次必须制定安全措施,由矿长批准并遵守下列规定:(一)指定专人在场检查和监督。(二)电焊、气焊和喷灯焊接等工作地点的前后两端各10 m的井巷范围内,应当是不燃性材料支护,并有供水管路,有专人负责喷水,焊接前应当清理或者隔离焊碴飞溅区域内的可燃物。上述工作地点应当至少备有2个灭火器。(三)在井口房、井筒和倾斜巷道内进行电焊、气焊和喷灯焊接等工作时,必须在工作地点的下方用不燃性材料设施接受火星。"

(2)《煤矿安全规程》第二百五十一条第一款:"井口房和通风机房附近20 m内,不得有烟火或者用火炉取暖。"

(3)《安全生产法》第二十五条第一款第六项:"生产经营单位的安全生产管理机构以及安全生产管理人员履行下列职责:(六)制止和纠正违章指挥、强令冒险作业、违反操作规程的行为"。

(4)《煤矿安全规程》第四条第二款:"煤矿企业必须加强安全生产管理,建立健全各级负责人、各部门、各岗位安全生产与职业病危害防治责任制。"

(5)《煤矿安全规程》第五百零九条:"安装图像监视系统的矿井,应当在矿调度室设置集中显示装置,并具有存储和查询功能。"

(6)《煤矿安全规程》第九条第一款:"煤矿企业必须对从业人员进行安全教育和培训。培训不合格的,不得上岗作业。"

(7)《安全生产法》第三十条第一款:"生产经营单位的特种作业人员必须按照国家有关规定经专门的安全作业培训,取得相应资格,方可上岗作业。"

【防范措施】

(1)落实矿井安全生产主体责任。认真总结和深刻吸取本次事故教训,举一反三,深入开展煤矿安全生产隐患排查,认真查找安全生产工作中存在的漏洞,有效防范和坚决遏制重特大事故发生。

(2)加强安全质量标准化建设工作。煤矿要切实做到机电运输设备矿用产品安全标志、产品合格证、防爆合格证等证标齐全、合格,各类保护、保险装置齐全可靠,电缆吊挂合格,机房硐室、运输平台、电缆沟卫生清洁、无杂物、无油污,电缆排列整齐,消防设施、消防器材齐全合格并可以正常使用。

(3)加强规程措施的贯彻落实。规程措施经审查批准后,要按照规定组织干部职工认真学习,必须贯彻到位;认真执行各类审批制度,做实基层区队技术措施审批、登记、备案、存档等管理工作,审批工作不得流于形式。

(4) 规范作业行为,坚决杜绝违章指挥、违章作业。加强对作业人员的管理,加大对作业规程和安全措施现场落实情况的检查力度,从严打击违章指挥和违章操作行为,切实做到不违章指挥、不违章作业、不违反劳动纪律。

(5) 加强机电运输安全管理,全面排查安全隐患。加强井口机电运输安全管理,操车设备安置空间与井筒要采取完全隔离措施,确保隐患排查无死角、安全管理无盲区。

(6) 加强消防应急处置管理工作。对消防安全工作进行全面检查,确保其消防系统完善,消防设施齐全、完好有效,消防安全管理规范、档案健全、检查记录翔实。

(7) 加强安全教育培训工作。煤矿要加强日常安全消防教育,组织开展消防知识、技能的宣传教育和培训,组织灭火和应急疏散预案的实施和演练。

【学习自测】

1. (判断题)煤矿企业必须对从业人员进行安全教育和培训。经过培训即可上岗作业。( )

2. (单选题)如果必须在井下主要硐室、主要进风井巷和井口房内进行电焊、气焊和喷灯焊接等工作,每次必须制定安全措施,由( )批准。
   A. 矿长　　　　　B. 总工程师　　　　　C. 机电矿长

3. (多选题)下列选项中属于该起事故间接原因的有( )。
   A. 工人违章作业,现场管理缺失　　　B. 机电管理不力,隐患排查不彻底
   C. 消防应急处置管理不到位　　　　　D. 安全教育培训不到位

参考答案:1. ×　2. A　3. ABCD

案例3　福建龙岩某矿违章携带引火工具入井一般瓦斯燃烧事故

【事故经过】

2017年3月10日开始,福建龙岩某矿陆续进行违规采煤作业。该矿为了躲避监管部门巡查,一天只上一个班。5月20日,+280 m至39[#]上山小眼作业处工作面鼓风机开机通风,工人在搬木头,安全员陈某先爬到小眼迎头检查安全情况,发现工作面温度较高,其他没有异常。陈某出井时,在+376 m下山口碰到带班班长李某。李某上到该小眼,违规使用明火导致局部积聚的瓦斯被引燃,李某等5人全部被烧伤。此次事故共造成5人烧伤,直接经济损失244.91万元。

【事故原因】

(一) 直接原因

该煤矿在被列入关闭对象、责令停产停工期间,超越采矿许可证范围,违法组织工人入井进行采煤作业,作业地点+280 m至39[#]上山小眼通风不良,局部瓦斯积聚,工人违章携带引火工具入井,引起局部积聚的瓦斯燃烧,造成5人烧伤。

(二) 间接原因

(1) 违法违规组织生产。某矿证照不全,被列入2017年关闭对象,在被责令停产停工期间,以假挡墙、假密闭作为掩护逃避监管巡查,违法组织生产,超越采矿许可证范围,越界

盗采相邻国有煤矿煤炭资源。

（2）安全管理机构不健全、管理制度缺失。该矿长期停产停工,未设置技术和安全管理机构,只聘用了3名管理人员,缺少相应的专业技术人员,没有建立健全安全管理制度,在+280 m至39#上山小眼采煤没有编制作业规程、安全技术措施等管理制度。

（3）现场管理混乱。该矿未执行人员入井检身、登记等制度;没有实行机械通风,井下没有进行测风测气;井下使用蜗壳式鼓风机、编织袋风筒等非矿用设备;事故地点在该矿通风系统之外。

（4）煤矿安全教育培训工作不到位。该矿聘用的管理人员未经安全生产管理知识和能力考核,不具备安全生产常识和管理能力,井下作业人员未经培训,安全意识淡薄,思想麻痹,缺乏防范瓦斯事故方面的知识。

【制度规定】

（1）《煤矿重大事故隐患判定标准》第十条第一款第一项:"'超层越界开采'重大事故隐患,是指有下列情形之一的:(一)超出采矿许可证载明的开采煤层层位或者标高进行开采的"。

（2）《煤矿重大事故隐患判定标准》第十八条第一款第一项、第五项:"'其他重大事故隐患',是指有下列情形之一的:(一)未分别配备专职的矿长、总工程师和分管安全、生产、机电的副矿长,以及负责采煤、掘进、机电运输、通风、地测、防治水工作的专业技术人员的;(五)图纸作假、隐瞒采掘工作面,提供虚假信息、隐瞒下井人数,或者矿长、总工程师(技术负责人)履行安全生产岗位责任制及管理制度时伪造记录,弄虚作假的"。

（3）《煤矿安全规程》第一百四十条:"矿井必须建立测风制度,每10天至少进行1次全面测风。对采掘工作面和其他用风地点,应当根据实际需要随时测风,每次测风结果应当记录并写在测风地点的记录牌上。应当根据测风结果采取措施,进行风量调节。"

（4）《煤矿安全规程》第十三条第三款:"入井人员必须随身携带自救器、标识卡和矿灯,严禁携带烟草和点火物品,严禁穿化纤衣服。"

（5）《煤矿安全培训规定》第三十三条:"煤矿企业应当对其他从业人员进行安全培训,保证其具备必要的安全生产知识、技能和事故应急处理能力,知悉自身在安全生产方面的权利和义务。"

【防范措施】

（1）依法依规组织生产。严禁违法生产,严禁在采矿许可证范围外开展生产工作,严禁采用假图纸隐瞒采掘工作面,提供虚假信息。

（2）建立健全并严格执行入井检身制度,严禁携带烟草和点火物品入井,杜绝引火源。

（3）按规定测风,确保通风系统畅通。加强通风系统的检查,严禁微风、无风作业。

（4）加强机电设备管理。严把设备入井检测、安装验收和运行管理关口,不符合要求设备严禁入井使用。

（5）健全安全管理机构,配足人员。按照《煤矿安全规程》等相关规定,配备满足生产需要的安全人员、技术人员和特种作业人员。

（6）加强安全教育培训工作。加强矿井火灾相关知识的宣传教育和培训,组织灭火和应急疏散预案的实施和演练。

【学习自测】

1. (判断题)超出采矿许可证载明的开采煤层层位或者标高进行开采的属于重大隐患。（ ）
2. (单选题)矿井必须建立测风制度,每(   )至少进行1次全面测风。
A. 周　　　　　　　B. 10天　　　　　　　C. 旬
3. (多选题)入井人员必须随身携带(   )。
A. 自救器　　　　　B. 标识卡　　　　　　C. 矿灯

参考答案:1. √ 2. B 3. ABC

案例4　陕西渭南某矿钻孔摩擦着火较大火灾事故

【事故经过】

2017年12月1日,陕西渭南某矿3109开切眼掘进工作面允许进尺已到位,按要求施工区域预测钻孔。2号区域预测钻孔钻进约6 m时,钻机出现了压风小、风排煤渣不畅、卡钻(未夹死)等情况。窦某采用钻机反复正反转解除卡钻,将孔内钻具退出约2 m停钻。8点班董某走到3109运输巷第五部带式输送机机头附近时,看见一名工人突然栽倒,就分别向安监队值班室和矿调度室汇报;走到第五部带式输送机机尾时,发现跟班副队长汪某戴着H_2S防毒面具靠在带式输送机架子上,用手拍打架子,示意董某赶紧去开带式输送机,同时董某发现附近还有几名工人斜躺在巷道内,感觉事态严重,立即呼喊正在开切眼内接风水管的朱某和何某赶快撤离。董某戴上自救器向外跑,到第五部带式输送机机头处将胶带开启,并用电话将工作面情况汇报给矿调度室,请求立即救援。此次事故共造成3人死亡,直接经济损失1 395万元。

【事故原因】

(一)直接原因

3109开切眼掘进工作面区域预测钻孔施工过程中,违规处理夹钻,孔内煤粉与钻具摩擦产生热量并积聚,导致孔内煤粉升温,形成阴燃产生大量CO,职工违规进入CO浓度超限区域作业导致事故发生。

(二)间接原因

(1)现场安全管理存在漏洞。对安全检查工、瓦斯检查工管理不严不细,安全检查工、瓦斯检查工和班组长未按照《某矿关于"三员"采掘工作面安全确认制度》的规定进行安全确认,安全检查工、瓦斯检查工未按交接班制度在规定地点交接班。

(2)技术管理存在漏洞。3109工作面掘进作业规程和钻孔施工安全技术措施中缺少煤层自燃安全风险管控和应急处置措施;未在3109运输巷内带式输送机滚筒下风侧10～15 m处安设CO传感器;未按规定在3109运输巷内设计建设临时避难硐室,且审批不严。

(3)矿井安全监督检查不到位。安全管理人员未能排查安全检查工、瓦斯检查工不在规定地点交接班、安全技术措施不完善及安全设施不健全等隐患。

(4)矿井劳动组织不合理。现场安全监督检查人员与区队工人上下班时间不一致。

(5)矿井违反《煤矿重大事故隐患判定标准》的规定将3109工作面掘进工程承包给外

(6)职工安全培训教育不到位。现场作业人员对火灾事故处置能力不足,缺乏对事故的判断,未在火灾事故发生的第一时间使用自救器和压风自救装置开展自救、互救。

【制度规定】

(1)《防治煤与瓦斯突出细则》第三十二条第一款第一项:"施工防突措施钻孔时,应当满足以下要求:(一)在钻机回风侧 10 m 范围内应当设置甲烷传感器,并具备超限报警断电功能。采用干式排渣工艺施工时,还应当悬挂一氧化碳报警仪或者设置一氧化碳传感器"。

(2)《煤矿安全规程》第一百八十条第一款第一项:"矿井必须建立甲烷、二氧化碳和其他有害气体检查制度,并遵守下列规定:(一)矿长、矿总工程师、爆破工、采掘区队长、通风区队长、工程技术人员、班长、流动电钳工等下井时,必须携带便携式甲烷检测报警仪。瓦斯检查工必须携带便携式光学甲烷检测仪和便携式甲烷检测报警仪。安全监测工必须携带便携式甲烷检测报警仪。"

(3)《煤矿安全规程》第六百七十九条第一款:"煤矿作业人员必须熟悉应急救援预案和避灾路线,具有自救互救和安全避险知识。井下作业人员必须熟练掌握自救器和紧急避险设施的使用方法。"

(4)《煤矿安全监控系统及检测仪器使用管理规范》第 7.1.3 条:"带式输送机滚筒下风侧 10~15 m 处宜设置一氧化碳传感器,报警浓度$\geqslant$0.002 4%CO。"

(5)《煤矿安全培训规定》第三十三条:"煤矿企业应当对其他从业人员进行安全培训,保证其具备必要的安全生产知识、技能和事故应急处理能力,知悉自身在安全生产方面的权利和义务。"

【防范措施】

(1)加强煤层钻孔施工管理。煤层钻孔施工采用压风排渣工艺时,避免选用外平钻杆,减少摩擦产热;选用外平钻杆压风排渣工艺时,应采用风水联动,便于及时处置孔内的温度异常;应采取专用压风管路或稳定风压的措施,提高排渣效率;在钻孔施工地点应配备防灭火器材,如沙箱和灭火器等;应加强风力排渣钻孔施工时的火灾监测,应在钻孔孔口下风侧附近悬挂 CO 便携仪或安装 CO 传感器。

(2)加强安全监测监控系统管理。严格按照《煤矿安全监控系统及检测仪器使用管理规范》(AQ 1029—2019)规定,井下所有带式输送机滚筒下风侧 10~15 m 处应设置 CO 传感器。

(3)加强技术管理,发挥科技引领作用,从根本上减少和预防事故发生。加强安全技术措施、施工设计的编制和审批,安全技术措施要对施工中可能出现的致灾因素制定有针对性的防控措施。

(4)加强安全监督管理,督促所属煤矿严格落实安全生产责任制。矿井要以瓦斯、火灾为重点,进一步加强煤矿隐蔽致灾因素普查,落实包联盯守责任制。

【学习自测】

1.(判断题)在钻机回风侧 10 m 范围内应当设置甲烷传感器,并具备超限报警断电功能。采用干式排渣工艺施工时,还应当悬挂一氧化碳报警仪或者设置一氧化碳传感器。(　　)

2. (单选题)井下所有带式输送机滚筒下风侧(　　)m处应设置CO传感器。
A. 5~10　　　　　　　　B. 10~15　　　　　　　　C. 15~20
3. (多选题)下列选项属于该起事故间接原因的有(　　)。
A. 现场安全管理存在漏洞　　　　　　B. 技术管理存在漏洞
C. 矿井安全监督检查不到位　　　　　D. 职工安全培训教育不到位
参考答案：1. √　2. B　3. ABCD

案例5　重庆某矿托辊卡死引燃胶带重大火灾事故

【事故经过】

2020年9月27日，重庆某矿带式输送机运转监护工邓某发现胶带存在问题，电话通知地面集控中心停止二区大倾角胶带运行。0时21分，通风调度值班员孙某听见安全监控系统发出报警语音，发现+5 m煤仓上口CO浓度超限达0.015 4%并快速上升至0.1%，立即向矿调度值班员余某报告。液压泵司机曹某听见+5 m煤仓上口的CO传感器持续报警，便在电话中告知"CO超标"后中断通话，并立即打电话通知采煤二队撤人。此后，井下工人桂某在－150 m电话汇报二号大倾角胶带运煤上山中上部有明火，余某安排其迅速联络跟班队长撤人，同时向值班调度长梁某报告了事故情况，随后相继通知井下其他区域撤人，并召请矿山救护大队到矿救援。此次事故共造成16人遇难、42人受伤，直接经济损失2 501万元。

【事故原因】

(一)直接原因

某矿二号大倾角运煤上山胶带下方煤矸堆积，起火点－63.3 m标高处回程托辊被卡死、磨穿形成破口，内部沉积粉煤；磨损严重的胶带与起火点回程托辊滑动摩擦产生高温和火星，点燃回程托辊破口内积存粉煤；运转工发现异常，电话通知地面集控中心停止胶带运行，紧急停机后静止的胶带被引燃，胶带阻燃性能不合格、巷道倾角大、上行通风导致火势增强，引起胶带和煤混合燃烧；火灾烧毁设备，破坏通风设施，产生的有毒有害高温烟气快速蔓延至2324-1采煤工作面，造成重大人员伤亡。

(二)间接原因

(1)矿井安全管理混乱。二号大倾角运煤上山胶带防止煤矸撒落的挡矸棚日常维护不及时，变形损坏，导致胶带运行中撒煤严重，又未及时清理，造成胶带下部煤矸堆积多，掩埋甚至卡死回程托辊，少数回程托辊被磨平、磨穿，已磨损严重的胶带与卡死的回程托辊滑动摩擦起火；该矿没有按规定检查胶带下方的浮煤堆积、金属挡矸棚损坏等情况，业务保安不到位。对该胶带巷长期存在的问题，煤矿安全检查人员未及时发现消除隐患，致使胶带长时间"带病"运行。应急救援装备可靠性差，经事故区域现场勘查，压风自救装置存在面罩供气管过软、易老化、扭结等情况，1组压风自救装置供气管路有积水；已使用的12台压缩氧自救器中，1台开关损坏，3台漏气，2台压力表损坏。

(2)安全监督管理责任不落实。安全风险分析、辨识和评估不全面，未对矿井带式输送机胶带火灾风险进行分析研判。对矿井安全监督管理不到位，隐患排查治理不深入，安全检查不全面、针对性不强。

(3) 该公司没有吸取事故教训。2018 年以来该公司发生多起较大以上事故和涉险事故，但对安全工作疏于管理，吸取事故教训不深刻，未按集团规定正常召开安全生产例会，未认真分析解决导致安全生产被动局面的系统性问题和深层次矛盾。经营指标下达不合理，矿井生产工作面多。

【制度规定】

(1)《煤矿安全规程》第三百七十四条第一款第一项、第二项："采用滚筒驱动带式输送机运输时，应当遵守下列规定：（一）采用非金属聚合物制造的输送带、托辊和滚筒包胶材料等，其阻燃性能和抗静电性能必须符合有关标准的规定。（二）必须装设防打滑、跑偏、堆煤、撕裂等保护装置，同时应当装设温度、烟雾监测装置和自动洒水装置。"

(2)《煤矿安全规程》第六百八十六条第一款："入井人员必须随身携带额定防护时间不低于 30 min 的隔绝式自救器。"

(3)《煤矿安全规程》第六百七十九条第一款："煤矿作业人员必须熟悉应急救援预案和避灾路线，具有自救互救和安全避险知识。井下作业人员必须熟练掌握自救器和紧急避险设施的使用方法。"

(4)《煤矿安全生产标准化管理体系基本要求及评分办法（试行）》表 8.5-1 煤矿机电标准化评分表："主要提升（带式输送机）系统：输送机、滚筒、托辊等材质符合规定。……滚筒、托辊转动灵活，带面无损坏、漏钢丝等现象"。

(5)《安全生产法》第二十五条第一款第五项："生产经营单位的安全生产管理机构以及安全生产管理人员履行下列职责：（五）检查本单位的安全生产状况，及时排查生产安全事故隐患，提出改进安全生产管理的建议"。

(6)《煤矿安全规程》第十七条第一款："煤矿企业必须建立应急救援组织，健全规章制度，编制应急救援预案，储备应急救援物资、装备并定期检查补充。"

【防范措施】

(1) 加强机电设备管理。严把设备采购、入井检测、安装验收和运行管理关口。加强设施设备检修维护、日常保养、定期巡检、调校试验和隐患排查治理，严防设备"带病"运行。

(2) 强化标准化动态达标。改善现场作业环境。及时清理落煤，防止煤矸堆积。巷道及时冲尘，防止煤尘堆积。

(3) 严格落实矿井主体责任。矿井必须依法办矿、依法生产、依法管理，要严格按照国家法律法规及行业标准组织生产建设，健全安全管理机构，配足安全技术管理人员，完善相关制度，加强安全生产管理；加大安全投入，确保安全生产系统、技术、设备符合安全生产法律法规和《煤矿安全规程》等要求。

(4) 认真吸取事故教训。认真开展安全管理工作，对于发生的较大以上事故和涉险事故，要深刻吸取事故教训；按规定正常召开安全生产例会，认真分析解决导致安全生产被动局面的系统性问题和深层次矛盾，确保矿井安全生产。

(5) 加强职工安全知识教育和培训，按规定开展职工安全培训教育，注重提高从业人员的安全素质，提高职工自我防护意识和遇险处置能力。

【学习自测】

1. （判断题）生产经营单位应当针对本单位可能发生的生产安全事故的特点和危害，进行隐患排查。（　　）
2. （单选题）在有自然发火危险的矿井，必须定期检查（　　）浓度、气体温度的变化情况。
   A. 瓦斯　　　　　　B. 一氧化碳　　　　　C. 二氧化碳
3. （多选题）采用滚筒驱动带式输送机运输时，必须装设（　　）等保护装置。
   A. 防打滑　　　　　B. 防跑偏　　　　　　C. 防堆煤　　　　　　D. 防撕裂

参考答案：1. ×　2. B　3. ABCD

案例6　重庆某矿熔渣引燃油垢和岩层渗出油重大火灾事故

【事故经过】

2020年12月4日8时左右，某回收公司回撤人员陆续到达重庆某矿井下开展回撤工作。16时40分左右，回撤人员在−85 m水泵硐室内违规切割2#、3#水泵吸水管，掉落的高温熔渣引燃了水仓吸水井内沉积的油垢，进而引燃了水仓中留存的岩层渗出油，油垢和岩层渗出油燃烧产生大量有毒有害烟气。调度值班员发现监控系统显示矿井总回风巷CO传感器超限报警，立即向矿长报告并向区能源局值班室报告了事故情况。此次事故共造成23人死亡、1人重伤，直接经济损失2 632万元。

【事故原因】

（一）直接原因

某回收公司在某矿井下进行回撤作业时，回撤人员在−85 m水泵硐室内违规使用氧气/液化石油气切割2#、3#水泵吸水管，掉落的高温熔渣引燃了水仓吸水井内沉积的油垢，进而引燃了水仓中留存的岩层渗出油，油垢和岩层渗出油燃烧产生大量有毒有害烟气，在火风压作用下蔓延至进风巷，造成人员伤亡。

（二）间接原因

（1）将井下设备回撤违规发包给回收公司。某矿违反规定，与回收公司签订的合同中包含了回收公司回撤井下设备项目，但该矿未对回收公司资质条件进行审核，违规发包给不具备条件的回收公司。

（2）未按回撤方案及措施进行设备回撤。该矿向区能源局、街道办事处报告回撤方案和措施前，已开始设备回撤工作。报告的回撤方案中没有写明回撤设备工作已由某回收公司组织实施的事实，且回撤方案中的设备清单与实际回撤的设备不符，回撤方案中将井下水泵未列入回撤设备清单。区能源局、街道办事处到矿召开会议，提出不能外包、不许动火、危险性大的设备不许撤除的要求，该矿未执行。

【制度规定】

（1）《煤矿安全规程》第九条第一款："煤矿企业必须对从业人员进行安全教育和培训。培训不合格的，不得上岗作业。"

（2）《安全生产法》第四十九条："生产经营单位不得将生产经营项目、场所、设备发包或者出租给不具备安全生产条件或者相应资质的单位或者个人。生产经营单位对承包单位、承租单位的安全生产工作统一协调、管理,定期进行安全检查,发现安全问题的,应当及时督促整改。"

(3)《煤矿安全规程》第六百七十九条第三款:"外来人员必须经过安全和应急基本知识培训,掌握自救器使用方法,并签字确认后方可入井。"

(4)《煤矿整体托管安全管理办法(试行)》第九条第一款:"承托方按照法律法规规定,组建安全生产管理机构,配备安全生产管理和专业技术人员,建立健全安全生产责任制和安全生产管理制度。"

(5)《煤矿整体托管安全管理办法(试行)》第四条第一款第三项:"承托方应具备下列条件:具有满足需要的煤矿专业技术人员和技能熟练的员工队伍"。

(6)《安全生产法》第三十条第一款:"生产经营单位的特种作业人员必须按照国家有关规定经专门的安全作业培训,取得相应资格,方可上岗作业。"

【防范措施】

(1)严格落实企业安全生产主体责任。强化依法办矿、依法管矿意识,不得将生产经营项目、场所、设备发包或者出租给不具备安全生产条件或者相应资质的单位或者个人。加强从业人员及外来人员安全生产教育和培训,特种作业人员必须持证上岗。严格井下动火措施规定,确保在无火灾隐患的条件下实施。

(2)加强岩层渗出油的管理。全面开展安全风险分析研判,对煤矿井下是否存在岩层渗出油的情况开展一次排查,对渗出油的燃点、闪点等物理性质进行检测检验,对其风险进行评估,并采取有效措施进行治理。煤矿井下水沟、水仓等地积存油类物质时,严禁实施动火作业。煤矿监管监察部门发现煤矿存在运送、买卖、使用岩层渗出油的,提请地方督促有关危险化学品监管部门加强监管。

(3)加强职工安全知识教育和培训。按规定开展职工安全培训教育,注重提高从业人员的安全素质,提高职工自我防护意识和遇险处置能力。

(4)严格执行措施,防止事故发生。对于已经制定审批的措施,要认真贯彻学习并严格执行,不得因为图省事或者利益驱使而降低措施执行标准,防止引发安全事故。

【学习自测】

1.(判断题)生产经营单位可以将生产经营项目、场所、设备发包或者出租给不具备安全生产条件或者相应资质的单位或者个人。(　　)

2.(单选题)生产经营单位的特种作业人员必须按照国家有关规定经(　　),方可上岗作业。

　　A. 考试合格　　　　B. 培训　　　　C. 专门的安全作业培训,取得相应资格

3.(多选题)矿井外因火灾的引火热源有(　　)。

　　A. 存在明火　　　B. 违章爆破　　　C. 电火花　　　D. 机械摩擦

参考答案:1. ×　2. C　3. ABCD

顶板事故篇

第六章 顶板事故

第一节 顶板事故概述

顶板事故是煤矿生产的主要灾害之一,是指在地下采煤过程中,顶板意外冒落造成人员伤亡、设备损坏、生产中止等的事故。顶板事故按冒顶范围分局部冒顶和大型冒顶;按力学原因分为压垮型冒顶、漏冒型冒顶和推垮型冒顶。

【采场局部冒顶的原因、预兆及防治】

(1) 采场局部冒顶常发生在上下出口、煤壁线、放顶线、地质构造处及采煤机附近。其原因主要有:

① 采空区顶板支撑不好,悬顶面积过大。

② 顶板中存在断层、裂隙、层理等地质构造,将顶板切割成不连续的岩块,回柱后岩块失稳,推倒支柱造成冒顶。

③ 回柱操作顺序不合理。

④ 工作面支护质量不好,支护密度不够、初撑力低、迎山角不合理等。

⑤ 在遇见未预见的地质构造时,没有及时采取措施。

⑥ 工作面上、下出口连接风巷和运输巷,空顶面积大,两巷掘进时经受压力重新分布的影响,同时由于巷道初撑力一般较小,使直接顶下沉、松动甚至破坏;特别是在工作面超前支撑压力作用下,顶板大量下沉,又在移动设备时反复支撑顶板,结果造成顶板更加破碎,如果又受基本顶来压影响,工作面上、下出口更易冒落。

⑦ 煤壁线附近易形成"人字""锅底""升斗"等劈理,有游离岩块,易冒落。

(2) 采场局部冒顶的预兆:

① 发出响声。岩层下沉断裂,顶板压力急剧增大时,木支架有劈裂声;金属支柱活柱下缩、支柱钻底严重都可能发出响声。

② 掉渣。

③ 煤体压酥,片帮煤增多。

④ 顶板裂隙增多,裂缝变大。

⑤ 顶板出现离层。

⑥ 漏顶。

⑦ 瓦斯涌出量突然增大。

⑧ 顶板淋水明显增加。

(3) 采场局部冒顶的主要预防措施:

① 为防止煤壁附近冒顶,应及时支护悬露顶板,加强敲帮问顶。

② 炮采时合理布置炮眼,控制药量,避免崩倒支架。

③ 防止两出口冒顶时,首先支架必须有足够强度,其次系统应具有一定阻力,防止基本顶来压时推倒支架。

④ 防止放顶线附近局部冒顶,要加强地质及观察工作,在大块岩石范围内加强支护,必要时用木支架代替单体金属支架。

⑤ 随时注意地质构造的变化,采取相应措施。

【采场大型冒顶的预兆及防治】

(一)采场大型冒顶的预兆

采场大型冒顶一般包括基本顶来压时的压垮型冒顶、直接顶导致的压垮型冒顶、大面积漏垮型冒顶、复合顶板推垮型冒顶和大块游离顶板旋转型冒顶等。一般大型冒顶主要预兆表现在以下几个方面:

(1)顶板的预兆。顶板连续发出断裂声,这是直接顶和基本顶离层或顶板断开而发出的响声。

(2)两帮的预兆。由于压力增加,煤壁受压后,煤质变软,片帮增多。

(3)支架的预兆。木支架被大量折断。金属支柱活柱快速下沉,连续发出"咯咯"声。

(4)瓦斯涌出量增多,淋水加大。

(二)采场大型冒顶的主要防治措施

(1)经常检查巷道支护情况,加强维护,发现有变形或折损的支架应及时加固修复。

(2)维修巷道时,必须保证在发生冒顶时有人员撤退的出口。独头巷道维护时,必须由外向里逐架进行。撤掉支架前,应加固工作地点支架。

【巷道冒顶事故防治】

(一)掌握地质资料与开采条件

通过地质钻孔、岩层柱状图等多种途径,摸清地质构造及顶板结构、岩性变化、水文地质情况;在地质图上标明地质构造、裂隙发育带的位置、产状、层厚等;弄清地质构造等与采煤工作面相对空间位置与时间的关系,分析受采动影响的程度等。

(二)严格顶板安全检查制度

巷道掘进施工的全过程要严格执行《煤矿安全规程》的相关规定,坚持进行敲帮问顶,发现活矸和伞檐要及时处理。

(三)加强支护质量管理

选择合理的支护技术,严格按操作规程施工,是防治冒顶事故的主要措施。① 检查支架规格尺寸。支架的架型、形状、尺寸、结构件搭接等是否符合设计要求;支架间距、支架间连接是否符合作业规程要求。② 提高支护质量和保证支护阻力。所有支架必须架设牢固,并有防倒措施。要严格防止支架支设在浮矸上,不见实底不能架设。使用摩擦式金属支柱时,必须使用液压升柱器架设,初撑力不得小于 50 kN。③ 单体液压支柱的初撑力:柱径为 100 mm 时不得小于 90 kN,柱径为 80 mm 时不得小于 60 kN。④ 搞好支架与围岩间的充填。支架与围岩间的空间必须及时填严背实,改善支架承载状态,提高其支撑能力,减少围岩变形,提高围岩的稳定性。⑤ 提高支架的稳定性。在爆破前应加固迎头支架,使靠近迎头10 m 内支架之间的连接杆联锁稳固,防止爆破崩倒;对围岩裂隙发育较成熟或较松软的地段、受采动影响强烈的地区或掘进倾斜巷道时,应在支架间用连接杆联锁稳固,预防冒顶或片帮范围的扩大。⑥ 及时支护。根据作业循环和围岩条件,尽可能及时支护,缩小空顶作业面积与延续时间。

(四)进行临时支护

巷道顶板事故大多是在空顶作业的情况下发生的,因此对掘进迎头新悬露的顶板应采用及时或超前支护的临时支架,以保证作业安全。

【采煤工作面顶板事故防治】

(一)基本顶来压时压垮型冒顶预防措施

(1)合理设计采煤工作面支护,使支护具有足够的支撑力和可缩量,当基本顶来压比较强烈时,要选用可缩量较大的支柱,有时要选用具有大流量安全阀的支柱,并加强后排支柱的支撑强度。

(2)要进行顶板断层情况的预测预报。遇到平行于工作面的断层,当断层刚露出煤壁时,就要加强该段工作面的支护,并扩大该段工作面的控顶距;如果工作面用的是金属支柱,还要用木支柱替换金属支柱。

(二)厚煤层难垮顶板大面积冒顶预防措施

(1)采用煤柱支撑法(即刀柱采煤法)时,如果煤柱上方顶板需悬露大面积才垮落,则应在刀柱之间的采空区内用钻孔爆破法强制放顶。

(2)采用长壁法采煤时,可超前工作面用钻孔爆破法、高压注水法预先松动或弱化顶板,也可在采空区用循环浅孔及步距式深孔法崩落顶板。

(三)直接顶导致的压垮型冒顶预防措施

(1)采煤工作面支护强度要能自始至终平衡直接顶或垮落带岩层的重量,底软时必须穿鞋,力求以支柱的支撑力就能平衡直接顶或垮落带的岩层重量,以避免直接顶或垮落带离层。

(2)开采下分层时不要留煤皮,以免增加支架的载荷,如因条件限制非留煤皮不可,要相应增加支架的初撑力或支柱密度。

(3)在构造或采动破坏严重的区域,除应缩小空顶距及加强放顶支柱的初撑强度外,还应采用绞车远距离回柱。

(四)大面积漏垮型冒顶预防措施

(1)选用合适的支护,使工作面支护有足够的支撑力和可缩量。

(2)顶板必须背严接实。

(3)严防爆破、移刮板输送机等工序推倒支架,防止出现局部冒顶。

(五)局部漏冒型冒顶预防措施

(1)对每一工作面进行实地观测,根据统计规律分析影响端面顶板冒落稳定性指标,对支护质量与顶板进行动态监测,使顶板在形成冒顶事故前消除其隐患。

(2)采用能及时支护悬露顶板并能减少端面距的支架;要使支架处于良好的工作状态,尤其应避免顶梁过分抬头或低头;提高第一排支柱的初撑力,以减小直接顶的下沉量。

(3)炮采时,炮眼布置及装药量应合理,尽量避免崩倒支架。

(4)尽量使工作面与煤层的主节理方向垂直或斜交,避免煤壁片帮,一旦片帮应超前支护。

(5)尽可能保证工作面具有较快的推进速度。

(6)机头、机尾应各采用"四对八梁"支护;巷道与工作面出口相接的一侧要架设一对长钢梁抬棚，托住原巷道支架的梁头；距工作面煤壁 20 m 范围内的巷道要超前进行处理。

(7) 在工作面的地质破坏带要特别加强支护。

(8) 放顶线要支设墩柱。

(9) 分段回柱回拆最后两根支柱时，如果工作面用的是摩擦支柱，可以在这些柱子的上下各支一根木支柱作为替柱，然后回拆摩擦支柱，最后用绞车回木替柱；采用单体液压支柱的工作面，工人也可以在有支护的工作空间，用带链条的工具来卸载，并用机械远距离拉柱；如果工作面用的是木支柱，则可以直接用绞车回柱。

【掘进片帮、冒顶事故的防治】

为防止掘进顶板事故的发生，在认真执行《煤矿安全规程》对掘进工作面和巷道支护有关规定的基础上，要做好以下工作：确切掌握地质资料，认真编制施工作业规程，采取合理的施工方法和顶板管理措施；坚持一次成巷，缩小围岩暴露时间和面积；严格执行爆破规定，保持围岩的稳定性；特殊地段压力大时，采取加强支护等强化支护手段；倾斜巷道要采取防止推倒支架的措施；加强巷道围岩的观测和工作面的顶板管理，严格执行敲帮问顶制度，发现问题及时处理；严格按质量标准进行检查验收，出现质量问题及时返工处理；出现漏顶必须彻底处理，接顶背严，不得留有空顶隐患。

【冒顶事故发生时的自救和互救】

(1) 迅速撤退到安全地点。当发现工作地点有即将发生冒顶的征兆，而当时又难以采取措施防止采煤工作面顶板冒落时，最好的避灾措施是迅速离开危险区，撤退到安全地点。

(2) 遇险时要靠帮贴身站立或到木垛处避灾。从采煤工作面发生冒顶的实际情况来看，顶板沿岩壁冒落是很少见的。因此，当发生冒顶来不及撤退到安全地点时，遇险者应靠岩帮贴身站立避灾，但要注意帮壁片帮伤人。另外，冒顶时可能将支柱压断或摧倒，但在一般情况下不可能压垮或推倒质量合格的木垛。因此，如遇险者所在位置靠近木垛时，可撤至木垛处避灾。

(3) 遇险后立即发出呼救信号。冒顶对人员的伤害主要是砸伤、掩埋或隔堵。冒落基本稳定后，遇险者应立即采用呼叫、敲打（如敲打物料岩块可能造成新的冒落时，则不能采用敲打方法，只能采用呼叫方法）等方法，发出有规律、不间断的呼救信号，以便救护人员和撤出人员了解灾情，组织力量进行抢救。

(4) 遇险人员要积极配合外部的营救工作。冒顶后被岩石、物料等埋压的人员，不要惊慌失措，在条件不允许时切忌采用猛烈挣扎的办法脱险，以免造成事故扩大。被冒顶隔堵的人员，应在遇险地点有组织地维护好自身安全，构筑脱险通道，配合外部的营救工作，为尽快脱险创造良好条件。

第二节 采煤工作面顶板事故案例

案例 1 安徽宿州某矿采煤工作面过断层致亡一般事故

【事故经过】

2018 年 4 月 30 日 13 时 27 分，安徽宿州某矿 8231 采煤工作面发生一起顶板事故，造成 1 人死亡。

4月30日早班,综采二区值班人员聂某主持班前会,区早班跟班人员、早班副队长参加了班前会,安排8231采煤工作面爆破眼施工等工作。工作面正在过断层,副队长安排对60#~20#架段煤壁爆破眼施工,其中周某和田某负责施工60#~40#架段爆破眼,并指定周某为现场施工安全负责人。两人先对60#~40#液压支架范围煤壁进行了一次性敲帮问顶,然后从60#液压支架向下施工爆破眼。

13时20分左右,两人施工50#液压支架处煤壁中部爆破眼,田某站在支架人行道操作风锤,周某站在风锤下方扶钎,钎子认眼结束后,周某站在刮板输送机销排上,当钎头钻进岩体150 mm时,煤壁突然发生片帮,周某躲闪坠落的矸石时,摔倒在工作面刮板输送机电缆槽上。田某发现周某摔倒后,立即用工作面载波呼叫正在工作面机巷处理转载机故障的副队长,此时,区跟班人员、当班安监员在工作面机巷查看转载机故障处理情况,副队长和安监员立即赶到事故现场,安监员查看事故现场后立即向矿调度所进行了汇报。13时27分,矿调度所接到安监员的事故汇报,调度员立即通知矿领导和相关人员。

事故发生后,现场人员立即组织施救。矿调度所接到事故报告后,立即通知井下调度站安排乘人车运送伤者升井,并安排驻矿医生入井抢救。14时43分,驻矿医生在副井下口汇报周某无生命体征。

【事故原因】

(一)直接原因

现场作业人员在施工50#液压支架煤壁中部爆破眼时,50#、51#液压支架煤壁岩体突然发生片帮,站在刮板输送机销排上的周某在躲避矸石时身体失稳,摔倒在工作面刮板输送机电缆槽上致死。

(二)间接原因

(1)技术管理不到位。某矿对工作面过地质构造存在的安全风险辨识评估不到位,未根据工作面过断层仰采段制定针对性的防片帮掉顶安全技术措施;《8231采煤工作面过F7231f-11断层及穿刺体安全技术措施》未对爆破眼施工人员站位要求作出具体规定;现场作业人员田某未学习《8231采煤工作面过F7231f-11断层及穿刺体安全技术措施》。

(2)现场安全管理不到位。敲帮问顶制度执行不到位,未做到在每个爆破眼施工前进行敲帮问顶;爆破眼施工过程中队长未在现场指挥,未按《8231采煤工作面过F7231f-11断层及穿刺体安全技术措施》要求布置爆破眼,扶钎人员认眼结束后未及时撤至安全地点。

(3)安全监督检查不到位。区早班跟班人员和当班安监员未认真督促现场作业人员落实敲帮问顶制度,未督促当班爆破眼施工期间安排专人监护顶帮情况;矿未严格执行特殊地段跟班制度,工作面过F7231f-11断层期间未组织相关职能科室人员进行现场跟班。

(4)安全培训教育不到位。矿安全管理人员、现场作业人员对工作面过断层仰采段存在的煤壁片帮等危险因素辨识和安全确认不到位;职工安全意识淡薄,自保、互保意识差,未及时提醒扶钎人员撤至安全地点。

【制度规定】

(1)《煤矿安全规程》第三十八条:"单项工程、单位工程开工前,必须编制施工组织设计和作业规程,并组织相关人员学习。"

(2)《煤矿安全规程》第九十六条:"采煤工作面回采前必须编制作业规程。情况发生变化时,必须及时修改作业规程或者补充安全措施。"

(3)《煤矿安全规程》第八条第三款:"从业人员必须遵守煤矿安全生产规章制度、作业规程和操作规程,严禁违章指挥、违章作业。"

(4)《煤矿安全规程》第一百零四条:"严格执行敲帮问顶及围岩观测制度。开工前,班组长必须对工作面安全情况进行全面检查,确认无危险后,方准人员进入工作面。"

(5)《煤矿安全规程》第九条第一款:"煤矿企业必须对从业人员进行安全教育和培训。培训不合格的,不得上岗作业。"

(6)《煤矿安全生产标准化管理体系基本要求及评分办法(试行)》表 8.3-1 煤矿采煤标准化评分表:"职工素质及岗位规范:作业前进行岗位安全风险辨识及安全确认;零星工程施工有针对性措施、有管理人员跟班。"

【防范措施】

(1)切实加强技术管理。要结合现场实际,认真编制作业规程和安全技术措施,细化工作流程和作业工序,进一步提高针对性和实用性,并确保作业规程和安全技术措施贯彻到每一位作业人员;现场管理人员要严格履行职责,确保作业规程和安全技术措施落实到位,对落实不到位的要立即停止作业。

(2)切实加强现场安全监督管理。各级安全管理人员要认真落实工作面过断层等特殊地段跟班、带班管理规定;合理安排劳动组织,在工作面煤壁附近作业时,必须安排专人观察顶帮情况;严格执行敲帮问顶制度,杜绝一次敲帮问顶多次作业行为;加强重点工序、重点环节的安全巡查和重点盯守,及时查处"三违"行为,坚决杜绝违章指挥、违章作业。

(3)切实加强安全培训教育工作。强化日常安全生产培训和教育工作,采取有效措施切实提高作业人员危险辨识能力和安全防护能力;加强安全文化建设,规范职工安全行为,形成自我约束机制,杜绝生产中的不安全行为。

(4)认真吸取事故教训。集团公司要深刻吸取下属煤矿事故教训,认真分析查找事故发生的深层次原因,采取有效措施强化对所属煤矿的安全监管,严防安全管理滑坡;要进一步加强干部队伍作风建设,增强责任心,认真落实各级安全生产责任制,紧盯瓦斯、水等重大致灾因素的治理,严防事故的发生。

【学习自测】

1.(判断题)在工作面煤壁附近作业时,必须安排专人观察顶帮情况,严格执行敲帮问顶制度,杜绝一次敲帮问顶多次作业行为。(　　)

2.(单选题)《煤矿安全规程》规定采煤工作面回采前必须编制(　　)。
　A. 安全措施　　　　B. 专项措施　　　　C. 作业规程

3.(多选题)该起煤壁片帮致人死亡事故的原因有(　　)。
　A. 敲帮问顶制度执行不到位,未做到在每个爆破眼施工前进行敲帮问顶
　B. 安全监督检查不到位,跟班人员和当班安监员未认真督促现场作业人员落实敲帮问顶制度
　C. 矿井未严格执行特殊地段跟班制度,工作面过断层期间未组织相关职能科室人员进行现场跟班

D. 安全培训教育不到位,矿安全管理人员、现场作业人员对工作面过断层仰采段存在的煤壁片帮等危险因素辨识和安全确认不到位

4.(多选题)《煤矿安全规程》规定从业人员必须遵守煤矿(　　),严禁违章指挥、违章作业。

A. 安全生产规章制度　　　　　　　　B. 岗位责任制
C. 作业规程　　　　　　　　　　　　D. 操作规程

参考答案:1. √　2. C　3. ABCD　4. ACD

案例 2　安徽淮南某矿空顶作业致亡一般事故

【事故经过】

2015年5月16日22时30分,安徽淮南某矿66206综采工作面发生一起顶板事故,造成1人死亡。

5月16日12时30分,采煤三队中班出勤27人,跟班副队长和值班副队长主持召开班前会,副班长安排工作面四处超前刷帮架棚作业。14时,副班长检查完采煤工作面后,在风巷对四处作业人员进行分工,安排陶某(现场施工负责人)带领杜某等4人负责63#～65#架超前刷帮架棚。由于早班人员已完成65#架架前煤壁刷扩,中班人员便接着对该处煤壁进行支护。65#架支护结束后,对64#架架前煤壁刷扩,然后在64#架架设一根走向工字钢棚梁,沿倾斜向下用3根3.2 m长圆木顺山过顶,煤壁侧圆木超前掩护到63#架前0.8 m,支架侧圆木超前掩护到63#架前方0.2 m。

22时30分,陶某等人将63#架架前煤壁刷扩完毕后,在煤壁侧支设一根单体液压支柱,准备架设63#架工字钢棚梁。两名职工站在刮板输送机上,陶某站在63#架架头处,杜某站在中间距陶某0.6 m处,另一名职工站在煤壁侧。两名职工将工字钢棚梁抬起依次递给陶某、杜某等3人,3人将棚梁一端对着63#架架头,另一端抵到煤壁,准备将棚梁架到单体和63#支架上时,从63#架架前空顶处突然掉下一块矸石,砸在杜某头部,将其压在工字钢棚梁上。现场抢救人员将矸石撑起救出杜某并送往医院,但其最终经抢救无效死亡。

【事故原因】

(一)直接原因

63#架处于腰巷上帮应力集中区,顶板存在危矸活岩,作业时未进行敲帮问顶,人员站在空顶区域下方,顶板矸石突然冒落,砸中作业人员头部致其死亡。

(二)间接原因

(1)现场人员违章作业。临时支护向下超前距离不够,63#架架前圆木只掩护到63#架前方0.2 m左右,形成空顶区域,作业人员站在空顶区域下方作业,违反规定。

(2)规程措施执行不到位。未执行《66206采煤工作面作业规程》中"人员进入煤壁侧作业前,先检查支架支护顶板状况,打出伸缩梁、护帮板支护好顶板和煤帮"的规定,人员进入煤壁侧作业时,63#支架伸缩梁未伸出。

(3)技术管理不到位。《66206腰巷及煤上山处理措施》制定不具体,没有考虑采煤工作面过腰巷上帮顶板应力集中及离层的可能,防范措施不具体。

(4)安全教育不到位。现场作业人员对事故隐患辨识能力差,未发现作业地点处于应力集中区,存在顶板离层的隐患。

(5)违章作业行为查处不力。该矿和采煤三队对违章作业行为查处力度不够、处罚教育不到位,同类违章现象重复发生。

【制度规定】

(1)《煤矿安全规程》第一百零一条:"采煤工作面必须及时支护,严禁空顶作业。"

(2)《66206采煤工作面作业规程》:"7.4.2第1条:……(3)进入煤壁侧作业前,由班长对每个作业点指定一个专人负责监护。(4)人员进入煤壁侧作业前,先检查支架支护顶板状况,打出伸缩梁、护帮板支护好顶板和煤帮,当煤壁片帮较宽,必须先将顶板维护好,再用大笆子配合塘材将帮背严实。7.4.2第2条:(1)进入煤壁侧时,严格执行'敲帮问顶'制度,找净顶帮、架间活矸(炭),确认无安全隐患,方可在煤壁侧作业。在煤壁侧作业过程中,必须采取多轮次动态敲帮问顶。7.4.5第6条:支设临时棚时,人员必须站在支护可靠的顶板下方,严禁进入空顶区域。临时棚支护到帮段,必须及时用木料配合大笆子将帮背严实。"

(3)《66206综采工作面过Fk断层技术安全措施》第五项第八条:"进入煤壁侧管理顶板时,必须先打好临时支护,临时支护采用单体、木料和大笆子相互配合,确保临时支护可靠后方可管理顶板。"

(4)《66206综采工作面过腰巷回采技术安全措施》会审意见第二条、第十条:"加强腰巷巷道顶板巡查,发现顶板离层严重时,及时采取挑棚或装木垛等方式,加强顶板支护管理。工作面过腰巷期间,加强干部跟班,确保安全。"

【防范措施】

(1)强化现场管理。加强顶板管理,严禁空顶作业,采煤工作面超前刷帮架棚必须严格执行敲帮问顶制度并设专人进行监护。

(2)加强技术管理。进一步提高技术措施的编制审查质量,对存在缺陷的技术措施及时修订完善,使其具有针对性、可操作性。

(3)强化职工安全教育。采取多种安全教育方式,让职工掌握操作技能,提高对事故隐患的辨识能力,教育引导广大职工遵章作业。

(4)加大违章查处力度。采取有力措施,及时发现和纠正作业过程中的不安全行为;进一步加大对违章作业的惩处力度,杜绝同类违章作业现象重复发生;采取多种方式开展行之有效的事故警示教育,牢固树立"违章就是违法,违法必受惩处"的理念。

【学习自测】

1.(判断题)采煤工作面必须按作业规程规定及时支护,顶板较好的情况可以不支护先进行作业。( )

2.(判断题)进入煤壁侧管理顶板时,必须先打好临时支护,确保临时支护可靠后方可管理顶板。( )

3.(多选题)该矿空顶作业致人伤亡事故的间接原因是(   )。

A. 现场人员违章作业　　　　　　　B. 规程措施执行不到位
C. 技术管理不到位　　　　　　　　D. 违章作业行为查处不力

4.(多选题)该矿对顶板事故的防范措施包括(   )。

A. 强化现场管理　　　　　　　　　B. 加强技术管理
C. 强化职工安全教育　　　　　　　D. 加大违章查处力度

参考答案：1. ×　2. √　3. ABCD　4. ABCD

案例 3　河南新密某矿煤壁片帮致亡一般事故

【事故经过】

2017年7月18日11时33分，河南新密某矿31111综采工作面发生一般顶板事故，造成1人死亡、1人轻伤。

7月18日6时20分，采煤一队常务副队长主持召开班前会，安排班长带领职工到31111工作面正常组织生产。大约8时40分，班长在安全确认检查时发现92#和93#支架支护高度低，护帮板打开支撑煤壁，窜到架顶的木梁距煤壁约30 cm，需增加一根木梁加固支护；对该段煤壁注水情况进行查看时发现上三角区煤墙顶部渗水，对该区域进行了敲帮问顶。班长安排位某负责加梁支护工作。位某将护帮板收起，与张某、龙某一起加梁支护。

11时33分，3人抬着木梁走到92#架处准备上梁时，92#架处煤壁下部突然片帮（1 t左右），将张某和龙某冲倒，木梁将位某带倒。此时在93#架和94#架中间煤墙侧的工人杨某听到响声后，看到张某半坐着，双腿被片落的煤掩埋，木梁大头在其右大腿上放着；龙某双腿也被煤埋着，上半身半趴着，木梁在龙某背上偏右一点。杨某赶紧到木梁另一头，看见位某面朝机尾，侧身躺着，头部枕在采煤机行走轮齿轨上，木梁在位某左肩脖子处压着。杨某立即用工作面喊话器呼救："92#架处煤墙片帮，3人被木梁砸伤。"听到呼救后赶到事故地点的工人先把木梁抬出去，把位某抬到煤墙处，又将张某和龙某扒出后用简易担架抬至上副巷。班长和常务副队长先后赶到现场，看到位某鼻子和嘴角有血迹，呼喊有反应，伤势较重，让工人不要移动伤者；确定张某和龙某无大碍后，安排工人用简易担架将二人送往地面。11时36分，调度台值班副主任接到采煤一队汇报后通知救护队立即下井救援。13时30分，位某被运送升井，送医院救治无效死亡。

【事故原因】

（一）直接原因

（1）所采煤层煤体松软易出现片帮、冒顶现象，虽采取煤壁注水，但局部有空白带，板结不好；过渡支架支护高度低，顶板压力向煤壁转移；护帮板提前收起造成煤壁失去侧向支撑，引起煤壁片帮，导致事故发生。

（2）采用安全性差的梁头窜梁工艺预防片帮，煤壁片帮时将在煤壁侧抬运木梁作业人员冲倒，木梁滑落，造成人员伤亡。

（二）间接原因

（1）上端头顶板管理不到位。上端头单体柱未按照措施要求使用柱鞋，大部分支架和上端头单体柱初撑力不足，支架工作阻力大部分时间没有达到合理值，支架对顶煤及顶板控制作用不足。

（2）煤壁注水不到位。顶板管理简单，要求坚持对煤壁浅孔注水，对注水孔封孔长度、注水压力、注水量、注水时间等参数没有细化、量化，现场操作性和效果控制差。

(3) 现场隐患排查治理不到位。班长交接班时排查隐患不认真,未对煤壁注水板结情况进行检查,未对上端头支柱初撑力进行检查。

(4) 矿井技术管理存在不足。未对综放工作面上端头应力集中容易片帮的隐患制定有针对性的措施。

(5) 职工安全教育培训不到位。作业规程贯彻落实不到位,未采用集中学习和笔试形式对作业规程进行贯彻,未对作业规程在工作面落实情况进行经常性对照检查,职工习惯性违章长期存在;职工安全风险辨识能力不足,自主保安意识不强。

【制度规定】

《煤矿安全规程》第一百零一条:"对于软岩条件下初撑力确实达不到要求的,在制定措施、满足安全的条件下,必须经矿总工程师审批。严禁在控顶区域内提前摘柱。"

【防范措施】

(1) 加强现场安全管理,保证安全技术措施执行到位。做好规程的贯彻落实工作,严格按照操作规程作业;现场带班、跟班人员督促作业人员严格落实各项安全技术措施,认真排查并及时消除事故隐患,及时纠正职工习惯性违章。煤壁侧有人作业时支架护帮板不得提前收起;支柱必须支撑有力,要指定专人每班和每次作业前使用压力表检查支柱初撑力,进行二次补液,发现漏液或卸载的单体柱及时更换;确保煤层注水措施实施到位,对煤体板结程度进行检测。发现未按安全技术措施作业的,要立即停止作业。

(2) 加强技术管理。根据事故原因重新修订工作面作业规程,制定可靠的主动防片帮安全技术措施并严格执行。慎用窜梁措施和背杆落巷工艺,制定更可靠的技术措施并严格执行。对矿井其他安全技术措施组织一次专项审查,发现安全措施与现场不符或措施不可靠、未起到应有效果的,要立即停止作业,重新编制修改完善并经审批、贯彻后方可恢复作业。加强和完善作业规程审批管理,矿井制定作业规程和安全措施要安全可靠,针对性和可操作性强,审批人员要认真审查、严格把关。

(3) 加强矿压监测和分析应用。对技术人员进行矿压监测分析专门培训,提高技术人员对矿压监测数据的处理和分析能力,为工作面顶板管理提供可靠数据。在工作面上端头过渡支架附近增加矿压观测台站,及时处理和分析支架及单体柱压力变化数据,为施工和技术措施制定提供可靠数据。

(4) 加强职工教育培训。强化作业规程和安全技术措施的培训学习,确保安全技术措施有效贯彻执行。落实培训责任,规范培训管理,加大培训力度,提高培训质量,全面提高职工安全素质和操作技能,提高职工安全风险辨识能力,杜绝违章指挥、违章作业。

【学习自测】

1. (判断题)煤壁侧有人作业时支架护帮板不得提前收起。(　　)

2. (单选题)单体液压支柱的初撑力:柱径为 100 mm 的不得小于(　　)kN,柱径为 80 mm 的不得小于(　　)kN。

  A. 95,60   B. 90,60   C. 90,70

3. (多选题)该起煤壁片帮伤人事故的直接原因是(　　)。

  A. 煤层煤体松软

  B. 煤壁注水后仍有空白带,板结不好

C. 护帮板提前收起造成煤壁失去侧向支撑

D. 职工安全教育培训不到位

参考答案：1. √　2. B　3. ABC

案例 4　四川某矿末采期间铺网掉矸致亡一般事故

【事故经过】

2019 年 7 月 12 日 8 时 16 分，四川某矿 1378 采煤工作面发生一起顶板事故，导致 1 人死亡。

7 月 12 日 5 时许，采煤三队副队长组织召开队班前会，安排当班工作及安全注意事项，重点强调了 1378 工作面末采期间搭接金属网作业过程的安全注意事项。6 时许，班长等 17 名作业人员入井，副队长入井跟班，地测副总工程师入井带班。

7 时 20 分，作业人员到达 1378 采煤工作面，副队长先对该工作面进行安全确认合格并向调度室汇报后开始作业。人员分工情况：9 人负责机、风巷的整治工作，4 人搭接金属网，1 人检查维护设备，1 人开乳化泵，1 人开刮板输送机，1 人运送班中餐。8 时许，班长等人开始对 22#～29# 支架依次搭接或补挂金属网（规格为 ϕ3.8 mm、3 000 mm×3 000 mm），将 27#、28#、29# 支架护煤板放下。

8 时 16 分，当班长连接 28# 支架上部金属网第二扣时，煤帮顶部突然掉矸，将班长从铁梯子上砸下来，卡在金属网和煤帮之间。在班长斜下方 2 m 处的职工王某听见响声，并听见班长在呼救，随即煤壁片帮将班长掩埋。在班长斜上方 2 m 处的职工唐某看到顶板掉矸，马上向支架侧躲闪，没有受伤。闻讯赶来的副队长立即安排工人使用铁铲等工具施救，并于 8 时 18 分向调度室电话汇报事故情况。

矿调度室在接到事故报告后，于 8 时 19 分启动应急预案，并通知救护队人员立即入井救援，同时电话联系井下采煤三队附近的采煤一队、采煤二队和掘进四队人员赶往现场协助救援，随即向调度值班主任和矿领导进行汇报，电告医院 120 急救中心到矿抢救。

施救期间，顶板断断续续掉矸，煤帮还发生了一次大的垮塌，施救工作难度加大，至当日 9 时 20 分左右才将班长从垮落煤矸中救出。救护队员利用苏生器对班长进行救治，将班长抬上担架向外转运。10 时许，在三采区避难硐室处将班长交医生现场急救。11 时 35 分，班长被运送出地面并送医院抢救。13 时 47 分，班长经抢救无效死亡。

【事故原因】

(一) 直接原因

事故地点巷道顶板节理裂隙发育，支护不及时，支护强度不够，顶板离层垮落，导致事故发生。

(二) 间接原因

(1) 安全风险辨识评估管控不到位。一是对事故段巷道顶板岩石的岩性分析不够，事故段巷道顶板虽为玄武岩，但裂隙发育、岩石黏结性差，扩巷后巷道宽度达 10.2 m，顶板岩石遇水或外力作用等极易垮落。二是事故点附近巷道呈"十"字口分布，顶板应力集中，顶板破坏较大。

（2）隐患排查治理不到位。一是扩巷施工前事故段巷道为喷浆支护，煤矿仅对中间部分采用锚网＋锚索加强支护，未对整个扩巷段进行加强支护。二是扩巷后检查发现事故点巷道顶板节理裂隙发育，要求加强支护，但现场督促整改及跟踪落实不力。三是现场安全管理人员未认真对作业地点进行隐患排查，未采取敲帮问顶和支设临时点柱等安全措施。

（3）劳动组织不合理。一是事故段巷道扩巷施工时未按安全技术措施的规定随掘随支，而是在扩巷完成后进行支护作业，顶板悬空时间长。二是多点交叉作业。三是事故当班施工作业点无专职安全检查工检查安全。

（4）技术管理不到位。一是两条巷道贯通施工中错位大，造成巷道断面超宽。二是编制的扩巷安全技术措施中未明确施工前对老巷道进行全面加强支护，未明确施工过程中的具体临时支护措施。

（5）职工安全培训教育不力。作业人员安全意识差，未认真学习贯彻安全技术措施，自主保安、互助保安和风险辨识能力不足。

【制度规定】

（1）《煤矿安全规程》第一百零二条："采用锚杆、锚索、锚喷、锚网喷等支护形式时，应当遵守下列规定：（一）锚杆（索）的形式、规格、安设角度、混凝土强度等级、喷体厚度、挂网规格、搭接方式，以及围岩涌水的处理等，必须在施工组织设计或者作业规程中明确。（二）采用钻爆法掘进的岩石巷道，应当采用光面爆破。打锚杆眼前，必须采取敲帮问顶等措施。（三）锚杆拉拔力、锚索预紧力必须符合设计。煤巷、半煤岩巷支护必须进行顶板离层监测，并将监测结果记录在牌板上。对喷体必须做厚度和强度检查并形成检查记录。在井下做锚固力试验时，必须有安全措施。（四）遇顶板破碎、淋水、过断层、老空区、高应力区等情况时，应加强支护。"

（2）《煤矿安全规程》第一百零四条："严格执行敲帮问顶及围岩观测制度。开工前，班组长必须对工作面安全情况进行全面检查，确认无危险后，方准人员进入工作面。"

【防范措施】

（1）强化顶板安全技术管理。开展顶板隐蔽致灾因素分析研判，完善巷修安全技术措施，提高措施的针对性和可操作性，明确施工顺序和支护要求；严格执行措施会审会签和学习贯彻流程。

（2）强化施工劳动组织。严格落实规程措施规定，井巷掘进和巷修扩帮过程中坚持随掘随支、临时支护和敲帮问顶制度，严禁违反规定交叉平行作业。

（3）强化"三位一体"安全管控。加强风险识别管控、隐患排查治理、安全生产标准化"三位一体"安全管理工作，落实带班、跟班和专职安全检查制度，有效防范生产安全事故。

（4）强化职工安全教育培训。采取多种形式加强职工安全教育，开展分层级、分工种安全培训，全覆盖开展事故警示教育，切实提高职工安全意识和操作技能。

【学习自测】

1.（判断题）巷道扩巷施工时必须随掘随支，严禁顶板长时间悬空。（　　）

2.（多选题）巷道采用锚杆、锚索、锚喷、锚网喷等支护形式时，应当遵守下列规定：（　　）。

A. 锚杆（索）的形式、规格、安设角度、混凝土强度等级、喷体厚度、挂网规格、搭接方

式,以及围岩涌水的处理等,必须在施工组织设计或者作业规程中明确

B. 打锚杆眼前,必须采取敲帮问顶等措施

C. 锚杆拉拔力、锚索预紧力必须符合设计要求

D. 遇顶板破碎、淋水、过断层、老空区、高应力区等情况时,应加强支护

3. (多选题)该起事故发生的一个主要原因是隐患排查治理不到位,主要体现在以下几个方面:( )。

A. 扩巷施工前事故段巷道为喷浆支护,煤矿仅对中间部分采用锚网+锚索加强支护,未对整个扩巷段进行加强支护

B. 扩巷后检查发现事故点巷道顶板节理裂隙发育,要求加强支护,但现场督促整改及跟踪落实不力

C. 现场安全管理人员未认真对作业地点进行隐患排查,未采取敲帮问顶和支设临时点柱等安全措施

参考答案:1. √ 2. ABCD 3. ABC

案例5　广西河池某矿擅自进入采空区致亡重大事故

【事故经过】

2019年10月28日18时30分许,广西河池某矿2#斜井通往相邻矿坑已封闭垮落带区域发生坍塌事故,造成13人死亡。

10月28日16时左右,矿井理事长、施工队包工头、技术员等10人带领有投资意向的湖南老板、桂平老板等4人由矿井2#斜井下井,到越界违法区域的五中段东二面445 m平巷作业面查看井下作业环境。在五中段东二面445 m平巷作业面现场查看了10 min左右,由于现场温度较高,一行14人退回到来时的斜巷休息。其中1人未在现场逗留,继续往外走,刚走出十多米,身后发生大面积顶板坍塌事故,造成13人被掩埋。经救援,13人全部遇难。

【事故原因】

(一)直接原因

事发地点位于矿井顶板垮落带危险区,周边有大量采空区存在,岩体稳定性差,地压活动频繁。矿井已封闭的采空区垮落带范围内的445 m水平二盘区北面的Ⅴ号老空区顶板岩体发生大面积冒落、坍塌,导致从矿井2#斜井进入越界违法区域的人员受到冲击波伤害以及石块掩埋。

(二)间接原因

(1)长期越界盗采。2014—2019年,该矿多次进入矿井91号矿体采空区充填体上部采空区与Ⅴ号老空区之间的垮落带影响区域内盗采矿产资源,2次被原国土资源管理部门查处,仍拒不执行退回合法区域开采的指令,继续实施越界盗采。

(2)违法违规发包井下施工。违法违规将矿山井下施工发包给不具备矿山工程施工资质的单位,组织施工单位在采空区危险垮落带影响区域乱采滥挖,且弄虚作假,躲避政府部门监管。

(3)民用爆破物品管理、安全生产管理混乱。将通过合法途径购买的民用爆破物品分发给没有爆破作业资质的施工队;未对该矿各承包单位统一协调、管理,放任承包单位自行其是,入井管理混乱,安全生产教育培训流于形式。

(4)上级部门监管不力,没能及时发现该矿越界开采违法行为。县应急管理局多次对该矿进行执法检查,未能发现该矿将矿山井下施工违法发包给不具备资质的单位和个人进行违法越界开采,安全生产教育培训缺失。

(5)地方政府安全生产领导责任落实有差距。对相关部门一直没能查明矿井2017年以来听到不明炮声的具体原因没有采取有力措施解决;对有关执法部门查处该矿越界开采违法行为存在"宽松软"问题未能及时发现,未有效根治越界开采违法行为。

【制度规定】

(1)《矿产资源法》第三条:"矿产资源属于国家所有,由国务院行使国家对矿产资源的所有权。地表或者地下的矿产资源的国家所有权,不因其所依附的土地的所有权或者使用权的不同而改变。国家保障矿产资源的合理开发利用,禁止任何组织或者个人用任何手段侵占或者破坏矿产资源。各级人民政府必须加强矿产资源的保护工作。勘查、开采矿产资源,必须依法分别申请、经批准取得探矿权、采矿权,并办理登记……国家保护探矿权和采矿权不受侵犯,保障矿区和勘查作业区的生产秩序、工作秩序不受影响和破坏。从事矿产资源勘查和开采的,必须符合规定的资质条件。"

(2)《安全生产法》第二十八条第一款:"生产经营单位应当对从业人员进行安全生产教育和培训,保证从业人员具备必要的安全生产知识,熟悉有关的安全生产规章制度和安全操作规程,掌握本岗位的安全操作技能,了解事故应急处理措施,知悉自身在安全生产方面的权利和义务。未经安全生产教育和培训合格的从业人员,不得上岗作业。"

(3)《安全生产法》第四十六条第一款、第二款:"生产经营单位不得将生产经营项目、场所、设备发包或者出租给不具备安全生产条件或者相应资质的单位或者个人。……生产经营单位对承包单位、承租单位的安全生产工作统一协调、管理,定期进行安全检查,发现安全问题的,应当及时督促整改。"

(4)《民用爆炸物品安全管理条例》第三条第三款:"严禁转让、出借、转借、抵押、赠送、私藏或者非法持有民用爆炸物品。"

【防范措施】

(1)提高政治站位,树牢安全发展理念。全区各地要深刻领会习近平总书记关于安全生产重要论述和指示精神,进一步提高政治站位,切实提高抓好安全生产的政治自觉和责任自觉,牢固树立安全发展理念,坚决守住发展决不能以牺牲人的生命为代价这条红线,切实维护人民群众生命财产安全。深刻吸取事故教训,真正在思想上警醒起来、行动上紧张起来、工作措施上强化起来,坚决落实安全生产属地监管责任和行业监管责任,有效防范化解重大安全风险,做到守土有责、守土尽责。

(2)严肃整顿矿产资源管理秩序。全区各地要认真吸取事故教训,牢固树立新发展理念,强化红线意识和底线思维,坚决依法治理整顿矿产资源管理秩序。合理布局、规范开采,杜绝因非法采矿、边探边采、以采代探、越权发证、违法处置、乱采滥挖等矿业秩序混乱而引发的生产安全事故,加大矿山整合关闭力度,从根本上提高矿山安全保障能力。

(3) 强化矿产资源开发利用监管。各级自然资源管理部门要切实履行矿产资源开发监督管理职责,严肃查处各类违法违规行为,对盗采、超层越界开采的要立即停产整顿并及时通报和曝光,发现违法违规线索要深入调查、严厉处理,严防同类事故发生。

(4) 从严落实安全监管工作职责。公安机关要强化民用爆炸物品监管,加强矿山企业民用爆炸物品购买、运输、爆破作业等环节的安全监管,严厉打击矿山企业违法违规使用、储存民用爆炸物品等行为。应急管理部门要加强安全生产监督执法,对矿山企业以包代管、包而不管等乱象重拳出击,从严追责,依法依规采取吊销证照、停产整顿、关闭取缔等措施,严厉打击违法违规行为。

(5) 充分发挥社会监督这一有力手段。人民政府及有关部门要注重发挥社会监督的作用,尽快建立完善涉及矿产资源管理和安全生产违法违规行为举报奖励制度,提高奖励标准,畅通举报奖励渠道,使暗藏的非法违法活动无藏身之地。对举报属实的,要依法从严查处,对重大典型案件要通过新闻媒体向社会曝光,同时对举报人要依法依规进行奖励。

【学习自测】

1. (判断题)矿产资源属于国家所有,由国务院行使国家对矿产资源的所有权。(   )
2. (判断题)勘查、开采矿产资源,必须依法分别申请、经批准取得探矿权、采矿权,并办理登记。(   )
3. (单选题)该矿发生的顶板坍塌事故,造成13人死亡,属(   )事故。
A. 一般　　　　　　B. 较大　　　　　　C. 重大　　　　　　D. 特大
4. (多选题)造成该矿顶板坍塌事故的间接原因有(   )。
A. 长期越界盗采
B. 违法违规发包井下施工
C. 民用爆破物品管理、安全生产管理混乱
D. 上级部门监管不力,没能及时发现越界开采违法行为

参考答案:1. √　2. √　3. C　4. ABCD

案例6　贵州某矿采煤工作面垮落重大事故

【事故经过】

2022年2月25日7时37分,贵州某矿发生一起重大顶板事故,造成14人死亡。

2月24日中班,赵某带领7人打开密闭到隐蔽采煤工作面爆破落煤,部分单体液压支柱被爆破崩倒或歪斜,未重新打设,采煤工作面煤壁处顶板大部分沿采煤工作面倾斜方向断裂,未加强支护。2月24日晚班,陈某1、黄某1带领采煤队15人、运输队4人共21人入井,22时许,人员到达隐蔽采煤工作面。陈某1与赵某交接班后,赵某等2人升井,中班其余6名作业人员继续干活并于25日0时许完成爆破作业后升井。夜班作业人员从采煤工作面机尾自上向下出煤,陈某1、邹某等人在采煤工作面攉煤、支护,蒋某等4人负责保障运输系统畅通。

2月24日23时30分许,夜班带班矿领导唐某、当班安全检查工陈某2、瓦斯检查工张某入井巡查。2月25日1时许,唐某和陈某2到达隐蔽采煤工作面,发现隐蔽采煤工作面

大部分铰接顶梁未铰接,上段约 40 m 区域的部分单体液压支柱失效,顶板破碎,随即安排陈某 1 进行整改。1 时 30 分许,唐某和陈某 2 离开隐蔽采煤工作面。6 时 10 分许,唐某和陈某 2 再次到隐蔽采煤工作面巡查,在下出口往上约 40 m 处发现顶板掉落一块矸石,长约 1.5 m、宽约 1.2 m、厚约 0.8 m,陈某 1 现场安排采取放明炮的方式对掉落矸石进行了处理,随后唐某和陈某 2 离开采煤工作面。7 时许,采煤工李某、施某先后到隐蔽采煤工作面运输巷休息等候升井,黄某 1 到下出口处查看采煤工作面刮板输送机运行情况,陈某 1 等 14 人在采煤工作面继续作业。7 时 37 分,采煤工作面垮塌,蒋某等 4 人均认为只是采煤工作面下出口垮塌,随即升井。黄某 1 也认为只是采煤工作面下出口垮塌,就到 23301 开切眼与 11302 运输巷岔口处打电话向黄某 2 汇报了下出口垮塌的情况并在此等候。下出口垮塌后李某随即经隐蔽采煤工作面运输巷、23301 开切眼、隐蔽采煤工作面回风巷到隐蔽采煤工作面上出口查看情况,发现采煤工作面除上出口往下 10 m 段外全部垮塌,确认采煤工作面作业人员被困后立即返回,在 23301 开切眼与 11302 运输巷岔口处遇到黄某 1,遂告知黄某 1 采煤工作面上段也垮塌了。7 时 49 分,黄某 1 电话向黄某 2 报告了事故情况。8 时 41 分,瓦斯检查工崔某到达隐蔽采煤工作面下出口发现顶板垮塌后打电话向矿调度室汇报了事故情况。

2 月 25 日早班,带班矿长郭某于 7 时 10 分入井,到运输上山查看架空乘人装置安装情况后走到井底车场,看到有人往隐蔽采煤工作面方向跑,郭某跟着往里跑到隐蔽采煤工作面下出口,看到采煤工作面冒顶,立即组织抢救,随后升井并分别向公司、县工科局报告了事故情况。9 时 17 分,国家矿山安全监察局贵州局接到某矿山救护大队驻某县矿山救护中队事故报告。10 时 29 分,国家矿山安全监察局贵州局向国家矿山安全监察局报告了事故情况。

事故发生后,煤矿自行组织人员入井抢险救援无果后升井。

2 月 25 日 9 时 17 分,县工科局向某矿山救护大队驻某县矿山救护中队发出事故救援召请。9 时 40 分,某矿山救护大队驻某县矿山救护中队到达煤矿。11 时 15 分,黔西南州矿山救护大队到达煤矿。2 月 26 日 17 时 35 分,国家隧道救援中铁二局昆明队到达煤矿。

3 月 3 日 6 时 5 分,在距隐蔽采煤工作面下出口 62.8 m 处发现第 1 名遇难人员。3 月 5 日 10 时 45 分,在距隐蔽采煤工作面下出口 86.6 m 处发现第 14 名遇难人员。

【事故原因】

(一) 直接原因

超出矿界范围布置的隐蔽采煤工作面支护强度不足,导致复合顶板离层、断裂,支柱稳定性不够,造成顶板推垮,酿成事故。

(二) 间接原因

(1) 某矿未依法管矿,安全生产主体责任不落实。

(2) 公司未履行安全生产管理职责。

(3) 公司履职能力不足,安全管理不到位。① 履职能力不足。公司机构设置不健全、人员配备不足,对煤矿人、财、物无实际管理权,导致对煤矿的管理流于形式,不能有效履行安全管理职责。② 安全管理不到位。对煤矿开展安全检查的周期和次数均达不到公司安全检查有关制度规定;未对公司资质及管理情况进行监督检查。

(4) 中介机构出具虚假的储量动态核实报告。

【制度规定】

(1)《矿产资源法》第三条:"矿产资源属于国家所有,由国务院行使国家对矿产资源的所有权。地表或者地下的矿产资源的国家所有权,不因其所依附的土地的所有权或者使用权的不同而改变。国家保障矿产资源的合理开发利用,禁止任何组织或者个人用任何手段侵占或者破坏矿产资源。各级人民政府必须加强矿产资源的保护工作。勘查、开采矿产资源,必须依法分别申请、经批准取得探矿权、采矿权,并办理登记……国家保护探矿权和采矿权不受侵犯,保障矿区和勘查作业区的生产秩序、工作秩序不受影响和破坏。从事矿产资源勘查和开采的,必须符合规定的资质条件。"

(2)《安全生产法》第二十八条第一款:"生产经营单位应当对从业人员进行安全生产教育和培训,保证从业人员具备必要的安全生产知识,熟悉有关的安全生产规章制度和安全操作规程,掌握本岗位的安全操作技能,了解事故应急处理措施,知悉自身在安全生产方面的权利和义务。未经安全生产教育和培训合格的从业人员,不得上岗作业。"

【防范措施】

(1)煤矿要提高法治意识,依法依规办矿管矿。一是要树牢法治观念和底线思维,增强诚信意识、敬畏意识和守法意识。二是要依法依规实施矿井承包,严禁非法承包、违规转包分包。三是要如实报告生产作业情况,主动接受安全监管;及时如实上报生产安全事故,坚决杜绝迟报、瞒报而贻误救援时机。

(2)煤矿要强化安全管理,切实履行主体责任。一是建立健全安全管理体系。二是抓实抓细安全培训教育。三是加强采掘顶板管理管控。

(3)煤矿上级公司要切实履行主体责任。一是要杜绝"拼凑型""挂靠型"集团公司,公司要对所属煤矿真管理、敢管理。二是要健全安全管理机构,配齐安全管理人员,提升履职能力。三是要强化对煤矿安全投入、安全管理能力等的监督检查。

(4)煤矿安全监管部门要全力提升执法效能。一是优化监管执法方式。优化执法队伍,提升执法质量,规范执法行为,确保煤矿安全监管执法专职专业和有效高效。二是强化驻矿安全盯守。三是深化重点监管执法。四是量化安全监管关键环节。

(5)自然资源管理部门要加大"打非治违"力度。一是加强煤矿储量动态管理。二是严厉打击超层越界开采行为。要采取有效措施及时发现煤矿超越批准的矿区范围和煤层开采的非法行为,依法严查重处。

(6)地方政府要强化安全监管责任落实。一是要落实有效监管。二是构建"打非治违"工作合力。建立州、县两级煤矿安全生产"打非治违"工作联席会议制度,形成强大合力,持续保持"打非治违"高压态势。三是督促企业主体责任落实到位。

【学习自测】

1.(判断题)采煤工作面单体液压支柱要全部编号管理,牌号清晰,不缺梁、少柱。(   )

2.(单选题)大采煤工作面倾角大于(   )时,必须有防止煤(矸)窜出刮板输送机伤人的措施。

A. 25°　　　　　　　B. 10°　　　　　　　C. 20°

3.(多选题)在采煤工作面移动刮板输送机时,必须有(   )的安全措施。

A. 防止冒顶　　　　　　　　　　B. 防止顶伤人员
C. 防止损坏设备　　　　　　　　D. 防止刮板输送机弯曲

参考答案：1. √　2. A　3. ABC

案例 7　青海海北某矿重大溃砂溃泥事故

【事故经过】

2021 年 8 月 14 日 12 时 10 分，青海海北某矿发生重大溃砂溃泥事故，造成 20 人死亡。

事故发生前 3690 综放工作面多次出现片帮冒顶、顶煤垮落、煤泥涌入现象。6 月 29 日，3690 综放工作面受煤壁片帮冒顶、顶煤垮落等因素影响，支架无法正常推进。7 月 4 日至 7 日，该矿在工作面两端架顶间歇采取注浆措施对顶煤进行固结。7 月 11 日中班 17 时 40 分左右，工作面 9#～13# 架架前煤泥及回填渣石涌入，导致该区域工作面全部被掩埋，工作面风流断路。该矿即在运输巷 2# 联络巷外架设风机，向进风巷和回风巷供风，进行压入式通风，同时安排清淤。至 7 月 15 日早班，工作面实现了全负压通风，但工作面综采支架仍无法正常推进。7 月 27 日，公司在该矿组织召开现场会，研究解决工作面片帮、冒顶问题，但未形成一致意见。因会议期间，该矿采煤三队队长郭某表态有能力解决，在未按规定召开总经理办公会研究决定的情况下，7 月 29 日，经公司总工程师王某、该矿矿长白某擅自同意，郭某带领 10 人组织实施工作面支架的提架工作。8 月 13 日早班 4 时，工作面再次发生冒顶，通风再次中断，再次进行压入式通风，继续清理煤泥。8 月 14 日早班，该矿采煤一队队长郝某组织召开班前会，当班安排清淤、提架等作业。维修队 11 人进入清淤，并抽调提架作业中的 8 人进入处理被压死支架上方的煤泥等冒落物。当班带班矿长白某和调度室主任蔡某 8 时左右到达工作面，11 时 40 分左右，白某离开。工作面及运输巷另有转载机司机、瓦斯检查工和安全检查工等 4 人，事故发生前该区域共有 24 人。12 时 10 分，处在刮板输送机机头的安全检查工、瓦斯检查工和刮板输送机司机感觉到风流异常，同时听到工作面发出一声巨响，安全检查工看到有人从工作面出口跑出，知道发生事故，3 人紧急撤离。安全检查工立即跑到回风石门处向调度室打电话汇报。事故后，工作面 1#～18# 支架处以及运输巷 360 m 以里被煤泥和石块充满。12 时 27 分，矿安监科科长张某向公司安环部高某报告；13 时 7 分，公司安环部高某向县应急管理局局长李某电话报告。

事故发生后，该矿开展了应急处置工作。省政府接到报告后，立即启动了青海省生产安全事故Ⅱ级应急响应，开展抢险救援工作。

9 月 12 日，20 名遇难人员遗体全部找到。

【事故原因】

（一）直接原因

该矿 3690 综放工作面顶部疏防水不彻底，工作面出现异常淋水、多次发生局部片帮冒顶，甚至液压支架被"压死"、工作面被封堵，但该矿未采取有效措施进行治理，违章冒险继续进行清淤，强行开展挑顶提架作业导致顶煤抽冒，大量顶煤、渣石及水混合物呈泥石流状迅速溃入工作面及运输巷，造成事故发生。

(二) 间接原因

(1) 拒不执行监察指令。无视国家法律法规,拒不执行停产整顿监察指令,在有关证照被暂扣情况下仍违法违规组织采掘作业。

(2) 技术管理薄弱。未按规定对放顶煤采煤方法进行可行性论证,对放顶煤开采急倾斜煤层采煤方法的安全风险认识不足,支架支护强度和管理措施不能保证顶煤的稳定性,且未制定支架初撑力、前后立柱均衡性等支架工况管理措施,未安装有效的矿压监测系统,也未记录相关数据。

(3) 风险隐患排查治理不深入,违章指挥冒险作业。一是对地面露天采坑安全隐患治理不彻底。二是对煤层抽冒导通上部露天矿坑的重大风险研判不精准。三是违规冒险组织作业。

(4) 安全管理混乱。采掘队伍管理组织另立一套"体外循环",受生产副矿长直接领导,队伍、人员未纳入矿统一管理。

(5) 公司不履行安全生产责任。不主动研究解决煤矿安全生产重大问题,安全生产疏于管理。

(6) 集团安全发展理念不牢,安全生产意识不强。将公司全部经营管理权授权给风险责任经营方,对生产安全和管理经营的领导缺失。

【制度规定】

(1)《安全生产法》第四十九条第一款、第二款:"生产经营单位不得将生产经营项目、场所、设备发包或者出租给不具备安全生产条件或者相应资质的单位或者个人。……生产经营单位对承包单位、承租单位的安全生产工作统一协调、管理,定期进行安全检查,发现安全问题的,应当及时督促整改。"

(2)《安全生产法》第二十八条第一款:"生产经营单位应当对从业人员进行安全生产教育和培训,保证从业人员具备必要的安全生产知识,熟悉有关的安全生产规章制度和安全操作规程,掌握本岗位的安全操作技能,了解事故应急处理措施,知悉自身在安全生产方面的权利和义务。未经安全生产教育和培训合格的从业人员,不得上岗作业。"

【防范措施】

(1) 地方党委政府要切实提高政治站位,认真落实安全生产责任制。

(2) 地方相关部门要切实转变作风,认真履行部门监管责任。严格规范执法,深入开展安全生产专项整治,坚决用好处理处罚、停产限产、追责问责等手段。

(3) 煤矿企业要牢固树立安全发展理念,健全安全生产责任体系。健全和落实企业主要负责人、矿长等关键人员及各级管理人员安全生产责任制,明确安全生产职责,织密筑牢企业安全生产责任体系,层层压实责任。

(4) 煤矿企业要建立规范有序的安全生产决策运行管理制度机制,健全安全生产技术管理体系。必须保证矿长、技术负责人正确行使安全生产管理职责。

(5) 煤矿企业要严控重大安全风险,强化矿井防治水基础管理。煤矿企业必须全面查清采空区、塌陷区、积水区等隐蔽致灾因素,对各类致灾因素进行专项辨识评估,严格按照辨识评估报告开展风险管控。

(6) 严格落实急倾斜煤层开采相关规定,强化急倾斜煤层顶层设计及开采可行性论证。

深刻吸取事故教训,全面提高急倾斜煤层开采的安全生产标准。

【学习自测】

1. (判断题)公司研究解决工作面片帮、冒顶问题,形成一致意见,郭某按照形成的意见组织实施工作面支架的提架工作。（　　）
2. (单选题)该矿发生的采煤工作面溃砂溃泥事故,造成20人死亡,属(　　)事故。
   A. 一般　　　　　B. 较大　　　　　C. 重大　　　　　D. 特大
3. (多选题)属于该次顶板事故的防范措施的有(　　)。
   A. 强化现场管理　　　　　　　　　B. 加强技术管理
   C. 强化职工安全教育　　　　　　　D. 加大违章查处力度

参考答案:1. ×　2. C　3. ABCD

第三节　工作面端头及两巷顶板事故案例

案例1　甘肃平凉某煤业公司采煤工作面下出口滚矸致亡一般事故

【事故经过】

2020年1月15日20时40分,甘肃平凉某煤业公司井下31503综采工作面下安全出口发生一起顶板事故,造成1人死亡。

1月15日19时30分,综采队夜班跟班副队长程某主持召开了生产二班班前会,夜班跟班副矿长、班长刘某等24人参加。会上副队长程某安排夜班31503综采工作面(工作面倾角平均达到28.5°)正常生产,找齐煤壁打实护帮板,为1月16日早班封闭工作面、停产放假做准备工作,并强调了安全生产的注意事项。

20时18分,当班副队长程某、班长刘某等人乘坐罐笼入井,20时30分进入31503综采工作面运输巷,此时工作面仍在生产,设备也在正常运转,当班全体人员在转载机机头等待接班。约20时35分,副队长独自一人从转载机机头前往工作面下安全出口。约20时40分,副队长经过下安全出口时被工作面40#～43#架片帮(片帮尺寸为5 m×1 m×0.5 m)滚落的煤块(尺寸分别为0.7 m×0.6 m×0.25 m和0.6 m×0.55 m×0.25 m)砸伤。

事故发生后,正处于工作面后部刮板输送机机头处的刮板输送机司机孙某立即发送紧急信号停止工作面设备运转,并通过语音广播系统紧急汇报上班跟班副队长张某。孙某和在工作面的上班班长娄某前往事发地点发现程某受伤,立即进行了抢救。上班副队长张某到达现场后安排当班班长刘某等人制作简易担架,同时向生产副矿长和调度室电话汇报现场情况,生产副矿长立即向矿长作了汇报。

21时14分,程某从副井被护送升井,送医院经抢救无效于23时死亡。

【事故原因】

(一)直接原因

程某在31503综采工作面设备运转期间违章进入工作面下安全出口,被工作面煤壁片帮滚落的煤块砸伤致死。

（二）间接原因

（1）现场安全防护设施不齐全。31503综采工作面倾角平均达到28.5°，未按规定在工作面下安全出口设置防止煤（矸）窜出刮板输送机伤人的安全防护设施。

（2）矿井安全风险辨识不到位，隐患排查治理不彻底。矿井在31503综采工作面倾角平均达到28.5°的情况下，开采前未开展安全风险辨识与评估；矿井各级管理人员对31503综采工作面下安全出口缺少安全设施的安全隐患未及时发现并安排整改。

（3）矿井现场安全管理不到位。31503综采工作面煤壁出现夹矸，局部段离层片帮，未采取有效措施防治煤壁片帮；工作面设备运转期间，未设置警戒设施阻止人员出入工作面下安全出口。

（4）矿井安全技术措施制定、审核把关不严。制定的《31503综采工作面防片帮安全技术措施》未规定在工作面下安全出口段设置防止煤（矸）窜出刮板输送机伤人的安全防护设施。

（5）矿井职工安全教育培训工作不到位。职工安全意识不强，对作业现场安全风险辨识不清，对规程、措施学习不够，不能做到按章操作，现场违章冒险作业；职工整体文化素质低，职工安全教育培训工作开展不到位。

【制度规定】

（1）《煤矿安全规程》第一百一十四条第一款第三项："采用综合机械化采煤时，必须遵守下列规定：（三）工作面煤壁、刮板输送机和支架都必须保持直线。支架间的煤、矸必须清理干净。倾角大于15°时，液压支架必须采取防倒、防滑措施；倾角大于25°时，必须有防止煤（矸）窜出刮板输送机伤人的措施。"

（2）《煤矿安全规程》第八条第三款："从业人员必须遵守煤矿安全生产规章制度、作业规程和操作规程，严禁违章指挥、违章作业。"

（3）《煤矿安全规程》第三十八条："单项工程、单位工程开工前，必须编制施工组织设计和作业规程，并组织相关人员学习。"

（4）《煤矿安全规程》第九十六条："采煤工作面回采前必须编制作业规程。情况发生变化时，必须及时修改作业规程或者补充安全措施。"

（5）《煤矿安全规程》第一百一十四条第一款第五项："采用综合机械化采煤时，必须遵守下列规定：（五）采煤机采煤时必须及时移架。移架滞后采煤机的距离，应当根据顶板的具体情况在作业规程中明确规定；超过规定距离或者发生冒顶、片帮时，必须停止采煤。"

（6）《煤矿安全规程》第九条第一款："煤矿企业必须对从业人员进行安全教育和培训。培训不合格的，不得上岗作业。"

（7）《煤矿安全生产标准化管理体系基本要求及评分办法（试行）》表6-1煤矿安全风险分级管控标准化评分表："安全风险辨识评估：启封密闭、排放瓦斯、反风演习、工作面通过空巷（采空区）、更换大型设备、采煤工作面初采和收尾、综采（放）工作面安装回撤、掘进工作面贯通前、突出矿井过构造带及石门揭煤等高危作业实施前，露天煤矿抛掷爆破前，新技术、新工艺、新设备、新材料试验或推广应用前，连续停工停产1个月以上的煤矿复工复产前，开展1次专项辨识评估"。

【防范措施】

（1）严格落实企业主体责任，配备满足需要的安全管理人员，切实提高煤矿安全管理水平。要深刻吸取事故教训,对本起事故发生的原因要进行全面深入的剖析反思,认真查找在责任落实、制度执行、现场管理、安全措施、教育培训等方面暴露出来的问题,坚决落实各项整改防范措施。

(2) 加强现场安全管理和安全风险辨识评估,加大生产全过程事故隐患排查治理力度,加强各生产环节的安全风险控制。对矿井综采工作面顶帮、运输系统以及安全防护设施存在的安全隐患必须及时整改落实。

(3) 进一步修订完善各项安全管理制度、各工种岗位责任制及操作规程,严格安全技术措施的制定、审查、审批和学习落实工作。对工作面防片帮和设备运行过程中限制人员出入等安全措施必须立即修改完善。

(4) 严格落实矿领导下井带班制度,强化带班人员的安全责任意识。现场带班领导必须对现场安全生产工作全面负责,对当班安全管理的重点工作、关键环节、要害部位要进行盯岗蹲守,与职工同上同下,确保制度、措施落实到位,安全责任落实到人。

(5) 强化从业人员的安全教育培训,提高从业人员素质。加强对各岗位工种的针对性培训并严格考核,确保从业人员熟悉相关的安全规章制度和安全操作规程,掌握本岗位的安全操作技能,坚决杜绝违章作业。

【学习自测】

1. (判断题)采煤工作面移架滞后采煤机距离超过作业规程规定距离或者发生冒顶、片帮时,必须停止采煤。(　　)
2. (单选题)采煤工作面上、下安全出口与巷道连接处(　　)m范围内,必须加强支护。
A. 20　　　　　　B. 15　　　　　　C. 10
3. (多选题)工作面倾角大于(　　)时,液压支架必须采取防倒、防滑措施;倾角大于(　　)时,必须有防止煤(矸)窜出刮板输送机伤人的措施。
A. 15°　　　　　B. 16°　　　　　C. 25°　　　　　D. 30°

参考答案:1. √　　2. A　　3. A,C

案例2　河北承德某矿顶板垮落致亡一般事故

【事故经过】

2020年6月23日9时20分许,河北承德某矿井下+386 m水平1221采煤工作面回风巷发生一起顶板事故,造成1人死亡。

6月23日5时50分,采掘三区区长宁某主持召开6点班班前会,进行点名签到和职工身体状况的安全确认,重点强调要强化安全管理,杜绝违章。班长李某也强调了安全生产工作,要求发现安全隐患要及时处理,同时安排了工作任务。当班共出勤26人,其中班长1人,1223采煤工作面10人,1223运输巷处理刮板输送机故障4人,带式输送机司机1人,看溜煤眼1人,电钳工1人,刮板输送机司机2人,运绞车3人,负责维修1221采煤工作面回风巷3人(包括王某)。

6时50分,王某等3人先后到达1221采煤工作面回风巷维修地点,王某首先到达现场进行了安全确认,随后班长过来查看现场情况并交代安全注意事项。班长离开后,王某等

3人开始拆除旧支架(距离上一班留下的新支架约0.1 m),之后用镐和撬棍将顶部的煤矸清理掉,并用刮板输送机运出。3人查看顶板正常后就开始挖柱脚,距下一旧支架约0.1 m,把第一架支架的顶梁和立柱都架好并插好背板,先固定好左帮上角的卡缆,接着把右帮上角卡缆外边的螺丝固定好,因里面的螺丝被原支架顶梁上面的废旧圆木卡住无法固定,3人合力拆除了旧支架,一人负责观察顶板,王某站在本班架设的第一架顶梁下,先把巷道中间的废旧圆木拿下来,继续徒手晃动右上角的废旧圆木时,顶部的煤、矸突然冒落将王某冲倒、埋压,此时约9时20分。

王某被埋压后,另外两人赶紧用手清理煤矸,即将救出王某时,班长李某赶到,得知王某被埋住了,班长就往外跑去叫人,不一会儿两人就把王某救出来了,此时班长带着1223运输巷处理刮板输送机故障的4名工人赶到,找了一段风筒抬着王某往外走,随后班长打电话向区长汇报出了工伤。

9时30分向调度室汇报井下出了工伤。众人把王某移到担架上往井上抬,10时50分到达副井井口并送往医院,11时30分医院宣布王某死亡。

【事故原因】

(一) 直接原因

1221采煤工作面回风巷顶板为再生顶板,在维修巷道过程中,作业人员未落实临时支护、使用长杆工具等安全措施,徒手拆除原开采时遗留的圆木,造成煤岩冒落将其埋压致死。

(二) 间接原因

(1) 现场违章作业。在维修巷道过程中,违反《1221采煤工作面回风巷道维修安全技术措施》规定作业,替换支架时未采取临时支护,事故地点5 m范围内3处缺少螺纹钢支拉杆;未使用长杆工具,徒手拆除顶部废旧圆木。

(2) 安全管理有漏洞。现场安全确认走过场,未发现事故地点5 m范围内3处缺少螺纹钢支拉杆;安全隐患排查制度不落实,采掘三区6月15日至事故发生,未对1221采煤工作面回风巷开展安全隐患排查工作;矿安全检查不到位,未发现缺少螺纹钢支拉杆、未采取临时支护措施等问题;安全管理人员配备不足,采掘三区仅设置1名代理区长、2名副区长,且均未取得安全生产知识和管理能力考核合格证,技术管理由生产技术部代管;劳动用工管理不规范,现场3名作业人员中,有1名58岁、1名66岁,均已超过法定退休年龄;安全管理体制未理顺,未设置董事长,未赋予经理履行安全生产第一责任人的法定职责,而由常务副董事长实际履行安全生产第一责任人的职责。

(3) 安全教育培训不到位。现场作业人员未做好自主保安和相互保安,现场其他人员未及时制止违章作业行为;管理人员法律意识淡薄,事故上报时间超过规定时限。

【制度规定】

(1)《煤矿安全规程》第八条第一款:"从业人员必须遵守煤矿安全生产规章制度、作业规程和操作规程,严禁违章指挥、违章作业。"

(2)《煤矿安全规程》第一百二十六条:"……维修井巷支护时,必须有安全措施。严防顶板冒落伤人、堵人和支架歪倒。扩大和维修井巷时,必须有冒顶堵塞井巷时保证人员撤退的出口。在独头巷道维修支架时,必须保证通风安全并由外向里逐架进行,严禁人员进入维修地点以里。撤掉支架前,应当先加固作业地点的支架。架设和拆除支架时,在一架未完工之前，不得中止作业。撤换支架的工作应当连续进行，不连续施工时，每次工作结束前，必须接顶封帮。维修锚网井巷时，施工地点必须有临时支护和防止失修范围扩大的措施。……更换巷道支护时，在拆除原有支护前，应当先加固邻近支护，拆除原有支护后，必须及时除掉顶帮活矸和架设永久支护，必要时还应当采取临时支护措施。在倾斜巷道中，必须有防止矸石、物料滚落和支架歪倒的安全措施。"

(3)《煤矿安全规程》第一百零四条："严格执行敲帮问顶及围岩观测制度。开工前，班组长必须对工作面安全情况进行全面检查，确认无危险后，方准人员进入工作面。"

(4)《煤矿安全规程》第九条："煤矿企业必须对从业人员进行安全教育和培训。培训不合格的，不得上岗作业。"

【防范措施】

(1) 强化现场安全管理。要认真吸取事故教训，严格落实矿井各级安全隐患排查制度，不留死角，不留盲区；加强安全检查工作，及时发现和制止违反安全技术措施的行为，杜绝违章作业现象；加强顶板管理，严禁空顶作业；规范用工管理，落实集团公司制定的三年淘汰劳务派遣工规划，逐步清退劳务派遣工，严禁安排达到法定退休年龄的人员从事井下工作。

(2) 配齐配强安全生产管理人员。要配齐采掘区队安全生产管理人员，新任职人员必须在 6 个月内取得安全生产知识和管理能力考核合格证。

(3) 强化安全教育和培训。要开展经常性的警示教育活动，提高作业人员实际操作技能和自主保安、相互保安意识，确保安全生产；认真开展"学法规、抓落实、强管理"活动，加大对规程、措施的学习贯彻力度，确保规程、措施在现场落实到位；增强法律意识，依法报告事故，杜绝迟报现象。

(4) 理顺安全管理体制。公司要理顺该矿安全管理体制，依法依规配备矿安全管理人员，建立健全安全生产责任制，有效管理安全生产工作，排查事故隐患和风险，杜绝事故发生。

【学习自测】

1. (判断题)处理冒顶事故时，首先应该加强后路支架的安全可靠性。（　　）

2. (单选题)巷道维修敲帮问顶时，顶板较高、用手镐够不到时，可以使用长把工具，操作时要防止矸石（　　）。

　　A. 砸坏工具　　　　B. 顺杆而下　　　　C. 掉落滚动　　　　D. 冒顶伤人

3. (多选题)维修锚网井巷时，施工地点必须有（　　）措施。

A. 临时支护

B. 防止失修范围扩大

C. 防止瓦斯超限

参考答案：1. √　　2. B　　3. AB

案例 3　安徽淮南某矿机巷漏冒致亡一般事故

【事故经过】

2018 年 5 月 11 日 19 时 16 分，安徽淮南某矿综采队在 131301 综采工作面机巷发生一起顶板事故,造成1人死亡。

5月11日10时30分中班,综采队副队长主持召开班前会,安排组长许某负责带领盛某等6人到131301工作面向外65 m处的机巷向工作面方向进行修护作业(早班为巷修一队修护施工),其余人员分别到131301工作面机巷其他3个地点作业。

11时50分左右,副队长、组长等人先后到达131301工作面机巷修护作业地点。发现待修段第3~5架U型棚间原支护菱形网损坏,组长用铁丝和塘材、笆片进行了简单绑扎,随后开始修护作业,其中盛某在老U型棚下方轨道侧清理煤矸。

17时40分左右,7人将第一架工字钢棚架设完毕,职工分别在两侧对新架设的工字钢棚帮部腰背时,班长巡视到该修护点,发现新架工字钢棚下方的托棚滞后,安排组长架设托棚,随后离开巷修地点。于是组长带2人架设托棚,另外2人继续腰帮,盛某在U型棚下方人行道清理煤矸。

19时16分左右,组长等人正在给托棚的第三根单体注液时,待修巷道U型棚间突然出现漏冒,盛某躲避不及被埋。班长听到组长等人的喊声后立即回到现场,组织现场人员进行抢救,并向矿调度室汇报。

19时16分,综采队准备班跟班班长向矿调度室汇报131301工作面机巷修护地点漏顶埋人。19时25分,矿汇报公司调度,请求救护队支援,并通知医院安排救护车及医生到矿参加抢救。

20时10分左右,盛某被救出送往医院,于5月12日1时17分经抢救无效死亡。

【事故原因】

(一)直接原因

破碎的煤矸在巷修作业扰动下从U型棚顶部支护失效处冒落,将违章进入下方清理煤矸的盛某埋压并致其死亡。

(二)间接原因

(1)技术管理存在不足。安全技术措施内容编制针对性不强,《131301工作面回采作业规程》《131301机巷架梯形棚修复安全技术措施》对修护点邻近巷道支护的加固方式、材料、规格及质量要求规定不明确。

(2)现场管理不到位。① 作业规程现场落实不到位。替棚修护前未对作业地点前后5 m范围内巷道支护进行有效加固;未按措施要求每替完两棚后及时架设托棚;改棚修护施工时,人员在失修巷道内进行清理作业。② 劳动组织不合理。内、外两处改棚修护地点相距不足5 m期间,夜班与中班仍采取相向交替修护作业。综采准备班接替巷修一队在事故地点巷修作业时,未就施工地点相关安全事项进行交接。③ 现场跟班带班责任落实不到位。综采队跟班队长入井滞后当班职工两小时,未做到与当班工人同入井。

(3)现场隐患治理不到位。现场作业人员进行修护作业前,对事故地点损坏的U型棚架间菱形金属网仅用铁丝和塘材、笆片进行了简单绑扎,综采队跟班队长、准备班跟班班长对现场作业地点存在的隐患督促整改落实不到位。

(4)安全教育不到位。① 职工安全意识不足。职工在支护失效的U型棚下清理煤矸,对作业现场潜在的漏顶安全风险预判不足。② 联保互保责任落实不到位。巷道替棚修护施工期间,现场作业人员未能制止职工站在支护失效的U型棚下清理煤矸。

【制度规定】

(1)《煤矿安全规程》第九十六条:"采煤工作面回采前必须编制作业规程。情况发生变化时,必须及时修改作业规程或者补充安全措施。"

(2)《煤矿安全规程》第八条第三款:"从业人员必须遵守煤矿安全生产规章制度、作业规程和操作规程,严禁违章指挥、违章作业。"

(3)《煤矿安全规程》第三十八条:"单项工程、单位工程开工前,必须编制施工组织设计和作业规程,并组织相关人员学习。"

(4)《煤矿安全规程》第九条:"煤矿企业必须对从业人员进行安全教育和培训。培训不合格的,不得上岗作业。"

【防范措施】

(1)加强现场安全管理。要"强管理、严作风、重落实",严格落实领导干部带班跟班制度,加强现场安全生产的管控和巡查;要切实提高现场安全生产管理人员的责任心,提升跟班质量,跟班干部要盯住防护重点、关键环节,确保安全管理和技术措施落实到位;要开展现场安全确认,现场作业必须按照作业规程及安全技术措施组织施工。

(2)加强安全技术管理。严格执行规程和措施会审制度,加强作业规程和措施审查审批,提高规程、措施的针对性和可操作性,细化顶板管理措施,强化巷修、掘进等作业现场顶板管理,在松软煤层、破碎带、采动影响、应力集中等异常区域内施工,必须明确规定加强支护、超前支护的方式、方法,支护材料、规格,以及架设的工艺、工序和质量要求。

(3)加强风险辨识和隐患排查治理。要强化风险管控和隐患排查治理工作,加强对重点工程、关键环节、关键工序的检查,加强工种岗位责任落实的风险排查,注重从物的不安全状态向人的不安全行为、管理的缺陷延伸,对辨识的安全风险和排查的事故隐患要列出清单,对照制定安全风险分级防控清单和事故隐患整改"五定表",按照职责层级组织实施。施工场所悬挂安全风险告知牌和安全警示牌,随时提醒现场施工作业人员按章规范操作,提高安全管理的针对性、可靠性、实效性。

(4)加强职工安全教育培训。认真组织开展顶板安全管理的教育培训,组织开展职工自保、互保、联保安全警示教育,增强职工危险辨识能力、安全防护能力和应急救护能力,确保掌握岗位操作技术要求。加强支护作业人员对采掘作业规程和巷道维修工程安全技术措施的学习贯彻,采取有效方式进行考核,进一步提高职工严格执行规章制度和操作规程的意识,规范职工操作行为。

【学习自测】

1. (判断题)巷道砌碹时,碹体与顶帮之间必须用不燃物充满填实,巷道冒顶空顶部分可用支护材料接顶,但在碹拱上部必须充填不燃物垫层,其厚度不得小于0.5 m。(　　)

2. (单选题)采煤工作面煤壁一旦有片帮,应掏梁窝(　　)支护,防止冒顶。
A. 补强　　　　　B. 滞后　　　　　C. 超前

3. (多选题)按发生冒顶事故的力学原因进行分类,可将煤层顶板事故分为(　　)。
A. 压垮型冒顶　　B. 漏垮型冒顶　　C. 大型冒顶　　D. 推垮型冒顶

参考答案:1. √　2. C　3. ABD

案例 4　安徽淮南某矿轨道巷锚索断裂弹出致亡一般事故

【事故经过】

2017年11月4日22时26分,安徽淮南某矿1632(3)综采工作面轨道巷补打锚索时发生一起顶板事故,造成1人死亡。

11月4日中班,综采三队当班出勤31人。11时30分,跟班副队长主持中班班前会,当班安排工作面回采作业人员15人,带式输送机司机、放眼工、控制台司机、机电工等作业人员6人,工作面两巷维护作业人员9人。

14时30分,王某等3人到达轨道巷作业地点。锚索施工工序为:打眼—装锚固剂—装锚索—上托板—用铁丝绑至钢带上—待全部锚索打完后,再集中进行张拉预紧。

15时左右,3人开始施工锚索,王某等2人负责打锚索,1人负责备料。

22时左右,已在3条T3钢带上施工9根锚索,9根已施工锚索中的7根已张拉完毕。在张拉第8根锚索时,王某站在梯子上操作锚索张拉仪,1人负责协助,1人操作压风开关,1人在一旁监护。

22时10分左右,当锚索张拉完成后(张拉仪油表读数为31 MPa),王某在拆除张拉仪千斤顶过程中,附近3人听到顶板一声巨响,随后王某捂着胸口从梯子上下来,张拉仪还留在顶板锚索上。职工问王某伤势情况,王某用手捂着胸口,没有说话,职工将其扶到巷道帮部并一直搀扶,立即打电话向跟班副队长汇报。副队长到达现场后,发现王某左胸部有2处点状带血迹的伤口,巷道底板有1根钢绞线断丝,判断王某可能被钢绞线断丝伤到胸部。

22时28分,跟班副队长向矿调度所汇报,同时组织人员将王某运送向井口。23时17分,矿医生向矿调度所汇报王某已死亡。

【事故原因】

(一) 直接原因

承载高载荷应力的事故锚索,其托板变形后受拉、剪力破坏及受附近新施工锚索张拉过程的应力扰动,锚具夹片损坏脱落,造成事故锚索钢绞线在锚环处断裂弹出,击中在其下方作业的王某胸部,导致其死亡。

(二) 间接原因

(1) 支护设计不符合规定。《1632(3)工作面煤巷支护设计》《1632(3)轨道巷正式支护设计》内容不符合规定,设计未进行支护强度计算,也未对锚索托板和锚具等的规格和力学性能、锚索力学参数(屈服载荷、破断载荷和延伸率)作出规定;设计未明确锚具与所选用钢绞线的规格和强度级别相匹配的内容。

(2) 对锚索钢绞线断丝风险认识不足。《1632(3)工作面两巷锚杆、锚索防护专项安全技术措施》以防范断锚、断索确保作业人员安全为目的,未进一步验证安全技术措施的可靠性;对补打锚索产生的应力扰动对原支护锚索造成的破坏和锚索钢绞线断丝可能产生的风险认识不足,采用10#铁丝绑扎外露部分,防护措施对锚索钢绞线断丝弹射未能起到有效的防护作用。

(3) 吸取"8·24"顶板事故教训存在差距(2017年8月24日该矿发生一起顶板事故,造成1人死亡)。"8·24"顶板事故调查报告和处理决定要求该矿加强隐患排查治理,建立完善锚索抽样检验制度,按照《煤矿井巷工程质量验收规范》等规定,强化对锚杆锚索的检查。至本次事故发生时,未严格按照防范措施要求对锚杆(索)的材质、规格、结构、强度进行检查,短时间内相继发生两起同类型事故,吸取事故教训存在差距。

【制度规定】

(1)《煤矿安全生产标准化管理体系基本要求及评分办法(试行)》表8.4-1煤矿掘进标准化评分表:"巷道有经审批符合要求的设计,巷道开掘、贯通前组织现场会审并制定专项安全措施";"锚杆(索)的杆体及配件、网、锚固剂、喷浆材料等材质、品种、规格、强度等符合设计要求"。

(2)《煤矿安全规程》第一百零二条第一款第三项:"采用锚杆、锚索、锚喷、锚网喷等支护形式时,应当遵守下列规定:(三)锚杆拉拔力、锚索预紧力必须符合设计。煤巷、半煤岩巷支护必须进行顶板离层监测,并将监测结果记录在牌板上。"

(3)《煤矿安全规程》第一百零四条:"严格执行敲帮问顶及围岩观测制度。开工前,班组长必须对工作面安全情况进行全面检查,确认无危险后,方准人员进入工作面。"

(4)《煤矿安全生产标准化管理体系基本要求及评分办法(试行)》表8.3-1煤矿采煤标准化评分表:"采煤工作面实行顶板动态和支护质量监测;进、回风巷实行围岩变形观测,锚杆支护有顶板离层监测;监测观测有记录,记录数据符合实际;异常情况有处理意见并落实;对观测数据进行规律分析,有分析结果。"

【防范措施】

(1)完善煤巷锚杆支护设计,提高支护针对性。集团公司要督促各矿严格按照《煤巷锚杆支护技术规范》完善煤巷锚杆支护设计,合理确定锚杆(索)支护参数,做到锚索用锚具与所选用的钢绞线的规格和强度级别相匹配。煤巷锚杆支护设计必须做到"一巷一设计",不同地质力学参数的巷道不得采用类比法设计,要根据工作面地质条件对工作面围岩破坏范围和围岩压力进行计算,对锚索附件的规格和力学性能、锚索力学参数作出规定。

(2)严格锚索质量控制,保证支护材料合格。集团公司物资供应部门要完善锚索(杆)等支护材料的抽样检验制度,严格按照技术部门提供的锚索用锚具与所选用的钢绞线的规格和强度级别相匹配要求采购产品,严把产品入库关。该矿要按照《煤矿井巷工程质量验收规范》等规定,强化对锚杆锚索的检测检验。要严格锚杆、钢绞线、锚具、托板等支护材料的质量检查,建立制度、加强检查,完善记录,严禁使用不合格产品。

(3)深刻吸取事故教训,采取有效防范措施。该矿2017年下半年在同一综采工作面连续发生2起锚索断索、断丝生产安全事故,造成2人死亡。事故发生的时间集中、地点集中、类型集中,暴露出该矿在吸取事故教训方面存在差距,防范措施整改力度不够,措施针对性不强,对锚索钢绞线断丝风险认识不足。

(4)切实提高对锚索断索、断丝认识,加强科学研究。集团及所属各矿要结合该矿"8·24""11·4"顶板事故中锚索断索、断丝的原因,进一步提高认识,严格执行《煤巷锚杆支护技术规范》《矿用锚索》等规范、标准,修改完善集团公司《煤巷锚杆(索)支护管理规定》。

集团公司及所属各矿要正视当前煤巷锚杆支护存在的锚杆(索)支护材料检测、断锚断丝防护可靠性、深部开采锚杆(索)支护理论等诸多方面的问题。要加强领导,为锚杆(索)支护研究提供人力、物力、财力保证,积极开展"产、学、研"合作,加强复杂应力环境下围岩控制理论与技术研究,特别是对锚索锚固结构、强度及刚度的匹配、监测手段等要进行重点研究,制定和完善各类制度,确保安全生产。

【学习自测】

1. (判断题)用钻爆法掘进的岩石巷道,应当采用光面爆破。打锚杆眼前,必须采取敲帮问顶等措施。(　　)
2. (单选题)当断层处的顶板特别破碎,用锚杆锚固效果不佳时,可采用(　　)。
A. 打木柱法　　　　B. 架棚法　　　　C. 注浆法
3. (多选题)直接顶是采煤工作面支护的对象,多数在(　　)后会垮落下来。
A. 支柱　　　B. 前移支架　　　C. 回柱　　　D. 打锚杆

参考答案:1. √　2. C　3. BC

第四节　掘进工作面顶板事故案例

案例1　青海海北某矿支护强度不足致伤亡一般事故

【事故经过】

2019年8月4日14时50分许,青海海北某矿发生一起顶板事故,造成1人死亡、1人轻伤。

8月4日早班(8时至16时),矿综掘队队长组织召开班前会,安排副队长、班长及6名工人到11050工作面第二次掘进的开切眼(宽度7 m)下部作业,主要任务是清理夜班留下的浮煤、补打锚杆和锚索。

11时左右,带班矿领导和技术科科长赶到11050工作面开切眼,发现开切眼下口顶板距离底板2.6 m,运输巷顶板距离底板约1.6 m,两处错顶落差约1 m,且该错顶处2根锚杆失效,于是安排跟班副队长、班长在错顶处补打2根锚索,待支护牢固后再进行清理浮煤作业(在此之前安全检查工也发现了此隐患,并反馈给跟班副队长),随后带班矿领导和技术科科长便赶往11030工作面。班长带领1名工人在要求的顶板处仅施工了1根锚索,便在此处施工帮锚杆。

14时50分许,在施工第2根帮锚杆时,上方顶板煤体突然垮落(冒顶长度约6 m,宽度约5 m,高度约6 m),冒落的煤体将在此处作业的班长掩埋。事故发生后,跟班副队长迅速组织施救,并于14时51分打电话汇报矿调度室申请救援。

18时20分左右,被埋班长被救出,已无生命体征。

【事故原因】

(一)直接原因

施工11050工作面开切眼过程中,未严格执行《11050开切眼掘进作业规程》,第一次掘进支护没有在工字钢下打设单体支柱,第二次掘进(开切眼宽度为 7 m)支护仍未打设单体支柱,开切眼上下端口未按要求增打锚索加强支护。巷道断面大,未按照要求打设单体支柱、锚索,顶板支护强度不足,导致冒顶事故发生。

(二)间接原因

(1)作业现场管理混乱。夜班、早班带班矿领导未进行现场交接班,采用打电话方式进行交接班,现场缺少用于支护的单体支柱,工作面开切眼一直未按要求打设单体支柱。

(2)安全培训不到位,职工安全意识淡薄。安全培训教育不到位,日常培训针对性不强,学习贯彻流于形式;职工对冒顶威胁认识不足,工作面开切眼完成第二次掘进后,在仍未打设单体支柱的情况下大胆蛮干,对存在的隐患未及时采取有效措施。

(3)安全风险管控不严,隐患排查治理不实。隐患排查没有突出重点内容、主要设施和关键岗位,矿方对排查出的隐患虽然登记造册,但没有及时治理和消除,未实现闭环管理。

(4)安全监管机构不健全,监管人员配备不足。煤业公司没有建立专门的安全生产监管机构,未配备专业的安全生产监管人员,未严格落实安全监管的主体责任。

【制度规定】

(1)《煤矿安全规程》第一百条:"采煤工作面必须存有一定数量的备用支护材料。"

(2)《煤矿安全规程》第九条第一款:"煤矿企业必须对从业人员进行安全教育和培训。培训不合格的,不得上岗作业。"

(3)《煤矿安全生产标准化管理体系基本要求及评分方法(试行)》表 7-1 煤矿事故隐患排查治理标准化评分表:"矿领导带班下井过程中跟踪带班区域重大安全风险管控措施落实情况,排查事故隐患,记录重大安全风险管控措施落实情况和事故隐患排查情况。生产期间,每天安排管理、技术和安检人员进行巡查,对作业区域开展事故隐患排查治理。能够立即治理完成的事故隐患,当班采取措施,及时治理消除,并记入班组隐患台账。不能立即治理完成的事故隐患,明确治理责任单位(责任人)、治理措施、资金、时限,并组织实施。"

(4)《生产安全事故报告和调查处理条例》第九条第一款:"事故发生后,事故现场有关人员应当立即向本单位负责人报告;单位负责人接到报告后,应当于 1 h 内向事故发生地县级以上人民政府安全生产监督管理部门和负有安全生产监督管理职责的有关部门报告。"

【防范措施】

(1)严格开展隐患排查治理,强化井下作业现场管理。认真组织开展隐患排查治理,对排查出的问题和隐患登记造册,逐项落实整改,实现闭环管理;严格落实矿领导带班、区队长跟班等制度,确保各项安全防护措施落到实处;加强作业现场安全监督管理,发现违章作业要及时纠正制止,杜绝"三违"现象。

(2)加大培训力度,深入开展煤矿事故警示教育工作。加强安全培训,提高培训质量,增强从业人员安全防护意识,使其熟练掌握安全操作技能,提升危险源辨识能力;采取多种形式开展事故警示教育,坚持安全培训与事故警示教育相结合,举一反三、警钟长鸣。

(3)牢固树立安全"红线"意识,全面落实安全生产主体责任。煤矿企业是安全生产责任的主体,强化安全"红线"意识,全面落实企业安全生产主体责任;建立健全安全生产等职能机构,配齐专业人员,开展日常隐患排查治理,及时消除安全隐患。

【学习自测】

1. (判断题)该起事故的主要原因是顶板岩性较差。(   )
2. (单选题)打锚杆眼前,必须首先(   )。
   A. 敲帮问顶   B. 确定眼距   C. 摆正机位
3. (多选题)该矿发生事故的间接原因有(   )。
   A. 作业现场管理混乱
   B. 安全培训不到位,职工安全意识淡薄
   C. 安全风险管控不严,隐患排查治理不实
   D. 安全监管机构不健全,监管人员配备不足

参考答案:1. ×   2. A   3. ABCD

案例 2　江西丰城某矿空顶作业致亡一般事故

【事故经过】

2020年6月13日17时10分许,江西丰城某矿发生一起顶板事故,造成1人死亡。

6月13日12时左右,矿开拓六队值班干部主持召开了中班班前会,安排副队长、班长(死者)带领6人到东Ⅲ采区701(下段)回风巷掘进工作面(以下简称701回风巷)进行掘进作业。14时左右,作业人员陆续到达701回风巷,开始打眼爆破。15时40分爆破,30 min后,当班安全员首先进入迎头,发现爆破后顶板情况无异常,就离开701回风巷前往东Ⅲ轨道下山维修点检查安全工作。随后班长带人进入迎头,未使用前探梁临时支护就安排出煤,跟班副队长也没有制止班长等人的空顶作业违章行为。17时10分,出煤工作结束,班长从迎头最前排锚网处向迎头拉卷尺测量时,突然垮落一块长1.3 m、宽0.6 m、厚0.3 m的岩石及碎渣,将其砸倒掩埋并致死。

【事故原因】

(一)直接原因

701回风巷迎头爆破后作业前,未对顶板进行临时支护,空顶作业,顶板突然垮冒,将正在迎头作业的人员砸埋致死。

(二)间接原因

(1)安全管理不严不实。701回风巷自6月9日开始掘进起,至事故发生日5天时间,作业过程中均未使用临时支护,空顶作业,矿、队两级管理人员均未制止现场作业人员的违章行为。

(2)安全教育培训不到位。现场作业人员对顶板灾害防范意识不强,违章空顶作业,且死亡人员2019年为绞车工,2020年转岗为掘进工时,矿未按要求对其进行转岗培训。

【制度规定】

(1)《煤矿安全规程》第五十八条第一款:"施工岩(煤)平巷(硐)时,应当遵守下列规定:(一)掘进工作面严禁空顶作业。临时和永久支护距掘进工作面的距离,必须根据地质、水

文地质条件和施工工艺在作业规程中明确,并制定防止冒顶、片帮的安全措施。"

(2)《安全生产法》第四十六条第一款:"生产经营单位的安全生产管理人员应当根据本单位的生产经营特点,对安全生产状况进行经常性检查;对检查中发现的安全问题,应当立即处理;不能处理的,应当及时报告本单位有关负责人,有关负责人应当及时处理。检查及处理情况应当如实记录在案。"

(3)《煤矿安全规程》第九条:"煤矿企业必须对从业人员进行安全教育和培训。培训不合格的,不得上岗作业。特种作业人员必须按国家有关规定培训合格,取得资格证书,方可上岗作业。"

(4)《生产安全事故报告和调查处理条例》第九条第一款:"事故发生后,事故现场有关人员应当立即向本单位负责人报告;单位负责人接到报告后,应当于1小时内向事故发生地县级以上人民政府安全生产监督管理部门和负有安全生产监督管理职责的有关部门报告。"

【防范措施】

(1)要切实加强安全管理。狠抓制度落实,狠抓现场管理,狠反"三违",做实风险管控和隐患排查治理,加强安全生产标准化建设,提高矿井安全保障水平,有效防范安全事故发生。

(2)要加强安全生产教育和培训工作。认真吸取事故教训,开展经常性的安全警示教育活动,不断提高从业人员安全生产意识,增强职工按章操作的自觉性;加强对从业人员进行安全教育和培训,做到全员持证上岗。

(3)要坚持依法办矿。要树立法治意识,严格依法管矿、依法治安,依法及时如实报告事故,杜绝隐瞒不报、谎报、迟报事故现象。

【学习自测】

1.(判断题)所谓过失是指行为人对所发生的后果而言,但对于违反规章制度的则是明知故犯。(　　)

2.(单选题)采掘工作面必须按照作业规程的规定及时支护,严禁(　　)作业。

A. 在临时支护下　　　B. 控顶　　　C. 空顶

3.(多选题)该矿发生事故的间接原因有(　　)。

A. 安全管理不严不实　　　B. 安全教育培训不到位

C. 作业人员未持证上岗　　　D. 支护材料不合格

参考答案:1. √　2. C　3. AB

案例3　河南许昌某矿架棚接顶不实致伤亡一般事故

【事故经过】

2019年9月15日16时7分,河南许昌某矿新主斜井掘进工作面发生一起顶板事故,造成2人死亡、2人重伤。

9月15日6时30分,施工队副队长组织8点班班前会,安排当班任务是先维修迎头2架棚,再向前架设2架棚。当班施工队共出勤8人,分别为副队长、班长及6名工人。

7时30分,班长带领作业人员到达作业地点,按照班前会安排任务开始作业,至16时顺利完成当班工作任务。事故发生前,班长在迎头紧固卡缆,2名工人在迎头拆卸工作台,4名工人在迎头后方整理工具,副队长在迎头后方20 m处补风筒。

16时7分,自迎头后方3.5~11.5 m范围内巷道突然冒顶,造成除副队长外的其余7人被困。经抢救,5人生还,2人无生命特征。

【事故原因】

(一) 直接原因

事故地点临近老空区,顶板岩体已经受到破坏,巷道顶部煤矸脱落,钢棚支护不接顶,受维修和架棚扰动,顶部大块岩石失稳突然下沉垮落,摧垮钢棚,导致事故发生。

(二) 间接原因

(1) 现场管理不到位。① 施工队未按照施工设计规定的倾角和棚距施工;② 巷道施工工程质量差,顶板支护不严不实,钢棚不能有效支护顶板;③ 架棚后未及时喷浆。

(2) 技术管理不到位。① 施工队编制的作业规程未按照初步设计和安全设施设计要求确定新主斜井施工倾角和棚距,矿审批时未纠正;② 新主斜井接近老空区,施工队和矿未制定针对性措施;③ 巷道顶板煤层垮落,钢棚接顶不实,施工队和矿未采取有效措施。

(3) 安全教育培训不到位。① 职工安全意识差,违章冒险作业;② 施工队副队长、当班班组长均未取得安全资格证书;③ 施工队未组织施工作业人员认真学习作业规程。

(4) 安全主体责任不落实。① 某公司仅出让工程资质给施工队,未实施管理;② 施工队重施工进度、轻安全管理,巷道顶板支护不严不实的隐患未处理继续施工,长达100 m巷道未按规定及时喷浆;③ 矿未对施工队实施有效监督管理;④ 施工队和矿未认真开展隐患排查治理和风险评估管控工作,事故隐患长期存在。

(5) 上级公司安全管理不到位。上级公司未及时发现矿新主斜井项目存在的安全隐患和无证上岗、借用施工资质、无工程监理建设等违法违规行为。

【制度规定】

(1)《煤矿安全规程》第一百零三条:"巷道架棚时,支架腿应当落在实底上;支架与顶、帮之间的空隙必须塞紧、背实。支架间应当设牢固的撑杆或者拉杆,可缩性金属支架应当采用金属支拉杆,并用机械或者力矩扳手拧紧卡缆。倾斜井巷支架应当设迎山角;可缩性金属支架可待受压变形稳定后喷射混凝土覆盖。巷道冒顶空顶部分,可用支护材料接顶,但在碹拱上部必须充填不燃物垫层,其厚度不得小于0.5 m。"

(2)《煤矿安全规程》第八条第三款:"从业人员必须遵守煤矿安全生产规章制度、作业规程和操作规程,严禁违章指挥、违章作业。"

(3)《煤矿安全规程》第九条第一款、第二款:"煤矿企业必须对从业人员进行安全教育和培训。培训不合格的,不得上岗作业。主要负责人和安全生产管理人员必须具备煤矿安全生产和管理能力,并经考核合格。特种作业人员必须按国家有关规定培训合格,取得资格证书,方可上岗作业。"

(4)《安全生产法》第二十二条第五项、第六项:"生产经营单位的安全生产管理机构以及安全生产管理人员应当履行下列职责:(五)检查本单位的安全生产状况,及时排查生产安全事故隐患,提出改进安全生产管理的建议;(六)制止和纠正违章指挥、强令冒险作业、违反操作规程的行为"。

【防范措施】

(1) 加强事故隐患排查治理,加强履职尽责监管力度。所属煤矿要立即开展建设项目专项检查,排查建设项目存在的事故隐患及违法违规行为,对未按照批准的初步设计及安全设施设计进行施工的建设项目,一律停止施工进行整改;严格履行建设单位安全生产主体责任,加强对建设项目施工单位安全生产责任制落实情况、隐患排查治理、现场安全管理、技术管理的监督检查,对未按规定委托工程监理和施工单位挂靠施工资质的建设项目立即停止建设。

(2) 严格建设项目施工队伍现场安全管理。要强化对施工单位现场隐患排查和工程质量检查验收,督促施工单位认真排查、整改现场安全生产隐患,加强顶板管理,严格按照批准的初步设计和安全设施设计组织施工,严禁违章指挥、冒险作业。

(3) 加强技术管理。① 要组织对建设项目采掘工作面作业规程及安全措施进行审查,修改不符合规定的内容;② 当井巷施工接近或通过老空和断层、褶曲等地质构造带时,要制定切实有效的针对性措施。

(4) 加强安全教育培训。强化对建设项目施工单位人员安全教育培训工作的监督检查,真正提高工人安全意识和安全技能,施工人员必须经安全培训并考核合格后方可上岗作业。

【学习自测】

1. (判断题)煤矿企业是预防煤矿生产安全事故的责任主体。(　　)
2. (单选题)维修倾斜井巷时,(　　)上、下段同时作业。
 A. 不得　　　　　　B. 严禁　　　　　　C. 允许
3. (多选题)从业人员对用人单位管理人员违章指挥、强令冒险作业,(　　)。
 A. 不得拒绝执行　　　　　　B. 不得举报
 C. 有权提出批评、检举和控告　　D. 有权拒绝执行

参考答案:1. √　2. B　3. CD

案例 4　青海海北某矿超前支护不到位致亡一般事故

【事故经过】

2018 年 12 月 26 日 18 时 50 分许,青海海北某矿发生一起顶板冒落事故,造成 1 人死亡。

12 月 26 日 15 时,矿掘进一队副队长袁某委托副队长张某组织召开中班班前会,袁某本人去矿材料库领取当班要用的管缝式锚杆等材料。班前会上,张某为汪某、马某等 4 名当班作业员安排好当班任务后回宿舍休息。

16 时 10 分,汪某、马某等 4 人到达 3650 掘进工作面开始作业,施工了 1 根管缝式锚杆后便开始架棚工作,架起 1 根工字钢并用 2 根单体液压支柱顶住。随后跟班矿领导何某、安全技术员乔某和瓦斯检查工吴某到达现场,见现场只施工 1 根管缝式锚杆(措施中要求施工 8 根)后要求立即停止架棚,继续施工管缝式锚杆,做好超前支护后再开展后面的工作,之后 3 人便离开。

汪某等 4 人没有按照何某的要求继续施工管缝式锚杆,而是在未做好超前支护、敲帮问顶的情况下便开始挖梯形钢架的柱腿窝。汪某在最前面,马某等 2 名工人在其身后运送汪某挖出的矸石和煤,另外 1 名工人在最外面递材料。

18 时 50 分,工作面迎头左帮突然片帮,左上角冒顶,冒落的煤矸将汪某掩埋,汪某被扒出后,经抢救无效死亡。

【事故原因】

(一)直接原因

作业人员在掘进工作面未做好超前支护的情况下违章作业,顶板冒落造成人员伤亡。

(二)间接原因

(1)安全投入不到位。3650 回风上山掘进工作面作业现场没有用于施工超前支护的管缝式锚杆,矿材料库中也没有存货。

(2)安全技术措施不完善。矿井编制的《303 采区东翼 3650 水平掘进工作面作业规程》不符合规定要求,未明确超前支护距掘进工作面迎头的距离,3650 回风上山作为 303 采区东翼 3650 水平中的一条巷道,没有单独编制掘进工作面作业规程。

(3)安全教育培训流于形式。3650 回风上山掘进工作面现场作业人员对《303 采区东翼 3650 水平掘进工作面作业规程》不熟悉,没有按照要求进行超前支护和敲帮问顶。

(4)安全管理不到位。跟班队长未下井跟班;3650 回风上山掘进工作面未按规定配备安监员,现场无安监员;跟班矿领导何某发现 3650 回风上山掘进工作面未完成超前支护后,要求现场作业人员补打管缝式锚杆后再进行其他作业,未现场督促消除隐患便离开。

【制度规定】

(1)《煤矿安全规程》第十一条第二款:"煤炭生产与煤矿建设的安全投入和职业病危害防治费用提取、使用必须符合国家有关规定。"

(2)《煤矿安全规程》第三十八条:"单项工程、单位工程开工前,必须编制施工组织设计和作业规程,并组织相关人员学习。"

(3)《煤矿安全规程》第五十八条第一款第三项:"施工岩(煤)平巷(硐)时,应当遵守下列规定:(三)在松软的煤(岩)层、流砂性地层或者破碎带中掘进巷道时,必须采取超前支护或者其他措施。"

(4)《煤矿安全规程》第九条第一款:"煤矿企业必须对从业人员进行安全教育和培训。培训不合格的,不得上岗作业。"

(5)《煤矿安全规程》第三十七条:"煤矿建设、施工单位必须设置项目管理机构,配备满足工程需要的安全人员、技术人员和特种作业人员。"

【防范措施】

(1)全面落实煤矿企业安全生产主体责任,保障安全投入。煤矿企业是安全生产责任的主体,必须强化企业安全生产主体责任落实;必须保障煤矿所必需的资金投入,严格执行有关煤矿安全政策措施,提升安全基础,决不能在安全投入上"欠账"。

(2)严格制定并执行煤矿操作规程和安全技术措施。煤矿企业要进一步规范作业行为,严格制定岗位操作规程、作业规程、安全技术措施等,并认真组织从业人员深入学习,从业人员考核通过并熟练掌握后方可上岗作业。

(3) 严格开展隐患排查治理，强化井下作业现场管理。认真组织开展全面、彻底的隐患排查治理工作，加强井下作业现场安全管理；严格执行矿领导带班、区队长跟班制度，对井下发现的隐患必须现场跟踪消除。

(4) 加强地方煤矿安全监管，严格做好安全防范工作。地方煤矿安全监管部门要加大对煤矿企业的监督检查力度，提高监督检查的效能，特别是对近年来事故多发企业强化安全管控措施，打击整治煤矿违法违规行为，真正做到盯紧看牢。

【学习自测】

1. （判断题）设置生产管理机构、配备生产管理人员是企业取得安全生产许可证必须具备的安全生产条件之一。（　　）
2. （单选题）破碎顶板容易发生局部漏顶现象，如果得不到及时支护，易发生工作面（　　）冒顶事故。
   A. 漏冒型　　　　　B. 压垮型　　　　　C. 推垮型
3. （多选题）采取（　　）防范措施，避免发生此类事故。
   A. 全面落实煤矿企业安全生产主体责任，保障安全投入
   B. 严格制定并执行煤矿操作规程和安全技术措施
   C. 严格开展隐患排查治理，强化井下作业现场管理
   D. 加强地方煤矿安全监管，严格做好安全防范工作

参考答案：1. ×　2. A　3. ABCD

案例5　河北张家口某矿截锚杆造成片帮致亡一般事故

【事故经过】

2019年7月11日3时50分，河北张家口某矿井下1102N进风巷发生一起顶板事故，造成1人死亡。

7月10日21时30分，综掘三队0点班召开井上班前会，由跟班副队长、当班班长主持，组长赵某等26人参加，会上副队长安排赵某先补打7月10日8点班没打成的一根锚杆。

23时10分许，班长主持召开井下班前会进行人员分工。组长赵某等6人到达1102N进风巷转载机机头非行人侧作业地点。赵某进行安全确认后6人便开始刷帮作业，2人打锚杆，1人剪网、攉煤，1人松锚杆、攉煤，1人捅煤、攉煤，赵某指挥并攉煤等。赵某安排2人先去补打7月10日8点班没打成的一根锚杆，因锚杆眼难以成孔，经赵某同意，没有进行补打。接着6人在7月10日8点班维修地点开始刷帮作业，在完成上部2行6排锚杆安装后，2人打第3行锚杆，1人在锚杆施工人员左侧清煤，赵某等3人在锚杆施工人员右侧（7月10日8点班维修过巷帮处）清煤。

7月11日3时50分许，有人听到有煤体离帮的声音后，一名职工大喊"快跑"，大家马上躲闪，紧接着"轰隆"一声，煤体片帮，赵某被大煤块砸中挤至带式输送机缓冲梁处，趴在缓冲梁上，后背被煤块压住。班长喊赵某，赵某没反应。

发生事故后，现场5名工人及附近其他工人在班长的指挥下，赶快使用钢管将煤体撬

动,拉出赵某,使用担架将赵某抬出1102N进风巷。在事故抢救的同时,3时52分班长打电话向调度室报告。接到报告后,调度室启动应急救援预案,报告医院、救护队,然后打电话通知矿相关领导。

4时10分,救护队接到报告,4时20分下井,在井下采区一煤轨道巷遇到赵某,经检查赵某已无生命体征。

【事故原因】

(一)直接原因

7月10日8点班,1102N进风巷巷道维修时,班长违反《1102N工作面巷修安全技术措施》规定,让工人将补打的锚杆锯短(在片帮煤堆中共清理出18根锚杆,留有锯痕断口的锚杆16根,最长1.56 m,最短0.57 m,不符合设计长度1.8 m),锚杆长度不符合要求致使支护强度不够,造成片帮,将7月11日0点班在此作业的一名工人砸压致死。

(二)间接原因

(1)安全确认不到位。7月11日0点班,作业人员在进行1102N进风巷作业之前,未按照班前会安排补打7月10日8点班遗留的锚杆,导致在不安全地点作业。

(2)现场管理工作不到位。① 7月10日8点班跟班副队长没有认真监督检查当班作业情况,未发现当班截锚杆的违章行为;② 7月10日8点班跟班安监员没有对当班现场作业和验收进行监督检查;③ 7月11日0点班班长、跟班副队长没有对作业现场进行安全确认和隐患处理工作。

(3)安全管理制度落实不到位。① 综掘三队队长疏于管理,对安全技术措施落实情况监督不力;② 没有落实安全管理责任,矿井安全监管不到位,7月5日至11日事故发生,主管科室均未组织人员对作业地点安全技术措施落实情况进行监督检查;③ 7月11日0点班带班矿领导对1102N进风巷作业地点检查未发现安全隐患。

(4)职工安全教育培训不到位,安全意识淡薄。① 安全措施贯彻不认真,存在1名工人未参加安全技术措施贯彻学习和1名工人未参加安全技术措施贯彻学习而由他人代替签名的问题;② 工人安全意识淡薄,安全自保、互保意识差,违章指挥、违章作业;③ 安全生产管理干部思想上对现场安全生产重视不够,对重点工作、重要作业地点的作业情况、安全质量情况缺乏及时有效的监督检查。

【制度规定】

(1)《煤矿安全规程》第八条第三款:"从业人员必须遵守煤矿安全生产规章制度、作业规程和操作规程,严禁违章指挥、违章作业。"

(2)《煤矿安全规程》第九条第一款:"煤矿企业必须对从业人员进行安全教育和培训。培训不合格的,不得上岗作业。"

(3)《煤矿安全规程》第五十八条第一款第一项:"施工岩(煤)平巷(硐)时,应当遵守下列规定:(一)掘进工作面严禁空顶作业。……并制定防止冒顶、片帮的安全措施。"

(4)《煤矿安全生产标准化管理体系基本要求及评分方法(试行)》表7-1煤矿事故隐患排查治理标准化评分表:"矿领导带班下井过程中跟踪带班区域重大安全风险管控措施落实情况,排查事故隐患,记录重大安全风险管控措施落实情况和事故隐患排查情况。生产期间,每天安排管理、技术和安检人员进行巡查,对作业区域开展事故隐患排查治理。岗位作业人员作业过程中随时排查事故隐患。"

（5）《煤矿生产安全事故隐患排查治理制度建设指南》第十条第一款、第三款："煤矿应当制定事故隐患排查治理过程中的安全保护措施，严防事故发生。对于短期内无法彻底治理的事故隐患，应当及时组织对其危险程度和影响范围进行评估，根据评估结果采取相应的安全监控和防护措施，确保安全。"

【防范措施】

（1）强化现场安全管理，落实岗位责任制。把安全监督检查规定落实到现场，及时发现"三违"行为并制止，及时掌握安全风险、查处安全隐患。加强对现场安全监督检查工作的管理，确保现场安全监督检查工作起到应有的作用。

（2）加强风险管控和隐患排查治理工作，落实企业安全生产主体责任。要切实落实企业安全生产主体责任，构建双重预防机制，全面开展安全风险管控和隐患排查治理。细化矿领导下井带班制度，明确带班领导职责，使领导带班真正起到发现隐患、促进安全的作用。

（3）加强职工安全教育，提高全员安全意识。加强现场管理人员安全教育和培训，增强责任观念，提高安全意识，使遵章守纪保安全观念深入职工内心深处，克服麻痹侥幸心理。

【学习自测】

1.（判断题）锚杆支护是锚杆与围岩共同作用，以达到巷道支护的目的。（　　）
2.（单选题）当断层处的顶板特别破碎，用锚杆锚固效果不佳时，可采用（　　）。
A. 打木柱法　　　　　B. 架棚法　　　　　C. 注浆法
3.（多选题）锚杆支护可以起到（　　）作用。
A. 加固拱　　　　　B. 组合梁　　　　　C. 悬吊　　　　　D. 封闭
参考答案：1. √　2. C　3. ABC

案例6　河南新密某矿未临时支护致亡一般事故

【事故经过】

2019年8月3日，河南新密某矿发生一起顶板事故，造成1人死亡。

8月3日8点班，安全经理安排班长张某等6人到主斜井掘进工作面进行掘进作业，入井前未召开班前会。

8时30分左右，6人开始进行打眼作业，在工作面距底板2 m范围内施工42个炮眼，加上上一班在工作面距底板2 m以上施工的14个炮眼，全断面共施工56个炮眼。爆破工和安全检查工将所有炮眼一次性装药，共计装药88.8 kg。

12时12分，待所有人员撤退到躲避硐后，爆破工向调度室打电话汇报后，起爆了距底板2 m以下的42个炮眼，共计74.4 kg炸药。

12时20分左右，张某等一行5人来到工作面进行检查，发现第一次爆破对距底板2 m以上半圆拱内炮眼破坏比较严重，工作面右侧基本坍塌到顶部，部分炮眼炮泥甩出、药卷裸露，右上角一炮眼起爆药卷掉出，雷管脚线埋在渣堆里。班长张某用铁钎子对右侧进行敲帮问顶，随后弯腰进入空顶区域捡拾渣堆里的雷管脚线，瞬间一块长约1.2 m、宽0.7 m、高0.6 m的大块岩石垮落，砸在张某身上。

张某被砸伤后,在场的4人无法搬动岩石,巷道中部喷浆班工人听到呼救声后赶赴现场救援,将受伤的张某从岩石下救出送医。13时40分张某经抢救无效死亡。

【事故原因】

(一)直接原因

主斜井工作面爆破后围岩离层,班长找顶后未采取临时支护措施,违规进入空顶区域捡拾雷管脚线,顶板岩石垮落致其死亡。

(二)间接原因

(1)违规进行爆破作业。主斜井掘进工作面未按照《爆破作业说明书》的要求进行打眼、装药,实际打眼少,装药量大,超过拱基线以上爆破,造成第一次爆破后工作面顶部围岩离层;违规采用一次装药两次起爆,未实现一次装药一次起爆,导致工作面上部准备二次爆破的雷管脚线落入空顶区域下渣堆。

(2)顶板管理不到位。主斜井掘进工作面爆破后顶板右侧出现围岩离层,敲帮问顶不充分,未按照《主斜井单位工程施工作业规程》中"首先采用木点柱或其他方法设置临时支护,严禁违规进入空顶区域作业"的规定进行操作。

(3)条件变化未及时修订作业规程和安全技术措施。当主斜井井筒掘进360.0~366.4 m时,巷道围岩岩性发生了变化,岩层破碎、稳定性差,但现场施工仍采用稳定围岩条件下的掘进打眼、装药和爆破参数,造成工作面顶板岩石松动、破坏和垮落。

(4)现场监督管理不到位。班组长严重失职,带头违章指挥爆破作业;安全检查工未履行安全监督职责,对施工现场违规爆破作业、不采取临时支护违规进入空顶区域等违章行为未制止。

(5)职工教育培训不到位。该矿未将施工单位人员纳入矿井安全培训总体计划中,当班班组长、爆破工、安全检查工均未取得相应资格证;施工单位未组织施工人员认真学习作业规程和安全技术措施。

【制度规定】

(1)《煤矿安全规程》第三百五十一条第一款:"……在掘进工作面应当全断面一次起爆,不能全断面一次起爆的,必须采取安全措施。在采煤工作面可分组装药,但一组装药必须一次起爆。"

(2)《煤矿安全规程》第五十八条第一款第一项、第三项:"施工岩(煤)平巷(硐)时,应当遵守下列规定:(一)掘进工作面严禁空顶作业。临时和永久支护距掘进工作面的距离,必须根据地质、水文地质条件和施工工艺在作业规程中明确,并制定防止冒顶、片帮的安全措施。(三)在松软的煤(岩)层、流砂性地层或者破碎带中掘进巷道时,必须采取超前支护或者其他措施。"

(3)《煤矿安全规程》第八条第三款:"从业人员必须遵守煤矿安全生产规章制度、作业规程和操作规程,严禁违章指挥、违章作业。"

(4)《煤矿安全规程》第九条第一款、第二款:"煤矿企业必须对从业人员进行安全教育和培训。培训不合格的,不得上岗作业。……特种作业人员必须按国家有关规定培训合格,取得资格证书,方可上岗作业。"

【防范措施】

(1)牢固树立红线意识。严格遵守安全生产法律法规及有关规定和要求,爆破作业时必须采用一次装药一次起爆。

（2）加强现场管理。强化制度落实,杜绝违章指挥、违章作业。加强临时支护和现场监督检查,发现现场与安全措施不符,应立即停止作业。

（3）加强职工教育培训。煤矿企业必须对从业人员进行安全教育和培训,做到持证上岗。落实培训责任,保障培训质量,确保安全技术措施有效贯彻执行,提高职工安全风险辨识能力,提升从业人员的安全意识和遵纪守法的自觉性。

【学习自测】

1.（判断题）违章指挥或违章作业、冒险作业造成事故的人员应负直接责任或主要责任。（　　）

2.（单选题）在掘进工作面应当全断面一次起爆,不能全断面一次起爆的,必须采取（　　）。

　　A. 安全措施　　　　　B. 远距离爆破　　　　C. 浅孔爆破

3.（多选题）采取（　　）防范措施,避免发生此类事故。

　　A. 牢固树立红线意识　　B. 加强现场管理　　　C. 加强职工教育培训

参考答案:1. √　　2. A　　3. ABC

第五节　巷修及特殊地点顶板事故案例

案例1　湖南株洲某矿修巷未用临时支护致亡一般事故

【事故经过】

2020年7月5日,湖南株洲某矿安泉井发生一起顶板事故,造成1人死亡。

7月5日早班,全矿13人下井作业,其中4人在+50 m水平南翼大巷进行维修作业,3人在-50 m水泵房进行维修作业。

8时,带班矿领导安排班长等2人下井维修。班长安排付某等2人先跟周某去维修作业点做准备,班长和另一名职工在地面准备材料。

8时20分,带班矿领导和付某等3人下井,9时到达+50 m水平南、北翼大巷交岔处往南翼大巷内80 m处,带班矿领导查看了作业地点情况,认为安全,就安排付某等2人先去清理疏通水沟。安排完,带班矿领导就去其他地点巡查了。付某等2人清理疏通水沟后,去车场推来2辆矿车,开始清理矸石并装入矿车,且挖了4个棚柱窝。

10时,班长等2人来到作业地点,与付某等2人一起装矸石。休息半小时后,付某等2人继续装矸石,班长等2人就开始加工支护材料（做棚柱棚梁）。班长等2人做好一架棚子后,4人开始对垮塌巷道进行架棚支护。架好第一架棚后,班长安排付某去处理前方巷道的危岩,其余3人退到后面加工第二架棚子。13时30分,前面突然传来一阵矸石的垮落声,付某被垮落的矸石砸倒在地。

事故发生后,班长等3人马上跑过去救人。付某上半身被岩石压住,趴在巷道中,班长等3人合力搬开压在付某身上的大块矸石（50多千克）,并将其抬到安全区域。此时,付某前胸已浸湿,脸上糊满泥渣,头顶矿帽和矿灯被砸坏,看不到明显伤痕和血迹,呼吸急促,对呼喊没有反应。班长立即跑去车场打电话报告事故。不久带班矿领导赶到现场,询问了事故经过,查看了付某伤势后,也跑出去打电话报告了。

13时40分,煤矿实际控制人接到事故报告后,立即安排矿长和技术员等4人下井救援。班长从车场回到事故现场后,和另外2人将付某抬到井底车场。这时,矿长和技术员也赶到了车场,一起将付某抬入抢救的矿车内。

14时20分,付某被运出井口,送往医院抢救。15时10分,经医生诊断付某已死亡。

【事故原因】

(一) 直接原因

巷道围岩为碳质泥岩,节理发育,且年久失修,巷道顶板松动离层、两帮片帮,具有冒落危险;未采取临时支护及其他防冒顶措施,作业人员未使用专用工具、站在危险区域违章冒险处理松动危岩,危岩垮落导致事故发生。

(二) 间接原因

(1) 现场管理不到位。一是当班带班矿领导未把存在重大安全风险的维修作业点作为重点部位和关键环节加强检查巡视,安排未经培训合格、不熟悉情况又没有巷道维修经验的工人进行维修,未安排安全管理人员或安全员现场盯守把关。二是处理松动离层顶板时,当班班长未安排专人观察顶板,未及时制止违章冒险行为。

(2) 技术管理不到位。巷道维修作业未针对具体地点编制安全技术措施,作业人员无章可循。

(3) 安全教育培训不到位。未按《煤矿安全培训规定》的规定时限对新入矿工人进行安全教育培训,工人未经考核合格即下井作业。工人专业技能不足,处理松动离层顶板经验不足,安全意识差,缺乏自保、互保能力。

(4) 安全管理混乱。矿井安全生产管理机构不健全,安全生产管理人员更换频繁,管理人员对煤矿现场情况不熟悉,风险辨识和灾害治理能力不足。

(5) 出租方安全管理责任不落实。出租方某公司未依法对该矿安全生产工作实行统一协调、管理,未定期进行安全检查。

(6) 恢复整改审批把关不严。一是镇人民政府对煤矿申请恢复整改的审批事项把关不严。二是县煤矿安全监管部门在审查该矿整改方案时,未按照湖南煤矿安全监察局、湖南省煤炭管理局《关于切实做好当前煤矿安全生产和春节后复工复产有关工作的通知》相关规定严格把关。

【制度规定】

(1)《煤矿安全规程》第三十八条:"单项工程、单位工程开工前,必须编制施工组织设计和作业规程,并组织相关人员学习。"

(2)《煤矿安全规程》第一百二十六条:"……维修井巷支护时,必须有安全措施。严防顶板冒落伤人、堵人和支架歪倒。扩大和维修井巷时,必须有冒顶堵塞井巷时保证人员撤退的出口。在独头巷道维修支架时,必须保证通风安全并由外向里逐架进行,严禁人员进入维修地点以里。撤掉支架前,应当先加固作业地点的支架。架设和拆除支架时,在一架未完工之前,不得中止作业。撤换支架的工作应当连续进行,不连续施工时,每次工作结束前,必须接顶封帮。维修锚网井巷时,施工地点必须有临时支护和防止失修范围扩大的措施。……

更换巷道支护时,在拆除原有支护前,应当先加固邻近支护,拆除原有支护后,必须及时除掉顶帮活矸和架设永久支护,必要时还应当采取临时支护措施。在倾斜巷道中,必须有防止矸石、物料滚落和支架歪倒的安全措施。"

【防范措施】

(1) 责令该矿安泉井立即停止作业。除通风和排水人员以外,严禁其他人员下井作业,整合技改设计及安全设施设计未经有关部门批准不得组织技改施工。

(2) 规范国有煤矿租赁承包行为。国有煤矿企业要依法出租给具有资质的单位和个人,出租方与承租方要签订专门的安全生产管理协议,明确各自的安全生产职责;某公司要对该矿的安全生产工作实行统一协调、管理,定期开展安全检查,切实履行企业所有人的安全管理职责。

(3) 严格落实驻矿盯守制度。一是要健全驻矿盯守制度,加强对驻矿安监员的日常考核和奖惩。二是要严格驻矿盯守措施,严防无证或证照不全的矿井非法生产。

(4) 强化煤矿安全监管工作。加强监督检查,对证照不齐的限期退出矿井,要责令立即停止井下一切生产活动,坚决打击非法违法生产行为。

(5) 积极引导不具备安全条件煤矿主动退出。严肃查处煤矿非法违法生产,一经发现,要坚决依法予以关闭。

【学习自测】

1. (判断题)该矿架棚修巷时,作业人员使用了专用工具,但未采用临时支护。(　　)
2. (单选题)当断层处的顶板特别破碎,用锚杆锚固效果不佳时,可采用(　　)。
   A. 打木柱法　　　　B. 架棚法　　　　C. 注浆法
3. (多选题)架棚巷道,修复支架时(　　)。
   A. 必须先检查顶、帮
   B. 由里向外逐架进行
   C. 由外向里逐架进行

参考答案:1. ×　2. C　3. AC

案例 2　吉林长春某矿三岔口冒顶致伤亡较大事故

【事故经过】

2018 年 1 月 7 日,吉林长春某矿+53 m 水平 1202 采煤工作面运输巷与集中刮板输送机道三岔口处发生一起较大顶板事故,造成 3 人死亡、1 人轻伤。

1 月 7 日 0 点班,矿当班出勤 33 人。带班安全副总张某组织召开班前会,安全检查工柴某布置工作任务:一组由班长赵某带领 5 人到+53 m 水平 1202 采煤工作面集中刮板输送机道翻修抬棚后的第一架工字钢棚,一组 6 人到+53 m 水平 1202 采煤工作面集中刮板输送机道铺下水管,一组 7 人到+30 m 水平右二层回风巷拉底。

1 月 6 日 23 时 50 分,带班安全副总、班长、安全检查工等一起乘斜井人车入井。到达翻修地点后,班长安排工人先把上一班翻棚留下的煤、矸装车运走,运完后开始翻修第一架工字钢棚。带班安全副总向班长安排了施工顺序,简单说明注意事项后就离开了。班长观察顶板,发现三岔口处抬棚的4根窜梁完好,但窜梁下无加强支护,于是他安排工人先在窜梁下靠煤帮600 mm的位置打了3根单体液压支柱。随后,班长安排工人把工字钢棚与抬棚中间顶板的金属网剪开,从顶板大约放出半吨的煤、矸,然后带领工人挂金属网,窜刹杆。1月7日1时45分左右,带班安全副总回到翻修作业地点,发现抬棚上顶板比较破碎,有冒顶的危险,于是要求班长继续加强支护,之后又离开了作业地点。

班长安排工人继续作业,在要翻修的工字钢棚和抬棚之间准备用一架工字钢棚作为临时支护,临时支护先用单体液压支柱临时支撑,再用工字钢棚腿支撑。打完单体液压支柱后,班长赵某在集中刮板输送机道右帮侧挖棚腿窝子,工人闫某扶工字钢的棚腿,工人刘某、王某在抬棚底下作业。此时,另外一人去工作面拿金属网,宋某去风门方向找钎子,两人刚离开三岔口两三米远,就听到一声巨响,发现三岔口已经被顶板冒落的煤、矸冒落堵严了。

事故发生后,在事故现场附近风门处的安全检查工喊来带班安全副总,带班安全副总赶到事故地点查看后,回到+30 m轨道巷向调度室打电话说:"井下冒顶埋人了,通知矿长下井救援"。打完电话后带班安全副总赶回+53 m水平集中刮板输送机道,与安全检查工等一起将腿部被煤、矸埋住的闫某拉了出来,随后和其他工人一起组织救援。

区安监局接到事故报告后,立即向区人民政府汇报,区人民政府启动《区煤矿安全生产事故应急预案》,成立以区长为组长的应急救援指挥部,迅速调集区救护队到达事故现场进行救援,按照应急救援指挥部安排,5时15分,救护队开始清理煤、矸并搜寻失踪人员。

16时30分,失踪人员赵某、刘某、王某3人全部找到,均已遇难。

【事故原因】

(一)直接原因

作业人员在+53 m水平1202采煤工作面集中刮板输送机道三岔口开展翻修作业时,对抬棚和窜梁加固强度不够,顶板来压,引发冒顶,三人被埋压致死。

(二)间接原因

(1)矿井安全检查工未尽到工作职责。安全检查工对作业人员在巷道维修时,对抬棚和窜梁加固强度不够而继续作业的违章行为未进行制止,且未向上级领导汇报。

(2)矿井带班领导未及时排除事故隐患。带班领导对检查中发现的作业地点可能发生冒顶的生产安全事故隐患未组织排除,且对现场作业人员违章作业的行为未进行制止。

(3)个别安全管理人员违章指挥。生产副矿长未认真执行国家煤矿安全生产相关要求,在未按《煤矿安全规程》的要求制定安全措施的前提下,安排作业人员进行巷道维修作业。

(4)矿井安全生产教育和培训工作缺乏针对性。作业人员对《巷道维修工操作规程》掌握程度不够,安全意识淡薄,风险辨识能力差,未做到自我安全和相互安全。

(5)安全管理工作不到位。矿井主要负责人对矿井的安全管理工作不到位,组织制定并实施的矿井安全生产教育和培训计划缺乏针对性,未有效防范从业人员的"三违"行为。

(6)公司对下属矿井的安全管理工作未实施有效的督促检查,对下属矿井存在的安全管理的缺陷防控不到位。

【制度规定】

(1)《煤矿安全规程》第五十八条:"施工岩(煤)平巷(硐)时,应当遵守下列规定:(一)掘进工作面严禁空顶作业。临时和永久支护距掘进工作面的距离,必须根据地质、水文地质条件和施工工艺在作业规程中明确,并制定防止冒顶、片帮的安全措施。(二)距掘进工作面10 m内的架棚支护,在爆破前必须加固。对爆破崩倒、崩坏的支架必须先行修复,之后方可进入工作面作业。修复支架时必须先检查顶、帮,并由外向里逐架进行。(三)在松软的煤(岩)层、流砂性地层或者破碎带中掘进巷道时,必须采取超前支护或者其他措施。"

(2)《煤矿安全规程》第一百二十六条第二款:"维修井巷支护时,必须有安全措施。严防顶板冒落伤人、堵人和支架歪倒。"

(3)《煤矿安全规程》第一百零四条:"严格执行敲帮问顶及围岩观测制度。开工前,班组长必须对工作面安全情况进行全面检查,确认无危险后,方准人员进入工作面。"

【防范措施】

(1)认真贯彻落实煤矿安全生产法律法规和本单位编制的规章制度。严格执行煤矿安全规程、操作规程、作业规程和安全措施,坚决杜绝无安全措施施工。

(2)加强现场安全管理,加大安全检查工作力度。一是加强现场安全管理,带班领导对安全风险大、容易发生生产安全事故的作业地点进行重点盯守;二是对检查中发现的生产安全事故隐患及时组织排除,不能及时排除的,必须停止现场作业;三是现场作业时,必须确认作业场所的安全状况后方可作业。

(3)加强安全生产教育和培训,提高从业人员业务能力和安全防范意识。强化安全生产教育和培训的针对性,保证教育和培训的质量,提高从业人员安全素质和安全操作技能,重点抓好新员工和调换工种员工的安全生产教育和培训工作。

(4)公司要加大对下属矿井的督促、检查力度,及时发现并消除生产安全事故隐患;要建立健全安全风险分级管控和隐患排查治理双重预防工作机制,查清各类隐蔽性致灾因素,严防事故发生。

(5)区人民政府及煤矿安全监管部门要认真吸取事故教训,认真监督落实各项安全管理制度和安全隐患排查治理制度,认真落实属地监管和部门监管责任,切实发挥监管执法人员的监管作用。

【学习自测】

1.(判断题)该矿采煤工作面集中刮板输送机道三岔口翻修作业时,对抬棚和窜梁加固强度不够,导致顶板来压冒顶。(　　)

2.(单选题)维修倾斜井巷时,(　　)上、下段同时作业。

A. 不得　　　　　B. 严禁　　　　　C. 允许

3.(多选题)从业人员对本单位的安全工作可以行使(　　)权利。

A. 对本单位安全生产工作中存在的问题提出批评、检举、控告

B. 拒绝违章指挥和强令冒险作业

C. 了解其作业场所和工作岗位存在的危险因素、防范措施及事故应急措施

D. 对本单位的安全生产工作提出建议

参考答案:1. √　2. B　3. ABCD

爆破事故篇

第七章 爆破事故

第一节 爆破事故概述

爆破技术在煤矿中广泛应用,为各种工程的进行创造了良好的条件。当前爆破技术不断发展,为人们的社会活动带来了极大的便利,但是其伴随的风险也逐渐突出,爆破作业中如何确保施工人员安全、确保工程安全是爆破之前需要重点考虑的问题。煤矿生产中引起爆破事故的原因是多方面的,主要原因是人的不规范作业行为。爆破事故较多是由涉爆人员培训教育不到位、不按章操作、违章爆破引起的。一旦发生爆破事故,会造成大量人员伤亡及财产损失,其造成的政治、经济以及资源上的损失往往是难以估量的。

【爆破事故防治】

(1)煤矿爆破工作必须由专职爆破工担任。突出煤层采掘工作面爆破工作必须由固定的专职爆破工担任。

(2)爆破作业必须执行"一炮三检""三人连锁爆破"和爆破警戒等制度。

(3)规范爆炸物品运输、分发、使用规定。严禁雷管和炸药混运、混放、混发,确保雷管和炸药的安全距离符合规程要求。

(4)建立健全并严格落实爆炸物品安全管理、定员定量、定置管理、危险点检查和隐患排查制度。强化分发、使用爆炸物品的管理。

(5)加强爆破作业人员的安全教育和培训。保证涉爆人员具备必要的安全生产知识,熟练掌握相关规章制度和爆破安全操作规程。

第二节 爆破事故案例

案例1 山东烟台某矿混存炸药、雷管爆炸致亡重大事故

【事故经过】

2021年1月10日,山东烟台某矿发生爆炸事故,造成22人被困。经全力救援,11人获救,10人死亡,1人失踪。

1月10日,工程公司1施工队在向回风井六中段下放启动柜时,发现启动柜无法放入罐笼,施工队负责人李某安排员工唐某和王某直接用气焊切割掉罐笼两侧手动阻车器,有高温熔渣块掉入井筒。

12时43分许,工程公司2项目部卷扬工李某兰在提升六中段的该项目部凿岩、爆破工郑某、李某满、卢某雄3人升井过程中,发现监控视频连续闪屏;罐笼停在一中段时,视频监控已黑屏。卷扬工于13时4分57秒将郑某等3人提升至井口。

13时13分10秒,风井提升机房视频显示井口和各中段画面"无视频信号",几乎同时,变电所跳闸停电,提升钢丝绳松绳落地,接着风井传出爆炸声,井口冒灰黑浓烟,附近房屋、车辆玻璃破碎。

14时43分许,采用井口悬吊风机方式开始抽风。在安装风机过程中,因井口槽钢横梁阻挡风机进一步下放,唐某用气焊切割掉槽钢,切割作业产生的高温熔渣掉入井筒。

15时3分左右,井下发生了第二次爆炸,井口覆盖的竹胶板被掀翻,井口有木碎片和灰烟冒出。

【事故原因】

(一)直接原因

井下违规混存炸药、雷管,井口实施罐笼气割作业产生的高温熔渣块掉入回风井,碰撞井筒设施,弹到一中段马头门内乱堆乱放的炸药包装纸箱上,引起纸箱等可燃物燃烧,导致混存乱放在硐室内的导爆管雷管、导爆索和炸药爆炸。

(二)间接原因

(1)现场安全管理不到位。承包方未按规定配备专职安全管理人员和相应的专职工程技术人员。未严格执行动火作业安全管理要求,作业人员使用伪造的特种作业操作证。矿方、承包方有关负责人及工程监理未及时发现并制止违规动火作业行为。井筒提升与井口气焊同时作业,纵容、放任现场违规交叉工作。

(2)技术措施落实不到位。未健全并落实民用爆炸物品出入库、领用、退回等安全管理制度;违规在井下设置民用爆炸物品储存场所,炸药、导爆管雷管和易燃物品混存混放。进行气焊切割作业时未确认作业环境及周边安全条件。事故发生当日井下作业现场没有工程监理。

(3)安全教育培训不到位。企业对外包进场作业人员安全教育培训、特种作业人员资格审查流于形式。承包方对爆破作业人员、安全管理人员进行专业技术培训不到位。监理人员未经监理业务培训,现场监理人员监理业务能力不足。

【制度规定】

(1)《煤矿安全规程》第九条第一款、第二款:"煤矿企业必须对从业人员进行安全教育和培训。培训不合格的,不得上岗作业。主要负责人和安全生产管理人员必须具备煤矿安全生产知识和管理能力,并经考核合格。特种作业人员必须按国家有关规定培训合格,取得资格证书,方可上岗作业。"

(2)《煤矿安全规程》第三百三十五条:"在多水平生产的矿井、井下爆炸物品库距爆破工作地点超过2.5 km的矿井以及井下不设置爆炸物品库的矿井内,可以设爆炸物品发放硐室,并必须遵守下列规定:(一)发放硐室必须设在独立通风的专用巷道内,距使用的巷道法线距离不得小于25 m。(二)发放硐室爆炸物品的贮存量不得超过1天的需要量,其中炸药量不得超过400 kg。(三)炸药和电雷管必须分开贮存,并用不小于240 mm厚的砖墙或者混凝土墙隔开。(四)发放硐室应当有单独的发放间,发放硐室出口处必须设1道能自动关闭的抗冲击波活门。(五)建井期间的爆炸物品发放硐室必须有独立通风系统。必须制定预防爆炸物品爆炸的安全措施。(六)管理制度必须与井下爆炸物品库相同。"

【防范措施】

(1)加强火工品管理。落实火工品管理安全责任制,建立健全火工品出入库检查、领退、保管、登记等各项管理制度;购买符合国家规定的合格火工品;炸药和电雷管严禁混存;定期对井下炸药库及存放点进行检查,发现异常及时处理,消除隐患。

(2)加强安全管理。发现违规作业及时制止,严禁违规交叉工作。

(3)加大职工培训力度。加强职工培训,特种作业人员必须按国家有关规定培训合格,取得资格证书,方可上岗作业。强化应急处置预案演练,确保职工熟知避灾路线和避灾方法。

【学习自测】

1.(判断题)建井期间的爆炸物品发放硐室必须有独立通风系统。不必制定预防爆炸物品爆炸的安全措施。(　　)

2.(单选题)建井期间的爆炸物品发放硐室必须有独立通风系统,应当有单独的发放间,出口处必须设(　　)道能自动关闭的抗冲击波活门。

A. 1　　　　　　　B. 2　　　　　　　C. 4

3.(多选题)由爆炸物品库直接向工作地点用人力运送爆炸物品时,应当遵守下列规定:(一)电雷管必须由爆破工亲自运送,炸药应当由爆破工或者在爆破工监护下运送。(二)爆炸物品必须装在(　　)的非金属容器内,不得将电雷管和炸药混装。严禁将爆炸物品装在衣袋内。领到爆炸物品后,应当直接送到工作地点,严禁中途逗留。

A. 耐压　　　　B. 抗撞冲　　　　C. 防震　　　　D. 防静电

参考答案:1. ×　2. A　3. ABCD

案例2　山西霍州某矿未执行"三人连锁爆破"致亡一般事故

【事故经过】

2017年11月6日11时,山西霍州某矿井下10-306(1)掘进工作面发生一起爆破事故,造成1人死亡。

11月6日5时50分,开拓一队队长主持召开班前会,对本班工作进行了安排,并强调了安全注意事项。当班为3小队,出勤9人。6时40分,当班人员在主井口乘车入井,途经10-301三联巷时3人下车在此处卸料,其他人在8时30分左右到达10-306(1)系统巷掘进工作面。10时左右工作面打眼完毕,首先起爆工作面下部29个炮眼。约15 min后班长、瓦斯检查工、副班长、爆破工进入工作面进行检查,火工品运送人员从临时火药点将火药背入工作面,爆破工装引药,班长、副班长往炮眼装药,装完后,爆破工去往临时存放火药点送剩余的火工品,班长、副班长连接雷管脚线,连线工作快结束时,班长让副班长继续连线,自己去叫爆破工。班长走到距工作面(10-301三联巷方向)80 m左右的地方遇见爆破工,叫爆破工进入工作面连接母线,爆破工在没听清的情况下就启动发爆器,班长听到炮响就对着爆破工说:"工作面还有人怎么就爆破了?"

随后班长、爆破工、副队长先后赶往工作面,看见副班长躺在工作面(11时),爆破工抱起伤者发现还有脉搏和呼吸,副队长查看后立即组织人员对伤员进行了简单包扎,并汇报矿调度室(11时20分左右),6人用担架将伤者抬至400站台,从立井运出井(12时7分),随后送往医院。约13时10分,经诊断副班长已死亡。

【事故原因】

(一)直接原因

爆破工未履行连接爆破母线并最后一个离开工作面的职责,在未执行"三人连锁爆破"制度的情况下直接启动发爆器,是这起事故发生的直接原因。

(二)间接原因

(1)班长、瓦斯检查工未认真履行安全监督职责、未执行"三人连锁爆破"制度。

(2)副班长违规将工作面雷管脚线和爆破母线连接。

(3)未按照10-306(1)系统巷掘进工作面作业规程的规定采用全断面一次爆破,而是采用两次装药两次爆破的方法。

(4)安全教育培训不到位,职工自保、互保意识差。

(5)安全管理及安全监督检查指导不到位。

【制度规定】

(1)《煤矿安全规程》第三百四十七条:"井下爆破工作必须由专职爆破工担任。突出煤层采掘工作面爆破工作必须由固定的专职爆破工担任。爆破作业必须执行'一炮三检'和'三人连锁爆破'制度,并在起爆前检查起爆地点的甲烷浓度。"

(2)《煤矿安全规程》第三百四十八条:"爆破作业必须编制爆破作业说明书,并符合下列要求:(一)炮眼布置图必须标明采煤工作面的高度和打眼范围或者掘进工作面的巷道断面尺寸,炮眼的位置、个数、深度、角度及炮眼编号,并用正面图、平面图和剖面图表示。(二)炮眼说明表必须说明炮眼的名称、深度、角度,使用炸药、雷管的品种,装药量,封泥长度,连线方法和起爆顺序。(三)必须编入采掘作业规程,并及时修改补充。钻眼、爆破人员必须依照说明书进行作业。"

(3)《煤矿安全规程》第三百六十九条:"爆破前,脚线的连接工作可由经过专门训练的班组长协助爆破工进行。爆破母线连接脚线、检查线路和通电工作,只准爆破工一人操作。爆破前,班组长必须清点人数,确认无误后,方准下达起爆命令。爆破工接到起爆命令后,必须先发出爆破警号,至少再等5 s后方可起爆。装药的炮眼应当当班爆破完毕。特殊情况下,当班留有尚未爆破的已装药的炮眼时,当班爆破工必须在现场向下一班爆破工交接清楚。"

【防范措施】

(1)该矿要进一步加强职工安全教育培训,不断提高职工素质和安全意识,增强职工自保和互保能力,防范麻痹思想;加大反"三违"力度,杜绝违章作业行为,确保"一炮三检"和"三人连锁爆破"等有关煤矿安全生产的规章制度、规程措施落实到现场。

(2)该矿要严格落实安全生产责任制。按照安全生产管理权限,层层落实、责任到人,做到每项工作都有责任人负责监督管理,形成从上到下层层负责的模式,消除安全管理上的漏洞。

(3)集团要组织所辖煤矿企业结合本事故开展一次反思教育活动,认真吸取事故教训,举一反三,查找生产安全漏洞,完善相关管理措施,有效防范和遏制生产安全事故,切实落实企业安全生产主体责任,夯实基础管理工作。

【学习自测】

1.(判断题)爆破工必须最后离开爆破地点,并在安全地点起爆。撤人、警戒等措施及起爆地点到爆破地点的距离必须在作业规程中具体规定。(　　)

2.(多选题)爆破前,班组长必须亲自布置专人将工作面所有人员撤离警戒区域,并在警戒线和可能进入爆破地点的所有通路上布置专人担任警戒工作。警戒人员必须在安全地点警戒。警戒线处应当设置(　　)。

A. 警戒牌　　　　　B. 栏杆　　　　　C. 拉绳　　　　　D. 警戒线

3.(多选题)井下爆破工作必须由(　　)。突出煤层采掘工作面爆破工作必须由固定的专职爆破工担任。爆破作业必须执行(　　)制度,并在起爆前检查起爆地点的甲烷浓度。

A. 专职爆破工担任

B. "一炮三检"

C. "三人连锁爆破"

参考答案:1. √　2. ABC　3. A,BC

案例3　四川宜宾某矿擅自撤岗爆破致亡一般事故

【事故经过】

2018年9月16日19时18分,四川宜宾某矿1181采煤工作面发生一起爆破事故,造成1人死亡。

9月16日15时30分,矿总工程师(事故当班带班矿领导)组织中班人员召开班前会,1181采煤班有6人。

18时45分,爆破工将两组(20个炮眼)爆破的炸药、雷管一次性装药完毕,然后将第一组(下段)10个炮眼雷管连线完毕。班长安排警戒员到1181回风巷安设警戒,并告知要进行两次爆破后方可撤岗,其余人员均到采煤工作面运输巷起爆点躲避。途中班长安排职工舒某打电话询问警戒员警戒情况,并确认警戒员警戒完毕。

18时56分,第一组炸药起爆,随后班长、爆破工从运输巷起爆点前往1181采煤工作面连线第二组炮眼,其间未见到警戒员,也未电话联系。

19时5分,距1181采煤工作面上安全出口约200 m的1191回风巷掘进工作面起爆,据推测,警戒员听到炮声以为1181采煤工作面第二次爆破结束,便由工作面返回。

19时10分,班长、爆破工连线完毕1181采煤工作面第二组炮眼,返回采煤工作面运输巷起爆点,其间未与警戒员电话联系,也未确认其是否安全。

19时18分,1181采煤工作面进行第二组炮眼起爆,此时警戒员刚好走到爆炸点。中途职工舒某跟警戒员电话联系,无人接听。跟班队干安排好支护和出煤事宜后,从1181采煤工作面经1181回风巷前往1191回风巷掘进工作面检查,途中未见警戒员。

20时30分,在装好第六车煤炭后,班长往1181采煤工作面上部查看第二组爆破点支护情况,发现警戒员侧躺在距上安全出口 16.5 m 的密集支柱处。

22 时 36 分,警戒员被送往医院,经抢救无效,于 23 时 49 分死亡。

【事故原因】

(一)直接原因

1181 采煤工作面作业人员违章一次装药两次爆破;1181 工作面回风巷警戒人员误判起爆次数,擅自撤岗,被第二次起爆炸伤致死。

(二)间接原因

(1)采掘部署过于集中,生产期间相互影响,安全措施不完善。矿井在开采的 +870 m 水平 1 个采区布置有 2 个采煤工作面(1181、1182)、3 个掘进工作面(1191 运输巷、1191 回风巷、1172 开切眼),1181 采煤工作面和 1191 回风巷掘进工作面为炮采炮掘,同时爆破相互影响,没有统一协调保障安全的措施。

(2)安全管理不到位,习惯性违章行为未得到有效制止。一是爆破工违章装药和爆破作业,未实行"分次装药、分次爆破",未核定警戒情况就爆破,未按作业规程要求在起爆 30 min 后进行检查,爆破后未同班长、瓦斯检查工共同前往工作面安全检查;二是班长未按规定在爆破前核实警戒并清点人员就违章指挥爆破。

(3)安全生产管理机构不健全、责任制度不落实。安全管理人员配备不到位,未配备专职采煤队长,由煤矿生产副矿长柳某兼任。安全管理制度不健全,如《1181 采煤工作面作业规程》中对起爆后的安全检查、警戒人员撤回等规定不明确。

(4)隐患排查治理不到位。对装药、爆破及警戒设置等习惯性违章发现和处置不力,对同一区域同时爆破作业相互影响未建立统一协调的管控机制的隐患失察。

(5)劳动组织不合理。爆破工配备不足。9 月 11 日之前,矿井爆破工仅为 3 人,11 日之后增加到 5 人,但 9 月 16 日中班,煤矿安排爆破工张某承担 1181、1182 采煤工作面及 1172 开切眼掘进工作面爆破任务,工作任务重,爆破时间紧,爆破工违章操作。

(6)职工安全培训教育质量不高。职工的上岗培训注重形式,煤矿多以会议的形式进行安全培训教育,未对职工开展分工种、分岗位的安全培训。职工安全素质低,安全风险辨识能力不足,自主保安、互助保安意识差、能力不足。

【制度规定】

(1)《煤矿安全规程》第九十五条第二款、第三款:"采(盘)区开采前必须按照生产布局和资源回收合理的要求编制采(盘)区设计,并严格按照采(盘)区设计组织施工,情况发生变化时及时修改设计。一个采(盘)区内同一煤层的一翼最多只能布置 1 个采煤工作面和 2 个煤(半煤岩)巷掘进工作面同时作业。一个采(盘)区内同一煤层双翼开采或者多煤层开采的,该采(盘)区最多只能布置 2 个采煤工作面和 4 个煤(半煤岩)巷掘进工作面同时作业。"

(2)《煤矿安全规程》第三百五十一条:"在有瓦斯或者煤尘爆炸危险的采掘工作面,应当采用毫秒爆破。在掘进工作面应当全断面一次起爆,不能全断面一次起爆的,必须采取安全措施。在采煤工作面可分组装药,但一组装药必须一次起爆。"

(3)《煤矿安全规程》第三百六十九条:"爆破前,脚线的连接工作可由经过专门训练的班组长协助爆破工进行。爆破母线连接脚线、检查线路和通电工作,只准爆破工一人操作。爆破前,班组长必须清点人数,确认无误后,方准下达起爆命令。爆破工接到起爆命令后,必须先发出爆破警号,至少再等 5 s 后方可起爆。装药的炮眼应当当班爆破完毕。特殊情况下,当班留有尚未爆破的已装药的炮眼时,当班爆破工必须在现场向下一班爆破工交接清楚。"

(4)《煤矿安全规程》第三百七十条:"爆破后,待工作面的炮烟被吹散,爆破工、瓦斯检查工和班组长必须首先巡视爆破地点,检查通风、瓦斯、煤尘、顶板、支架、拒爆、残爆等情况。发现危险情况,必须立即处理。"

【防范措施】

(1) 严格落实清底交班验炮制度。采掘工作面验炮工作必须做到现场安全负责人与爆破工共同完成安全确认。爆破后清底不到位或验炮工作未进行的,一律不得从事其他工作;验炮工作未完成,当班班组长和爆破工严禁离开施工现场。

(2) 强化爆破工序规范化。必须坚持使用矿用抗水雷管、网络导通仪、雷管脚线护套、阻燃彩带等有效的爆破器材,提高爆破效果。严格执行"一炮三检""三人连锁爆破""三警戒"制度。装药、爆破不得与其他无关工序平行作业。采、掘工作面爆破连线必须由爆破工亲自操作,严禁其他任何人代替。切实做到采煤工作面警戒内有人不爆破、掘进工作面不清底验炮不交班。

(3) 切实执行雷管导通和分组编号制度。各单位在雷管发出前认真执行雷管导通和分组编号制度。雷管发出前必须进行导通试验,退库雷管再次发出前也必须进行导通,凡不经导通试验或电阻值不符合要求的电雷管一律不准发出。

(4) 强化施工单位现场动态稽查。要不定期、不定人员、不定班次、不定地点对爆破现场和炸药库导通、发放情况进行动态检查;严肃查处各类违章爆破行为,坚决杜绝类似事故的发生。

(5) 加强职工业务素质、安全意识教育。强化职工业务素质考核制度落实,从重查处各类培训流于形式等情况,切实提高煤矿职工业务水平与操作水平。

【学习自测】

1. (判断题)爆破工必须最后离开爆破地点,并在安全地点起爆。撤人、警戒等措施及起爆地点到爆破地点的距离必须在作业规程中具体规定。(　　)

2. (单选题)在掘进工作面应当全断面一次起爆,不能全断面一次起爆的,必须采取安全措施。在采煤工作面可分组装药,但一组装药必须(　　)。

A. 一次起爆　　　　B. 二次起爆　　　　C. 多次起爆

3. (多选题)爆破前,班组长必须亲自布置专人将工作面所有人员撤离警戒区域,并在警戒线和可能进入爆破地点的所有通路上布置专人担任警戒工作。警戒人员必须在安全地点警戒。警戒线处应当设置(　　)。

A. 警戒牌　　　　B. 栏杆　　　　C. 拉绳　　　　D. 警戒线

参考答案:1. √　2. A　3. ABC

案例 4　黑龙江七台河某矿违章进入爆破贯通点致伤亡一般事故

【事故经过】

2017 年 6 月 12 日 10 时 45 分,黑龙江七台河某矿发生一起爆破事故,造成 1 人死亡、

1人受伤。

6月12日,一采下山区区长指派掘进副区长丁某到右四片68#层全岩斜上掘进工作面指挥贯通工作,通风区区长安排副区长李某陪同集团公司检查组检查后,到一采下山区右四片68#层全岩斜上掘进工作面指挥贯通工作,李某派通风段长景某到现场监督。

一采下山区70306掘进队当班出勤5人,分别是班长、爆破工等。班前会上,掘进副区长丁某安排班长等人去右四片68#层全岩斜上掘进工作面打眼爆破。约8时30分,班长、当班瓦斯检查工等一同到达右四片68#层全岩斜上掘进工作面,看到0点班已打了8个岩石炮眼。丁某随后进入工作面打眼。打眼期间,安全检查工来到工作面,叮嘱班长放好安全警戒、做好安全措施便离开了工作面。

约9时30分,丁某安排班长等人装药爆破,自己去三片巷道会同通风段长景某到警戒地点负责安全警戒。班长连6个掏槽炮眼,在工作面大喊三声"爆破了",到100 m外爆破地点又大喊三声"爆破了"。

10时5分,班长进行第一遍爆破。炮烟散尽后,班长等2人到工作面查看,工作面没有贯通,班长又连8个辅助炮眼。

约10时45分,班长在工作面和爆破地点先后大喊三声"爆破了"后,进行第二遍爆破。炮烟散尽后,班长带领两名职工进入工作面,通过探眼听到被贯通巷道内丁某喊话,说他和景某受伤了。

班长知道发生事故后,立即安排瓦斯检查工彭某打电话通知采区领导,他和职工王某折回斜上巷道底部通过另一斜上巷道到达三片贯通地点,看到丁某和景某均倒在距贯通地点2 m处,2人面部流血。职工王某跑到其他工作地点找来10多名工人,用风筒布等材料做成简易担架,将受伤的丁某和景某抬上平巷人车,经副立井升井,送到医院救治。

14时20分,通风段长景某经抢救无效死亡,丁某耳部、肩部受伤,无生命危险。

【事故原因】

(一)直接原因

右四片68#层全岩斜上掘进工作面贯通爆破时,工人违章进入贯通地点,被爆破产生的震动、空气冲击波和飞石击伤,导致事故发生。

(二)间接原因

(1)干部违章指挥,工人违章作业。一是一采下山区掘进副区长违章安排非专职爆破工进行爆破作业;二是一采下山区68#层全岩斜上掘进工作面爆破作业未执行"三人连锁爆破"制度;三是警戒人员明知一采下山区贯通作业地点有再次进行爆破的危险,仍违章冒险进入,安全警戒形同虚设。

(2)现场安全管理混乱,贯通作业不执行作业规程。一是进行爆破贯通作业时,没有按照《矿一采下山区68#全岩斜上作业规程》规定要求设置警戒栅栏;二是一采下山区、通风区主要领导没有按照公司规定要求,亲自到现场指挥贯通作业;三是现场工作安排不力,只安排两人掘进作业,没有专职爆破工,无法执行"三人连锁爆破"制度。

(3)安全生产监督检查不到位。一是对贯通地点现场爆破警戒没有设置栅栏、没有执行"三人连锁爆破"制度等情况监督检查不到位;二是巷道贯通作业时,现场无安检人员监督。

(4)从业人员安全教育培训不到位。一是从业人员安全教育、安全培训流于形式,职工安全意识淡薄,自主保安、互保联保意识差,违章指挥、违章作业等习惯性违章行为时有发生;二是一采下山区区长、安全副区长任职已超过6个月,没有按照规定参加培训并经考核合格,不具备安全管理资格。

【制度规定】

(1)《煤矿安全规程》第三百四十七条:"井下爆破工作必须由专职爆破工担任。突出煤层采掘工作面爆破工作必须由固定的专职爆破工担任。爆破作业必须执行'一炮三检'和'三人连锁爆破'制度,并在起爆前检查起爆地点的甲烷浓度。"

(2)《煤矿安全规程》第三百六十三条第二款:"爆破前,班组长必须亲自布置专人将工作面所有人员撤离警戒区域,并在警戒线和可能进入爆破地点的所有通路上布置专人担任警戒工作。警戒人员必须在安全地点警戒。警戒线处应当设置警戒牌、栏杆或者拉绳。"

(3)《煤矿安全规程》第八条第三款:"从业人员必须遵守煤矿安全生产规章制度、作业规程和操作规程,严禁违章指挥、违章作业。"

(4)《煤矿安全规程》第九条:"煤矿企业必须对从业人员进行安全教育和培训。培训不合格的,不得上岗作业。主要负责人和安全生产管理人员必须具备煤矿安全生产知识和管理能力,并经考核合格。特种作业人员必须按国家有关规定培训合格,取得资格证书,方可上岗作业。"

【防范措施】

(1)强化安全生产主体责任落实。要切实落实煤矿企业安全生产主体责任,强化红线意识,把"生命至上,安全第一"的理念贯穿煤矿生产的全过程。针对事故暴露出的在安全管理及安全监督检查等方面存在的漏洞,要采取有力措施,举一反三,查漏补缺,夯实煤矿生产安全基础,全面提高安全生产管理水平。

(2)规范职工操作行为,杜绝违章指挥、违章作业。要加强对作业人员的管理,加大对作业规程和安全措施现场落实情况的检查力度,健全完善责任追究制度,从严查处违章作业和违章指挥,重点打击习惯性违章行为。要不断规范职工的操作行为,做到所有现场作业均有规可依、有规必依,切实做到自身无违章、身边无"三违"。

(3)强化现场安全管理和安全生产责任制落实。要采取有力措施,进一步强化各级安全管理人员、各岗位人员的安全生产责任制贯彻执行。落实安全生产问责制度,切实杜绝掘进巷道贯通时警戒区域不按规定设置栅栏、人员违章进入警戒区域、不执行"三人连锁爆破"制度以及巷道贯通时无专人在现场统一指挥等安全管理乱象。

(4)加强安全监督检查工作。要强化井下作业场所现场安全监督检查,防止出现监管盲区,全面提高安全管理水平。各级安全管理人员要加强对《煤矿"一通三防"管理规定》等各项管理规章制度落实情况的监督检查,强化巷道贯通、过断层破碎带等存在较大安全风险工程的检查力度,对安全隐患问题进行严格督促整改,对参与作业人员的不安全行为及时纠正和制止,并认真跟踪问效。

(5)加强安全教育和培训工作。要严格执行安全培训管理制度,切实开展好职工日常安全培训,强化从业人员安全思想教育,确保安全生产管理人员具备煤矿安全生产知识和管理能力并经考核合格,特种作业人员按国家有关规定培训合格,持证上岗作业,所有从业人员经安全教育和培训合格。进一步提高全体从业人员的安全防范意识和自主保安能力,实现思想上"我要安全"、行动上"我能安全",从而有效防范煤矿生产安全事故的发生。

【学习自测】

1. (判断题)爆破前,班组长必须清点人数,确认无误后方准下达起爆命令。(　　)
2. (单选题)爆破工接到起爆命令后,必须先发出爆破警号,至少再等(　　)s后方可起爆。
   A. 5　　　　　B. 10　　　　　C. 15
3. (多选题)井下爆破工作必须由专职爆破工担任。突出煤层采掘工作面爆破工作必须由固定的专职爆破工担任。爆破作业必须执行(　　)制度,并在起爆前检查起爆地点的甲烷浓度。
   A. "一炮两检"　　B. "一炮三检"　　C. "三人连锁爆破"

参考答案:1. √　2. A　3. BC

案例5　黑龙江黑河某矿闯警戒爆破致亡一般事故

【事故经过】

2017年11月23日11时36分,黑龙江黑河某矿发生一起爆破事故,造成1人死亡。

11月23日7时30分左右,当班带班矿领导、生产副矿长主持召开左09采煤工作面白班班前会,当班人员包括当班班长、副班长、爆破工、警戒员等14人和其他工人12人,采煤工李某在负责采煤工作任务的同时还负责在运输巷处理大块。

8时30分左右,职工陆续进入采煤工作面。上一班已将采煤工作面炮眼全部打完,于是进入工作面后班长带领3人开始装药。工作面全部炮眼装药完成后,班长安排爆破工爆破,警戒员负责在回风巷警戒并用铁丝拉起了警戒线,挂了警戒牌,采煤工李某等人撤出工作面回风巷警戒线以外后,工作面开始爆破。进行两遍爆破以后,约10时40分,爆破工发现爆破线破损、矿灯电量不足,向班长报告,经班长同意后,升井取爆破线、更换矿灯。爆破工由上出口经回风巷升井,当其路过回风巷警戒线时,看到警戒员正在警戒。

约11时20分,爆破工携带一块12 V电瓶入井,经下出口回到采煤工作面,班长告诉他:"你去爆破吧,先把伞檐崩下来,再爆破其他地方。"爆破工到工作面距上出口26 m处连好爆破线后,向下出口晃灯,发出开刮板输送机的信号。开机后,爆破工乘刮板输送机下行至距上出口58 m处,用电瓶起爆。与此同时,人员位置监测系统显示采煤工李某独自一人于11时33分经过回风巷读卡器向工作面走去。爆破后爆破工去连下一炮,在11时36分左右走到爆破点附近时,发现采煤工李某头靠近采空区仰面倒在刚才爆破点左侧的地面上。

【事故原因】

(一)直接原因

工人违章越过警戒线进入工作面爆破区域,被爆破产生的冲击波和飞起的煤块击伤致死。

(二)间接原因

(1)现场作业管理混乱,"三违"现象屡禁不止。一是工人违章作业。采煤工在爆破警戒未解除的情况下,擅自穿越警戒线进入工作面爆破区域;爆破工未执行"三人连锁爆破"制度,违章爆破。二是现场指挥人员违章指挥,当班班长未执行"三人连锁爆破"制度,间隔1h再次爆破前,未重新清点人数,确认警戒,违章指挥爆破。三是警戒员警戒期间睡觉,未发现有人闯入爆破区域,未尽警戒职责。四是采煤工作面全部炮眼一次全部装药分次爆破,每次爆破3~6个,违反《煤矿安全规程》"一组装药必须一次起爆"的规定。五是驻矿人员曾发现该矿存在不执行"三人连锁爆破"制度和不设警戒线等违章行为,但没有予以高度重视并责令整改,直至事故发生。

(2)安全管理不到位。一是安全生产规章制度流于形式;二是管理人员履行岗位职责不力;三是矿井安全生产管理机构设置不合理,未配备专职安全检查工,左09采煤工作面当班安全员兼做胶带修理工,实际未执行安全检查职责。

(3)安全教育不到位。对工人日常安全教育、安全培训流于形式,工人安全意识淡薄,自主保安、互保联保意识差,违章指挥、违章作业等习惯性违章行为时有发生。

(4)日常安全监管不到位。监管人员对发现的违章行为未依法依规进行处罚,导致同样的违章行为重复出现。

【制度规定】

(1)《煤矿安全规程》第三百四十七条:"井下爆破工作必须由专职爆破工担任。突出煤层采掘工作面爆破工作必须由固定的专职爆破工担任。爆破作业必须执行'一炮三检'和'三人连锁爆破'制度,并在起爆前检查起爆地点的甲烷浓度。"

(2)《煤矿安全规程》第三百五十一条第一款:"在有瓦斯或者煤尘爆炸危险的采掘工作面,应当采用毫秒爆破。在掘进工作面应当全断面一次起爆,不能全断面一次起爆的,必须采取安全措施。在采煤工作面可分组装药,但一组装药必须一次起爆。"

(3)《安全生产法》第二十四条第一款:"矿山、金属冶炼、建筑施工、道路运输单位和危险物品的生产、经营、储存、装卸单位,应当设置安全生产管理机构或者配备专职安全生产管理人员。"

【防范措施】

(1)加强安全管理,认真履行安全生产主体责任。严格按安全生产法律法规规定组织生产经营,强化安全生产岗位责任制落实,针对事故暴露出来的安全管理漏洞,举一反三,全面剖析问题,深入开展自检自查,制定切实有效的整改方案,坚决落实整改,夯实煤矿生产安全基础,全面提高安全生产管理水平。

(2)加强现场管理,严格落实各项安全生产规章制度。一是要加强对井下作业现场安全生产情况的检查力度,制定合理有效、可操作性强的安全监督管理机制,充分发挥班长、安全员、带班领导和其他矿领导等在安全生产监督管理中的作用,在全矿上下大力开展反"三违"、防事故、保安全专项行动,通过严查"三违",切实规范井下采掘工作面等各地点的生产作业行为。二是要加强对落实安全生产岗位责任制、安全检查制度和安全奖惩制度情况的考核力度,要加强煤矿安全检查机构建设,配齐配强安全检查工,提升安全检查工责任意识,加强对井下作业场所的监督检查,从严查处和跟踪事故隐患整改,坚决做到井下作业场所不安全不生产。

(3)加强安全培训,杜绝习惯性违章。要把日常安全培训教育工作做好做实,注重培训实效,进一步提高全体从业人员的安全防范意识和自主保安能力,有效防范煤矿生产安全事故的发生。要加强警示教育和法制教育,推动从业人员牢固树立"违章就是违法,违法必受惩处"的理念,从思想上拒绝习惯性违章。

(4)加强安全监管工作,加大对违法违规行为的打击力度。一是监管工作要在防大事故、查大隐患的基础上,把打击习惯性违章作为一项长期性的重点工作,督促煤矿企业加强安全管理,杜绝习惯性违章行为,有效遏制一般事故发生。二是加大对煤矿企业违法违规行为的执法检查和行政处罚力度,严厉打击"三违"行为,坚决做到发现一起查处一起,以儆效尤。

【学习自测】

1.(单选题)井下爆破工作必须由专职爆破工担任。突出煤层采掘工作面爆破工作必须由固定的专职爆破工担任。爆破作业必须执行(　　)和"三人连锁爆破"制度,并在起爆前检查起爆地点的甲烷浓度。

A. "一炮两检"　　　B. "一炮三检"　　　C. 炮前检查

2.(多选题)爆破前,班组长必须亲自布置专人将工作面所有人员撤离警戒区域,并在警戒线和可能进入爆破地点的所有通路上布置专人担任警戒工作。警戒人员必须在安全地点警戒。警戒线处应当设置(　　)。

A. 警戒牌　　　　B. 栏杆　　　　C. 拉绳　　　　D. 警戒线

参考答案:1. B　2. ABC

水害事故篇

第八章　地表水水害

第一节　地表水水害概述

在有地表水体分布的地区，如长年有水的河流、湖泊、水库、塘坝、煤矿塌陷区等，由于煤矿井下防隔水煤（岩）柱留设不当、煤矿采掘工程活动不当导致煤层顶板煤（岩）体发生抽冒，采掘工作面区域内存在导水断裂地质构造，矿井自身超采防隔水煤柱等，使采掘工作面与地表水体产生水力联系，地表水迅速灌入井下，发生突水事故。特别在一些长期无水的干河沟或低洼区，由于缺乏水文地质灾害防治知识和防山洪水灌入矿井的意识，当突遇山洪暴发、洪水泛滥时，矿井井田范围内存在的早已隐没的古井筒、隐蔽的岩溶漏斗、浅部采空塌陷裂缝和封孔不良的钻孔，在洪水的侵蚀渗流作用下，突然发生陷落而成为导水通道，地面洪水大量灌入井下，造成矿井透水事故。另外，地表水体也可沿某些强充水含水层的露头强烈渗漏，结果造成矿井透水事故。在特定条件下，地表山洪有时可冲毁工业广场，直接从生产井口灌入井下，使井下作业人员无法撤出，造成毁灭性的矿井水害事故。

第二节　地表水水害事故案例

案例1　山东新泰某矿"8·17"地表水特别重大水灾事故

【事故经过】

2007年8月17日14时30分，山东新泰某矿井发生水灾，造成该矿及相邻煤矿181人死亡。从8月15日夜间开始，山东新汶地区突降暴雨。16日至18日，降雨量达262.3 mm。水库溢洪，河水暴涨。流域内东周、金斗两个水库超过警戒水位加大排洪，以及祝富、重兴、峃山东3个水库满库溢洪；加之平阳河、东周河、东干渠、西都冲沟的水流，分别从北、东、南三个方位汇入，使柴汶河水量猛增，流量达到1 800 m³/s。多处水流汇合后柴汶河水势猛、流量大，直接冲刷河堤，河水猛涨，漫过河岸，冲刷剥蚀，掏空基础，很快冲开约65 m的决口，并以约900 m³/s的流量冲入落差约5 m的岸外沙场区域，通过煤矿用于井下水沙充填的废弃沙井，以50 m³/s的流量溃入该矿井下，致使井下4个生产水平和所有排水泵全部被淹。

【事故原因】

（一）直接原因

淹井事故主要溃水点为西都沙坑中废弃沙井，共有两处溃水点，分别位于沙坑的南部和东部。东部沙坑为主要溃水点,溃口处位于新泰市东都镇西都村,正好是平阳河和柴汶河两条河流的交汇处,而且是一个不规则的弯道,洪水到这里对河坝的冲击力量特别大。而距溃口处仅 260 多米的地方是一个废弃的砂井,形成一个低洼地带,从柴汶河溢出的洪水进入低洼地带,河坝两面受到浸泡,在积水浸泡和洪水冲刷双重因素影响下最终造成河坝溃口。由于决口水流量大、流速快,巨大冲刷力造成约 4.4 万 m^2 的冲刷区,穿透地层形成了 3 个溃水通道:第一个是在冲刷区的西南端形成一锅底形、直径约 50 m、深度 10 余米的塌陷坑,其坑底明显见到地层断裂下陷;第二个是在冲刷区南端形成了一个直径为 80 m、深 6~8 m 的塌陷区,该区域从 2001 年到 2005 年曾做过回填处理,但没能抗住洪水的冲刷剥离,在该塌陷区中间有一直径为 5 m 的塌陷坑洞;第三个是水流在通过废弃沙井井筒周围时受阻,形成强大涡流,将沙井井筒剥离近 12 m 深,形成约 60 m 长、30 m 宽、10 m 深的塌陷坑。据测算,溃入井下的洪水约 1 260 万 m^3、沙石约 30 万 m^3。该矿井下 172 人受困死亡;相邻的某煤矿 9 人被困矿井下,最终死亡。

(二)间接原因

(1)企业安全生产主体责任不落实。在隐患排查治理中,对沙坑、沙井存在的重大隐患所导致的严重后果估计不足,采取措施力度不够,一些隐患没有得到根除。虽然采取了封堵回填措施,但是没能经得住决口溃水的冲击,致使接到险情汇报后,部分有望逃生人员未能及时撤离。

(2)有关地方和单位对防范自然灾害引发的事故灾难重视不够,存在薄弱环节。对水淹井灾害认识不足,未及时下达停产撤人命令,延误人员撤离时机。预报、预警和预防机制不够健全,应对暴雨的方案、措施不够明确具体。水库在暴雨前没有适当腾出库容,暴雨突降时,水库超过警戒水位,既要保水库泄洪,又要防止下游泛滥,处于两难境地。防洪设施不够牢靠,河堤、河岸不稳固,承载能力低。

(3)矿产资源管理存在漏洞。溃水通道除废弃沙井周围外,还有煤层乱采滥挖形成的老空区,防水岩层遭到破坏,给矿井安全埋下重大隐患。当地非法采沙导致沙坑面积不断扩大,形成低洼地。

(4)国有矿破产改制后的煤矿企业安全管理弱化。该公司是 2004 年由原国有重点煤矿经破产改制成为民营股份制企业的,改制后安全生产监管主体责任不清,某集团代管责任不明确,实际监管缺失,安全基础设施不完善,劳动组织管理缺乏标准,年产能力 78 万 t 的矿井,事故当班下井多达 756 人。

【管理制度】

(1)《煤矿防治水细则》第五十九条:"煤矿应当与当地气象、水利、防汛等部门进行联系,建立灾害性天气预警和预防机制。应当密切关注灾害性天气的预报预警信息,及时掌握可能危及煤矿安全生产的暴雨洪水灾害信息,采取安全防范措施;加强与周边相邻矿井信息沟通,发现矿井水害可能影响相邻矿井时,立即向周边相邻矿井发出预警。"

(2)《煤矿防治水细则》第六十条:"煤矿应当建立暴雨洪水可能引发淹井等事故灾害紧急情况下及时撤出井下人员的制度,明确启动标准、指挥部门、联络人员、撤人程序和撤退路线等,当暴雨威胁矿井安全时,必须立即停产撤出井下全部人员,只有在确认暴雨洪水隐患消除后方可恢复生产。"

(3)《煤矿防治水细则》第六十一条:"煤矿应当建立重点部位巡视检查制度。当接到暴雨灾害预警信息和警报后,对井田范围内废弃老窑、地面塌陷坑、采动裂隙以及可能影响矿井安全生产的河流、湖泊、水库、涵闸、堤防工程等实施 24 h 不间断巡查。矿区降大到暴雨时和降雨后,应当派专业人员及时观测矿井涌水量变化情况。"

(4)《煤矿防治水细则》第一百三十条:"煤矿应当将防范灾害性天气引发煤矿事故灾难的情况纳入事故应急处置预案和灾害预防处理计划中,落实防范暴雨洪水等所需的物资、设备和资金,建立专业抢险救灾队伍,或者与专业抢险救灾队伍签订协议。"

【防范措施】

(1)改进煤矿安全生产措施。要查清塌陷区、废弃井口等与矿井的连通情况,并针对矿井受水库、河流等威胁情况,采取修筑堤坝、开挖沟渠等截流、疏导措施;填实废弃井口及井田内采煤塌陷区;煤系露头等部位有漏水现象的要做好基底防漏加固处理,防止地表水倒灌井下。

(2)雨季期间要加强与当地气象部门的联系。要加强与气象、防汛等部门的联系,密切注意雨季天气形势,加强汛情水害预测预报,对存在洪水淹井隐患的矿井,在大雨、暴雨期间要停工撤人,在停雨之后确认隐患已消除才能恢复生产。

(3)做好雨季前工作。① 设备的检修。要加强对井下排水设备的检修、维护,确保矿井排水系统完好可靠,严防淹井造成人员伤亡事故的发生。② 雨季巡视。下暴雨期间,要加强对重点部位的巡视,一旦发现异常情况,要及时汇报,并采取措施。③ 暴雨撤人。在雨量达到撤人的标准时,要严格执行暴雨撤人制度,迅速启动应急预案,并将井下人员迅速撤离。

(4)修订完善应急抢险救援预案。进一步完善水害事故应急抢险救援预案。要配备满足抢险救灾需要的各种排水设备、物资和队伍,加强水害事故抢险的演练,确保抢险救灾工作能够及时做到位,努力减少煤矿水害事故的损失。

【学习自测】

1.(判断题)报废的暗井和倾斜巷道下口的密闭防水闸墙不用留泄水孔。(　　)

2.(判断题)煤矿可不建立专业抢险救灾队伍,可与专业抢险救灾队伍签订协议。(　　)

3.(判断题)矿区降大到暴雨时和降雨后,煤矿应当派专业人员及时观测矿井涌水量变化情况。(　　)

参考答案:1. ×　2. √　3. √

案例 2　河南三门峡某矿"7·29"地表水透水成功救援事故

【事故经过】

2007 年 7 月 28 日 20 时至 29 日 8 时,河南三门峡地区急降暴雨,降雨量达 115 mm,引起山洪暴发。洪水造成流经该煤矿的铁炉沟河水位暴涨。29 日 8 时 40 分左右,洪水涌入一废弃充填不严实的铝土矿井,冲垮三道密闭,泄入该煤矿井下,导致垂深 173 m 的巷道被淹。该矿井下当班作业人员 102 人,其中 33 人脱险升井,69 人被困。

事故救援工作最难的是要保证遇险人员能够有生存的条件,其中保证氧气是重中之重。

送风工作最初由矿方负责,为了保证万无一失,指挥部专门成立了压风送氧工作小组,由某集团抽调4名专职空压机司机操作设备,保证一台空压机运行,两台备用;利用矿井压风和防尘洒水管道,不间断地向人员被困地点压送新鲜空气和医用氧气,随时与被困矿工保持联系,及时调整压风量和输氧量。共向井下输送医用氧气106瓶636 m^3,为被困矿工创造了生存条件。

随着营救时间的推移,被困矿工体力下降,为保护矿工生命,争取救援时间,指挥部精心研究制定方案,在压风管道加接"三通",使压风管道成为压风和输送液体食物两用管道。30日21时,成功向井下被困矿工输送新鲜牛奶400 kg。31日10时,再次输送牛奶175 kg;7月31日18时和8月1日早上,又分别向被困人员输送了170 kg牛奶和100 kg面汤。井下被困矿工体力得到补充,情绪得到稳定。

经过76个小时的艰苦营救,抢险救援工作克服了种种困难和不确定因素,最终取得了圆满成功。被困矿工被转移到安全区域,有组织地分批升井。8月1日11时36分,第一名被困矿工出井,至12时53分,69名被困矿工全部安全升井。

【事故原因】

(一) 直接原因

此次事故原因主要是连日暴雨,造成河流水位上涨,使矿井上部已经报废的铝石矿坑积水量暴增,水位升高,洪水通过铝石坑和报废小窑老空区冲垮了连接该矿一水平的三道防水墙,造成大量的洪水涌入井下,又通过二水平轨道和胶带下山巷道进入二水平,使二水平低洼地段的大巷被水和冲积物阻塞,导致事故发生。

(二) 间接原因

(1) 事故后,经调查该矿在未经批准的情况下进行技改施工,并下井非法采煤。

(2) 该矿和某公司铝土矿两层保安煤柱都被开采或蚕食。

(3) 该矿对周边存在的多处废弃铝土矿、露天铝土矿大坑等重大危险源缺乏了解,没有预防事故的措施和预案。

(4) 该矿存在严重超定员生产现象,导致被困人员较多。

(5) 上级部门安全监管不力。

【制度规定】

(1)《煤矿防治水细则》第五十九条:"煤矿应当与当地气象、水利、防汛等部门进行联系,建立灾害性天气预警和预防机制。应当密切关注灾害性天气的预报预警信息,及时掌握可能危及煤矿安全生产的暴雨洪水灾害信息,采取安全防范措施;加强与周边相邻矿井信息沟通,发现矿井水害可能影响相邻矿井时,立即向周边相邻矿井发出预警。"

(2)《煤矿防治水细则》第六十条:"煤矿应当建立暴雨洪水可能引发淹井等事故灾害紧急情况下及时撤出井下人员的制度,明确启动标准、指挥部门、联络人员、撤人程序和撤退路线等,当暴雨威胁矿井安全时,必须立即停产撤出井下全部人员,只有在确认暴雨洪水隐患消除后方可恢复生产。"

(3)《煤矿防治水细则》第六十一条:"煤矿应当建立重点部位巡视检查制度。当接到暴雨灾害预警信息和警报后,对井田范围内废弃老窑、地面塌陷坑、采动裂隙以及可能影响矿井安全生产的河流、湖泊、水库、涵闸、堤防工程等实施24 h不间断巡查。矿区降大到暴雨时和降雨后,应当派专业人员及时观测矿井涌水量变化情况。"

(4)《煤矿防治水细则》第一百三十条:"煤矿应当将防范灾害性天气引发煤矿事故灾难的情况纳入事故应急处置预案和灾害预防处理计划中,落实防范暴雨洪水等所需的物资、设备和资金,建立专业抢险救灾队伍,或者与专业抢险救灾队伍签订协议。"

【防范措施】

(1)坚持防治水原则。每个工作面都应坚持预测预报,根据相关资料,系统、全面地分析水文地质情况,并根据分析的结果制定有针对性的防治水措施,再依据措施严格执行,以此来确保防治水方面的安全工作。

(2)高度重视水害防治工作。煤矿企业要认真编制矿区防治水规划、年度计划并负责组织实施,制定水害防治应急预案,建立水害预测预报制度。矿井有突水征兆时,立即撤出井下所有人员,以防矿井水突然溃出酿成水害事故。

(3)查清矿井各方面水文地质资料。收集汇总矿井内及矿井周边水文地质资料,并加以运用,做到水文地质情况清晰,有隐患提前采取措施,消除隐患并经上级批准后方可生产。

(4)加强老窑水探放工作。老窑水害,占煤矿水害事故的30%左右,因此要高度重视老窑水的探放工作。要坚持"有疑必探,先探后掘"的探放水原则。并且在探放水前,要结合全面的资料,系统、全面地分析老窑水的全部情况,制定针对性的措施,在没有解决隐患之前严禁生产。

(5)加大职工培训力度。加强煤矿安全培训,提高企业安全管理水平和职工对各种透水预兆的感知能力,增强职工的自我保安能力,增强安全防范意识。煤矿应当对下井职工进行防治水知识的教育和培训,对防治水专业人员进行新技术、新方法的再教育,提高职工防治水工作技能和有效处置水灾的应急能力。

【学习自测】

1.(单选题)煤矿应当与当地气象、水利、防汛等部门进行联系,建立(　　)。
A. 灾害性天气预警和预防机制
B. 降雨观测站
C. 雨量观测中心

2.(单选题)当接到暴雨灾害预警信息和警报后,对井田范围内(　　)、地面塌陷坑、采动裂隙以及可能影响矿井安全生产的河流、湖泊、水库、涵闸、堤防工程等实施24 h不间断巡查。
A. 矿井职工宿舍　　　　　　B. 废弃老窑
C. 矿区范围内的变电所　　　D. 矿区绞车房

参考答案:1. A　2. B

案例3　山东某矿"7·26"地表水特别重大透水事故

【事故经过】

2003年7月26日21时40分,山东某矿井田边界外3208探煤巷发生一起特别重大透水责任事故,造成35人死亡。

该矿井田范围内地面有一个露天矿坑,地面标高+60 m、坑底标高+46 m,平常坑内部分区域有积水。2003年6—7月,该地区连降暴雨,降雨量达411 mm,露天矿坑内积水增至10万 m³ 左右。7月26日21时40分左右,该煤矿正值中、夜班交接班期间,矿值班人员倪某某、陈某某接到电话汇报井下发生透水,随后二人一边通知井下撤人,一边换衣下井,同时安排机电人员切断电源。当罐笼下至码头门上部时,发现水位已上升至码头门(井底标高-38 m),随即升井,并组织其他人员赶到一采区立风井观察水位情况。当下到一号风门和二号风门时,一号风门已推不开,二号风门处顶板冒落,污泥堵塞已无法行人,二人随即上井。此时,矿井一采区运输大巷全部被淹,井下水位升至-36 m。井下溃水后,地面44号露天坑和砖瓦厂内出现两个塌陷坑,直径均约30 m,位于该煤矿越界掘进+20～+35.32 m 范围内,两塌陷坑内水溃入井下,造成矿井-38 m 水平以下被淹,导致3208探煤巷两个掘进头、-86 m 全岩掘进头、3303残采面、-95 m 北头采煤工作面共5个作业地点的57人遇险,其中22人经抢救脱险,35人死亡。

【事故原因】

(一)直接原因

该矿违法越界开采煤层防水煤柱,3208工作面在生产过程中顶板冒落后与露天矿坑坑底直接连通,导致露天矿坑内的积水、泥沙溃入井下。

(二)间接原因

(1)该煤矿无视国家法律法规,违法越界开采;违反《煤矿安全规程》的有关规定,擅自开采煤层防水煤柱;为逃避当地政府及有关部门的监管,没有将越界部分的巷道填绘在采掘工程平面图上,甚至在抢险救灾初期也没有提供真实图纸,隐瞒井下作业地点。

(2)该煤矿拒不执行某市安全生产委员会办公室《关于做好汛期煤矿安全的紧急通知》中关于"暴雨期间,津浦铁路以东所有煤矿立即将井下人员撤离,确保安全度汛"的要求,明知露天矿坑的积水有溃入3208工作面的危险,但心存侥幸,为了多出煤,仍然继续安排3208工作面越界开采。

(3)事故地点开采最高标高达+35.32 m,地面坑底标高为+47.5 m 左右(最低+46.5 m),离第四系含水层(流沙层)只有9 m,离地面露天坑底只有13 m 左右。虽然矿上制定了只打道出煤,不准扩帮,不准放仓,巷道回撤只回支护不回煤等措施,但按一般规律,顶板垮落带已进入第四系含水层,沟通地面积水。

(4)2003年7月14日前后枣庄地区普降大雨,降雨量比往年偏多,6—7月份降雨量已达411 mm,使得地面4号露天矿坑积水水位上升1.2 m,积水水面扩大,水面覆盖到开采工作面,进一步加快了事故发生的时间、加剧了事故的严重性。

(5)某市煤炭管理部门未认真落实市安委会办公室关于做好汛期煤矿安全工作的要求,对该煤矿监督检查不到位,没有及时发现该矿继续生产及违规开采煤层防水煤柱等问题;市国土资源部门未及时发现该矿违法越界开采。

(6)市人民政府未及时督促有关部门认真落实市安委会办公室有关汛期津浦铁路以东所有煤矿撤人停产的通知要求,对煤炭管理、国土资源等部门履行职责情况监管不到位。

【制度规定】

(1)《煤矿防治水细则》第五十九条:"煤矿应当与当地气象、水利、防汛等部门进行联系,建立灾害性天气预警和预防机制。应当密切关注灾害性天气的预报预警信息,及时掌握可能危及煤矿安全生产的暴雨洪水灾害信息,采取安全防范措施;加强与周边相邻矿井信息沟通,发现矿井水害可能影响相邻矿井时,立即向周边相邻矿井发出预警。"

(2)《煤矿防治水细则》第六十条:"煤矿应当建立暴雨洪水可能引发淹井等事故灾害紧急情况下及时撤出井下人员的制度,明确启动标准、指挥部门、联络人员、撤人程序和撤退路线等,当暴雨威胁矿井安全时,必须立即停产撤出井下全部人员,只有在确认暴雨洪水隐患消除后方可恢复生产。"

(3)《煤矿防治水细则》第六十一条:"煤矿应当建立重点部位巡视检查制度。当接到暴雨灾害预警信息和警报后,对井田范围内废弃老窑、地面塌陷坑、采动裂隙以及可能影响矿井安全生产的河流、湖泊、水库、涵闸、堤防工程等实施 24 h 不间断巡查。矿区降大到暴雨时和降雨后,应当派专业人员及时观测矿井涌水量变化情况。"

(4)《煤矿防治水细则》第一百三十条:"煤矿应当将防范灾害性天气引发煤矿事故灾难的情况纳入事故应急处置预案和灾害预防处理计划中,落实防范暴雨洪水等所需的物资、设备和资金,建立专业抢险救灾队伍,或者与专业抢险救灾队伍签订协议。"

【防范措施】

(1)矿井当接到暴雨灾害预警信息和警报后,应当实施 24 h 不间断巡查。在矿区每次降大到暴雨的前后,应当派专业人员及时观测矿井涌水量变化情况。

(2)矿井应当建立暴雨洪水可能引发淹井等事故灾害紧急情况下及时撤出井下人员的制度,明确启动标准、指挥部门、联络人员、撤人程序等。当发现暴雨洪水灾害严重可能引发淹井时,应当立即撤出作业人员到安全地点。经确认隐患完全消除后,方可恢复生产。

(3)矿井在雨季前,应当全面检查防范暴雨洪水引发事故灾难防范措施的落实情况。对检查出的事故隐患,应当落实责任,并限定在汛期前完成整改。

(4)矿井应提高安全管理水平,加强对职工的技能培训,提升职工对各种透水预兆的感知能力,增强职工的自我保安能力,增强安全防范意识。

【学习自测】

1.(判断题)水体下采煤,其防隔水煤(岩)柱应当按照裂缝角与水体采动等级所要求的防隔水煤(岩)柱相结合的原则设计留设。(　　)

2.(判断题)放顶煤开采的保护层厚度,应当根据对上覆岩土层结构和岩性、垮落带、导水裂隙带高度以及开采经验等分析确定。(　　)

3.(判断题)矿井在雨季前,应当全面检查防范暴雨洪水引发事故灾难防范措施的落实情况。对检查出的事故隐患,应当落实责任,并限定在汛期前完成整改。(　　)

参考答案:1.√　2.√　3.√

第九章 老空积水水害

第一节 老空积水水害概述

老空积水是指年代久远且采掘范围不明的老窑积水、矿井周围缺乏准确测绘资料的乱掘小窑积水、矿井本身自掘的废弃巷老空水和煤层采空区积水。老空积水水体的特点是:水体压力传递迅速,流动与地表水流相同,不同于含水层中地下水的渗透。矿井采掘工程活动一旦接近或破坏了采空区积水水体,水就会突然溃出,发生通常所说的"透水"事故。采空区积水水体不但存在于地下水资源丰富的矿区,也可能存在于干旱、贫水的矿区,是普遍存在的一种威胁煤矿安全生产的水害。

第二节 老空积水水害事故案例

案例 1 湖南衡阳某矿"11·29"老空区积水重大透水事故

【事故经过】

2020年11月29日,湖南衡阳某矿发生重大透水事故,透水量约5万 m^3,造成13人死亡,直接经济损失3 484.03万元。该煤矿证照不全,属于停工停产等待改扩建矿井,准许开采深度为+200 m至-400 m标高,水文地质类型中等,正常涌水量20.8 m^3/h,最大涌水量75 m^3/h。该矿周边有3处乡镇煤矿,分别是某二矿、某矿2和某矿3。在某二矿西北部界外有一块未划定矿权的国家资源,事故前该煤矿和某二矿正在超深越界开采这块资源。经调查,某二矿与其他3处煤矿共有6处巷道连通。其中与某矿3有3处、与某矿2有2处、与该煤矿有1处。事故区域为超深越界的-500 m水平,主采61煤和7煤,煤层倾角51°～56°,属于急倾斜煤层,煤层厚度2.2～2.5 m。该矿在-500 m水平分别沿煤层布置有61煤运输巷和7煤运输巷,采用巷道式开采急倾斜煤层,发生抽冒导通采空区积水,发生透水事故。

【事故原因】

(一)直接原因

矿超深越界在-500 m水平61煤一上山巷道式开采急倾斜煤层(56°),在矿压和上部水压共同作用下发生抽冒,导通上部某二矿-350 m至-410 m采空区积水,大量老空积水迅速溃入该煤矿-500 m水平,并迅速上升稳定至-465 m,导致井巷被淹,造成重大人员伤亡。

(二)间接原因

(1)超深越界,盗采国家资源。该矿2011年以前就已经越界开采,2019年底就超深越界至-500 m水平;通过篡改巷道真实标高、不在图纸上标注、井下设置活动铁门密闭、不安装监控系统和人员定位系统等方式逃避安全监管。

(2)违法组织生产。该矿在安全生产许可证注销、地方政府下达停产指令、等待技改期间,以整改之名违法组织生产,通过在工业广场入口处设置门哨、蓄意安排驻矿盯守员居住在远离出煤井口、擅自拆除提升绞车和入井钢轨封条、切断主井井口视频监控电源,昼停夜开,违法生产,有组织有计划地对抗地方政府和部门监管。

(3)采掘布局混乱,未查清矿井周边老空区情况。该矿采用巷道式采煤,坑木支护,采掘布局混乱,多头作业,通风系统不健全,未形成2个安全出口,有的采煤工作面使用压风管路通风;将井下采掘作业承包给多个私人包工队,以包代管,仅事故区域就有3个包工队。未查清相邻矿井某二矿形成的采空区,某二矿井下有6处越界巷道与周边矿井连通,造成采掘混乱;采用剃头下山开采该煤矿事故区域上方国家资源后,未及时排放4.2万 m³ 采空区积水,造成严重水患。

(4)心怀侥幸,违章指挥,冒险蛮干。该矿在-500 m水平61煤采掘期间,明知工作面上方采空区存在积水,仍然顶水作业,心怀侥幸,冒险蛮干,在老空水淹没区域下违规开采急倾斜煤层。事故前1 h出现明显透水征兆,未及时从危险区撤出人员。

(5)安全管理混乱,主体责任不落实。该煤矿未落实企业主体责任,未按规定设置安全管理职能部门,未配备相关安全管理人员;"三专两探一撤"措施严重缺失,未配备防治水专业技术人员和探放水设备;违规申领、使用和存放火工品;-500 m水平采用剃头下山开采、坑木支护、压风管路通风、巷道式放顶煤多工作面组织生产。

(6)某二矿非法开采国家资源、违法组织生产。矿井主、副斜井直接落在未划定矿权国家资源区域,经实测越界巷道总长度达4 002 m;在煤矿安全生产许可证注销后,仍然违法组织生产,仅2020年违法生产出煤5.16万 t。

【制度规定】

(1)《煤矿防治水细则》第五条:"煤矿应当根据本单位的水害情况,配备满足工作需要的防治水专业技术人员,配齐专用的探放水设备,建立专门的探放水作业队伍,储备必要的水害抢险救灾设备和物资。"

(2)《煤矿防治水细则》第三条:"煤矿防治水工作应当坚持预测预报、有疑必探、先探后掘、先治后采的原则"。

(3)《煤矿防治水细则》第三十八条:"在地面无法查明水文地质条件时,应当在采掘前采用物探、钻探或者化探等方法查清采掘工作面及其周围的水文地质条件。采掘工作面遇有下列情况之一的,必须进行探放水:接近水淹或者可能积水的井巷、老空或者相邻煤矿时"。

(4)《煤矿防治水细则》第十五条:"矿井应当根据实际情况建立下列防治水基础台账,并至少每半年整理完善1次。"

(5)《煤矿防治水细则》第三十九条:"严格执行井下探放水'三专'要求。由专业技术人员编制探放水设计,采用专用钻机进行探放水,由专职探放水队伍施工。严禁使用非专用钻机探放水。严格执行井下探放水'两探'要求。采掘工作面超前探放水应当同时采用钻探、物探两种方法,做到相互验证,查清采掘工作面及周边老空水、含水层富水性以及地质构造等情况。有条件的矿井,钻探可采用定向钻机,开展长距离、大规模探放水。"

【防范措施】

（1）坚持防治水原则。坚持预测预报、有疑必探、先探后掘、先治后采的原则,根据不同水文地质条件,采取探、防、堵、疏、排、截、监等综合防治措施。

（2）严格落实"三专两探一撤"措施。配齐专业探放水技术人员、专职探放水队伍、专用探放水设备,严格按规程、细则要求执行双探措施,严格执行水害异常处置制度。

（3）查清矿井各方面水文地质资料。收集汇总矿井内及矿井周边水文地质资料,并加以运用,做到水文地质情况清晰,有隐患提前采取措施,消除隐患并经上级批准后方可生产。

（4）加大职工培训力度。强化应急处置预案演练,确保熟知避灾路线和避灾方法。

【学习自测】

1.（判断题）煤矿防治水工作应当坚持预测预报、有掘必探、先探后掘、先治后采的原则。（　　）

2.（判断题）采掘工作面超前探放水应当同时采用钻探、物探两种方法,做到相互验证,查清采掘工作面及周边老空水、含水层富水性以及地质构造等情况。（　　）

参考答案:1. ×　2. √

案例 2　新疆呼图壁某矿"4·10"老空区积水重大透水事故

【事故经过】

2021 年 4 月 10 日,新疆呼图壁某矿掘进工作面接近井田边界时,未严格执行探放水措施,综掘机掘透周边已关闭煤矿的越界废弃巷道导致发生淹井事故,造成 21 人死亡,透水量约 4.3 万 m^3。该矿为乡镇煤矿,由某公司整体托管,生产能力 60 万 t/a,水文地质类型中等。该煤矿位于新疆昌吉州呼图壁县雀尔沟镇的一个狭长的山谷中,周围有不少废弃煤矿存在。这些废弃煤矿中存在的大量积水可能是造成此次透水事故的主要充水来源。

【事故原因】

(一) 直接原因

该矿 B4W01 回风巷掘进工作面在掘进过程中未严格按要求进行探放水,综掘机掘透采空区,引发透水事故。

(二) 间接原因

（1）水文地质条件不明。该矿未查明矿井及周边水文地质条件,未建立矿井水文动态观测系统。矿与矿之间未留设防隔水边界煤柱,井田范围及周边分布有 5 处已关闭矿井,且矿矿相通,其地表河流白杨河河水渗入采空区,采空区内积水量很大。

（2）物探和钻探相结合的探放水措施落实不到位。B4W01 回风巷掘进工作面尽管采取了物探和钻探措施,且瞬变电磁超前探测成果报告显示掘进工作面前方为异常区,并且已探出老空水,但该矿仍超出安全距离违规掘进,4 月 10 日早班掘进超出允许掘进距离 9 m,4 月 10 日中班继续掘进,引发透水事故。

(3) 未按细则要求严格标定"三线"。该矿明知有水患,未执行细则要求的确定"积水线、警戒线、探水线",仍每班安排掘进 9 m,未根治水患,边探水、边掘进。

(4) 防治水专业技术人员和专职探放水作业人员配备不足。矿井仅有防治水副总工程师 1 人为防治水专业技术人员,且自 2021 年 3 月 25 日休假回家,至事故发生时未返岗;地测防治水科室主任由地测副总工程师兼任,科室 3 名技术人员所学专业均不是地质防治水专业;矿井有 8 名探放水作业人员,仅有 3 人持有特种作业操作证。

【制度规定】

(1)《煤矿防治水细则》第五条:"煤矿应当根据本单位的水害情况,配备满足工作需要的防治水专业技术人员,配齐专用的探放水设备,建立专门的探放水作业队伍,储备必要的水害抢险救灾设备和物资。"

(2)《煤矿防治水细则》第三条:"煤矿防治水工作应当坚持预测预报、有疑必探、先探后掘、先治后采的原则"。

(3)《煤矿防治水细则》第九条:"矿井应当建立地下水动态监测系统,对井田范围内主要充水含水层的水位、水温、水质等进行长期动态观测,对矿井涌水量进行动态监测。"

(4)《煤矿防治水细则》第三十八条:"在地面无法查明水文地质条件时,应当在采掘前采用物探、钻探或者化探等方法查清采掘工作面及其周围的水文地质条件。采掘工作面遇有下列情况之一的,必须进行探放水:接近水淹或者可能积水的井巷、老空或者相邻煤矿时"。

(5)《煤矿防治水细则》第三十九条:"严格执行井下探放水'三专'要求。由专业技术人员编制探放水设计,采用专用钻机进行探放水,由专职探放水队伍施工。严禁使用非专用钻机探放水。严格执行井下探放水'两探'要求。采掘工作面超前探放水应当同时采用钻探、物探两种方法,做到相互验证,查清采掘工作面及周边老空水、含水层富水性以及地质构造等情况。有条件的矿井,钻探可采用定向钻机,开展长距离、大规模探放水。"

(6)《煤矿防治水细则》第四十二条:"采掘工作面探水前,应当编制探放水设计和施工安全技术措施,确定探水线和警戒线,并绘制在采掘工程平面图和矿井充水性图上。探放水钻孔的布置和超前距、帮距,应当根据水头值高低、煤(岩)层厚度、强度及安全技术措施等确定,明确测斜钻孔及要求。探放水设计由地测部门提出,探放水设计和施工安全技术措施经煤矿总工程师组织审批,按设计和措施进行探放水。"

【防范措施】

(1) 坚持防治水原则。坚持预测预报、有疑必探、先探后掘、先治后采的原则,根据不同水文地质条件,采取探、防、堵、疏、排、截、监等综合防治措施。

(2) 严格落实"三专两探一撤"措施。配齐专业探放水技术人员、专职探放水队伍、专用探放水设备,严格按规程、细则要求执行双探措施,严格执行水害应急处置制度,发现突(透)水等水害预兆时,立即停产撤人。

(3) 收集周边矿井采空区资料,严格按照细则要求绘制"三线",并按要求编制探放水设计,制定有效的探放水措施,工程结束后进行效果评价,并提交上级部门审批,经上级部门批准后方可进行施工。

(4) 加大职工培训力度。强化应急处置预案演练,确保熟知避灾路线和避灾方法。

【学习自测】

1.（单选题）配齐专业探放水技术人员、专职探放水队伍、专用探放水设备，严格按规程、细则要求执行双探措施，严格执行水害应急处置制度，发现突（透）水等水害预兆时，立即（　　）。

　　A. 停止生产　　　　　　B. 停产撤人　　　　　　C. 通知调度室

2.（单选题）采掘工作面探水前，应当编制探放水设计和施工安全技术措施，确定探水线和警戒线，并绘制在（　　）和矿井充水性图上。

　　A. 井上下对照图　　　　B. 综合水文地质图　　　C. 采掘工程平面图

3.（单选题）收集周边矿井采空区资料，严格按照细则要求绘制"三线"，并按要求编制（　　），制定有效的探放水措施，工程结束后进行效果评价，并提交上级部门审批，经上级部门批准后方可进行施工。

　　A. 水文地质情况分析报告　　B. 探放水设计　　　C. 水害治理措施

参考答案：1. B　2. C　3. B

案例3　黑龙江七台河某矿"12·1"老空区积水重大透水事故

【事故经过】

2012年12月1日23时左右，某矿四片的李某某等人升井，在矿车提升至三片车场上部7~8 m处，发现身后有白雾、冷气和气浪往井口门方向吹来。这时在井下六片副井附近的张某某和沈某某听到水响，看见很大的水流从副井巷道往下淌，且主副井的联络巷水量更大。23时40分左右，张某某等人跑至地面报告三片透水。事故发生时，井下共有作业人员22人，8人安全升井，14人被困井下。事故发生后，经过紧张救援，成功救出4名被困矿工，10名矿工遇难。最终共清理、恢复巷道3 660.5 m，清淤1 990 m³。

【事故原因】

该矿越界非法盗采，94#层左三片巷道式采煤工作面上部开采与邻矿五井的边界煤柱，造成与已关闭的邻矿五井主井底（水窝）之间煤柱仅剩1.2 m，邻矿五井老空积水压垮煤柱并溃入井下，导致水害事故发生。

【制度规定】

（1）《煤矿安全规程》第二百九十九条："受水淹区积水威胁的区域，必须在排除积水、消除威胁后方可进行采掘作业；如果无法排除积水，开采倾斜、缓倾斜煤层的，必须按照《建筑物、水体、铁路及主要井巷煤柱留设与压煤开采规程》中有关水体下开采的规定，编制专项开采设计，由煤矿企业主要负责人审批后，方可进行。严禁开采地表水体、强含水层、采空区水淹区域下且水患威胁未消除的急倾斜煤层。"

（2）《煤矿防治水细则》第三条："煤矿防治水工作应当坚持预测预报、有疑必探、先探后掘、先治后采的原则"。

（3）《煤矿防治水细则》第三十八条："在地面无法查明水文地质条件时，应当在采掘前采用物探、钻探或者化探等方法查清采掘工作面及其周围的水文地质条件。采掘工作面遇有下列情况之一的,必须进行探放水:接近水淹或者可能积水的井巷、老空或者相邻煤矿时。"

(4)《煤矿防治水细则》第三十九条:"严格执行井下探放水'三专'要求。由专业技术人员编制探放水设计,采用专用钻机进行探放水,由专职探放水队伍施工。严禁使用非专用钻机探放水。严格执行井下探放水'两探'要求。采掘工作面超前探放水应当同时采用钻探、物探两种方法,做到相互验证,查清采掘工作面及周边老空水、含水层富水性以及地质构造等情况。有条件的矿井,钻探可采用定向钻机,开展长距离、大规模探放水。"

(5)《煤矿安全规程》第九十五条:"采掘过程中严禁任意扩大和缩小设计确定的煤柱。采空区内不得遗留未经设计确定的煤柱。严禁任意变更设计确定的工业场地、矿界、防水和井巷等的安全煤柱。"

【防范措施】

(1)煤矿企业要明确企业主体责任,完善企业安全管理机制,坚持依法办矿、依法管矿,严禁超层越界开采。

(2)煤矿企业要认真开展以水患防治为主的隐患排查工作,完善隐患排查制度,加强现场管理,全力提高煤矿安全管理水平。

(3)强化技术管理和技术指导。各级技术管理部门要指导帮助煤矿加强防治水基础工作,落实防治水措施和矿井水害防治责任制,煤矿企业要配齐、配强防治水专业技术人员;及时掌握矿井周边区域水文地质资料和相邻矿井及废弃老窑分布情况,切实加强矿井水文地质基础工作,提高矿井防治水技术管理水平。水患严重矿井、疑似水患矿井或在水患区域内施工作业时,必须坚持"预测预报、有掘必探、先探后掘、先治后采"的防治水原则。

(4)加强煤矿职工的安全培训教育工作,尤其要加强矿井从业人员的防治水专业知识培训教育,煤矿要开展水害事故应急演练,提高矿井从业人员安全素质。

【学习自测】

1.(单选题)煤矿企业要明确企业主体责任,完善企业安全管理机制,坚持依法办矿、依法管矿,严禁(　　)。

A. 随意开采　　　　B. 超层越界开采　　　　C. 界内开采

2.(单选题)(　　)变更设计确定的工业场地、矿界、防水和井巷等的安全煤柱。

A. 可以随意　　　　B. 严禁任意　　　　C. 汇报后可

3.(单选题)如果无法排除积水,开采倾斜、缓倾斜煤层的,必须按照《建筑物、水体、铁路及主要井巷煤柱留设与压煤开采规程》中有关水体下开采的规定,编制专项开采设计,由(　　)审批后,方可进行。

A. 书记　　　　B. 煤矿企业主要负责人　　　　C. 总工程师

参考答案:1. B　2. B　3. B

案例4　山西大同某矿"4·19"老空区积水重大透水事故

【事故经过】

山西大同某矿,水文地质类型中等,矿井正常涌水量58.33 m³/h,最大涌水量75 m³/h。2015年4月14日夜班,该矿8446采煤工作面曾发现涌水量突然增大,但该矿未停产进行认真分析、查明原因、采取有针对性的措施进行治理,只是安装水泵进行排水,未采取有效撤人制度,致使4月19日18时50分,8446采煤工作面发生透水事故。发生事故时,当班入井作业人数为247人,223人升井,24人被困。事故发生后经过紧急救援,其中3人获救,21人遇难。经估算井下透水约6 000 m³。

【事故原因】

(一)直接原因

对8446综采工作面上覆7#煤层老空(巷)积水和回采过程中出现的透水征兆,未采取有效措施治理,随着工作面推进,采空区悬顶面积不断增大,在上覆岩体和7#煤层老空区水体共同压力作用下,顶板瞬间垮落导致大量上覆老空积水突然溃出,是造成这起事故发生的直接原因。

(二)间接原因

(1)未严格执行《煤矿防治水细则》。对上覆采空区探水设计、实施的钻孔密度达不到探放水规定要求,且审批把关不严格,存在漏探区域,在对8446综采工作面上覆7#煤层采空区的积水未探测到位的情况下,没有制定加强探测措施和补充探查方法;探放水队人员数量配备不足,没有实现探掘分离;探放水孔施工验收制度不规范。

(2)职工安全意识淡薄,水害辨识、防治能力差。员工安全培训教育不到位,日常培训针对性不强;技术管理人员专业素质不高,对水害威胁认识不足;职工水害防范意识淡薄,对透水征兆认识不足、辨识能力差;现场应急处置技能、自救互救能力不强。

(3)矿井日常安全管理混乱。未严格落实矿领导带班下井制度,19日事故发生当班无矿领导带班上岗;未执行集团公司关于采煤工作面安全准入规定,8446综采工作面未经公司安全准入验收自行组织生产;安全管理制度不健全,安监部门对各部门、各专业安全工作监督不力,对综采安全准入、探放水验收、安全隐患排查治理等制度执行情况监督落实不到位;4月14日二班发现8446综采工作面出现出水异常后,只采取停止生产、更换水泵加大排水的措施,15日二班继续组织生产。

(4)上级公司日常安全检查不认真,安全制度监督落实不到位,安全管理存在盲区。上级公司对该煤矿生产中存在的探放水技术管理、现场管理、隐患排查治理等方面问题失察;公司安全监管五人小组日常安全监管不到位,对该煤矿8446综采工作面未按规定经公司准入验收和批准擅自投入生产的行为未进行制止,对突水征兆辨识不清,未向上级领导报告有关情况。

(5)集团公司对下属子公司及其所属矿井日常安全管理不到位。集团未按照省政府晋政办发〔2012〕37号文件要求,安排本集团公司相关人员为该煤矿安全生产挂牌责任人;未按照省煤炭厅晋煤安办发〔2013〕1550号文件要求,建立由集团公司直接管理的安全监管五人小组;集团公司职能部门疏于对子公司及其所属矿井开展安全生产监督检查工作。

(6)煤矿安全监管监察部门对该集团公司及该煤矿安全生产工作监管监察不力。

【制度规定】

(1)《煤矿安全规程》第二百九十九条:"受水淹区积水威胁的区域,必须在排除积水、消除威胁后方可进行采掘作业;如果无法排除积水,开采倾斜、缓倾斜煤层的,必须按照《建筑物、水体、铁路及主要井巷煤柱留设与压煤开采规程》中有关水体下开采的规定,编制专项开采设计，由煤矿企业主要负责人审批后，方可进行。严禁开采地表水体、强含水层、采空区水淹区域下且水患威胁未消除的急倾斜煤层。"

（2）《煤矿防治水细则》第三条："煤矿防治水工作应当坚持预测预报、有疑必探、先探后掘、先治后采的原则"。

（3）《煤矿防治水细则》第三十八条："在地面无法查明水文地质条件时，应当在采掘前采用物探、钻探或者化探等方法查清采掘工作面及其周围的水文地质条件。采掘工作面遇有下列情况之一的，必须进行探放水：接近水淹或者可能积水的井巷、老空或者相邻煤矿时"。

（4）《煤矿防治水细则》第三十九条："严格执行井下探放水'三专'要求。由专业技术人员编制探放水设计，采用专用钻机进行探放水，由专职探放水队伍施工。严禁使用非专用钻机探放水。严格执行井下探放水'两探'要求。采掘工作面超前探放水应当同时采用钻探、物探两种方法，做到相互验证，查清采掘工作面及周边老空水、含水层富水性以及地质构造等情况。有条件的矿井，钻探可采用定向钻机，开展长距离、大规模探放水。"

（5）《煤矿防治水细则》第四十二条："采掘工作面探水前，应当编制探放水设计和施工安全技术措施，确定探水线和警戒线，并绘制在采掘工程平面图和矿井充水性图上。探放水钻孔的布置和超前距、帮距，应当根据水头值高低、煤（岩）层厚度、强度及安全技术措施等确定，明确测斜钻孔及要求。探放水设计由地测部门提出，探放水设计和施工安全技术措施经煤矿总工程师组织审批，按设计和措施进行探放水。"

【防范措施】

（1）各煤矿要认真执行煤矿防治水细则，对煤矿范围内隐蔽致灾因素逐一排查。凡未开展隐蔽致灾因素普查、周边老窑积水等水文地质情况不清、存在承压水威胁、未查清构造和隐伏导水陷落柱的煤矿，要立即停产停建，停止复产复工验收，采取综合手段进行补充勘探，彻底查清并治理后恢复生产建设。

（2）切实加强煤矿水害治理工作，落实探放水的"三专"要求，即建立专业探放水队伍、由专业探放水人员使用专用探放水设备开展探放水工作。煤矿企业要做到有掘必探、探掘分离、先探后掘、有采必探、有疑必治、先治后采，开掘工作面施工前必须进行防治水安全评价，提出"有掘必探"总体设计（包括物探和钻探设计）；采煤工作面安装前必须采用两种以上物探方法进行探测，其中必须有一种针对水体敏感的物探方法，对物探异常区必须进行钻探验证，查清异常区范围和性质，地测部门依据探测与验证结果，提出采掘工作面防治水安全评价，并经审批后方可采掘。对采掘过程中出现的异常征兆必须立即停止作业、撤出人员、认真分析处理。建立健全水害防治"一矿一策、一面一策"编制、审查、审批和防治水方案、防治水设计，以及水害预测预报、隐患排查治理、预案应急演练、安全投入等制度。强化现场管理工作，地测部门负责探放水设计的编制和"两单"（探放水通知单和允许掘进通知单）发送，探放水队组按照探放水设计和探水通知单负责探水作业，开掘队按照允许掘进通知单施工，地测、安监部门组织现场检查验收，实现探掘分离、循环作业。对采掘过程中出现的异常出水，要及时到具备资质的检测机构进行水质化验。要保障防治水专项资金投入，严格按年度计划、中长期规划进行资金安排，优先安排防治水隐患治理资金计划。

（3）煤矿企业要进一步完善煤矿领导下井带班制度内容。在采煤工作面初次放顶、周期来压，采掘工作面涌水量发生较大变化、老空水排放、过陷落柱及导水裂隙带等关键时期，要严格制定并落实安全技术措施和预案,煤矿领导要现场督导。

(4)煤矿企业要明确赋予和严格落实值班调度人员、安全监控值守人员和班组长在紧急情况下独立行使停产撤人的权利。在采掘过程中工作面突发透水征兆,大气强降雨引发洪水、泥石流等紧急状态下,值班人员要果断及时发出撤人指令。要加强培训和演练,井下所有人员要熟悉避灾逃生线路,发现有透水预兆,要立即撤出矿井。

(5)各煤矿安全监管监察部门要结合本煤矿水害防治情况,组织开展一次煤矿水害防治专项监察。严格落实煤矿防治水规定,严禁煤矿探水钻孔施工造假、相关水文地质资料和图纸造假等违法行为,要依法严肃追究有关部门和人员的责任。

【学习自测】

1.(单选题)严禁开采地表水体、强含水层、采空区水淹区域下且水患威胁未消除的(   )。

    A. 倾斜煤层   B. 急倾斜煤层   C. 大倾角煤层

2.(单选题)煤矿企业要明确赋予和严格落实(   )、安全监控值守人员和班组长在紧急情况下独立行使停产撤人的权利。

    A. 值班调度人员   B. 矿井值班人员   C. 科室值班人员

参考答案:1. B   2. A

案例5　云南曲靖某矿"4·7"老空区积水重大透水事故

【事故经过】

2014年4月7日4时50分,云南曲靖某矿发生透水事故,当班入井工作人员26人中,4人安全升井,21人死亡,1人失踪。

【事故原因】

(一)直接原因

该煤矿非法越界开采相邻的煤矿三号井C24煤保安煤柱,掘进工作面不进行探放水作业,爆破贯通采空区积水,诱发透水事故。

(二)间接原因

(1)未落实安全主体责任,越界开采。该矿非法越界组织生产,蓄意逃避监管。发生事故的2401补巷掘进工作面,非法越界组织生产原煤8 606.2 t。为了逃避政府监管,该矿采取真假两套图、事故区域不设人员定位读卡分站、提前打密闭等手段掩盖违法生产行为。春节过后违规组织生产。该矿2014年2月19日进行节后复产验收,2014年3月27日曲靖市麒麟区人民政府签批同意复产验收意见。报批期间(2014年2月20日至2014年3月26日),该矿违规组织生产煤炭5 100 t。

(2)不落实探放水措施,安全管理混乱。① 安全管理混乱。该矿未设置安全管理机构,在井下随意布置采掘工作面,事故发生前,该矿在井下布置了5个掘进工作面,其中事故区域有3个掘进工作面同时作业。事故区域掘进工作面未编制作业规程,爆破距离不符合《煤矿安全规程》要求,爆破时未撤出邻近巷道的作业人员。班长随意安排作业,带班领导提前升井,一些从业人员未经培训就下井作业,部分特殊工种作业人员无证上岗。② 未落实防治水措施。该矿 C24 煤层补巷掘进工作面未落实"预测预报、有疑必探、先探后掘、先治后采"的探放水措施,未开展隐蔽致灾因素普查工作,未按规定开展区域性水害普查治理工作,未结合采空区积水情况划定警戒线和禁采线。

(3) 各级人民政府未严格落实煤矿安全生产属地监管责任。煤矿安全监察局某分局对辖区内煤矿的安全监察不力,督促指导煤矿开展"打非治违、隐患排查治理"等工作不到位。

【制度规定】

(1)《煤矿安全规程》第二百九十九条:"受水淹区积水威胁的区域,必须在排除积水、消除威胁后方可进行采掘作业;如果无法排除积水,开采倾斜、缓倾斜煤层的,必须按照《建筑物、水体、铁路及主要井巷煤柱留设与压煤开采规程》中有关水体下开采的规定,编制专项开采设计,由煤矿企业主要负责人审批后,方可进行。严禁开采地表水体、强含水层、采空区水淹区域下且水患威胁未消除的急倾斜煤层。"

(2)《煤矿防治水细则》第五条:"煤矿应当根据本单位的水害情况,配备满足工作需要的防治水专业技术人员,配齐专用的探放水设备,建立专门的探放水作业队伍,储备必要的水害抢险救灾设备和物资。"

(3)《煤矿防治水细则》第三条:"煤矿防治水工作应当坚持预测预报、有疑必探、先探后掘、先治后采的原则"。

(4)《煤矿防治水细则》第九条:"矿井应当建立地下水动态监测系统,对井田范围内主要充水含水层的水位、水温、水质等进行长期动态观测,对矿井涌水量进行动态监测。"

(5)《煤矿防治水细则》第三十八条:"在地面无法查明水文地质条件时,应当在采掘前采用物探、钻探或者化探等方法查清采掘工作面及其周围的水文地质条件。采掘工作面遇有下列情况之一的,必须进行探放水:打开隔离煤柱放水时"。

(6)《煤矿防治水细则》第三十九条:"严格执行井下探放水'三专'要求。由专业技术人员编制探放水设计,采用专用钻机进行探放水,由专职探放水队伍施工。严禁使用非专用钻机探放水。严格执行井下探放水'两探'要求。采掘工作面超前探放水应当同时采用钻探、物探两种方法,做到相互验证,查清采掘工作面及周边老空水、含水层富水性以及地质构造等情况。有条件的矿井,钻探可采用定向钻机,开展长距离、大规模探放水。"

(7)《煤矿防治水细则》第四十二条:"采掘工作面探水前,应当编制探放水设计和施工安全技术措施,确定探水线和警戒线,并绘制在采掘工程平面图和矿井充水性图上。探放水钻孔的布置和超前距、帮距,应当根据水头值高低、煤(岩)层厚度和强度及安全技术措施等确定,明确测斜钻孔及要求。探放水设计由地测部门提出,探放水设计和施工安全技术措施经煤矿总工程师组织审批,按设计和措施进行探放水。"

(8)《煤矿防治水细则》第八十八条:"临近水体下的采掘工作,应当遵守下列规定:1. 采用有效控制采高和开采范围的采煤方法,防止急倾斜煤层抽冒。在工作面范围内存在高角度断层时,采取有效措施,防止断层导水或者沿断层带抽冒破坏。2. 在水体下开采缓倾斜及倾斜煤层时,宜采用倾斜分层长壁开采方法,并尽量减少第一、第二分层的采厚;上下分层同一位置的采煤间歇时间不得小于 6 个月,岩性坚硬顶板间歇时间适当延长。留设防砂和防塌煤(岩)柱,采用放顶煤开采方法时,先试验后推广。3. 严禁开采地表水体、老空水淹区域、强含水层下且水患威胁未消除的急倾斜煤层。4. 开采煤层组时,采用间隔式采煤方法。如果仍不能满足安全开采的,修改煤柱设计,加大煤柱尺寸,保障矿井安全。5. 当地表水体或者松散层富水性强的含水层下无隔水层时,开采浅部煤层及在采厚大、含水层富水性中等以上、预计导水裂隙带大于水体与开采煤层间距时,采用充填法、条带开采、顶板关键层弱化或者限制开采厚度等控制导水裂隙带发育高度的开采方法。对于易于疏降的中等富水性以上松散层底部含水层,可以采用疏降含水层水位或者疏干等方法,以保证安全开采。

6. 开采老空积水区内有陷落柱或者断层等构造发育的下伏煤层,在煤层间距大于预计的导水裂隙带波及范围时,还必须查明陷落柱或者断层等构造的导(含)水性,采取相应的防治措施,在隐患消除前不得开采。"

【防范措施】

(1) 切实做好煤矿隐蔽致灾因素普查和防治水工作。地方各级人民政府要吸取教训,积极开展水害普查治理工作,尤其要查清资源整合、矿界重叠、受地面水威胁以及小煤矿比较集中的矿区煤矿的水体情况。煤矿井下作业要严格落实"预测预报、有疑必探、先探后掘、先治后采"的探放水措施,结合老空区积水情况划定警戒线和禁采线,不得擅自开采保安煤柱。

(2) 切实落实煤矿安全生产主体责任。地方各级人民政府和有关部门要针对这起事故暴露出的安全管理混乱、劳动组织混乱、技术管理缺失等问题,督促煤矿加强劳动组织管理,落实出入井人员登记、领导带班、全员安全培训等制度;加强技术管理,合理布置采掘工作面,配齐通风、机电等专业技术人员,确保图纸等技术资料真实反映矿井情况;完善安全监控和人员定位系统;加强井下火工产品管理,严格执行火工产品领退、保管制度以及"一炮三检"等爆破制度;定期组织职工进行应急救援演练,让职工熟悉避灾路线。

(3) 加大"打非治违"力度。地方各级人民政府和有关部门要认真组织开展打击煤矿超层越界开采专项整治行动,重点打击超层越界开采的矿井、违法违规生产的矿井、边建设边生产的矿井、未经复产验收擅自恢复生产的矿井;把"打非治违"与关闭退出工作相结合,将瓦斯、水患严重以及整治无效的小煤矿纳入关闭退出范围;加强矿产资源管理,严格采矿许可证审核和年检;严格火工产品审批程序。

(4) 做好煤矿停产整顿工作。煤矿安全监管部门要严格按有关要求,让生产能力在9万 t/a 及以下的煤矿停产整顿;严格验收程序,坚持"谁验收、谁签字、谁负责"的原则进行复产验收;加大对生产能力9万 t/a 以上煤矿的巡查力度。

(5) 切实做好雨季"三防"工作。煤矿要切实加强雨季"三防",按要求制定针对性强的工作方案,组建抢险队伍,储备足够的防洪抢险物资;严格落实探放水措施,完善水文地质资料。

(6) 促进煤炭产业转型升级。各产煤地要坚持走资源利用率高、安全有保障、经济效益好、环境污染小和可持续发展的煤炭工业发展道路,加快推进煤炭企业兼并重组,提高煤炭集约化程度,推进煤矿机械化和安全生产标准化建设,促进煤炭产业转型升级,实现科学发展、安全发展。

(7) 加大煤矿安全监管力度。地方各级人民政府和煤矿安全监管部门要切实加强对存在安全管理较差、违法违规生产等问题的煤矿的监管,强化驻矿安全监察员的责任,促使其认真履行职责,真正发挥驻矿作用。

(8) 提高煤矿应急救援能力。地方各级人民政府和有关部门要结合国家级、区域级救援基地建设要求,完善救援装备和物资储备,健全区域性矿山救援协作联动机制和统一调度指挥机制;在重点产煤地区建立市、县两级矿山救援物资储备库,重点储备大型通风、排水、机电、钻探、破拆、支护等救援设备;加快省、市级矿山应急救援信息平台和基地建设,完善应急演练制度,提高救援队伍的应急响应和科学施救能力,形成政府领导、部门配合、社会参与、统一指挥、协调有序、保障有力、处置高效的矿山应急救援工作格局。

【学习自测】

1. (单选题)探放水钻孔的布置和超前距离,应根据水压大小、煤(岩)层厚度和硬度以及安全措施等,在( )中做出具体规定。
   A. 防治水计划　　　　B. 采掘工程平面图　　　　C. 探放水设计

2. (单选题)煤层顶板存在富水性中等及以上含水层或其他水体威胁时,应( )垮落带、导水裂缝带发育高度。
   A. 预测　　　　　　　B. 实测　　　　　　　　　C. 计算

3. (单选题)煤矿井下采空区、废弃的井巷和停采的小煤窑,由于长期停止排水而积存的地下水,称为( )。
   A. 地下水　　　　　　B. 老空水　　　　　　　　C. 含水层

参考答案:1. B　2. B　3. B

案例6　云南曲靖某矿"5·9"较大透水事故

【事故经过】

2022年5月9日22时40分许,云南曲靖某矿发生透水事故,造成4人遇难。经现场核实,煤矿发生透水时,当班38人,安全升井34人,4人被困于井下。

【事故原因】

(一)直接原因

该煤矿同一倾斜巷道分上、下两段同时施工,对互相影响和关联的风险未认真分析研判,在未查清掘进工作面前方老巷积水的情况下冒险组织掘进作业。

(二)间接原因

(1)技术管理薄弱。煤矿未认真分析运用隐蔽致灾因素普查报告和物探成果,在掘进前未针对物探发现的异常区域进行钻探验证,冒险组织掘进作业;事故工作面巷道坡度发生变化,已经施工的探放水钻孔未能覆盖巷道正前方区域,煤矿未根据巷道坡度变化情况重新组织开展探放水;技术人员未将含有原某煤矿C3煤层老巷的采掘工程电子图件打印出来用于指导井下采掘作业工程施工,探放水设计人员未认真分析、核实此区域内老巷情况,探放水钻孔的设计和施工仅针对C2煤层老巷进行。

(2)防治水措施不落实。煤矿未按老空水防治"四步工作法"要求,查清、探明、放净、验准矿区范围内可能存在的所有老空积水,未对可能存在老空水影响的煤层编制分区管理设计;未按设计施工探放水钻孔,施钻前地测防治水人员未到现场标注钻孔位置、方位、倾角等参数,由施钻人员随意施工;未严格落实探放水钻孔验收管理制度;探放水施钻过程中,既未使用定向钻进技术或钻孔测斜装备,也无专业技术人员现场监督。

(3)安全管理混乱。煤矿对存在的安全风险分析研判不到位,同一单位工程的一组煤轨道大巷(倾斜巷道)分上、下两段同时施工,对互相影响和关联的风险未认真分析研判;隐患排查治理不到位,未及时发现并消除一组煤轨道大巷上下两个掘进工作面同时作业、一组煤轨道大巷反掘(上段)掘进工作面未探清前方C3煤层老巷积水和探放水设计与现场实际不符的事故隐患;技术人员责任心不强,主观认为老空积水已疏排干净,在未查清工作面前方老巷积水的情况下冒险组织掘进作业。

【制度规定】

(1)《煤矿安全规程》第二百九十九条:"受水淹区积水威胁的区域,必须在排除积水、消除威胁后方可进行采掘作业;如果无法排除积水,开采倾斜、缓倾斜煤层的,必须按照《建筑物、水体、铁路及主要井巷煤柱留设与压煤开采规程》中有关水体下开采的规定,编制专项开采设计,由煤矿企业主要负责人审批后,方可进行。严禁开采地表水体、强含水层、采空区水淹区域下且水患威胁未消除的急倾斜煤层。"

(2)《煤矿防治水细则》第五条:"煤矿应当根据本单位的水害情况,配备满足工作需要的防治水专业技术人员,配齐专用的探放水设备,建立专门的探放水作业队伍,储备必要的水害抢险救灾设备和物资。"

(3)《煤矿防治水细则》第三条:"煤矿防治水工作应当坚持预测预报、有疑必探、先探后掘、先治后采的原则"。

(4)《煤矿防治水细则》第九条:"矿井应当建立地下水动态监测系统,对井田范围内主要充水含水层的水位、水温、水质等进行长期动态观测,对矿井涌水量进行动态监测。"

(5)《煤矿防治水细则》第三十八条:"在地面无法查明水文地质条件时,应当在采掘前采用物探、钻探或者化探等方法查清采掘工作面及其周围的水文地质条件。采掘工作面遇有下列情况之一的,必须进行探放水:打开隔离煤柱放水时"。

(6)《煤矿防治水细则》第三十九条:"严格执行井下探放水'三专'要求。由专业技术人员编制探放水设计,采用专用钻机进行探放水,由专职探放水队伍施工。严禁使用非专用钻机探放水。严格执行井下探放水'两探'要求。采掘工作面超前探放水应当同时采用钻探、物探两种方法,做到相互验证,查清采掘工作面及周边老空水、含水层富水性以及地质构造等情况。有条件的矿井,钻探可采用定向钻机,开展长距离、大规模探放水。"

【防范措施】

(1)严格落实企业安全生产主体责任。细化企业主体责任的内容、检查标准和方法,强化企业落实主体责任的措施,确保各项工作落实到位。

(2)切实加强防治水工作。煤矿企业和煤矿建设施工单位要认真贯彻《煤矿防治水细则》,坚持"预测预报、有疑必探、先探后掘、先治后采"的原则,落实"探、防、堵、疏、排、截、监"综合治理措施。建立健全水害预测预报制度、水害隐患排查治理制度、水害防治技术管理制度,不断促进矿井防治水工作制度化、规范化。存在水患的煤矿企业,要采用适合本矿井的物探、钻探等先进适用技术,查明矿区水文地质情况,特别是本矿区范围内及相邻煤矿的废弃老窑情况,准确掌握矿井水患情况。采掘工作面物探不能代替钻探,必须进行打钻探放水,探放水要制定专门措施,由专业人员使用专用探放水钻机进行施工,保证探放水钻孔布孔科学合理并保证一定的超前距离,探放水钻孔必须打穿老空水体;探放水时,要撤出探放水点位置以下受水害威胁区域的所有人员,发现有透水预兆时,必须立即撤出受威胁区域的所有人员,要采取有效措施治理隐患,水患消除后方可继续施工作业。

(3) 全面提升煤矿安全保障能力。煤矿企业要进一步明确安全避险"六大系统",建设完善的目标、任务、措施及进度安排。要建立投入保障制度,加大安全投入,从人、财、物等各方面保证建设进度,强力推进安全避险"六大系统"的建设完善工作。要根据矿井主要水害类型和可能发生的水害事故,制定水害应急救援预案和现场处置方案,储备足够的抢险排水设备和材料。处置方案应包括发生水害事故时人员安全撤离的具体措施,每年应对应急预案进行修订完善并进行1次救灾演练。

【学习自测】

1. (判断题)严格执行井下探放水"三专"要求,即由专业技术人员编制探放水设计,采用专用钻机进行探放水,由专职探放水队伍施工。(　　)
2. (判断题)煤矿防治水工作应当坚持预测预报、有疑必探、先探后掘、先治后采的原则。(　　)
3. (判断题)探放老空水时,除了监测放水量,还要定时检查空气成分。(　　)
4. (判断题)探放水钻孔必须安装孔口套管,煤巷中探放老空积水的止水套管长度不得小于10 m。(　　)
5. (判断题)探放老空水时,一般应从积水线开始探水。(　　)
6. (判断题)探放老空水、陷落柱水和钻孔水时,探水钻孔要成组布设,钻孔终孔位置以满足平距3 m为准。(　　)

参考答案:1. √　2. √　3. √　4. √　5. ×　6. √

案例7　陕西榆林米脂某矿"7·25"较大透水事故

【事故经过】

2022年7月25日23时33分,陕西榆林米脂某矿发生一起较大水害事故,造成3人死亡,直接经济损失921.5万元。

2022年7月30日15时,调查组入井对事故现场进行勘察,从勘查情况看,突水点位于11503工作面迎头(此处距巷口1 243.6 m)右侧。迎头巷道宽4.0 m、高2.3 m。迎头左帮2 m煤壁完整,右帮掘进机炮头除个别截齿露出水面外,其余部分被水淹没,水深约1.2 m(含有少量煤矸),炮头上方形成了宽2 m、高约2 m(基本巷道部分约1.1 m,冒高约0.9 m)的突水通道,通过突水通道观察到相邻老窑采空区巷道底板高出11503掘进巷道底板约1.2 m。形成高差的原因是老窑巷道设计参数与11503运输巷掘进工作面设计参数及施工方式不同。

【事故原因】

(一) 直接原因

11503运输巷掘进至1 243.6 m时,与相邻的煤矿老空区打通,老窑积水突入掘进工作面,导致事故发生。

(二) 事故间接原因

(1) 安全投入严重不足,未严格落实防治水措施。一是探放水措施执行资金保障不到位,未严格按照《煤矿防治水细则》要求开展防治水工作,11503运输巷掘进过程中未严格落实"两探"工作;二是探放水人员配备不足,全矿仅1名持证探放水工。

(2)安全管理混乱,主体责任不落实。一是安全管理机构不健全,未按要求设置安监科、地测防治水科、生产技术科等业务安全管理职能科室。二是矿井安全管理人员配备不足,未配备专职安检员,掘进队仅配备1名队长,未配备副队长和专业技术人员,跟班队长兼班长一身多职。三是防治水工作主体责任有漏洞。因"未执行探放水措施"被责令停产整顿验收复产后,仍不严格执行探放水措施。四是各级管理岗位责任落实不到位。矿级领导和区队管理人员重生产、轻安全,履行自身岗位安全职责不到位,部分矿领导履职能力不足、带班不认真,对现场作业人员未按要求进行探放水失察。

(3)技术管理基础工作薄弱,技术力量严重不足。一是未建立以总工程师为首的安全生产技术管理体系,未配备各专业技术人员。二是矿井水文地质工作开展存在不足,未认真开展相邻老空积水情况等隐蔽致灾因素普查工作,未严格按照《煤矿防治水"三区"管理办法》要求对老空水威胁区域实行分区管理。三是安全技术措施编制审批不严格,全矿无专业技术人员,作业规程、探放水设计均由总工程师编制,其他矿领导只签字不审核。四是对第三方中介机构提交的《矿井水文地质类型划分报告》和《隐蔽致灾地质因素普查报告》审核把关不严。

(4)安全培训教育不到位,从业人员安全意识差。一是无专职负责职工安全培训的机构或人员,日常安全培训制度执行不严格,现场作业人员对透水等重大灾害发生征兆无辨识能力。二是职工安全生产风险意识不强,自保、互保意识差。

(5)委托管理责任落实不到位。未严格按照"矿井承包补充协议书"要求履行委托方对矿井安全生产管理工作的管理、监督职责。

(6)中介机构未认真履行合同约定义务,提交的"技术报告"与实际不符。一是未认真履行合同,在未查明井田及周边矿井老窑及积水分布状况条件下出具《水文地质类型划分报告》,将水文地质类型划分为"中等型",与矿井实际不符。二是编制《隐蔽致灾地质因素普查报告》过程中未对收集的资料进行针对性分析,未针对采空区开展必要的探查工作,报告未将相邻煤矿井田与该矿井井田重叠情况反映在基础图件上,与矿井实际不符,不能有效指导矿井开展防治水工作。三是履行"井下物探技术服务合同"不到位。合同约定"井下掘进巷道超前物探,每100 m施工一次瞬变电磁法和直流电法超前物探",实际仅采用了瞬变电磁法,且4月21日以后未到矿开展超前物探工作。

(7)煤矿安全监管履行职责有差距。一是驻矿安全监管工作开展不扎实。未严格要求驻矿安全监督员按照《县工业商贸局关于印发县驻矿安全监督员2022年值班时间的通知》进行值班,日常工作中仅1名驻矿安全监督员驻矿盯守;驻矿安全监督员未认真落实驻矿盯守责任。二是监管执法不严不实,对发现的采掘工作面老空水情况未查明的问题,仅是责令改正。三是监管人员专业能力不足,未能发现矿井安全管理机构不健全、人员配备不足、探放水措施执行不到位等问题。四是分管领导对县工贸局监管执法不严问题失察。

【管理制度】

(1)《煤矿安全规程》第二百九十九条:"受水淹区积水威胁的区域,必须在排除积水、消除威胁后方可进行采掘作业;如果无法排除积水,开采倾斜、缓倾斜煤层的,必须按照《建筑物、水体、铁路及主要井巷煤柱留设与压煤开采规程》中有关水体下开采的规定,编制专项开采设计,由煤矿企业主要负责人审批后,方可进行。严禁开采地表水体、强含水层、采空区水淹区域下且水患威胁未消除的急倾斜煤层。"

(2)《煤矿防治水细则》第五条:"煤矿应当根据本单位的水害情况,配备满足工作需要的防治水专业技术人员,配齐专用的探放水设备,建立专门的探放水作业队伍,储备必要的水害抢险救灾设备和物资。"

(3)《煤矿防治水细则》第三条:"煤矿防治水工作应当坚持预测预报、有疑必探、先探后掘、先治后采的原则"。

(4)《煤矿防治水细则》第九条:"矿井应当建立地下水动态监测系统,对井田范围内主要充水含水层的水位、水温、水质等进行长期动态观测,对矿井涌水量进行动态监测。"

(5)《煤矿防治水细则》第三十八条:"在地面无法查明水文地质条件时,应当在采掘前采用物探、钻探或者化探等方法查清采掘工作面及其周围的水文地质条件。采掘工作面遇有下列情况之一的,必须进行探放水:打开隔离煤柱放水时"。

(6)《煤矿防治水细则》第三十九条:"严格执行井下探放水'三专'要求。由专业技术人员编制探放水设计,采用专用钻机进行探放水,由专职探放水队伍施工。严禁使用非专用钻机探放水。严格执行井下探放水'两探'要求。采掘工作面超前探放水应当同时采用钻探、物探两种方法,做到相互验证,查清采掘工作面及周边老空水、含水层富水性以及地质构造等情况。有条件的矿井,钻探可采用定向钻机,开展长距离、大规模探放水。"

【防范措施】

(1)践行安全发展理念,推进煤矿安全工作。各级政府及其煤矿安全监管部门、各煤矿企业要认真学习贯彻习近平总书记关于安全生产重要论述和指示批示精神,牢固树立科学发展、安全发展的理念,坚持"两个至上",提高红线意识,强化底线思维,采取有效措施,切实加强煤矿安全工作,扭转安全生产被动局面。各级党委政府要树立正确发展观,统筹好发展与安全,坚守安全底线,认真落实《地方党政领导干部安全生产责任制规定》,抓紧推进安全生产专项整治三年行动,切实实现"两个根本"。

(2)强化主体责任落实,严格规范管理。各煤矿企业必须建立健全煤矿安全生产管理体系,配齐配足安全生产管理人员、专业技术人员;建立并落实从主要负责人到一线员工的全员安全生产责任制,明确各岗位的责任人员、责任范围等内容,加强监督考核,确保责任落实;强化安全培训教育,增强法治意识和安全意识,做到自觉依法依规组织生产,自觉抵制违章冒险作业;开展安全风险分级管控,坚持事故隐患排查治理,持续改进安全生产管理,不断适应煤矿安全治理体系和治理能力现代化要求,实现安全发展。

(3)加强矿井技术管理工作。一要建立健全以总工程师为首的矿井技术管理体系,完善技术审批等管理制度,明确和落实各级技术管理责任。二要严格遵守国家有关安全生产的法律、法规、规章、规程、标准和技术规范,按规定编制采掘工作面、单项工程作业规程和各项安全技术措施。三要严格审批及贯彻执行作业规程和安全技术措施,强化对规程措施现场落实情况的监督检查。

(4)严格落实防治水措施,全面排查防治水工作漏洞。各煤矿企业要深刻吸取事故教训,严格按照《煤矿防治水细则》相关规定,扎实开展水文地质补充勘探,合理划分水文地质类型;对隐蔽致灾地质因素普查报告进行全面梳理,查明矿井井田内及周边老窑范围和积水情况;结合采掘接续计划严格划分可采区、缓采区、禁采区,严格执行"三专两探一撤人"措施;全面组织水害风险隐患培训,提高职工对透水征兆的识别能力,采掘工作面发现有煤层变湿、挂汗、顶板来压、片帮、淋水加大、钻孔喷水等透水征兆时,所有人员立即从井下撤出。

(5)加强技术服务管理,保障技术支撑质量。煤矿技术服务单位必须配强机构人员和设施设备条件,保障现场工作质量,严把技术审核关口,坚守职业操守,提升服务质量。各相关监督管理部门要深入开展中介服务机构专项整治行动,加大对煤矿技术服务机构的检查频次,严格考核其资质条件、专业服务能力及出具的报告或结论,严厉打击违法设置分支机构或办事处,不派或少派工作人员现场勘察核验、抄袭报告、出具虚假报告、谋取不正当利益等违法违规行为。

(6)加强煤矿安全监管。各级政府及其煤矿安全监管部门要严格贯彻落实上级有关煤矿安全生产的法律法规及决策部署,配备满足需要的煤矿安全监管人员,发挥好驻矿安全监督员驻矿盯守作用,强化安全监督检查,依法严厉打击煤矿违法违规生产建设行为,定期会商、分析研判煤矿存在的突出问题,坚持煤矿隐患排查治理,落实煤矿重大隐患挂牌督办,坚决防范和遏制煤矿事故发生。

【学习自测】

1.(单选题)老空水积水时间较长,水循环条件差,水中含有大量 H_2S 气体,并多为( )。

  A. 酸性水   B. 中性水   C. 碱性水

2.(单选题)在工作面如果发现"挂红"、水味发涩时,就基本上可以判定前方有( )。

  A. 顶板水   B. 老空水   C. 底板水

3.(单选题)天然充水水源不包括( )。

  A. 地表水   B. 大气降水   C. 老空水

参考答案:1. A   2. B   3. C

第十章 煤层底板灰岩承压水水害

第一节 岩溶陷落柱水害概述

由于煤系地层在地质历史时期中不断向奥灰溶洞垮落,垮落的岩块不断充填形成一个质地疏松的岩溶陷落柱,导水性很强,同时由于陷落柱的赋存条件孤立而隐蔽,事前难以探查发现,防治难度极大,所以易造成灾难性的岩溶陷落柱水害。

第二节 岩溶陷落柱水害事故案例

案例1 内蒙古乌海某矿"3·1"陷落柱透水较大事故

【事故经过】

2010年3月1日,内蒙古乌海某矿发生特别重大透水事故,造成32人死亡、7人受伤,直接经济损失4 852.98万元。该矿位于内蒙古自治区乌海市,井田面积38.57 km²,保有储量3.97亿t,设计生产能力150万t/a,主要开采煤层为9#、16#煤层,9#煤层厚度约3 m,16#煤层厚度3.5~5 m。矿井采用斜井-立井混合开拓方式,采用综合机械化开采。事故发生时矿井处于二期建设工程阶段,事故发生地点是16#煤回风大巷掘进工作面,底板为泥岩、碳质泥岩,底板下距奥灰层的距离平均为34 m。据承建单位陕西某公司掘进队杨某回忆,7时30分,在9#煤工作面的杨某等16名工人下班走到停车场时,发现停车场水深约30 cm,且不到一分钟时间水位就上涨到1 m(后来估算本次事故涌水量起初时最大达7.2万 m³/h)。发现异常后,他们立即撤回作业面并向调度室汇报了情况。

事故发生时井下作业人员共有77人,事故发生后,经过14天、2万多人次的救援,生还45人,死亡32人。本次救援累计施工钻孔20个,进尺5 874 m,排水144万 m³,对陷落柱进行注浆堵水,共注入浆料8 384 m³。

【事故原因】

(一)直接原因

16#煤回风大巷掘进工作面遇煤层下方隐伏陷落柱,在承压水和采动应力作用下,诱发该掘进工作面底板底鼓,承压水突破有限隔水带形成集中过水通道,导致奥陶系灰岩水从煤层底板涌出,造成此次事故。

(二)间接原因

(1)地质勘探资料与实际水文地质情况有差异,对奥灰水防治工作认识和措施不到位。

(2) 矿井建设施工中的探放水措施不落实,没有严格执行"先探后掘、有疑必探"的规定。

(3) 没有严格执行煤矿企业负责人和生产经营管理人员带班下井的规定。

(4) 应急处置工作不果断、不及时。在出现透水征兆约一个半小时里,未立即采取断电、撤人措施,继续进行抽排水作业,最终酿成特别重大事故。

(5) 建设、施工等单位未严格执行三级安全培训制度,致使施工人员对隐患识别能力差、安全风险意识淡薄。

【制度规定】

(1)《煤矿防治水细则》第三十八条:"在地面无法查明水文地质条件时,应当在采掘前采用物探、钻探或者化探等方法查清采掘工作面及其周围的水文地质条件。采掘工作面遇有下列情况之一的,必须进行探放水:① 接近水淹或者可能积水的井巷、老空或者相邻煤矿时;② 接近含水层、导水断层、溶洞或者导水陷落柱时;③ 打开隔离煤柱放水时;④ 接近可能与河流、湖泊、水库、蓄水池、水井等相通的导水通道时;⑤ 接近有出水可能的钻孔时;⑥ 接近水文地质条件不清的区域时;⑦ 接近有积水的灌浆区时;⑧ 接近其他可能突水的地区时。"

(2)《煤矿地质工作规定》第二十九条:"煤矿隐蔽致灾地质因素主要包括:采空区、废弃老窑(井筒)、封闭不良钻孔、断层、裂隙、褶曲、陷落柱、瓦斯富集区、导水裂缝带、地下含水体、井下火区、古河床冲刷带、天窗等不良地质体。每个煤矿应结合实际情况开展隐蔽致灾地质因素普查,提出普查报告,由煤矿企业总工程师组织审定。小煤矿集中的矿区,由地方人民政府组织进行区域性隐蔽致灾地质因素普查,制定防范事故的措施。"

(3)《煤矿地质工作规定》第三十三条:"陷落柱普查,应查明矿井内直径大于 30 m 的陷落柱,主要包括陷落柱发育形态、岩性、周边裂隙发育程度、导水性等,并提出防范措施和建议。"

【防范措施】

(1) 煤矿企业和煤矿建设施工单位要认真贯彻《煤矿防治水细则》,要采用适合本矿井的物探、钻探等手段,查明矿井范围内的隐伏导水构造及地下含水层基本情况,准确掌握矿井水患情况。对受采掘影响的隐伏导水构造要及时处理,采取有效的防治措施。采掘工作面物探不能代替钻探,存在异常必须进行打钻探放水。发现有透水预兆时,必须立即撤出受威胁区域的所有人员。

(2) 严格执行"物探先行、化探跟进、钻探验证"的综合超前探测"十二字方针"。对地质及水文地质条件不明的区域,应采取多种手段进行综合探测;加强超前探放水的现场管理,保证探放水施工严格按照规程、设计进行。

(3) 应进行水文地质勘探,编制《承压开采可行性评价及安全技术措施》;接近地质异常区时必须编制专项探放水设计,由总工程师组织评审,并按照设计严格施工探放水工程。

(4) 全面提升煤矿安全保障能力。要根据矿井主要水害类型和可能发生的水害事故,制定水害应急救援预案和现场处置方案,储备足够的抢险排水设备和材料,并每年进行 1 次救灾演练。

(5) 煤矿企业要定期对从业人员进行安全教育培训,让职工了解矿井存在的水害威胁类型及发生水害事故时的应急处置方式,提高职工的安全意识,增强职工的自保和互保能力。

【学习自测】

1.(单选题)当导水裂缝带范围内的含水层或老空积水等水体影响采掘安全时,应( )或注浆改造含水层。

　　A. 边掘边探　　　　　　B. 超前钻探疏放　　　　C. 超前探水

2.(单选题)探放水钻孔的布置和超前距离,应根据水压大小、煤(岩)层厚度和硬度以及安全措施等,在( )中做出具体规定。

　　A. 采掘工程平面图　　　B. 防治水计划　　　　　C. 探放水设计

3.(单选题)陷落柱普查,应查明矿井内直径大于30 m的陷落柱,主要包括陷落柱发育形态、岩性、( )、导水性等,并提出防范措施和建议。

　　A. 含水性　　　　　　　B. 周边裂隙发育程度　　C. 陷落柱的深度

4.(单选题)采掘工作面遇溶洞或者导水陷落柱时( )。

　　A. 必须进行探放水　　　B. 分析陷落柱的形态　　C. 判断陷落柱是否导水

参考答案:1. B　2. C　3. B　4. A

案例2　山东济宁某矿"9·10"底板突水较大事故

【事故经过】

2018年9月10日22时45分,山东济宁某矿1313采煤工作面底板渗水,出水量约10 m^3/h,后水量逐渐增加至1 500 m^3/h左右,峰时突水量达到3 673 m^3/h。至9月11日21时56分,矿井中央泵房失守,造成淹井事故。事故直接经济损失2 566.14万元,无人员伤亡。矿井水文地质类型、地质类型均为中等类型,矿井正常涌水量226 m^3/h、最大涌水量339 m^3/h。

2018年9月10日22时10分,1313工作面安监员曹某发现48#架后出水,水量较小,现场随即向矿调度指挥中心进行汇报;22时45分,发现43#架底板出现轻微渗水,出水量约10 m^3/h;23时30分,转载机外最低洼处积水已至底胶带,现场用2台45 kW电泵和1台风泵进行排水,调度室安排魏某某、王某某立即赶到现场进行观测;11日0时10分,魏某某到达现场后立即对出水点情况进行观察,并对涌水量进行了观测,经测算工作面涌水量已增加至40～50 m^3/h,矿带班副总工程师王某某立即安排1313工作面所有工作人员停止工作撤离;11日3时10分,工作面涌水量突增至约400 m^3/h,现场观测人员随即撤离至1313工作面轨道巷联络巷口,其余人员全部撤离至安全区域。11日5时15分,1313胶带巷水位已到1313工作面轨道巷联络巷。11日7时18分,地测科科长王某某汇报,突水开始流向1313泄水巷。11日20时20分,水情观测员发现1301轨道巷联络巷涌水量增大。指挥部接到报告后,迅速下达指令,采取紧急撤人措施。至11日21时10分,井下最后一罐人员升井,经核实,井下抢险人员170人全部安全升井。后因涌水量过大,超过矿井排水能力,21时56分,机电矿长张某某通知地面变电所井下停电,通知停压风、主通风机。

【事故原因】

(一) 直接原因

该矿 1313 工作面底板存在隐伏陷落柱,在矿压和水压共同作用下,奥灰水通过隐伏陷落柱从底板突出。

(二) 间接原因

(1) 对矿井奥灰水危害性认识不到位,对 1313 工作面探测的富水异常区重视程度不足。煤矿开采 3 煤层时,底板与奥灰含水层距离较大,认为奥灰水对矿井开采 3 煤层不构成威胁,对地质构造复杂条件下奥灰水害影响分析研判不到位,对奥灰水害的防范意识不强。煤矿对 1313 工作面探测的富水异常区重视程度不足,回采前未按规定对物探探测成果中圈定的全部异常区的富水情况进行钻探验证。对矿业集团公司下达的要求"对异常区进行钻探验证",煤矿未落实到位。

(2) 未能查明 3 煤层底板深部水文地质条件。① 受现有勘探技术条件限制,三维地震勘探由于 3 煤层的能量吸收和屏蔽作用,3 煤层以下无连续对比追踪解释的地震反射波,失去地震勘探解释的基础条件,3 煤层之下岩层分辨率很低,未能查明隐伏导水通道。② 1313 工作面采用的瞬变电磁探测及钻探方法未能查明 3 煤层底板深部岩层富水性。③ 探放水设计钻孔布置不合理,且在回采前未完成钻探验证。对 1# 和 3# 物探顶底板异常区探放水设计钻孔布置不合理,仅在同一切面(1# 异常区 3 个底板钻孔方位角为 288°,3# 异常区 2 个底板钻孔方位角为 115°)布置钻孔验证含水层富水性,未对 1# 和 3# 异常区进行多点位平面布孔验证。对 3# 异常区三灰探查孔垂深只到底板下 42 m 处,不能有效探查三灰及以下隐伏地质构造的富水性。④ 水害防治管理人员设置不合理。防治水副总实际负责地质、储量管理技术工作,地测防治水技术管理由地测科长负责。⑤ 集团公司对该煤矿水害防治指导监督不力,对该煤矿开采 3 煤层时奥灰水害认识不足,对地质构造复杂条件下奥灰水害影响分析指导不到位。公司安全办公会虽对该煤矿 1313 工作面物探底板低阻区域富水性探测工作提出了要求,但对水害防治措施整改落实情况监督不到位。

【制度规定】

(1)《煤矿防治水细则》第三十九条:"严格执行井下探放水'三专'要求。由专业技术人员编制探放水设计,采用专用钻机进行探放水,由专职探放水队伍施工。严禁使用非专用钻机探放水。严格执行井下探放水'两探'要求。采掘工作面超前探放水应当同时采用钻探、物探两种方法,做到相互验证,查清采掘工作面及周边老空水、含水层富水性以及地质构造等情况。有条件的矿井,钻探可采用定向钻机,开展长距离、大规模探放水。"

(2)《煤矿防治水细则》第四十一条:"工作面回采前,应当查清采煤工作面及周边老空水、含水层富水性和断层、陷落柱含(导)水性等情况。地测部门应当提出专门水文地质情况评价报告和水害隐患治理情况分析报告,经煤矿总工程师组织生产、安检、地测等有关单位审批后,方可回采。发现断层、裂隙或者陷落柱等构造充水的,应当采取注浆加固或者留设防隔水煤(岩)柱等安全措施;否则,不得回采。"

(3)《煤矿地质工作规定》第三十三条:"陷落柱普查,应查明矿井内直径大于 30 m 的陷落柱,主要包括陷落柱发育形态、岩性、周边裂隙发育程度、导水性等,并提出防范措施和建议"。

【防范措施】

(1) 认真贯彻《煤矿地质工作规定》,查清隐蔽致灾因素。要认真贯彻《煤矿地质工作规定》,加强煤矿地质基础工作,进一步查清采空区、封闭不良钻孔及断层、裂隙、褶曲、陷落柱、导水裂缝带、天窗等不良地质体等主要隐蔽致灾地质因素。要重新开展隐蔽致灾因素普查,综合各类物探及钻探等成果资料重新分析确定矿井隐蔽致灾因素。

(2) 贯彻落实《煤矿防治水细则》,提升水害防治水平。要深入学习贯彻《煤矿防治水细则》,不断强化水害综合治理及水害防治效果评价,切实提升水害防治水平。要强化"探、防、堵、疏、排、截、监"等综合防治措施的落实,认真做好老空水、承压水、顶板水等水害防治工作。采煤工作面安装前必须采用两种以上物探方法进行探测,其中至少一种对水体敏感的物探方法,对物探异常区必须进行钻探验证,开采前进行防治水安全评价。对老空水、顶板水的疏放效果以及注浆加固或改造底板治理效果,要采取综合探测手段进行效果验证,确保治理效果可靠。

(3) 加强"两探"工程的过程管理和质量控制。煤矿要明确物探、钻探施工过程中各环节的施工验收程序,规范物探施工、报告编制审批管理,确保探放水作业管理规范严格。

(4) 加强安全教育培训,提升应急处置能力。要采取多种形式开展防治水业务交流培训,所有地测技术人员定期进行一次业务培训。要认真制订安全培训计划,加强安全教育培训和事故警示教育,除重点加强防治水知识培训外,还要开展全员安全生产知识、安全生产规章制度、操作规程、岗位技能和应急处置培训,通过教育培训切实提升全员隐患排查、风险辨识和应急处置等安全生产能力,为矿井安全生产奠定坚实基础。

【学习自测】

1. (判断题)水文地质类型复杂、极复杂的矿井没有设立专门的防治水机构和配备专门的探放水作业队伍,配齐专用探放水设备的,属于煤矿重大事故隐患。( )

2. (判断题)小型煤矿,可不装备防治水抢险救灾设备。( )

3. (判断题)陷落柱普查,应查明矿井内直径大于30 m的陷落柱,主要包括陷落柱发育形态、岩性、周边裂隙发育程度、导水性等,并提出防范措施和建议。( )

参考答案:1. √ 2. × 3. √

案例3 山西霍州某矿综采工作面底板陷落柱较大突水事故

【事故经过】

2007年3月18日,山西霍州某矿+370 m水平2-1101首采工作面揭露572陷落柱。该陷落柱充填物主要为大块细砂岩、泥岩、煤屑等,充填紧密,胶结程度较好。3月18日8时,当陷落柱沿平巷方向推进13 m,工作面揭露陷落柱长度37 m时,陷落柱靠近副巷边缘底板出水,出水点标高+350 m,带压1.73 MPa,突水系数为0.077 MPa/m,涌水量为50~60 m^3/h。水色发浑夹有大量泥沙。经取样化验水源为K4灰岩水,由陷落柱导通而致。3月20日陷落柱靠近正巷边缘底板也开始出水,工作面涌水量达到100 m^3/h,3月25日涌水量为140 m^3/h,3月29日涌水量为350 m^3/h,3月30日涌水量为400 m^3/h,3月31日涌水量达到500~600 m^3/h,经专家分析认为与奥灰水导通,4月2日涌水量达到750~800 m^3/h,4月5日11时涌水量达到1 200 m^3/h左右。本次事故虽未造成人员伤亡,但最终造成经济损失4 200余万元。

【事故原因】

（一）直接原因

2-1101采煤工作面未采取有效防治水措施，直接揭露与奥灰水导通的陷落柱。

（二）间接原因

（1）对工作面水文地质条件认识不足。K4灰岩含水层、K2灰岩含水层、O2灰岩含水层的静水位基本相近，说明各含水层水已经有导通迹象，但是没有引起足够的重视。

（2）思想上麻痹大意。对采煤工作面没有进行物探、钻探、化探等工作，以查清工作面内隐伏的断层、陷落柱及其导水性。在回采过程中共揭露9条小断层、5个陷落柱，当时没有导水，误以为不导水。

（3）未进行水文地质勘查，水文监测系统不到位。由于该矿水文监测系统不到位，导致出水后不能快速准确判断突水水源和果断采取有效治理措施。3月27日涌水量达到150 m^3/h时，从相邻矿井水文孔观测资料发现O2及K2水位均有下降，由此才认识到2-1101工作面出水主要水源为O2水，错过了处置水患的最佳时机。

（4）防水设施质量存在问题。根据《煤矿安全规程》规定，该矿在2005年12月底在+370 m水平胶带巷及轨道巷施工了两道防水闸门，但没有进行耐压试验和防水闸墙壁后注浆工作，造成+370 m水平防水闸门关闭后，漏水量达到300 m^3/h以上，没有起到其应有的作用。

【制度规定】

（1）《煤矿防治水细则》第四十一条："工作面回采前，应当查清采煤工作面及周边老空水、含水层富水性和断层、陷落柱含（导）水性等情况。地测部门应当提出专门水文地质情况评价报告和水害隐患治理情况分析报告，经煤矿总工程师组织生产、安检、地测等有关单位审批后，方可回采。"

（2）《煤矿防治水细则》第八条："当矿井水文地质条件尚未查清时，应当进行水文地质补充勘探工作。在水害隐患情况未查明或者未消除之前，严禁进行采掘活动。"

（3）《煤矿防治水细则》第九十八条："防水闸门竣工后，必须按照设计要求进行验收。对新掘进巷道内建筑的防水闸门，必须进行注水耐压试验；防水闸门内巷道的长度不得大于15 m，试验的压力不得低于设计水压，其稳压时间在24 h以上，试压时应当有专门安全措施"。

（4）《煤矿防治水细则》第九条："矿井应当建立地下水动态监测系统，对井田范围内主要充水含水层的水位、水温、水质等进行长期动态观测，对矿井涌水量进行动态监测。"

【防范措施】

（1）矿井原勘探工作量不足，在水文地质条件尚未查清的区域进行采掘工作时，必须进行水文地质补充勘探工作。

（2）建立地下水动态监测系统，对井田范围内主要充水含水层的水位、水温、水质等进行长期动态观测，对矿井涌水量进行动态监测。

【学习自测】

1.（判断题）采掘工作面或者其他地点发现有透水征兆时，应当立即停止作业，撤出所有受水患威胁地点的人员，报告矿调度室，并发出警报。（　　）

2.（判断题）采掘工作面需要打开隔离煤柱放水时，制定安全措施后，不必确定探水线

进行探水。（　　）

3.（判断题）对于煤层顶、底板带压的采掘工作面，应提前编制防治水设计，制定并落实水害防治措施。（　　）

参考答案：1. √　　2. ×　　3. √

第三节　断层水害概述

断层破碎带突水水害是矿井一大水害。断层破碎带也可与老空区、煤层顶板含水层、底板承压含水层、地表水体等发生水力联系而引发突水水害，是煤矿水害类型中最普遍的一类。断层破碎带可以沿断层走向很长一段范围内普遍含（导）水而引发水害，也可以是局部的一小段、一个点导水而诱发突水水害。有的断层破碎带原始状态是不含（导）水的，但由于采动条件下引起顶板导水裂隙提高或底板岩体裂隙的存在，断层破碎带发生活化而转化为导水断层，发生矿井突水水害。

第四节　断层水害事故案例

案例 1　山西洪洞某矿"12·4"工作面返掘巷断层滞后出水较大事故

【事故经过】

2012 年 12 月 4 日 2 时 53 分，山西洪洞某矿井下 2-1081 工作面在距离工作面迎头 20 m 处右帮压力增大，右帮顶上第一根锚杆处有少量出水，水量 3～5 m³/h；3 时 55 分出水量约 30 m³/h 左右；6 时 30 分出水量增大至 450 m³/h；至 4 日 13 时将返掘巷 300 m 淹没，水进入联络巷；至 19 时淹没联络巷 100 m，经过应急抢险排水及后期排水，水位控制在返掘巷口以下 130 m 处，水量稳定在 300 m³/h 左右。事故造成直接经济损失 1 100 余万元。

【事故原因】

（一）直接原因

由于 F13 断层向 2-1081 巷道偏移，致使原留设的 40 m 断层防水煤柱实际减少至 22～25 m，降低了隔水作用；F13 断层在此落差增大，使 2 号煤层（上盘）与太灰（下盘）层间距减少甚至对接；在水压、矿压、构造应力、开凿扰动等因素的影响下，造成巷道底鼓变形、顶板锚索断裂，F13 断层裂隙带成为导水通道，下伏承压含水层水沿断层滞后涌出。

（二）间接原因

（1）思想方面存在侥幸心理。该矿 2004 年建矿以来，只发生过几次比较小的出水，首采工作面 2-101 初采曾经发生过一次出水，主要为顶板砂岩水，水量也不大，没有对生产造成较大影响，导致矿方对防治水工作没有足够重视。

（2）没有对已出现的透水征兆引起警觉，未及时汇报。11 月 25 日距出水点 80 m 处的巷道右帮上角发生过的出水情况没有引起重视；F13 断层钻进探测过程中出现的 1 个钻孔出水情况没有引起重视;巷道出现底鼓、顶板锚索断裂等异常现象没有引起重视。

(3)对带压开采构造滞后导水认识不足,对F13断层的走向、落差、倾角、导水性研究分析不到位。

(4)掘进工作面沿断层走向布置,未考虑断层向巷道偏移,致使防水煤柱由设计留设的40 m减小到22~25 m,达不到防隔水要求。

(5)对水质化验分析成果资料不重视。11月25日距出水点80 m处的巷道右帮上角发生过少量出水,水质化验分析为砂岩水较为明显,含有灰岩水成分,但未引起足够重视。

(6)水泵配件不配套,影响排水。抢险水泵弯头、变径接头不配套,水泵的二次线太短,使开关距离水泵很近,巷道水位上涨快导致开关难以移动而被淹,致使巷道淹没长度增大。今后受水害威胁的矿井要建立防治水应急仓库,仓库必须配有潜水泵、管材、法兰盘、变径接头、电缆、管钳、扳手等。

(7)水害应急救援预案要根据矿井实际情况定期修订完善。

【制度规定】

(1)《煤矿防治水细则》第六条:"煤矿主要负责人必须赋予调度员、安检员、井下带班人员、班组长等相关人员紧急撤人的权力,发现突水(透水、溃水,下同)征兆、极端天气可能导致淹井等重大险情,立即撤出所有受水患威胁地点的人员,在原因未查清、隐患未排除之前,不得进行任何采掘活动。"

(2)《煤矿防治水细则》第一百零六条:"矿井应当配备与矿井涌水量相匹配的水泵、排水管路、配电设备和水仓等,并满足矿井排水的需要。除正在检修的水泵外,应当有工作水泵和备用水泵。"

(3)《煤矿防治水细则》第二十七条:"遇突水点时,应当详细观测记录突水的时间、地点、出水形式,出水点层位、岩性、厚度以及围岩破坏情况等,并测定水量、水温、水质和含砂量。同时,应当观测附近出水点涌水量和观测孔水位的变化,并分析突水原因。"

【防范措施】

(1)出现突水(透水、溃水)征兆、极端天气可能导致淹井等重大险情,立即撤出所有受水患威胁地点的人员,在原因未查清、隐患未排除之前,不得进行任何采掘活动。

(2)矿井应当配备与矿井涌水量相匹配的水泵、排水管路、配电设备和水仓等排水设备设施。

(3)矿井遇异常突水点时,应当详细观测记录突水的时间、地点、出水形式,出水点层位、岩性、厚度以及围岩破坏情况等,并测定水量、水温、水质和含砂量。

【学习自测】

1.(判断题)煤矿主要负责人必须赋予调度员、安检员、井下带班人员、班组长等相关人员紧急撤人的权力。(   )

2.(判断题)矿井应当配备与矿井涌水量相匹配的水泵、排水管路、配电设备和水仓等,并满足矿井排水的需要。(   )

3.(判断题)出现突水(透水、溃水)征兆、极端天气可能导致淹井等重大险情,立即撤出所有受水患威胁地点的人员,在原因未查清、隐患未排除之前,不得进行任何采掘活动。(   )

参考答案:1. √ 2. √ 3. √

案例2 山西霍州某矿"3·23"六采区末端断层水突水一般事故

【事故经过】

2011年3月23日4时29分,山西霍州某矿在进行六采区末端泵房硐室扩刷过程中,六采区末端水仓1#、4#吸水小井掉渣片帮,2#小井井壁出水,并有水从2#与3#小井间配水巷流出,伴有硫化氢气味。开始渗水量约10 m³/h,23日8时涌水量增至约70 m³/h,12时增至约230 m³/h,22时增至约350 m³/h。事故造成直接经济损失900余万元。

【事故原因】

(一)直接原因

在施工六采区末端水仓时揭露3.5 m的断层,巷道围岩比较破碎,在矿山压力和构造应力的长时间作用下,巷道底板受到破坏,承压岩溶水沿断层裂隙带滞后涌出。

(二)间接原因

(1)思想麻痹大意。该矿为带压开采矿井,矿井开采的2号煤层距离奥灰顶面106 m,隔水层厚度比较大,揭露3.5 m断层没有引起足够重视,误以为不导水。

(2)矿井生产指挥部门和分管领导安排六采区施工时,未按设计规定先施工六采区末端水仓,同时在六采区末端排水系统未形成的前提下施工采煤工作面平巷。临时排水系统不完善,能力不匹配,采区预计最大涌水量200 m³/h,临时水仓排水能力仅150 m³/h。

(3)带压开采矿井必须树立"构造不导水是相对的,构造导水是绝对的"观念,在开拓掘进前,必须提前研究分析开掘区域的构造情况,对每个构造都要高度重视,综合考虑整个区域的防排水设计方案等防治水措施。

【制度规定】

(1)《煤矿安全规程》第九十五条:"下山采区未形成完整的通风、排水等生产系统前,严禁掘进回采巷道。"

(2)《煤矿防治水细则》第一百零八条:"采区水仓的有效容量应当能容纳4 h的采区正常涌水量,排水设备应当满足采区排水的需要。"

【防范措施】

(1)出现突水(透水、溃水)征兆、极端天气可能导致淹井等重大险情,立即撤出所有受水患威胁地点的人员,在原因未查清、隐患未排除之前,不得进行任何采掘活动。

(2)矿井应当配备与矿井涌水量相匹配的水泵、排水管路、配电设备和水仓等排水设备设施。

【学习自测】

1.(单选题)下盘相对上升、上盘相对下降的断层是(　　)。

A. 倾向断层　　　　　　B. 正断层　　　　　　C. 逆断层

2.(单选题)煤层受力后产生断裂,并且断裂面两侧煤体发生了明显位移,此构造称为(　　)。

A. 裂隙 B. 褶曲 C. 断层

3. (单选题)根据断层上下两盘岩体相对移动的方向,断层分为( )。

A. 正断层、逆断层、平推断层
B. 正断层、走向断层、平推断层
C. 正断层、逆断层、走向断层

参考答案:1. B 2. C 3. A

案例3 黑龙江鹤岗某矿"3·11"重大断层水害事故

【事故经过】

黑龙江鹤岗某矿,3月11日8点班,采煤一队工作面共有56人。14时,陈某某、丁某某和队长孙某某发现距他们下方2 m处支架间有大量煤、岩、泥浆从顶板溃出。陈某某安排孙某某向矿调度汇报后,看到机轨下山已被淤满,陈某某等从淤泥里救出2名工人。事故发生后,25人被困,经紧急救援,成功救出7名矿工,造成18名矿工遇难。经计算,共溃出5 750 m³的煤、岩、泥浆。

【事故原因】

(一)直接原因

该采煤工作面附近发育有8个断层,从上至下分别为F13、F2、F40、F20、F18、F5、F4和F3断层,其中F40为压扭性逆断层,其他为张性断层,部分为含水断层。对采煤工作面影响较大的断层有F13、F2、F40和F3。工作面直接顶为粉砂岩,厚度为0.9~1.6 m,基本顶为中细砂岩,厚度为13 m,底板为中粗砂岩。在F40逆断层下盘放顶煤开采18#特厚煤层,致使导水裂隙带发育增大,波及上部15#、18#煤层采空区和F13断层带(80~150 m宽),导致工作面发生重大水害事故。

(二)间接原因

(1)矿井水文地质技术管理存在缺陷。三水平18#煤层中部区左一段属地质构造较复杂区域,同时存在F40断层上盘18#、15#煤层采空区,缺少地质构造基础资料。在作业规程制定、审批过程中,应用经验公式,确定覆岩垮落带和导水裂隙带最大高度,对在多条不同力学性质断裂构造相互错动破坏条件下,近距离特厚煤层多煤层放顶煤重复采动导致顶板覆岩抽冒破坏带会出现异常发育高度现象缺乏认识。

(2)分公司和该煤矿在水害治理上,对多层特厚煤层重复采动条件下断层(带)导(含)水性、采空区积水情况、断层带之间的连通性及其与上覆砾岩含水层之间的水力联系、重复采动影响下基本顶离层空间及积水量、覆岩破坏高度等灾害认识不足,没有采取相关措施。

(3)该矿作为水文地质条件复杂矿井,在2013年3月1日发生溃水溃泥事故后,分公司组织相关业务部门进行分析时,在未能有效探明上方采空区积水积泥情况下,制定的防范措施针对性不强,缺少防止再次溃水溃泥的措施。

(4)集团公司对该煤矿2013年3月1日发生的溃水溃泥整改情况未能实施有效的监督检查。

【制度规定】

(1)《煤矿防治水细则》第三十八条:"在地面无法查明水文地质条件时,应当在采掘前采用物探、钻探或者化探等方法查清采掘工作面及其周围的水文地质条件。采掘工作面遇有下列情况之一的,必须进行探放水:① 接近水淹或者可能积水的井巷、老空或者相邻煤矿时;② 接近含水层、导水断层、溶洞或者导水陷落柱时;③ 打开隔离煤柱放水时;④ 接近可能与河流、湖泊、水库、蓄水池、水井等相通的导水通道时;⑤ 接近有出水可能的钻孔时;⑥ 接近水文地质条件不清的区域时;⑦ 接近有积水的灌浆区时;⑧ 接近其他可能突水的地区时。"

(2)《煤矿防治水细则》第三十九条:"严格执行井下探放水'三专'要求。由专业技术人员编制探放水设计,采用专用钻机进行探放水,由专职探放水队伍施工。严禁使用非专用钻机探放水。严格执行井下探放水'两探'要求。采掘工作面超前探放水应当同时采用钻探、物探两种方法,做到相互验证,查清采掘工作面及周边老空水、含水层富水性以及地质构造等情况。有条件的矿井,钻探可采用定向钻机,开展长距离、大规模探放水。"

【防范措施】

(1)要不断提高煤矿安全生产水平。要切实加强煤矿企业安全管理,建立健全安全管理机构,完善并严格执行以安全生产责任制为重点的各项规章制度,加强对员工的安全教育与培训。出现事故征兆时,要及时撤出井下作业人员。开展安全隐患排查,对发现的问题及时进行"五定",及时治理消除重大隐患。

(2)要健全完善煤矿水文地质管理机构,配齐专业技术人员,明确职责分工,严格执行作业规程、安全措施。在采空区、地质构造复杂区域等条件下采煤,应按相关标准留设不同类型的防隔水、断层煤(岩)柱,在基岩含水层(体)或者含水断裂带下开采时,应当对断层破碎带宽度、波及范围、开采前后覆岩的渗透性及含水层之间的水力联系进行综合分析评价,合理留设断层保护、防隔水煤(岩)柱。

(3)在地质及水文地质条件复杂地区,应做专门水文地质补充勘探工作,查清区域含水层及矿井充水含水层的补、径、排条件。煤矿开采期间,要完善水文地质观测系统。

(4)加强煤矿职工的安全培训教育工作,尤其要加强矿井从业人员的防治水专业知识培训教育,煤矿要开展水害事故应急演练,提高矿井从业人员安全素质。

【学习自测】

1.(判断题)下盘相对上升、上盘相对下降的断层是逆断层。(　　)

2.(判断题)煤层受力后产生断裂,并且断裂面两侧煤体发生了明显位移,此构造称为断层。(　　)

3.(判断题)凡是导水、含水断层均应留设防隔水煤柱。(　　)

参考答案:1. ×　2. √　3. √

第十一章 煤层顶板水害

第一节 煤层顶板水害概述

煤系地层中一般存在多层可采煤层,在煤系地层上部同时发育有多层充水含水层,有的是强岩溶充水含水层,如南方型龙潭组煤系地层的顶部就发育有长兴灰岩含水层。由于多煤层的群采重复活动、断层裂隙塌陷滑移程度不同和煤层顶板围岩结构及性质的改变,使煤层采空区顶板导水裂隙带发育高度和空间位置发生无规律的变化,这些现象诱发了煤层顶板充水含水层及地下水富水带的水突然导入采掘工作面,造成淹没工作面、采区、整个生产水平或全矿井的重大水害事故。当煤系地层顶部充水含水层的隐伏露头部位与第四系松散孔隙含水层地下水有水力联系或露头部位出露于地表得到地表水体或大气降水的强烈补给,而且含水层位于煤层顶板采动导水裂隙带影响范围之内,煤层开采时矿井水害的预防和治理就更加复杂、困难,甚至可能造成大量煤炭资源无法开采,或开采后经济效益极不合理。

第二节 煤层顶板水害案例

案例1 山西孝义某矿"4·24"工作面顶板灰岩出水较大事故

【事故经过】

2009年4月24日8点班,山西孝义某矿6133工作面在38#～41#支架处出现少量涌水,经实测涌水量为3～5 m^3/h,该涌水量在预测范围内,不影响生产。27日0点班,发现煤湿,在工作面38#～43#支架处,从落山往外涌水,水量为15 m^3/h。27日10时实测涌水量增大至35 m^3/h,12时涌水量增大至50 m^3/h,16时涌水量增大至70 m^3/h,23时涌水量增大至75 m^3/h。28日0点班,经实测涌水量稳定在75 m^3/h,停产一周,造成经济损失2 000余万元。

【事故原因】

(1)预测预报的涌水量与实际有偏差。6133工作面所处部位位于原勘探区域边缘地带,勘探程度不足。在编制6133采煤工作面地质说明书时,根据六采区相邻工作面出水量情况分析,预测其最大涌水量在40 m^3/h左右,实际最大涌水量为75 m^3/h。经分析,这可能是由于6133工作面处于局部向斜部位,与之相近的6129工作面采空区积水可通过K2裂隙补给造成的。

(2) 钻探未能放出 K2 灰岩水。K2 灰岩是本矿区的主要充水含水层,为此该矿在采前对 K2 灰岩水进行了钻探,于 2008 年 5 月施工钻孔 19 个,钻孔长度为 42 m,终孔穿入 K2 灰岩 5 m,都未出现涌水。又于 2009 年 3 月布置密集钻孔 13 个(每隔 3 m 一个),其中有 3 个钻孔对 K2 灰岩水进行了钻探,钻孔长度为 42 m,终孔穿透 K2 灰岩,经钻探也未出现涌水。经分析,一是由于石灰岩的岩溶裂隙带具有不均一性,在有限的钻孔范围内,可能揭露不到岩溶裂隙带;二是由于探放水设计布设钻孔密度、深度不足,未能揭露 K2 石灰岩岩溶裂隙,故对 K2 灰岩水疏放效果不佳。

(3) 工作面开始出水时,涌水量不大,没有影响生产,因而没有引起足够重视,对后来的涌水量增大考虑不足,工作面排水能力小,未及时安装大流量的排水设备。

(4) 没有在第一时间取水样进行化验对比。

【制度规定】

(1)《煤矿防治水细则》第二十条:"矿井有下列情形之一的,应当开展水文地质补充勘探工作:① 矿井主要勘探目的层未开展过水文地质勘探工作的;② 矿井原勘探工作量不足,水文地质条件尚未查清的"。

(2)《煤矿防治水细则》第一百零六条:"矿井应当配备与矿井涌水量相匹配的水泵、排水管路、配电设备和水仓等,并满足矿井排水的需要。除正在检修的水泵外,应当有工作水泵和备用水泵。"

(3)《煤矿防治水细则》第二十七条:"遇突水点时,应当详细观测记录突水的时间、地点、出水形式,出水点层位、岩性、厚度以及围岩破坏情况等,并测定水量、水温、水质和含砂量。同时,应当观测附近出水点涌水量和观测孔水位的变化,并分析突水原因。"

【防范措施】

(1) 矿井原勘探工作量不足,在水文地质条件尚未查清的区域进行采掘工作时,必须进行水文地质补充勘探工作。

(2) 矿井应当配备与矿井涌水量相匹配的水泵、排水管路、配电设备和水仓等排水设备设施。

(3) 矿井遇异常突水点时,应当详细观测记录突水的时间、地点、出水形式,出水点层位、岩性、厚度以及围岩破坏情况等,并测定水量、水温、水质和含砂量。

【学习自测】

1. (判断题)矿井疏干(降)开采可以应用"三图双预测法"进行顶板水害分区评价和预测。( )

2. (判断题)顶板水害常用的治理方法为疏放。( )

参考答案:1. √ 2. √

案例 2　陕西铜川某矿"4·25"顶板砂岩含水层重大透水事故

【事故经过】

2016 年 4 月 24 日 22 时,综采队副队长党某某主持召开了 0 点班班前会,指出 ZF202 工作面 8 号支架前有淋水、20 号支架顶部破碎,要求采煤机割煤时注意跟机拉架,防止架前漏顶漏矸。会后,副队长谭某某和班长钟某某带领工人入井,综采队0点班出勤35人。25日0时左右,当班工人陆续到达ZF202工作面各自工作地点开始工作。副矿长刘某为0点班带班矿领导,25日0时左右随工人入井。当时工作面正在移架,8～21号支架处压力大,6～8号支架间顶板有淋水,刘某检查了工作面安全情况后,安排工作面开始割煤。25日7时左右,刘某去工作面运输机机头处查看。25日8点班综采队出勤32人。8时许,正在工作面10号支架处清煤的工人王某某发现7～9号架架间淋水突然增大,水色发浑,立即跑到工作面刮板输送机机头处报告带班副矿长刘某,随后撤离工作面。刘某接到报告后通过工作面声光信号装置发出"快撤"指令,随即和排水工李某某从工作面机头向运输巷撤出;副班长胡某某、支架工乔某某等25人向工作面机尾方向经回风巷撤出。在撤离过程中,听到巨大的声响,并伴有强大的气流,看到巷道中雾气弥漫。刘某到液压泵站向调度室作了汇报,并派当班瓦斯检查工张某某去运输巷查看情况,发现运输巷最低点已积满了水。随后,刘某与刚刚到达的8点班跟班副队长党某某清点了人数,发现11人未撤出。该事故最终造成11名矿工遇难。

【事故原因】

(一) 直接原因

(1) 受采动影响,ZF202综采放顶煤工作面回采过程中,煤层顶板上覆洛河组砂岩含水层随直接顶冒落形成离层水体,因顶板周期来压形成导水通道,离层水溃入工作面,造成作业人员被困。

(2) 在工作面出现透水征兆后,仍继续冒险作业,引发工作面煤壁切顶冒落导通泥沙流体,导致事故发生。

(二) 间接原因

(1) 对水害危险认识不足、重视不够。① 矿井在2013年7月、2014年12月、2015年8月先后三次发生透水,没有造成人员伤亡,因而未引起企业管理人员和职工的重视,未进行认真总结分析,未采取有效勘探技术手段,查明煤层上覆岩层含水层的充水性,制定可靠的防治水方案。② 该矿《矿井水文地质类型划分报告》指出矿井构造主要为宽缓向斜,要对构造区富水性和导水性进行探查,同时对上下含水层水力联系进行探查,以确定矿井主要涌水水源。煤矿并未重视,在ZF202工作面回采前,没有进行水文地质探查,对洛河组砂岩含水层水的危害认知不清,未能发现顶板岩层古河床相地质异常区。③ 现场作业和相关管理人员安全意识差,水害防范意识薄弱,对透水征兆辨识能力不强。ZF202工作面从4月20日0点班开始,工作面周期来压,30#～70#支架压力大,37#～45#支架前梁有水,煤帮出水。之后几天,各班虽强调注意安全,加强排水,但仍继续组织生产,并未采取安全有效的措施处理隐患。

(2) 防治水管理不到位。① 矿井防治水队伍管理不规范,配备5名探放水工分散在采掘区队;探放水工作由地测科组织实施,采掘区队配合,在施工过程中对钻孔位置、角度、深度无人监督,措施落实不到位。② ZF202工作面两平巷施工的探水钻孔间距、垂深不符合要求。探放水措施流于形式,钻孔施工不规范,2016年以来ZF202工作面推进长度约320 m,仅在运输、回风平巷各施工了两个探水钻孔,倾角分别为15°和36°、斜长分别为35 m和43 m;在工作面频繁出现淋水、压架等现象时,仍未采取有效的探放水措施。③《ZF202工作面回采地质说明书》未将上覆洛河组砂岩含水层作为主要水害防范对象,未编制专门的探放水设计,只制定了顶板探放水安全技术措施,且未进行会审。探放水措施存在漏洞,探水点间距和钻孔倾角、终孔位置设计不合理,每隔100 m布置一个探水点,且钻孔倾角为30°、斜长40 m,既达不到疏放洛河组砂岩含水层水的目的,也未达到《ZF202工作面回采地质说明书》规定的垂深60 m的要求。

(3) 安全教育培训和应急演练不到位。应急救援培训针对性不强,管理人员和职工对透水预兆认识不清,自保、互保意识不强;未开展水害事故专项应急演练工作,管理人员和职工在透水发生时应急处置能力差,出现透水预兆后,不及时撤人,继续违章冒险作业。

(4) 地方政府及煤矿安全监管部门监督管理不力。① 区煤炭管理局对相关工作人员履职情况监管不力;对该煤矿安全生产检查不到位,未发现探放水设备缺陷、ZF202工作面防治水措施及水害异常情况;监督该煤矿整改安全隐患、开展应急救援培训和演练工作不力;对该煤矿复产复工验收工作组织不力、把关不严、检查不规范。② 区政府对区煤炭局在煤矿安全生产监管中存在的问题失察,履行安全监管责任督促不到位。

【管理制度】

(1)《煤矿防治水细则》第六十九条:"受离层水威胁(火成岩等坚硬覆岩下开采)的矿井,应当对煤层覆岩特征及其组合关系、力学性质、含水层富水性等进行分析,判断离层发育的层位,采取施工超前钻孔等手段,破坏离层空间的封闭性、预先疏放离层的补给水源或者超前疏放离层水等。"

(2)《煤矿防治水细则》第三十九条:"严格执行井下探放水'三专'要求。由专业技术人员编制探放水设计,采用专用钻机进行探放水,由专职探放水队伍施工。严禁使用非专用钻机探放水。严格执行井下探放水'两探'要求。采掘工作面超前探放水应当同时采用钻探、物探两种方法,做到相互验证,查清采掘工作面及周边老空水、含水层富水性以及地质构造等情况。有条件的矿井,钻探可采用定向钻机,开展长距离、大规模探放水。"

【防范措施】

(1) 认真吸取事故教训,提高认识,强化安全生产主体责任。煤矿企业要认真贯彻落实国家关于安全生产的一系列方针、政策,牢固树立科学发展、安全发展的理念,坚持"安全第一、预防为主、综合治理"的方针;深刻吸取本次水害事故的教训,严格遵守国家有关法律法规,认真落实各项安全生产责任制,切实落实主体责任,进一步加大隐患排查治理力度,做到安全生产。

(2) 加强矿井水文地质及灾害防治工作,并实施到位,确保安全生产。按照《煤矿防治水细则》要求开展水文地质补充勘探工作,查清煤矿地层充水性,查明矿井或采区水文地质情况,调查、收集、核实古河床相特殊构造带及废弃老窑的相关情况。加强与科研院所合作,开展煤层顶板离层水体相关机理研究,掌握工作面顶板压力显现规律和煤层顶板砂岩水形成机理及防治技术,为科学严密防范水害事故提供决策依据。实测上覆岩层"两带"发育高度等技术参数,重新确定矿井水文地质类型。坚持"预测预报、有疑必探、先探后掘、先治后采"的原则,建立健全防治水安全责任体系,配备专业技术人员、专用探放水设备,组建专门的探放水作业队伍。采取综合技术手段探明顶部离层空腔水体的赋存及其他灾害情况,在真实全面掌握矿井灾害的情况下,提出科学合理的综合治理方案,并实施到位,确保安全生产。

(3)加强职工安全教育培训,提高水害应急处置能力。强化煤矿防治水安全培训和警示教育,提高职工辨识透水事故征兆水平,增强防范水害事故的能力。在采、掘过程中,发现顶板矿压异常,架间淋水,涌水量增大,水质、水温异常,水色发浑,片帮,漏顶及其他异常现象时,必须立即停止作业,查明原因,采取有效措施处理,严禁冒险作业。

(4)强化煤矿生产安全管理,加大监管力度和深度。各级职能部门要进一步增强责任感和使命感,认真履行职责,真正做实做细煤矿企业安全生产管理监督工作,高度重视并认真研究分析日常生产过程中出现的新情况、新问题,加大监督检查力度,落实驻矿监管员责任,把隐患消除在萌芽状态,为煤矿安全生产创造条件、提供保障。对隐患排查措施不落实、不执行放水制度、不具备安全生产条件的一律责令停产整顿,严禁组织生产。

【学习自测】

1.(判断题)当煤层(组)顶板导水裂隙带范围内的含水层或者其他水体影响采掘安全时,应当采用超前疏放、注浆改造含水层、帷幕注浆、充填开采或者限制采高等方法,消除威胁后,方可进行采掘活动。(　　)

2.(判断题)采取超前疏放措施对含水层进行区域疏放水的,应当综合分析导水裂隙带发育高度、顶板含水层富水性,进行专门水文地质勘探和试验,开展可疏性评价。(　　)

3.(判断题)采取注浆改造顶板含水层的,必须制定方案,经煤炭企业负责人审批后实施。(　　)

参考答案:1. √　2. √　3. ×

第十二章　第四系松散孔隙含水层和第三系砂砾含水层水害

第一节　第四系松散孔隙含水层和第三系砂砾含水层水害概述

我国部分煤矿目前主要开采中生代侏罗纪和古生代石炭-二叠纪含煤地层中的煤层。这些矿区的新生代第四系松散孔隙充水含水层、第三系砂砾含水层呈不整合覆盖在煤系地层上,直接接受大气降水和展布其上的河流、湖泊、水库等地表水体的渗透补给,形成在剖面和平面上结构极其复杂的松散孔隙充水含水体。这些松散孔隙含水体可以不断地向下伏的煤系地层中的含水层及断层裂隙带进行渗透补给,它们之间的水力联系程度由彼此间接触关系、隔水层厚度及其分布范围决定;各类封孔不良的钻孔,也可以导致松散孔隙含水体与工作面发生水力联系,破坏充水含水层的渗透性、隔水层的阻水性,加大了采空区冒落裂隙带的导水强度,使煤矿采掘工作面出现突水、涌水量突然增大的异常现象,情况严重时就会造成突水淹井或水与砂同时溃入矿坑的恶性事故。

第二节　第四系松散孔隙含水层和第三系砂砾含水层水害案例

案例　河南辉县某矿"4·24"溃水溃砂一般事故

【事故经过】

2019年4月24日2时6分左右,河南辉县某矿发生一起溃水溃砂事故,溃砂(泥、砾石、矸)量1 360 m³、溃出水量280 m³,造成1人死亡,直接经济损失377.679 7万元。

矿生产地质报告显示矿井正常涌水量2 271.7 m³/h,最大涌水量2 953.2 m³/h。经过治理后,矿井实际涌水量850 m³/h。井下在用排水泵房有中央泵房和西六采区泵房。

矿煤层顶板基岩厚度较薄,上覆第四系、新近系松散层厚度大。当基岩厚度大于垮落带高度而小于导水裂缝带高度时,称为薄基岩。矿薄基岩试采总结报告将基岩厚度≤50 m的区域划分为薄基岩区,主要分布在东一盘区中部以东至煤层露头、西二盘区东部靠近煤层露头以及西六盘区东部以东至煤层露头的区域。

4月21日,16031工作面第60~100架顶板出现严重掉矸,同时伴有机道侧底鼓,造成过机高度不足。4月21日至22日进行扩帮、落槽、推槽作业,23日0点班工作面割煤81架

(自104架下行至23架,空刀返回116架附近)。4月23日4点班,副队长(主持工作)余某某在16031工作面跟班。13时左右,4点班人员进入工作面,采煤机位于第116架处,当班计划向上平巷机尾方向割煤生产。由于多处掉矸(第8～13架、22～30架、95～108架、131～159架等处),101架、102架支架被压死,进班后主要工作是清理煤矸、处理被压死的支架,然后拉架、注浆加固顶板。24日1时左右,清理煤矸、处理压架、拉架及注浆加固等工作完毕,采煤机司机范某某、付某某启动采煤机从第116架左右处开始截割。2时左右,当采煤机上滚筒割煤至第140架(距工作面上安全出口30 m)位置处,范某某发现第140架前护板处顶板掉矸、淋水比较严重,随即关停采煤机,并向当班班长李某某汇报,此时冒落矸石已埋住采煤机上部大部分机体。李某某查看情况后,认为采煤机无法再开了,需要注浆,且也到交接班时间,就让范某某告诉机尾看泵工交接班后上井。李某某带领其他人员向下平巷走,准备向跟班队长余某某汇报情况。范某某则通知23日4点班的有关人员从上平巷离开。4月23日22时30分,综采二队召开24日0点班班前会议。根据上一班割煤情况,支部书记何某某安排当班继续清矸和割煤。值班人员技术员王某1向入井人员讲述了应急撤人路线。跟班队长王某2、班长王某3安排了拉架、割煤等具体工作,安排王某4负责在机尾看水泵。23日23时50分,0点班人员领取工具后下井,跟班队长王某2、班长王某3等大部分人员从工作面下平巷进入工作面。24日2时许,余某某在第70～80架之间遇到王某3等人,进行了工作交接,并安排0点班继续割煤作业。随后,王某3等人继续往采煤机方向走,当走到第110架附近遇到李某某。李某某对王某3说"采煤机处顶板掉矸,开不成采煤机,需要注浆"。随后李某某继续向下走,王某3等人则向采煤机方向走。当李某某走到第100架左右处时,听到采煤机方向一声闷响,感觉有风流逆转,于是一边往外跑一边喊人撤离,王某3等人也随即往外撤离。2时10分左右,余某某在第40架处向调度室汇报采煤工作面出水后也带人撤离。副班长王某4、安监员张某某和机尾作业人员从工作面上平巷进入16031工作面接班。2时左右,王某5在工作面上安全出口处查看采煤机通道情况,王某4在机尾处看护机尾泵坑水泵。此时,王某5突然感觉到一股冷风并看到工作面里面有"泥石流"在距他五六米处向外冲出,立即外撤并喊王某4快跑。王某5刚跑2 m多远,就被溃出的泥砂冲倒,被冲走50余米后,抱着一根柱子爬起,扒着巷帮上的锚索走出。此后王某5没有再见到王某4。经反复核对人员,约4时30分最终确认0点班机尾司泵工王某4失联。

【事故原因】

(一)直接原因

16031采煤工作面薄基岩顶板上覆新近系底部黏土层之上存在砂砾石含水层,矿井对此含水层探查疏放不力,受背斜断层等构造应力作用和采动影响,顶板岩体完整性差,采煤工作面现场顶板管理不到位,破碎顶板持续冒落形成抽冒,导致水、黏土、砂、砾石突然溃出。

(二)间接原因

(1)矿层面。① 顶板水害防治工作不到位。未认真吸取之前采煤工作面溃水溃砂教训,对薄基岩开采顶板水害治理仍然停留在探查基岩厚度、制定应急预案等被动预防方面,未有效探查疏放薄基岩之上新近系底部含水层水、砂,未对薄基岩顶板进行有效治理。未建立顶板和松散含水层水文观测系统;在《矿薄基岩试采总结报告》研究之外区域直接运用其工程判据,设计和施工的部分钻孔终孔投影间距不符合要求;采取限制采高措施,未制定确保导水裂隙带不波及含水层方案。② 现场管理不力。对16031采煤工作面生产过程中出现压架、冒矸、出水等异常信息重视不够,采取措施不力。未有效控制冒顶,采用落底落槽分段移架、割煤的办法组织生产,造成等效采高超过限制高度,局部顶板岩层下沉过大,在工作面局部形成抽冒。③ 工作面设计不合理。未健全薄基岩采煤工作面设计、液压支架选型论证制度和有关责任制;受构造影响,16031采煤工作面顶板基岩岩层裂隙发育、岩石破碎,采煤工作面开切眼长度和支架选型设计未充分考虑薄基岩下开采的特殊水文地质及工程地质条件对工作面矿压、顶板控制、推进速度和水害防治工作的影响。④ 安全管理薄弱。对薄基岩上覆松散层水害重大危险源辨识不到位,16031回采地质说明书、月度地质预报未对顶板水害进行详细分析;采煤工作面风险管控和隐患排查治理措施未消除压架、冒顶和出水等问题;多个安全生产管理部门未任命主要负责人员;安全培训教育不到位,职工对有关法律法规学习不够,自我保安意识不强、技能不高。

(2) 公司层面。对煤层顶板薄基岩水害防治的复杂性认识不足,吸取之前薄基岩采煤工作面溃水溃砂教训不深刻,对薄基岩下采煤溃水溃砂风险评估管控不力,未及时制定指导薄基岩开采水害防治、采长设计和综采支架选型等制度和规定;未认真监督指导矿开展薄基岩上覆松散层水文观测、探查和水害治理工作;对16031采煤工作面设计直接运用《矿薄基岩试采总结报告》工程判据审查不细致。

【制度规定】

(1)《煤矿防治水细则》第二十四条:"水文地质补充调查应当包括下列主要内容:① 资料收集。收集降水量、蒸发量、气温、气压、相对湿度、风向、风速及其历年月平均值、两极值等气象资料。收集调查区内以往勘查研究成果,动态观测资料,勘探钻孔、供水井钻探及抽水试验资料。② 地貌地质。调查收集由开采或者地下水活动诱发的崩塌、滑坡、地裂缝、人工湖等地貌变化、岩溶发育矿区的各种岩溶地貌形态。对松散覆盖层和基岩露头,查明其时代、岩性、厚度、富水性及地下水的补排方式等情况,并划分含水层或者相对隔水层。查明地质构造的形态、产状、性质、规模、破碎带(范围、充填物、胶结程度、导水性)及有无泉水出露等情况,初步分析研究其对矿井开采的影响。"

(2)《煤矿防治水细则》第八十四条:"在矿井、水平、采区设计时必须划定受河流、湖泊、水库、采煤塌陷区和海域等地表水体威胁的开采区域。受地表水体威胁区域的近水体下开采,应当留足防隔水煤(岩)柱。在松散含水层下开采时,应当按照水体采动等级留设防水、防砂或者防塌等不同类型的防隔水煤(岩)柱。在基岩含水层(体)或者含水断裂带下开采时,应当对开采前后覆岩的渗透性及含水层之间的水力联系进行分析评价,确定采用留设防隔水煤(岩)柱或者采用疏干(降)等方法保证安全开采。"

(3)《煤矿防治水细则》第八十六条:"进行水体下采煤的,应当对开采煤层上覆岩层进行专门水文地质工程地质勘探。专门水文地质工程地质勘探应当包括下列内容:① 查明与煤层开采有关的上覆岩层水文地质结构,包括含水层、隔水层的厚度和分布,含水层水位、水质、富水性,各含水层之间的水力联系及补给、径流、排泄条件,断层的导(含)水性;② 采用钻探、物探等方法探明工作面上方基岩面的起伏和基岩厚度,在松散含水层下开采时,应当查明松散层底部隔水层的厚度、变化与分布情况;③ 通过岩芯工程地质编录和数字测井等,查明上覆岩土层的工程地质类型、覆岩组合及结构特征,采取岩土样进行物理力学性质测试。"

【防范措施】

(1) 公司和矿要深刻吸取事故教训。进一步强化安全生产"红线"意识,认真分析历次薄基岩条件下开采溃水溃砂教训,从思想认识、技术手段和现场管理方面查找不足,切实开展薄基岩开采相关研究和技术攻关,重新组织论证薄基岩开采的水害防治技术、工作面采长设计和综采支架选型等,从隐蔽水害致灾因素探查治理、采煤工作面设计、薄基岩破碎顶板加固、异常信息分析处置等方面查漏补缺,提高薄基岩开采的安全保障。

(2) 进一步落实企业主体责任,加强安全管理。健全并认真落实相关安全管理制度和责任制,依法配齐有关安全生产管理人员;加强双重预防体系建设应用,全面辨识水害隐蔽致灾因素等安全风险,加大水害隐患排查治理力度;建立完善顶板含水层水文观测系统,加强地质及水文地质资料收集、整理、预测预报和档案管理。强化安全培训教育工作,提升职工薄基岩开采知识水平和防范事故风险的能力。

(3) 进一步加强现场安全管理。在薄基岩区域开采要严格落实治理顶板水害、有效控制顶板冒落、控制采高等防止顶板溃水溃砂的措施;加强对生产现场的监督检查,对生产过程中发现的异常信息要高度重视,全面分析研判,深挖异常信息背后的隐蔽风险,及时采取有效管控措施。

【学习自测】

1. (判断题) 被富水性强的松散含水层覆盖的缓倾斜煤层,需要疏干(降)开采时,应当进行专门水文地质勘探或者补充勘探,根据勘探成果确定疏干(降)地段、制定疏干(降)方案,经煤炭企业总工程师组织审批后实施。( )

2. (判断题) 疏干(降)开采半固结或者较松散的古近系、新近系、第四系含水层覆盖的煤层时,开采前查明流砂层的埋藏分布条件,研究其相变及成因类型仅其中一项规定。( )

3. (判断题) 在基岩含水层(体)或者含水断裂带下开采时,应当对开采前后覆岩的渗透性及含水层之间的水力联系进行分析评价,确定采用留设防隔水煤(岩)柱或者采用疏干(降)等方法保证安全开采。( )

参考答案:1. √ 2. √ 3. √

第十三章　封闭不良钻孔水害

第一节　封闭不良钻孔水害概述

在各煤田勘探期间施工的钻孔,受制于当时施工技术、工艺及管理水平等因素,易形成封闭不良钻孔,其类型如下:基岩段及松散层段基本没有封闭;封孔材料的质量和数量都未达标;勘探钻孔施工出现事故,钻具或试验器具遗留于钻孔,影响封孔质量,原勘探钻孔封孔基本都不良;原勘探钻孔兼做抽水孔,孔内套管连接不密实,出现漏水现象,增加了对钻孔封闭真实情况认识的难度;分段式封闭,钻孔深度较大,对煤层顶板以上少部分段封闭,然后用草垛水泥等堵住井口。

第二节　封闭不良钻孔水害案例

案例　山西古交某矿"8·8"水文孔奥灰出水一般事故

【事故经过】

2011 年 8 月 8 日凌晨 5 时 30 分,山西古交某矿 760 东轨道大巷 800 m 处 GS13-2 水文孔硐室底板有水涌出,现场发现硐室底板有 4 个较大涌水点和 3 个小的涌水点,涌水量约 150 m³/h,现场检测硫化氢气体浓度为 0.8 ppm(1 ppm = 10^{-6},全书同);8 月 8 日早 8 时 30 分,涌水量逐渐增至 230 m³/h,后趋于稳定;8 月 12 日 12 时 50 分,打开水文孔井盖后涌水量没有明显变化,基本稳定在 230 m³/h。事故造成经济损失约 800 余万元。

【事故原因】

(1) 设计不当。不取芯钻进,致使判层不准确,第一径套管未下到位(奥灰顶界面),致使煤系地层段增加一直径 325 mm 的井壁管。

(2) 钻至峰峰组地层时,出现严重孔壁坍塌而下一直径 273 mm 管护壁;又因判层不准,而后又多下一直径 219 mm 井壁管,才下到峰峰组底。

(3) 钻孔结构由 3 径变成复杂的 5 径,使支撑井壁管的岩层台阶变小;又因孔壁坍塌严重,致使井壁管滑动失去应起的作用。

(4) 因施工时地层坍塌掉块严重,在矿山应力的挤压作用下,井壁管在变径连接处、井壁管薄弱处破裂。

(5) 奥灰静止水位升高。晋祠泉流域近十年来严禁开采奥灰水,导致水位升高 31 m。该水文孔原抽水试验奥灰水位标高+868.5 m,现附近水文孔观测奥灰水位标高+899.5 m。

(6)水文孔硐室处位于马兰向斜轴部北部,构造应力集中,断裂构造较多,裂隙发育,致使岩层整体稳定性差,阻水能力减弱。

(7)工程质量不符合要求。建设单位、监管单位对水文钻孔设计审查不严格,对施工过程监管不严,工程质量没有得到充分保证。

【制度规定】

《煤矿防治水细则》第三十条:"按照水文地质补充勘探设计要求,编写单孔设计,内容包括钻孔结构、套管结构、孔斜、岩芯采取、封孔止水、终孔直径、终孔层位、简易水文观测、抽水试验、地球物理测井及采样测试、封孔质量、孔口装置和测量标志等要求。"

【防范措施】

(1)带压开采矿井,尽量避免井下施工水文钻孔,如果确实需要,以满足勘探基本要求即可,严禁大口径施工,同时留设水文孔保护煤柱,并安设水文动态监测系统。

(2)施工隐蔽工程水文钻孔时,水文钻孔的设计与施工过程一定要严把关,并保存有影像资料,确保水文孔的资料翔实、可靠,施工质量达到国家相关规定要求,严格各级监理责任,验收合格后方可使用。

(3)水文地质补充勘探中,水文地质钻孔奥灰顶界面以上岩层尽量全部取芯(特别是井下水文地质钻孔),以便判层准确。

(4)水文孔各级套管须下到预定位置,由于特殊情况下不能下到预定位置的,必须在水文孔综合资料中准确说明情况。各级不同管径处水泥壁座必须符合规定要求。

(5)如要封堵水文钻孔,封堵设计中,严格按照止水点水压计算配重,减少封堵的不确定因素,提高封堵效率。

(6)对其他水文孔(特别是井下水文孔)进行安全评价,必要时进行注浆,加固底板,并由技术人员定期对其进行观测。

【学习自测】

1.(判断题)施工隐蔽工程水文钻孔时,水文钻孔的设计与施工过程一定要严把关,并保存有影像资料,确保水文孔的资料翔实、可靠,施工质量达到国家相关规定要求,严格各级监理责任,验收合格后方可使用。(　　)

2.(判断题)水文孔各级套管须下到预定位置,由于特殊情况下不能下到预定位置的,必须在水文孔综合资料中准确说明情况。各级不同管径处水泥壁座必须符合规定要求。(　　)

3.(判断题)水文地质补充勘探中,水文地质钻孔奥灰顶界面以上岩层尽量全部取芯(特别是井下水文地质钻孔),以便判层准确。(　　)

参考答案:1. √　2. √　3. √

机电运输事故篇

第十四章 立井提升事故

第一节 立井提升事故概述

【立井提升事故的成因】

立井提升系统是矿井生产的重要环节,出现事故后易造成群死群伤,且对矿井生产造成极大影响,故各矿井均将立井提升系统作为机电管理的重中之重。

在立井提升系统运行中,由于系统组成复杂,当某一设备发生故障时,便会影响到整个系统的安全稳定运行,且立井系统日常检查过程中存在高空作业坠落风险,因此引起立井提升系统事故的原因主要有:自然灾害、外力破坏;设备缺陷、管理维护不当、检修质量不好;运行人员操作不当、工作人员失误等。

【立井提升事故的特点】

立井提升事故主要有以下特点:一是易造成群死群伤;二是事故发生后对矿井生产造成极大影响;三是事故发生后恢复运行时间长。

【立井提升事故的防范措施】

(1) 改进立井提升系统设备的设计制造,提高系统稳定性。

(2) 强化立井提升系统管理,对提升绞车及重要设备的各种保护装置,按规定周期组织全面检查,查清各种隐患并及时处理;加强立井提升系统日检,查严、查细,不走过场;坚持"安全第一",不安全不生产。

(3) 加强安全教育和业务技能培训,提高员工的安全意识、操作技能,增强员工的工作责任心。

(4) 特种作业人员必须按照国家有关规定,经专门的安全作业培训,取得相应资格,方可上岗作业。

(5) 加强大型设备的技术管理,定期检修。

第二节 立井提升电气事故案例

案例 山东某矿混合井箕斗过卷一般事故

【事故经过】

2005年1月1日15时11分,山东某矿混合井主提升机在自动方式有载状态下上提南箕斗,当运行至约224 m处时,井口位置校正磁开关误动作,提升机紧急制动停车,位置显示错。提升机司机张某将提升方式改为手动提升,出现操作失误,造成南箕斗重载全速下放,使北箕斗过卷经过楔形罐道至防撞梁,南箕斗经过井底楔形罐道,撞坏分绳架,影响混合井主提升机运行20小时27分,造成直接经济损失约4 006元。

【事故原因】

(一)直接原因

南箕斗井口位置校正磁开关误动作,造成显示高度与实际不符,给当班司机造成误导。

(二)间接原因

(1)职工应急操作不熟练,责任心不强。当班提升机司机在提升南箕斗和北箕斗的整个过程中未及时观察电流,未判断出南箕斗的有载状态,盲目提升北箕斗,造成南箕斗重载下放;卸载站司机宋某盲目回答提升机司机的"南箕斗是否卸载"询问,进一步增强了司机对南箕斗空载的误判。

(2)设备检查维护不到位。区队维护人员对提升系统各部分日检、维护不到位。

【制度规定】

(1)《煤矿安全规程》第四百条:"提升系统各部分每天必须由专职人员至少检查1次,每月还必须组织有关人员至少进行1次全面检查。检查中发现问题,必须立即处理,检查和处理结果都应当详细记录。"

(2)《煤矿安全规程》第八条第三款:"从业人员必须遵守煤矿安全生产规章制度、作业规程和操作规程,严禁违章指挥、违章作业。"

【防范措施】

(1)强化立井提升系统管理,对提升机及重要设备的各种保护装置,按规定周期组织全面检查,查清各种隐患并及时处理;加强立井提升系统日检,查严、查细,不走过场;坚持"安全第一",不安全不生产。

(2)加强安全教育和业务技能培训,提高员工的安全意识、操作技能、应急处置能力,增强员工的工作责任心。

(3)进一步完善提升机的操作规程及应急处置流程。

【学习自测】

1.(判断题)立井提升装置的过卷和过放应当符合缓冲托罐装置必须每年至少进行1次检查和保养的要求。(　　)

2.(单选题)提升机过卷保护装置的作用是,当提升容器超过正常终端停车位置(　　)m时,必须能自动断电,并能使制动器实施安全制动。

　　A. 0.5　　　　　　　　B. 0.6　　　　　　　　C. 1

3.(多选题)下列说法正确的是(　　)。

　　A. 在提升速度大于3 m/s的提升系统内,必须设防撞梁和托罐装置

　　B. 防撞梁必须能够挡住过卷后上升的容器或者平衡锤,并不得兼作他用

　　C. 托罐装置必须能够将撞击防撞梁后再下落的容器或者配重托住,并保证其下落的距离不超过0.5 m

4.(多选题)立井提升装置的过卷和过放应当符合下列要求:(　　)。

A. 在过卷和过放距离内,应当安设性能可靠的缓冲装置
B. 过放距离内要经常性检查,不得积水和堆积杂物
C. 缓冲托罐装置必须每年至少进行1次检查和保养
D. 提升速度小于等于3 m/s的提升装置,过卷、过放距离为3 m

参考答案:1. √ 2. A 3. ABC 4. ABC

第三节　立井提升机械事故案例

案例　河南济源某矿提升机联轴器损坏导致重大坠罐事故

【事故经过】

2008年7月10日4时,河南济源某矿主井绞车司机发现绞车联轴器外齿轴套齿轮露出联轴器外壳约30 mm后停车。施工单位现场负责人包某和管理人员陈某等人使用电钻和锤子将绞车联轴器复位后让绞车司机开动绞车。在绞车开动过程中,因联轴器经常出现滑脱,造成绞车多次停止运行。至8点班,联轴器滑脱现象已经很严重,滑脱长度达30 mm以上,陈某等人继续简单地用锤子和撬杠将联轴器复位以使绞车继续运行。8时20分,11名0点班工人进入罐笼升井,陈某手拿撬杠一直在联轴器旁,试图用撬杠阻止联轴器滑脱。当罐笼提升约30 m时,电机发出"哼哼"的声音,绞车运转不动,绞车司机手拉工作闸并切断电源,实现安全制动。此时陈某用撬杠将联轴器内齿轴套复位并用撬杠别住联轴器,随后骂着让绞车司机继续开动绞车。司机将绞车主令控制器控制手柄推至一挡,发现滚筒不转动后,就推至二挡。这时,绞车联轴器发生旋转并瞬间滑脱至极限位置,滚筒开始反向转动,罐笼迅速下降。司机见状立即紧拉工作闸,但制动失效,罐笼坠入井底,提升钢丝绳全部坠落至井下,滚筒高速旋转,滚筒衬板被全部拉裂,造成11名工人死亡。

【事故原因】

(一)直接原因

施工单位现场管理人员在明知新建主井绞车联轴器损坏的情况下,违章指挥,强令绞车司机冒险作业,最终导致联轴器失效,造成坠罐事故。

(二)间接原因

(1)绞车安全保护不全,紧急制动失效,制动力不足。

(2)现场管理人员和绞车司机安全意识淡薄、责任心不强。

【制度规定】

《煤矿安全规程》第八条第二、三款:"从业人员有权制止违章作业,拒绝违章指挥;当工作地点出现险情时,有权立即停止作业,撤到安全地点;当险情没有得到处理不能保证人身安全时,有权拒绝作业。从业人员必须遵守煤矿安全生产规章制度、作业规程和操作规程,严禁违章指挥、违章作业。"

【防范措施】

(1)加强对管理人员、职工安全生产教育培训,开展查隐患、堵漏洞、反"三违"、反事故、

保安全活动,提高全体职工的安全思想、防范措施意识和遵章守纪自觉性,杜绝违章指挥、违章作业。

(2) 强化提升系统管理,对提升绞车及重要设备的各种保护装置,按规定周期组织全面检查,查清各种隐患并及时处理;加强提升系统日检,查严、查细,不走过场;坚持"安全第一",不安全不运行。

(3) 增强员工拒绝违章指挥意识,严格遵照规程、制度,按章作业。

【学习自测】

1. (判断题)从业人员必须遵守煤矿安全生产规章制度、作业规程和操作规程,严禁违章指挥、违章作业。(　　)

2. (单选题)托罐装置必须能够将撞击防撞梁后再下落的容器或者配重托住,并保证其下落的距离不超过(　　)m。
A. 1　　　　　　B. 0.7　　　　　　C. 0.5

3. (单选题)提升机机械制动装置应当采用(　　),能实现工作制动和安全制动。
A. 电气式　　　　B. 弹簧式　　　　C. 液压式

4. (多选题)提升机机械制动装置的性能,必须符合(　　)要求。
A. 制动闸空动时间:盘式制动装置不得超过 0.3 s,径向制动装置不得超过 0.4 s
B. 盘形闸的闸瓦与闸盘之间的间隙不得超过 2 mm
C. 制动力矩倍数符合要求

参考答案:1. √　2. C　3. B　4. AC

第四节　立井提升钢丝绳事故案例

案例　江西某矿钢丝绳断绳坠罐较大事故

【事故经过】

2019 年 9 月 23 日 0 时 8 分,江西某矿职工熊某、欧阳某、黎某、郭某 4 人到主立井乘罐笼下井,在下放过程中因提升钢丝绳断裂,罐笼两侧的 2 个防坠器因传动机构锈蚀严重,未能对断绳后的罐笼进行制动,罐笼坠入井底,造成 4 人死亡,直接经济损失 519 万元。

【事故原因】

(一) 直接原因

主立井提升钢丝绳断裂、防坠器未有效动作,导致坠罐致人死亡事故。

(二) 间接原因

(1) 煤矿未严格按规定对主立井提升系统进行日常维护保养和检查,未发现主立井提升钢丝绳在楔形绳环出口处锈蚀严重、断丝较多及防坠器启动传动机构锈蚀严重等事故隐患。

(2) 区队主井管理不严,绳检员工责任心不强、安全意识淡薄。

【制度规定】

(1)《煤矿安全规程》第四百一十二条表 11 钢丝绳的报废类型、内容及标准:"钢丝绳锈蚀严重,或者点蚀麻坑形成沟纹,或者外层钢丝松动时,不论断丝数多少或者绳径是否变化,应当立即更换。"

(2)《煤矿安全规程》第四百条:"提升系统各部分每天必须由专职人员至少检查1次,每月还必须组织有关人员至少进行1次全面检查。检查中发现问题,必须立即处理,检查和处理结果都应当详细记录。"

(3)《煤矿安全规程》第四百一十一条第一项、第五项:"在用钢丝绳的检验、检查与维护,应当遵守下列规定:(一)升降人员或者升降人员和物料用的缠绕式提升钢丝绳,自悬挂使用后每6个月进行1次性能检验;悬挂吊盘的钢丝绳,每12个月检验1次。(五)提升钢丝绳必须每天检查1次,平衡钢丝绳、罐道绳、防坠器制动绳(包括缓冲绳)、架空乘人装置钢丝绳、钢丝绳牵引带式输送机钢丝绳和井筒悬吊钢丝绳必须每周至少检查1次。对易损坏和断丝或者锈蚀较多的一段应当停车详细检查。断丝的突出部分应当在检查时剪下。检查结果应当记入钢丝绳检查记录簿。"

【防范措施】

(1)强化立井提升系统管理,对提升绞车及重要设备的各种保护装置,按规定周期组织全面检查,查清各种隐患并及时处理。

(2)加强立井提升系统日检,查严、查细,不走过场;坚持"安全第一",不安全不运行。

(3)加强对员工安全生产教育培训,提升员工技能水平,增强员工责任心,切实做好业务保安。

【学习自测】

1.(判断题)对使用中的立井罐笼防坠器,应当每6个月进行1次不脱钩试验,每年进行1次脱钩试验。( )

2.(单选题)提升钢丝绳必须每( )检查1次。
A. 周　　　　　　B. 天　　　　　　C. 月

3.(单选题)摩擦式提升机钢丝绳使用年限最多不得超过( )年。
A. 2　　　　　　B. 3　　　　　　C. 4

4.(单选题)升降人员或者升降人员和物料用钢丝绳,在1个捻距内断丝断面积与钢丝总断面积之比达到( )%,必须报废。
A. 5　　　　　　B. 8　　　　　　C. 10

参考答案:1. √　2. B　3. B　4. A

第五节　立井井筒坠物事故案例

案例　某矿主井罐道脱落坠井一般事故

【事故经过】

2007年9月7日6时30分,某矿主井司机张某在操作主井提升的过程中,突然听到"咚"的一声,为应对异常情况张某紧急制动停车。同时井下信号工李某也反映井筒有坠物。

经检查发现二系统主箕斗西北侧下节 38 kg 组合罐道脱落,造成装载系统分煤槽及横梁砸落,装载钢梁砸断事故。

【事故原因】

(一)直接原因

提升系统罐道检修维护不到位、加固不紧,致使罐道松动脱落。

(二)间接原因

(1)主井罐道梁年久失修。主井罐道梁及套架梁自建矿 30 多年来未曾更换,锈蚀严重,部分罐道座锈透。

(2)区队管理不到位。区队没有将隐患及时排查处理。

【制度规定】

《煤矿安全规程》第四百条:"提升系统各部分每天必须由专职人员至少检查 1 次,每月还必须组织有关人员至少进行 1 次全面检查。检查中发现问题,必须立即处理,检查和处理结果都应当详细记录。"

【防范措施】

(1)对主井井筒锈蚀严重罐道梁及套架梁及时进行更换。

(2)强化立井提升系统管理,对提升绞车及重要设备的各种保护装置,按规定周期组织全面检查,查清各种隐患并及时处理;加强立井提升系统日检,查严、查细,不走过场;坚持"安全第一",不安全不运行。

【学习自测】

1.(判断题)应当每年检查 1 次金属井架、井筒罐道梁和其他装备的固定和锈蚀情况,发现松动及时加固,发现防腐层剥落及时补刷防腐剂。( )

2.(判断题)矩形钢罐道任一侧的磨损量超过原有厚度的 50%,必须更换。( )

3.(单选题)采用滚轮罐耳的矩形钢罐道的辅助滑动罐耳,每侧间隙应当保持( )mm。

A. 5~10　　　　B. 10~15　　　　C. 15~20

4.(单选题)加强对刚性罐道的维护检查,发现罐道之间的距离变小后应( )。

A. 立即处理　　B. 交班时处理　　C. 大修时处理

参考答案:1. √　2. √　3. B　4. A

第六节　立井提升下放物料事故案例

案例　某矿副井提升机钩头下放综采支架撞毁罐道一般事故

【事故经过】

2009 年 4 月 13 日,某矿 22092 综采工作面安装 ZY2600/10/22 支架 54 套,由于支架超宽,装不进罐笼,现场作业人员将罐笼放在下井口,利用绞车钩头下放支架底座,为防止支架底座在井筒打转,设计加工一个防旋转装置。

15时45分,跟班副队长杨某将第二个底座吊装固定完毕后,副罐下放至距井口100 m位置,综采支架底座与防旋转装置脱离,导致4根罐道变形。

【事故原因】

(一)直接原因

综采支架底座与防旋转装置固定不牢。

(二)间接原因

员工安全意识淡薄、思想麻痹,未严格按照安全技术措施固定综采支架底座。

【制度规定】

(1)《劳动法》第三条第二款:"劳动者应当完成劳动任务,提高职业技能,执行劳动安全卫生规程,遵守劳动纪律和职业道德。"

(2)《安全生产法》第五十七条:"从业人员在作业过程中,应当严格落实岗位安全责任,遵守本单位的安全生产规章制度和操作规程,服从管理,正确佩戴和使用劳动防护用品。"

(3)《煤矿安全规程》第八条第三款:"从业人员必须遵守煤矿安全生产规章制度、作业规程和操作规程,严禁违章指挥、违章作业。"

【防范措施】

(1)加大管理力度,严格措施学习、贯彻制度;加强职工岗位操作规程和安全教育培训,提高职工操作技能和安全意识,做到上标准岗、干标准活。

(2)加强对职工的安全生产思想教育,增强其工作责任心。

(3)严格落实安全生产责任制。

【学习自测】

1.(判断题)矿井须制定立井下大件管理规定,强化非常规下料管理。(　　)

2.(多选题)井底车场的信号必须经由井口信号工转发,不得越过井口信号工直接向提升机司机发送开车信号;但有下列情况之一时,不受此限:(　　)。

A. 发送紧急停车信号　　　　　　　　B. 箕斗提升

C. 单容器提升　　　　　　　　　　　D. 井上下信号联锁的自动化提升系统

参考答案:1. √　2. ABCD

第七节　立井提升违章事故案例

案例　某矿主井员工违规作业导致一般工伤事故

【事故经过】

2016年2月10日8点班,某煤矿跟班副队长张某带领检修工王某等8人在主井井筒内更换罐道。作业中,王某负责在箕斗检修平台内照看平台上的各种工具材料。23时30分左右,罐道更换完毕,作业人员准备升井。南箕斗以0.2 m/s速度升至井口时,王某在清理现场过程中被氧气带绊倒,跌出上操作平台,被安全带吊挂在箕斗外侧,挤至箕斗与井口输冰管中间,王某昏迷,主井车房动车上提将箕斗底部人员上提至井口,王某保险带被挤断,人被挤在箕斗与井口输冰管中间。箕斗下落0.3 m左右,王某从箕斗与井口输冰管中间摔落至井口地面受伤。

【事故原因】

(一)直接原因

检修工王某安全意识淡薄,未在停车后整理作业工具。

(二)间接原因

检修工王某作业期间监护不到位。

【制度规定】

(1)《劳动法》第三条第二款:"劳动者应当完成劳动任务,提高职业技能,执行劳动安全卫生规程,遵守劳动纪律和职业道德。"

(2)《安全生产法》第五十七条:"从业人员在作业过程中,应当严格落实岗位安全责任,遵守本单位的安全生产规章制度和操作规程,服从管理,正确佩戴和使用劳动防护用品。"

(3)《煤矿安全规程》第八条第三款:"从业人员必须遵守煤矿安全生产规章制度、作业规程和操作规程,严禁违章指挥、违章作业。"

【防范措施】

(1)在主副井井口及井筒内检修期间,应该编制详细的安全技术措施,并要求全体施工人员认真组织贯彻学习。

(2)严格各类作业规程、安全技术措施的编制、审批、贯彻落实,必须做到措施完善可靠。

(3)加强职工安全教育和培训,提高职工的危险源辨识与控制能力,增强职工的自主保安能力和自保、互保、联保意识。

(4)管理部门进一步加强提升系统检修期间的监督、检查工作,确保检修期间人员与设备的安全。

【学习自测】

1. (判断题)立井主副井井口检修工具使用时,须用安全绳防护,防止坠井。(　　)

2. (单选题)使用过程中,矩形钢罐道任一侧的磨损量超过原有厚度的(　　)%,必须更换。

   A. 30　　　　　　　　B. 40　　　　　　　　C. 50

3. (多选题)检修人员站在罐笼或箕斗顶上工作时,必须遵守下列规定:(　　)。

   A. 在罐笼或箕斗顶上,必须装设保险伞和栏杆

   B. 必须系好保险带

   C. 提升容器的速度一般为0.3~0.5 m/s,最大不得超过3 m/s

   D. 检修用信号必须安全可靠

参考答案:1. √　2. A　3. ABD

第十五章 运输系统事故

第一节 运输相关事故概述

煤矿运输提升是矿井生产的重要环节,它贯穿于矿井生产全过程,具有线长、面广、设备种类多、技术性强等特点。煤矿运输提升事故在各类事故中一直占有较大比例。

【运输提升事故基本情况】

煤矿运输提升系统是矿井生产的关键环节,运输提升系统的安全运行对矿井的正常生产至关重要,随着矿井开采深度增加,运输提升环节增多,运输提升事故在各类事故中所占比重越来越大。煤矿运输提升事故是指在煤炭生产过程中为了满足运输、提升大量物料、煤炭、作业人员及设备等生产需求发生的人身伤害和设备损坏等事故。

据不完全统计,2017—2021年全国约发生煤矿事故827起,死亡1 430人,其中运输事故发生概率排名第二,运输提升事故数占总起数的23.7%,死亡人数占总死亡人数的16.4%。

【运输提升事故原因分析】

(一)装备落后方面原因

近年来,矿井开采深度不断增加,但部分矿井还在使用传统运输设施,本身运输环节多、战线长兼顾运输装备落后占用人员多、效率低、安全风险大等诸多客观困难因素存在,导致不能实现高效率连续运输,再加上几乎在每个运输环节都会大大增加投运人员、增大安全风险因素导致运输时间过长,效率极其低下,延误安全生产。

(二)"人"及"管理"方面原因

(1)从业人员没有牢固树立"安全第一"的思想,安全意识淡薄,重生产轻安全,麻痹大意、侥幸心理严重,违章指挥、违章作业时有发生。

(2)管理工作不到位,安全生产责任制、安全管理制度不落实。

(3)安全培训工作不到位,作业人员安全技术素质低下。

(4)安全投入不到位,缺少必需的基本安全保障。

(三)"机"方面原因

(1)各类设备保护装置和安全设施不健全、有缺失、不可靠或失效。

(2)运输巷道(包括管、线、电缆)和设备最突出部分之间的最小距离不能满足相关规定要求。

(3)现场设备设施管理整体标准低,安全运行环境差。

(4)设备设施或周边环境有其他明显重大缺陷或隐患。

【防治运输提升事故的措施】

（1）统一思想、提高认识，牢固树立"安全第一"的思想。

（2）建立健全本单位安全生产责任制，完善本单位安全生产规章制度和主要工种安全技术操作规程。

（3）强化素质教育和安全培训，提高员工的运输提升安全意识和安全操作技能。

（4）从消除物的不安全状态入手，强化矿井质量标准化管理，把事故隐患消灭在萌芽之中。

（5）做实安全监管监察工作，加大管理力度，完善运输系统各种安全措施。

（6）加大对安全生产投入，加快装备升级。解放思想，以自动化减人提效为理念，以科技创新为抓手，打造本质安全环境。

第二节　电机车运输相关事故案例

案例　四川达州某矿电机车撞人一般事故

【事故经过】

2017年5月7日，四川达州某矿电机车司机刘某驾驶前照灯不亮的电机车顶着4辆空车在+150 m水平运输大巷行驶，跟车工郑某站在电机车与矿车之间。在大巷拐弯处刘某看到对面有车驶来后停车，跟车工郑某到矿车与巷帮之间去查看对面来车情况，被对面没有刹车和喇叭的5 t电机车撞倒。事故导致郑某死亡，对面电机车司机受伤。

【事故原因】

（一）直接原因

电机车前照灯失效不亮，司机违章顶车运行，对向电机车司机违章操作刹车和喇叭失效的电机车；调度秩序混乱，同一轨道内两车相向而行导致相撞；电机车司机在大巷拐弯处违章停车，跟车工违章站位查看来车。

（二）间接原因

（1）电机车运行人员违章作业。刘某驾驶前照灯不亮的电机车且违章顶推4辆空矿车作业并违章停车在大巷拐弯处，电机车运行期间跟车工违章站在电机车与矿车之间，对向电机车司机违章驾驶没有刹车和喇叭的电机车；对向来车后跟车工下车违章站位查看。

（2）电机车运行管理混乱。两辆电机车司机违规驾驶有故障且完全不具备运行条件的电机车作业；违规驾驶电机车顶推作业；大巷任意停车。

（3）调度系统有缺陷、不完善。未能有效统一调度车辆运行，导致同一轨道内2辆电机车相向而行造成撞车。

（4）跟车工危险源辨识能力不足。在知道对向来车有可能造成撞车的情况下，违章站位到矿车与巷帮之间去查看对面来车情况。

【制度规定】

(1)《煤矿安全规程》第三百七十七条:"……列车或者单独机车均必须前有照明,后有红灯。……必须定期检查和维护机车,发现隐患,及时处理。机车的闸、灯、警铃(喇叭)、连接装置和撒砂装置,任何一项不正常或者失爆时,机车不得使用。……正常运行时,机车必须在列车前端。……在运输线路上临时停车时,不得关闭车灯。"

(2)《煤矿安全规程》第三百八十六条第四项:"严禁在机车上或者任意2车厢之间搭乘。"

【防范措施】

(1) 规范电机车运行管理。严禁驾驶操作有故障、不完好的电机车运行;机车正常行驶时,电机车头必须在列车前端,严禁顶车行驶;机车经过巷道交叉口或弯道时,必须减速慢行发出警示并按章规范停车。

(2) 完善矿井机车调度系统。井下生产及机车运行统一调度、准确调度,杜绝在同一区段线路上两辆电机车相向而行。

(3) 加大职工培训力度。严格落实规章制度,坚决制止违章行为。

【学习自测】

1. (判断题)采用机车运输时,突出矿井必须使用符合防爆要求的机车。(　　)
2. (单选题)同一轨道同向行驶两列车至少相距(　　)m。
A. 50　　　　　B. 100　　　　　C. 200
3. (多选题)机车的(　　)和撒砂装置,任何一项不正常或者失爆时,机车不得使用。
A. 闸　　　　　B. 灯　　　　　C. 警铃(喇叭)　　　　　D. 连接装置
4. (多选题)采用平巷人车运送人员时,必须遵守下列规定:(　　)。
A. 列车行驶速度不得超过4 m/s
B. 两车在车场会车时,驶出车辆应当停止运行,让驶入车辆先行
C. 应当设跟车工,遇有紧急情况时立即向司机发出停车信号
D. 严禁同时运送易燃易爆或者腐蚀性的物品,或者附挂物料车
5. (单选题)警冲标志设置位置必须保证与停放车辆及运行列车最突出部分之间的距离不小于(　　)。
A. 0.1 m　　　　　B. 0.2 m　　　　　C. 0.3 m　　　　　D. 0.5 m

参考答案:1. √　2. B　3. ABCD　4. ACD　5. B

第三节　矿车运输相关事故案例

案例　某矿副井口出车侧矿车出车掉道一般事故

【事故经过】

2020年4月10日,某矿电机车司机殷某驾驶电机车前往副井口出车侧车场拉运料车,发现一辆装有锚杆的矿车掉道。电机车司机殷某呼喊站在其北侧的电机车司机杨某

去重车掉道处查看现场情况,自己下车喊人去处理掉道。电机车司机殷某等人在赶来途中听到杨某"啊"的一声大叫,等赶到现场发现掉道矿车侧翻将杨某挤在巷帮,杨某经抢救无效死亡。

【事故原因】

(一)直接原因

杨某单独在掉道矿车与巷帮之间违规使用矿车连接杆进行复轨时导致矿车侧翻,被矿车挤压胸部致死。

(二)间接原因

(1)现场安全管理不到位。井底车场范围内物料运输无专人现场调度和管理,违规装运锚杆,掉道后未及时发现并处理。

(2)安全监督检查不到位。现场违规使用矿车装运锚杆。

(3)安全教育培训不到位。职工安全风险意识淡薄,未按规定程序处理矿车掉道。

【制度规定】

(1)《煤矿安全规程》第三百九十二条第十一项:"采用无轨胶轮车运输时,应当遵守下列规定:(十一)……井下行驶特殊车辆或者运送超长、超宽物料时,必须制定安全措施。"

(2)《煤矿安全规程》第三百八十八条:"倾斜井巷使用提升机或者绞车提升时,必须遵守下列规定:……装载物料超重、超高、超宽或者偏载严重有翻车危险时,严禁发出开车信号。"

(3)《煤矿安全生产标准化管理体系基本要求及评分办法(试行)》8.6:"物料捆绑固定规范有效。"

【防范措施】

(1)进一步健全安全生产责任制。完善矿车掉道安全风险辨识管控、锚杆运输安全技术措施,落实机电运输过程管控责任,堵塞安全管理漏洞。

(2)加强运输管理制度措施落实。措施与现场不符的,要及时修订或补充相关管理规定,要求每一位相关工种人员贯彻执行,加强现场落实监督。

(3)加强现场安全管理,强化安全教育培训。各级管理人员切实履职尽责,狠抓"三违";加强职工安全素质培训,推进标准化体系建设,从根本上消除人的不安全行为造成的事故隐患。

【学习自测】

1.(判断题)电机车重载进入车场时,可以采用惯性进入车场。(　　)

2.(判断题)井下人力推车时可以两侧推车。(　　)

3.(单选题)井下防爆蓄电池电机车检修时,测定电压时必须在揭开电池盖(　　)后测试。

A. 5 min　　　　　B. 10 min　　　　　C. 20 min

参考答案:1. ×　2. ×　3. B

第四节　斜巷轨道运输相关事故案例

案例　河南郑州某矿人员误入正在运行绞车的斜巷一般事故

【事故经过】

2023年2月11日0点班，河南郑州某矿21采区1名人员误入正在运行绞车的斜巷，由于箕斗距巷帮较近，误入者被运行的箕斗挤压，被运送升井后，由救护车运到医院进行抢救，经抢救无效死亡。该事故共造成1人死亡。

【事故原因】

（一）直接原因

遇险人员违章从第三中车场进入21采区轨道下山前往第四中车场，途中被向上运行的斜巷箕斗碰撞致死。

（二）间接原因

(1) 安全管理制度不落实。未落实该矿《斜巷运输巷道封闭管理制度》中有关规定。事故当班未在第三中车场配备信号工，未能及时发现和制止人员违章进入21采区轨道下山的不安全行为，未能执行"行车不行人"的规定。

(2) 隐患排查治理不到位。21采区轨道下山失修，部分区域巷帮与斜巷箕斗等运输设备的安全距离不符合《煤矿安全规程》的规定，其中事故地点东侧钢管最突出部分与斜巷箕斗最突出部分间距仅有0.2 m；躲避硐室设置在非行人侧，位置不合理，不便于行人避险；第三、第四中车场之间巷道东侧巷帮放置的废弃钢管未及时拆除，导致行人侧安全距离不符合规定。

(3) 安全教育培训效果差。未严格落实《安全生产法》规定，相关区队组织开展的复工培训等安全教育培训工作未起到应有效果，作业人员安全意识淡薄、自主保安意识差，不能做到遵章守规作业。

【制度规定】

(1)《煤矿安全规程》第九十一条："……严格执行'行人不行车，行车不行人'的规定。"

(2)《煤矿安全规程》第三百八十八条第七项："倾斜井巷使用提升机或者绞车提升时，必须遵守下列规定：（七）提升时严禁蹬钩、行人。"

(3)《煤矿安全规程》第九十条第一款第三项："运输巷（包括管、线、电缆）与运输设备最突出部分之间的最小间距，应当符合表3的要求。综合机械化采煤矿井轨道机车运输巷道与运输设备最突出部分之间的最小间距为0.5 m。"

(4)《安全生产法》第二十八条："生产经营单位应当对从业人员进行安全生产教育和培训，保证从业人员具备必要的安全生产知识，熟悉有关的安全生产规章制度和安全操作规程，掌握本岗位的安全操作技能，了解事故应急处理措施，知悉自身在安全生产方面的权利和义务。未经安全生产教育和培训合格的从业人员，不得上岗作业。生产经营单位使用被派遣劳动者的，应当将被派遣劳动者纳入本单位从业人员统一管理，对被派遣劳动者进行岗位安全操作规程和安全操作技能的教育和培训。劳务派遣单位应当对被派遣劳动者进行必要的安全生产教育和培训。生产经营单位接收中等职业学校、高等学校学生实习的,应当对实习学生进行相应的安全生产教育和培训,提供必要的劳动防护用品。学校应当协助生产经营单位对实习学生进行安全生产教育和培训。生产经营单位应当建立安全生产教育和培训档案,如实记录安全生产教育和培训的时间、内容、参加人员以及考核结果等情况。"

【防范措施】

(1) 加强职工培训教育,增强其风险辨识意识,提高全员安全意识和自主保安能力。

(2) 强化各级人员履职尽责。夯实各级安管人员履职尽责,加强对各施工地点的监督检查工作,加大监督检查力度,杜绝"三违"现象,防止类似事故发生。

(3) 加强机电运输管理。强化规范机电运输管理,严格执行斜巷运输"行人不行车、行车不行人"的规定。

(4) 深刻吸取事故教训,做到举一反三,杜绝类似违章、事故,在全矿范围内深入开展机电运输专项安全大排查,严格按照"五定"原则认真落实整改。

【学习自测】

1. (单选题)兼作行人的提升斜井上、下车场,必须设置(　　)信号装置,以防人员误入。

A. 红灯　　　　B. 绿灯　　　　C. 黄灯

2. (判断题)兼作行人的运输斜巷,红灯亮时,严禁行人。(　　)

3. (多选题)倾斜井巷运输时,必须设置(　　)。

A. 躲避硐室　　B. 信号硐室　　C. 休息硐室

4. (判断题)当人员进入正在作业的运输斜巷时,应采取应急措施并立即向拉运车相反方向移动。(　　)

5. (判断题)在看到运输斜巷红灯亮时继续进入该巷道属于违章行为。(　　)

参考答案:1. A　2. √　3. AB　4. ×　5. √

第五节　带式输送机相关事故案例

案例1　某矿带式输送机机头驱动滚筒处机架上检修挤死人一般事故

【事故经过】

2020年6月4日,某矿22煤柱工作面底抽巷第三部带式输送机机头处区域前后胶带跑偏,一名维修工站在机头驱动滚筒处机架上调整已断开的输送带,并安排一名杂工启动带式输送机,以倒转驱动滚筒的方式松动输送带,在此过程中该维修工左腿卷入两驱动滚筒之间,致其被挤压死亡。该事故共造成1人死亡。

【事故原因】

（一）直接原因

维修工站在机头驱动滚筒处机架上检修,其他人员启动带式输送机后该维修工左腿被卷入两驱动滚筒之间,致其被挤压后死亡。

（二）间接原因

(1) 机电设备管理混乱。设备检修维护管理混乱,检修作业人员违章指挥、违章作业,设备带电且启动带式输送机检修;安排未经培训考试合格上岗的杂工开启带式输送机设备。

(2) 教育培训工作不到位。作业人员安全自保、互保意识差,在没有采取任何措施情况下,冒险站在带式输送机机架上带电调试运转中的带式输送机,另一名现场作业人员对该冒险作业行为不但不制止,而且配合其作业。

(3) 安全风险辨识工作不全面。未对日常维护带式输送机过程中存在的安全风险进行辨识评估,也未采取制定处理输送带跑偏等问题的专项操作规程或处置程序等风险防控措施。

【制度规定】

(1)《煤矿安全规程》第六百一十七条第一款:"严禁带电检修、移动电气设备。对设备进行带电调试、测试、试验时,必须采取安全措施。"

(2)《煤矿安全规程》第四百四十三条第一项:"操作井下电气设备应当遵守下列规定:(一)非专职人员或者非值班电气人员不得操作电气设备。"

(3)《煤矿安全规程》第四百四十二条:"井下不得带电检修电气设备。……检修或者搬迁前,必须切断上级电源"。

【防范措施】

(1) 加强机电设备管理。加强设备管理,完善管理制度;加强现场监督,制止违章指挥、违章作业;进一步完善管理制度,严禁在设备带电且启动运行期间检修;严禁安排非专职人员操纵电气设备。

(2) 进一步加强安全生产风险隐患双重预防体系建设。求真、求细、求实开展安全风险辨识评估,做到各场所、各环节、各岗位安全风险辨识评估全覆盖;制定落实有效风险管控措施,将防控风险挺在隐患前面,实现隐患排查治理横到边、竖到底,不留死角,将消除隐患挺在事故前面,确保安全生产。

(3) 切实强化安全教育培训工作。提高从业人员安全生产素质和技能,严格执行机电运输安全管理制度和技术措施,杜绝违章指挥、违章作业;进一步吸取事故教训,认真学习、举一反三,确保入脑入心,牢固树立安全意识。

【学习自测】

1.(判断题)带式输送机防撕裂保护应满足每个受料点安装一组防撕裂保护,防撕裂保护距落料点不得超过5 m(顺煤流前方)。( )

2.(判断题)井下不得带电检修电气设备。检修或者搬迁前,视情况切断上级电源。( )

3.(判断题)严禁带电检修、移动电气设备。对设备进行带电调试、测试、试验时,必须采取安全措施。( )

4.（判断题）当人员被正在运行的带式输送机造成伤害时，监护人员应立即采取应急措施，拉动急停开关，停止设备运转，然后停电闭锁，采取救援措施。（　　）

5.（判断题）可以允许安排非专职人员操纵电气设备。（　　）

参考答案：1. √　2. ×　3. √　4. √　5. ×

案例 2　某矿主运输强力带式输送机断带一般事故

【事故经过】

2020年6月12日0点班，某矿调度室值班调度员李某1安排机五队调度台自动化远控岗位工陈某通知机五队井下给煤机司机刘某在25煤仓放煤后间歇掺着放矸石。刘某先后下放了29和27矸石仓的矸石。带式输送机上面煤矸量较大，运输至强力一部带式输送机斜坡段时，因过负荷保护动作停止运转。

机五队跟班班长李某2发现带式输送机停运后，安排值班电工巩某到强力一部带式输送机处查看情况，并电话联系强力一部带式输送机司机张某，让张某用手动模式多开几次试试。巩某到达强力一部带式输送机机头后，发现强力一部带式输送机上煤矸量较大，在此之前带式输送机司机张某在自动运行模式下3次重启带式输送机都未能启动，巩某立即向在队部值班的机五队队长陈某汇报，陈某询问井下状况后，批评他们不该将煤矸同时放到强力带式输送机上超负荷出渣。

电工巩某将操作台调至手动模式开启带式输送机，带式输送机运转了1~2 m后过负荷保护动作停机，在巩某第二次手动模式开启带式输送机时，1#驱动滚筒上部出现胶带纵向撕裂现象，由于多次启动导致胶带撕裂至断带，断掉的上胶带从机头第7架位置下滑至第50架，约130 m。巩某随即汇报机五队和调度室。

事故发生后，由于胶带上煤矸石较多，调度室安排综采一队人员到达强力一部带式输送机处，先将胶带上面的煤矸清理到胶带里帮，再拆掉胶带的护栏对胶带进行调整，重新进行硫化。因胶带撕裂位置在4#胶带接头向下约4 m位置，现场需将损坏处的胶带截掉，重新拉紧胶带并硫化接头。由于强力一部胶带储带仓储带量少，采取双向牵引胶带、调整张紧滚筒位置等方式后，对接进行硫化接头。实际操作时间较长，最终于6月13日8时30分带式输送机恢复运转。该事故造成强力带式输送机撕裂、断带。

【事故原因】

（一）直接原因

电工巩某在查看现场整条强力一部带式输送机因重负荷装载大块矸石煤渣在自动状态时保护动作启动不起来后，连续两次手动模式启动直接导致胶带断裂接头下滑130 m，是造成这次事故发生的直接原因。

（二）间接原因

（1）现场应急管理混乱，各级管理人员都未履职尽责。机五队跟班班长李某2现场应急管理不到位，在出现强力带式输送机急停时，没有及时去现场查看具体原因，违章指挥多次开动带式输送机；带式输送机司机张某在带式输送机满载异常停机后，没有按异常处理程序处理，也没有及时汇报。

（2）相关管理制度不完善。没有规范完善相关调度放煤管理制度,给煤机司机刘某没有按规定对放煤量进行确认、任意连续多仓口同时放煤矸石,造成强力一部带式输送机超重负荷运转提升。

（3）煤矿主运输强力带式输送机安全运行管理不到位。没有制定针对主要大型设备紧急停机应急预案;存在主要大型设备超载重负荷运输、重负荷启动。

（4）安全培训不到位。在主要大型设备停机时,在紧急应急处置中存在多次违章指挥、多次违章作业,安全意识差。

【制度规定】

（1）《煤矿安全规程》第五百七十条第三项:"带式输送机的运输能力应当与前置设备能力相匹配。"

（2）《煤矿安全生产标准化管理体系基本要求及评分办法（试行）》8.5:"电气设备完好,各种保护设置齐全、定值合理、动作可靠。"

（3）《煤矿安全生产标准化管理体系基本要求及评分办法（试行）》表 8.5-1 煤矿机电标准化评分表:"滚筒驱动带式输送机电动机保护齐全可靠"。

【防范措施】

（1）加强机电设备管理。严禁大型机电设备超重载运行、重负荷启动;针对主要大型设备制定相关紧急停机应急预案,预案包含紧急处置程序,强化模拟演练、规范作业行为,严禁擅自违章指挥、违章作业。

（2）完善相关管理制度。完善调度放煤管理相关制度,给煤机司机按规定对放煤量进行确认、禁止连续多仓口同时放煤矸石,调度室合理安排各个生产系统环节,均匀生产,合理调配,严禁违章指挥。

（3）加大职工培训力度。进一步提高职工安全意识,规范作业行为;强化应急处置预案演练,确保职工熟练掌握应急处置程序步骤。

【学习自测】

1.（判断题）入井使用胶带必须有具有资质第三方出具的阻燃、抗静电检验、检测报告。（　　）

2.（判断题）带式输送机、滚筒、托辊等材质符合规定,滚筒、托辊转动灵活。（　　）

3.（判断题）电气设备完好,各种保护设置齐全、定值合理、动作可靠。（　　）

参考答案:1. √　2. √　3. √

第六节　刮板输送机相关事故案例

案例　某矿刮板输送机卷人过风门致死一般事故

【事故经过】

1994 年 4 月 3 日 15 时,左某在某矿 16081 机巷风墙门处时,随身工具钳子掉在刮板输送机上。左某急忙伸手去拾,但钳子已被拉走。左某追到风门墙前,因刮板输送机过风门墙通道低小,就弯腰顺着过风门墙通道向刮板输送机机头方向探视,被身后拉过来的大块渣碰倒在刮板输送机上,又顺着刮板输送机被拉过风门,之后被在此检查的通修队书记陈某拉起,送到医院经抢救无效死亡。该事故造成1人死亡。

【事故原因】

(一)直接原因

左某因在运转中的刮板输送机上捡拾工具,被身后拉运来的大块渣刮进刮板输送机,过风门墙通道时被挤死。

(二)间接原因

(1)机电设备管理混乱。设备检修维护管理混乱,检修作业人员违章作业,在刮板输送机带电且启动运转状态下弯腰低身在上面捡拾工具;大块渣未经处理上刮板输送机。

(2)教育培训工作不到位。作业人员安全自保、互保意识差,在没有采取任何措施的情况下,冒险弯腰低身在运转中的刮板输送机上危险作业。

(3)安全风险辨识工作不全面。未对日常刮板输送机运转过程中存在的安全风险进行辨识评估,也未制定紧急停机处理异常风险管控措施。

【制度规定】

(1)《煤矿安全规程》第一百一十四条:"……必须有防止煤(矸)窜出刮板输送机伤人的措施。"

(2)《煤矿安全规程》第一百二十一条:"……刮板输送机严禁乘人。"

(3)《煤矿安全规程》第四百四十四条:"容易碰到的、裸露的带电体及机械外露的转动和传动部分必须加装护罩或者遮栏等防护设施。"

【防范措施】

(1)加强机电设备管理。运输设备运行中,严禁人员靠近捡拾物品、处理异常或进行其他危险作业;刮板输送机靠近行人侧必须加装护板、挡板。

(2)强化标准化动态达标,改善现场作业环境。禁止大块渣上刮板输送机、带式输送机等设备。

(3)加大职工培训力度。提高从业人员安全生产素质和技能,严格执行机电运输安全管理制度和技术措施,杜绝违章指挥、违章作业;开展安全风险辨识评估,做到各场所、各环节、各岗位安全风险辨识评估全覆盖,制定落实有效风险管控措施,特别是运转设备紧急处理异常管控措施;进一步吸取事故教训,认真学习、举一反三,确保入脑入心,牢固树立安全意识。

【学习自测】

1.(判断题)刮板输送机必须有防止煤(矸)窜出刮板输送机伤人的措施。( )

2.(判断题)刮板输送机严禁乘人。( )

3.(判断题)刮板输送机靠近行人侧可以不加装护板、挡板。( )

4.(判断题)刮板输送机运送物料时,必须有防止顶人和顶倒支架的安全措施。( )

5.(判断题)刮板输送机发现异常及时处理。检修时应当停机闭锁。( )

6.(判断题)刮板输送机机尾未打压柱可以试机检修作业。( )

参考答案:1.√ 2.√ 3.× 4.√ 5.√ 6.×

第七节　无极绳绞车相关事故案例

案例　某矿无极绳绞车保护装置失效致人死亡一般事故

【事故经过】

2020年11月7日23时左右,某矿运输队队长寇某安排用无极绳连续牵引车推6辆西翼轨道运输大巷斜巷段清理的煤车。8日4时左右,在第三趟运煤停车时,梭车距越位保护约4 m。为便于装煤及装煤后重车连接,寇某安排从梭车上先后摘下4辆矿车,推至道尾。此时,与梭车相连的2辆矿车距装煤段停放的4辆矿车还有约4.6 m,薛某提出将梭车再向下移动3~5 m。随后寇某通知清煤人员撤离,并安排跟车信号工高某1发出开车信号。梭车开动后,高某1看到梭车顶推的2辆矿车即将碰撞下方矿车,立即扳动急停开关。无极绳连续牵引车司机高某2听到报警信号,在电机断电跳闸的同时按下停车按钮,并拉起手刹,梭车触碰到越位保护时与梭车连接的矿车距停放在机尾处的矿车约1 m。运行的梭车因惯性通过越位保护后继续下行3.9 m,碰撞轨道尾部停放的4辆矿车,造成4辆矿车脱轨,其中末端2辆冲出轨道尾西2.4 m侧翻,将撤离到该处的屈某挤压至巷道南帮,屈某被送至地面经抢救无效死亡。该事故造成1人死亡。

【事故原因】

(一)直接原因

违规启运无极绳连续牵引车,顶推2辆矿车下行,撞到停放在轨道下部的4辆矿车,致4辆矿车全部脱轨,其中末端2辆矿车冲出轨道尾西2.4 m侧翻,将撤离到该处的屈某挤压致死。

(二)间接原因

(1)斜巷轨道运输方式不合理。在斜巷不具备布置车场、绕道的条件下,没有选择安全合理的运输方式,违规采用梭车顶推矿车的方式运输。

(2)安全设施及保护装置不齐全、不灵敏。梭车位置显示功能严重失真,不能准确显示梭车所处位置;机尾越位保护采用摆杆式,摆幅大,未能做到即时制动;尾轮上方没有安设机械阻车装置,不能有效阻止车辆下行。

(3)现场管理不到位。在轨道尾部区域停放矿车,进而导致存在牵引车运行过越位保护后不能及时停车,将矿车顶推至轨道尾以外的安全风险、事故隐患;现场安全确认走过场,在未确认现场人员全部撤到安全地点时即运行无极绳连续牵引车,且没有设置警戒线;现场长期存在违规顶推、超挂2辆矿车作业现象。

(4)风险辨识管控和隐患排查治理不到位。对梭车顶推矿车下行潜在风险危害认识不足,管控措施不力;作业现场隐患排查流于形式,未及时发现并制止违反安全管理规定的行为,未及时消除生产安全事故隐患。

(5)施工措施学习不到位。施工安全技术措施中关于梭车运行时作业人员撤离至安全地点的规定不具体;现场作业人员自主保安和相互保安意识差;运输队未组织临时抽调的综采队清煤落道人员学习贯彻安全技术措施;无极绳连续牵引车司机及轨道信号工对无极绳连续牵引车运行性能不熟悉、制动距离掌握不准确,对前方安全距离预判不足。

【制度规定】

(1)《煤矿安全规程》第八条第三款:"从业人员必须遵守煤矿安全生产规章制度、作业规程和操作规程,严禁违章指挥、违章作业。"

(2)《煤矿安全规程》第三百九十条第七项:"无极绳连续牵引车……还应当符合下列要求:1.必须设置越位、超速、张紧力下降等保护。"

(3)《安全生产法》第五十八条:"从业人员应当接受安全生产教育和培训,掌握本职工作所需的安全生产知识,提高安全生产技能,增强事故预防和应急处理能力。"

(4)《煤矿井下车场及硐室设计规范》(GB 50416—2017)5.2.1:"无极绳绞车运输宜采用下绳式,车场形式宜采用平车场。"

(5)《煤矿安全生产标准化管理体系基本要求及评分办法(试行)》表7-1煤矿事故隐患排查治理标准化评分表:"岗位作业人员作业过程中随时排查事故隐患。"

【防范措施】

(1)规范辅助运输管理。科学合理确定运输方式,严格执行《煤矿安全规程》、运输管理制度、岗位操作规程和运输设备使用说明书等规定,确保运输安全。

(2)加强无极绳连续牵引车安全设施及保护装置管理。必须保证无极绳连续牵引车安全保护装置齐全,加强日常检查、维护、保养及试验,改进现有安全保护装置,确保灵敏可靠;机头、机尾必须设置机械限位装置,确保无极绳连续牵引车在规定范围内运行。

(3)强化现场管理。认真吸取事故教训,严格落实矿井各级安全隐患排查制度,不留死角,不留盲区;加强安全检查工作,及时发现和制止违反安全管理规定的行为,杜绝违章指挥、违章作业现象。在无极绳连续牵引车运行前,确保所有作业人员必须撤离到安全地点,并设置警戒线;运行中坚持"行车不行人、行人不行车",严禁超挂、顶车运行。

(4)强化安全风险管控和隐患排查治理。进行一次专项安全风险辨识、开展一次专项隐患排查,从严、从实、从细开展岗位风险辨识管控和隐患排查治理工作,真正做到把风险管控挺在隐患前,把隐患排查治理挺在事故前。严禁风险辨识管控走形式、隐患排查治理走过场。

(5)强化安全培训。对事故责任人员等进行一次针对性的安全教育培训,加强经常性的岗位教育培训,提高作业人员实际操作技能和自主保安、相互保安意识;认真开展"学法规、抓落实、强管理"活动,加大对规程、措施的学习贯彻力度,确保规程、措施在现场落实到位。

【学习自测】

1.(判断题)无极绳机尾越位保护必须灵敏可靠。(　　)

2.(判断题)无极绳机尾车场末端应设置牢固可靠阻车器。(　　)

3.(判断题)无极绳连续牵引车必须保证安全保护装置齐全,加强日常检查、维护、保养及试验,改进现有安全保护装置,确保灵敏可靠;机头、机尾必须设置机械限位装置,确保在规定范围内运行。(　　)

参考答案:1.√　2.√　3.√

第八节　架空乘人装置相关事故案例

案例1　某矿架空乘人装置钢丝绳脱落致亡一般事故

【事故经过】

2018年2月16日8时许，某矿机电一队司机付某到架空乘人装置机头对架空乘人装置进行检查，检查无问题后启动架空乘人装置。采煤区科员王某到己15-17-24100采煤工作面进行安全检查，防突队防突工何某到己15-17-24100采煤工作面施工卸压注水钻孔，机运队泵工刘某到己四采区泵房值班。14时8分，何某、王某离开己15-17-24100采煤工作面到达集中运输巷，相继从己四架空乘人装置机尾乘车上行。14时13分，机运队刘某在己四缆车机尾乘车上行，与此同时，到己15-17-24100采煤工作面监护深孔松动爆破的一矿救护队队员孙某、梁某相继从己四架空乘人装置机头乘车地点乘车下行。14时26分32秒，付某听到驱动轮处有异响，即刻停机，对机头处检查以后没发现驱动轮异常，便于14时27分25秒再次启动设备。停机时刘某、梁某、孙某均坐在吊椅上等待，王某、何某在距离机头约130 m处，从己四缆车吊椅上下来，徒步上行。14时27分35秒，己四架空乘人装置牵引钢丝绳从机头驱动轮脱落，抱轨器及吊椅等沿吊轨整体急速下滑，王某、何某迅速躲入了就近的躲避硐室内，刘某、梁某、孙某三人随吊椅下滑跌落。事故造成刘某、孙某2人死亡，梁某重伤。

【事故原因】

（一）直接原因

（1）己四架空乘人装置在运行过程中，一对抱轨器滚轮脱离工字钢轨道并下垂后随抱索器绕入驱动轮绳槽中，当班司机在听到驱动轮处异响停车后，没有查明原因便再次启动设备，导致牵引钢丝绳从驱动轮绳槽中脱落。

（2）由于未安装防飞车挡椅保护装置，引发脱绳飞车事故。

（二）间接原因

（1）安全技术措施不完善。《己四缆车试运行专项安全技术措施》未明确试运行期间禁止乘人，未采取措施防止人员违规乘坐。

（2）未严格落实《己四缆车试运行专项安全技术措施》中"保护不完好不能进行试运行"的规定。

（3）设备维护不认真，没有及时紧固连接抱轨器与抱索器的松动螺栓。

（4）安排未经生产厂家培训合格并取得架空乘人装置操作证的司机上岗作业。

（5）本岗位由于新安装架空乘人装置，缺少相应的操作规程，司机无法执行。

【制度规定】

（1）《煤矿安全规程》第八条第三款："从业人员必须遵守煤矿安全生产规章制度、作业规程和操作规程，严禁违章指挥、违章作业。"

（2）《煤矿安全培训规定》第三十七条："企业井下作业人员调整工作岗位或者离开本岗

位一年以上重新上岗前,以及煤矿企业采用新工艺、新技术、新材料或者使用新设备的,应当对其进行相应的安全培训,经培训合格后,方可上岗作业。"

(3)《煤矿安全规程》第九条第一款:"煤矿企业必须对从业人员进行安全教育和培训。培训不合格的,不得上岗作业。"

(4)《煤矿安全规程》第十条第二款:"试验涉及安全生产的新技术、新工艺必须经过论证并制定安全措施"。

(5)《煤矿安全规程》第四条第六款:"煤矿必须制定本单位的作业规程和操作规程。"

【防范措施】

(1)对所属矿井所有架空乘人装置进行全面排查,安全保护不齐全的一律停用,及时消除架空乘人装置隐患,确保设备运行安全可靠。

(2)强化职工安全培训工作,增强职工安全意识,提升职工操作技能。对新技术、新产品、新设备、新工艺必须进行专项培训,使职工熟悉设备结构、性能、各种保护,掌握检查、维修、操作技能,并认真组织考核,职工经考核合格后方可上岗,确保职工业务素质、应急处置能力与岗位相匹配。

(3)加强技术管理和现场管理。对井下机电运输设备制定严格的管理制度,新设备试运行必须制定科学严谨的安全技术措施及相应的操作规程;对井下架空乘人装置必须加强日常检查和维护保养,确保设备运行安全可靠。

(4)全面落实企业主体责任。要建立健全安全生产责任制,杜绝违章指挥、违章作业;构建隐患排查治理、风险评估和分级管控、安全生产标准化"三位一体"安全防控体系,确保安全生产。

【学习自测】

1.(判断题)采用架空乘人装置运送人员时,固定抱索器最大运行坡度不得超过28°。(　　)

2.(判断题)采用架空乘人装置运送人员时,可摘挂抱索器最大运行坡度不得超过25°。(　　)

3.(单选题)采用架空乘人装置运送人员时,乘人吊椅距底板的高度不得小于(　　)m。
A. 0.5　　　　　　B. 0.2　　　　　　C. 0.3

参考答案:1. √　2. √　3. B

案例 2　某矿违章乘坐架空乘人装置致伤一般事故

【事故经过】

2019年10月7日8点班,某矿机二队25绞车司机魏某与综采预备队副队长李某沟通,待架空乘人装置停止运行后,先将机二队一车黄沙拉至25架空乘人装置机头,再给综采预备队松车回撤泵站。机二队25绞车司机魏某在本队拉完一车黄沙后,停止绞车运转。综采预备队副队长李某将导链一头挂在25轨道顶板正中,另一头挂在泵站电机上后,与综采预备队职工曹某、安检员杨某一起到25051辅助风巷车场查看道岔和倒车。约11时37分,25绞车司机魏某打泵站电话联系开架空乘人装置事宜,接电话人员为综采预备队职工张某,张某在没有及时通知跟班副队长李某和安检员杨某的情况下,同意架空乘人装置运行。当综采预备队副队长李某、安检员杨某发现架空乘人装置运行后,李某向25架空乘人装置机尾和机头打电话进行询问,当得知架空乘人装置只是拉机二队人员上架空乘人装置机头,影响时间不长后默认架空乘人装置运行。机二队班长崔某乘坐25架空乘人装置至25051风巷口时,综采预备队起吊设备使用的导链刮住架空乘人装置座椅,导致架空乘人装置座椅被拉平,在崔某后方乘坐架空乘人装置的职工王某发现后,及时拉动架空乘人装置急停保护,使25架空乘人装置停止运行。现场落实发现崔某已被架空乘人装置座椅和导链挤伤。升井后经检查崔某右侧肱骨上段骨折、T12椎体压缩性骨折。该事故造成1人重伤。

【事故原因】

(一)直接原因

机二队班长崔某安全意识淡薄,违章乘坐架空乘人装置期间精神不集中,未能及时发现综采预备队在25轨道中间悬挂的导链;紧急情况下,没有拉动架空乘人装置急停保护使其停止运行。

(二)间接原因

(1)综采预备队跟班副队长李某现场风险辨识、管控不到位,发现25架空乘人装置运行时,没有及时摘掉已经悬挂在25轨道顶板中间的导链,未及时采取措施制止架空乘人装置运行。

(2)安检员杨某现场隐患排查不到位,发现25轨道架空乘人装置运行时,未及时采取措施制止架空乘人装置运行,不能及时消除作业现场存在的安全隐患。

(3)综采预备队职工张某接到机二队绞车司机魏某电话后,在未进行现场排查、未向跟班干部李某和现场安检员杨某汇报的情况下,同意机二队开启架空乘人装置。

(4)机二队绞车司机魏某在明知综采预备队有人在25051风巷口处作业的情况下,没有进行安全确认。

【制度规定】

(1)《煤矿安全规程》第八条第三款:"从业人员必须遵守煤矿安全生产规章制度、作业规程和操作规程,严禁违章指挥、违章作业。"

(2)《安全生产法》第五十八条:"从业人员应当接受安全生产教育和培训,掌握本职工作所需的安全生产知识,提高安全生产技能,增强事故预防和应急处理能力。"

(3)《煤矿安全生产标准化管理体系基本要求及评分办法(试行)》表7-1煤矿事故隐患排查治理标准化评分表:"岗位作业人员作业过程中随时排查事故隐患。"

【防范措施】

(1)加强职工安全培训教育,强化职工安全意识,不断提高职工在作业现场辨识风险、排查隐患的能力。

(2)安检员及安全管理人员加大对作业现场的隐患排查力度,发现安全隐患及时排除,确保安全后方可作业。

(3)在有架空乘人装置或绞车运输的斜巷中进行作业期间,架空乘人装置或绞车严禁运行,作业结束后,必须由架空乘人装置或绞车司机对运行线路范围进行巡查,确保安全后,方可开启架空乘人装置或绞车。乘坐架空乘人装置人员要严格遵守矿管理制度,乘坐期间严禁睡觉,若发现异常情况,及时拉动架空乘人装置急停保护使其停止运行。

(4) 在行人和运输巷道中进行作业,必须在作业地点两侧 20 m 处设置警戒,警戒绳为麻绳,警戒绳悬挂高度为 1.2~1.4 m,并挂正规警示牌。

(5) 区队加大"三自"管理力度,不断提高区队安全管理水平、班组安全管理氛围、职工个人安全行为,切实做到"三不伤害",确保现场安全管理。

【学习自测】

1. (判断题)采用架空乘人装置运送人员时,吊椅中心至巷道一侧突出部分的距离不得小于 0.7 m。(　　)

2. (判断题)采用架空乘人装置运送人员时,双向同时运送人员时钢丝绳间距不得小于 0.8 m。(　　)

3. (判断题)采用架空乘人装置运送人员时,乘坐间距不应小于牵引钢丝绳 5 s 的运行距离,且不得小于 6 m。(　　)

4. (判断题)架空乘人装置司机因检查故障离开岗位时,必须按下控制台上急停按钮,并悬挂"故障检修,禁止启动"警示牌。(　　)

5. (判断题)乘坐架空乘人装置时严禁绕过驱动轮或尾轮。(　　)

参考答案:1. √　2. √　3. ×　4. √　5. √

第九节　单轨吊运输相关事故案例

案例 1　某矿单轨吊操作不当致死一般事故

【事故经过】

2015 年 4 月 11 日 4 点班,某矿综掘三队副队长崔某安排下料班往 4 号轨道巷送料,下料班班长郭某 1 带领作业人员到达指定地点后,在搬运队的配合下,将 4 车水泥、2 车沙子用吊带吊起后,安排副司机张某观察轨道情况,安排赵某跟车、警戒并恢复道岔。准备妥当后,机车以 2 挡速度往前运行,当机车运行至距离轨道末端 200 m 左右的斜坡上时,机车司机郭某 2 点动刹车,机车在自重和载重惯性作用下向前窜,尾部轨道受力挣断螺栓销子,致使轨道脱落,驾驶室脱轨坠地,司机经抢救无效死亡。该事故造成 1 人死亡。

【事故原因】

(一) 直接原因

列车下山速度过快时,司机郭某 2 未严格执行操作规程,未先减慢速度,而是直接刹车,导致列车由于惯性向前滑行,致使轨道脱落后,机头坠落。

(二) 间接原因

斜坡段没有按规定安装斜拉链,没有使用规定的 10.8 级高强螺栓固定轨道,导致轨道脱落。

【制度规定】

(1)《煤矿安全规程》第三百九十一条第三项:"单轨吊车运行中应当设置跟车工。起吊或者下放设备、材料时,人员严禁在起吊梁两侧;机车过风门、道岔、弯道时,必须确认安全,方可缓慢通过。"

(2)《煤矿安全规程》第八条第三款:"从业人员必须遵守煤矿安全生产规章制度、作业规程和操作规程,严禁违章指挥、违章作业。"

【防范措施】

(1)司机开车前首先检查车辆是否完好,确认无误后方可开车。在交叉路口要鸣笛减速,在弯道及上、下坡路段应该减速慢行。

(2)在斜坡上安装的单轨吊,每个轨道用一根斜拉链进行斜拉,每4个轨道沿轨道垂直方向设一组横拉链。

(3)加强对单轨吊的日常检修维护,发现不符合规程要求的要及时进行整改,做到不带安全隐患运行。

(4)加强对单轨吊安装、使用的过程监督,确保安装符合标准,严格按操作规程操作。

【学习自测】

1.（判断题）列车下山速度过快时,允许直接刹车。(　　)

2.（判断题）单轨吊机车过风门、道岔、弯道时,必须确认安全,方可缓慢运行。(　　)

3.（判断题）在斜坡上安装的单轨吊,每个轨道用一根斜拉链进行斜拉,每4个轨道沿轨道垂直方向设一组横拉链。(　　)

参考答案:1. ×　2. √　3. √

案例2　某矿单轨吊连接环不合格坠落致死一般事故

【事故经过】

2015年6月21日8点班,某矿胶带队队长薛某安排三采区单轨吊运输作业,给掘三队进支护料。7时50分接班后,单轨吊主司机杜某、副司机刘某驾驶单轨吊到3041联巷风门外给掘三队倒支护料,10时40分装好一车支护料行驶至2042巷80 m处后,单轨吊轨道上方的ϕ40连接环突然断裂,轨道连接高强螺栓也被瞬间切断,单轨吊电瓶、第三组、第四组驱动装置落地,机尾驾驶室倾斜,副司机刘某因惯性摔到地上,因头部接地经抢救无效死亡。该事故造成1人死亡。

【事故原因】

(一)直接原因

ϕ40连接环质量不合格,单轨吊通过时断裂。

(二)间接原因

(1)ϕ40连接环从入库到使用,质量验收、检查把关不严。

(2)管理责任落实不实,单轨吊运输线路巡查维护责任不落实,隐患不能及时发现、处理。

【制度规定】

《煤矿安全规程》第四条第三款:"煤矿企业必须制定重要设备材料的查验制度,做好检查验收和记录,防爆、阻燃抗静电、保护等安全性能不合格的不得入井使用。"

【防范措施】

(1)各业务科室严把设备、材料入库验收关,杜绝不合格产品入库。

(2)各队组使用设备材料前,严格进行检查,对存在问题的材料、设备严禁使用。

(3)对单轨吊轨道、连接螺栓、销轴、连接钩等进行全面检查,责任人定期检查,发现问题立即处理。

(4)单轨吊轨道安装时,必须使用整链,不得使用 $\phi 40$ 连接环进行连接。

(5)单轨吊司机系好保险带。

【学习自测】

1.(判断题)定期对单轨吊轨道、连接螺栓、销轴、连接钩等进行全面检查,责任人定期检查,发现问题立即处理。(　　)

2.(判断题)单轨吊轨道安装时,必须使用整链,不得使用 $\phi 40$ 连接环进行连接。(　　)

3.(多选题)防爆电气设备到矿验收时,应当检查(　　)、煤矿(　　),并核查与安全标志审核的一致性。

A. 产品合格证

B. 矿用产品安全标志

C. 防爆证

4.(单选题)单轨吊机车不得在道岔前后(　　)范围内吊装物料。

A. 3 m　　　　　　B. 4 m　　　　　　C. 5 m

5.(单选题)柴油机单轨吊废气排出温度应不高于(　　)℃。

A. 60　　　　　B. 70　　　　　C. 80　　　　　D. 90

参考答案:1. √　2. √　3. A,B　4. C　5. B

第十六章　供电系统事故

第一节　供电系统事故概述

【供电系统事故的成因】

供电系统事故是指因供电系统中设备与设施全部或部分故障、稳定破坏、人员工作失误等而使供电系统的正常运行遭到破坏,造成对终端的停止送电、少送电、电能质量变坏到不能容许的程度,严重时甚至毁坏设备等。

在供电系统运行中,由于各设备之间都有电或磁的联系,当某一设备发生故障时,瞬间就会影响到整个系统的其他部分,因此当系统发生故障和不正常工作等情况时,都可能引起供电系统事故。引起供电系统事故的原因主要有:① 自然灾害、外力破坏;② 设备缺陷、管理维护不当、检修质量不好;③ 运行方式不合理、继电保护误动作;④ 运行人员操作不当、误操作;⑤ 违章带电作业,未严格执行停送电制度;⑥ 工作票制度和作业监护制度执行不到位;⑦ 煤矿井下电气设备失爆及保护装置失效。

【供电系统事故的特点】

供电系统事故的特点主要有:① 事故面积比较大;② 事故发生时间都比较短;③ 事故有时恢复时间比较长;④ 难以识别;⑤ 引发关联事故,如电气设备失爆,引发瓦斯、煤尘爆炸事故;⑥ 发生触电事故时,救援时间比较短暂。

【供电系统事故的防范措施】

防范供电系统事故的办法除改进供电系统设备的设计制造,加强维护检修,提高运行水平和工作质量,从而将事故从根本上减少外,还需要在设备发生故障情况下采取措施尽快将故障设备切除,从而保证无故障部分的正常运行,使事故范围缩小。防范供电系统事故的主要措施有:① 超前防范,及时消除潜在隐患,把事故隐患消灭在萌芽状态;② 严格执行停送电制度、工作票制度、操作票制度,及时纠正停电检修作业中的不规范行为;③ 杜绝煤矿井下电气设备失爆,严格落实防爆设备入井防爆性能检查制度及使用中的防爆电气设备每月不少于 1 次防爆性能检查与每日应当由分片负责电工进行 1 次外部的防爆检查;④ 对电气设备进行严格的科学管理,定期对电气设备进行技术检测、试验和维护,并认真做好有关的记录,作为技术档案保存;⑤ 避免设备在高于规定的技术指标或"带病"的情况下运行,以杜绝因设备损坏而造成电气事故。

第二节 供电线路事故案例

案例 某集团线上跨越架倒塌造成线路跳闸一般事故

【事故经过】

2020年5月11日,某电力公司建设陆楼至蒋口110 kV线路工程,搭设线路跨越架,其中5#~6#塔跨越同塔双回110 kV Ⅰ、Ⅱ光薛线路89#~90#塔段。5月17日22时52分,因大风造成跨越架倒塌,110 kV Ⅰ、Ⅱ光薛线路距离Ⅰ段保护动作跳闸、某矿全矿供电中断。22时59分备用陆薛2开关投运,110 kV某矿变电站恢复正常供电,造成全矿停电7 min事故。

【事故原因】

(一)直接原因

(1)电力公司在同塔双回110 kV Ⅰ、Ⅱ光薛线路89#~90#塔段搭设的跨越架倒塌,造成线路停电。

(2)电力公司搭设跨越架没有提前通知线路主管部门。

(二)间接原因

(1)电力公司供电安全意识淡薄,各种事故预想和现场处理措施不充分。

(2)带电跨越110 kV Ⅰ、Ⅱ光薛线路施工方案未经过光薛线路主管技术部门审批,且未提前告知线路主管部门,致使线路所属单位未能提前采取供电安全措施,也未能到现场监督搭设跨越架质量。

(3)线路所属单位线路巡视不到位,未查出线上跨越架安全隐患。

【制度规定】

《架空输电线路运行规程》6.3.1条:"通道环境巡视应对线路通道、周边环境、沿线交跨、施工作业等情况进行检查,及时发现和掌握线路通道环境的动态变化情况。"

【防范措施】

(1)督促施工单位高度重视煤矿安全供电,了解煤矿停电事故严重后果,吸取教训。

(2)督促施工单位重新优化施工方案,并经线路所属单位审批通过和现场验收后方可进行下一步施工。

(3)督促施工单位彻底消除损伤导地线,确保供电线路修复质量。

(4)加强线路运行维护,增加供电线路巡视次数,确保实时准确掌握线路异常情况。

【学习自测】

1.(判断题)电力线路作业完毕应落实工作终结和恢复送电制度。(　　)

2.(单选题)电力线路通道环境巡视制度规定(　　)。

A.通道环境巡视应对线路通道、周边环境、沿线交跨、施工作业等情况进行检查,及时发现和掌握通道环境的动态变化情况

B. 在电力线路上作业,个人保安线可视情况而定使用

C. 线路作业登杆过程中可不使用安全带

3.(多选题)跨越同塔双回线路施工时(　　)。

A. 必须提前进行风险研判,采取针对性措施,确保落实到位

B. 外围单位施工必须签订安全协议,明确各方安全责任

C. 必须提前通知线路主管部门

D. 户外施工作业必须提前了解天气状况,有恶劣天气时,应提前停止施工并检查各项安全是否可靠

4.(多选题)线上跨越架倒塌造成线路跳闸事故的直接原因有(　　)。

A. 施工单位在同塔双回110 kV Ⅰ、Ⅱ线路89#~90#塔段搭设的跨越架倒塌,造成线路停电

B. 施工单位搭设跨越架没有提前通知线路主管部门

5.(多选题)线上跨越架倒塌造成线路跳闸事故的间接原因有(　　)。

A. 施工单位供电安全意识淡薄,各种事故预想和现场处理措施不充分

B. 带电跨越110 kV Ⅰ、Ⅱ线路施工方案未经过线路主管技术部门审批,且未提前告知线路主管部门,致使线路所属单位未能提前采取供电安全措施,也未能到现场监督搭设跨越架质量

C. 线路所属单位线路巡视不到位,未查出线上跨越架安全隐患

6.(多选题)线上跨越架倒塌造成线路跳闸事故的防范措施有(　　)。

A. 督促施工单位高度重视煤矿安全供电,了解煤矿停电事故严重后果,吸取教训

B. 督促施工单位重新优化施工方案,并经线路所属单位审批通过和现场验收后方可进行下一步施工

C. 督促施工单位彻底消除损伤导地线,确保供电线路修复质量

D. 加强线路运行维护,增加供电线路巡视次数,确保实时准确掌握线路异常情况

参考答案:1. √　2. A　3. ABCD　4. AB　5. ABC　6. ABCD

第三节　地面供电事故案例

案例　某集团误操作造成停电一般事故

【事故经过】

2016年5月23日10时20分,双庙站2#主变预试工作结束,工作班准备遥测2#主变至3582开关母线绝缘,检修工区工作班成员李某让操作班人员刘某将2#主变3582开关接地刀闸拉开,刘某和操作班成员胡某一起上二楼的35 kV高压室进行操作,由刘某负责操作,胡某负责监护。两人操作前未按操作规程要求进行模拟,也没有核对设备名称和编号,直接走到光双3584开关柜前合3584线路接地刀闸,操作时刀闸合不上,两人又用操作杆强行操作,10时22分将带电的光双3584线路接地刀闸合上,造成光明站光双3510开关过流

Ⅱ段保护跳闸、35 kV双庙站全部停电、煤矿井下负荷侧全部跳闸。10时51分双庙站转至新双线路供电。该事故造成全矿停电29 min。

【事故原因】

(一)直接原因

(1)操作人员严重违反规程,操作时没有进行模拟,未执行监护、核对制度。

(2)设备闭锁装置故障,没有起到操作闭锁作用。

(3)操作人员操作时麻痹大意,操作前不核对设备名称、编号,误入带电间隔,并将"拉开接地刀闸"理解为"合上接地刀闸",带电误合接地刀闸。

(二)间接原因

(1)工区管理混乱,工作中改变安全措施没有汇报调度,无票进行操作。

(2)安全及业务技能培训缺失,致使工作人员和操作人员安全意识、岗位基本技能严重不足。

【制度规定】

(1)《电力安全工作规程》(变电部分)5.3.6.2:现场开始操作前,应先在模拟图(或微机防误装置、微机监控装置)上进行核对性模拟预演,无误后,再进行操作。操作前应先核对系统方式、设备名称、编号和位置,操作中应认真执行监护复诵制度,宜全过程录音。操作过程中应按操作票填写的顺序逐项操作。每操作完一步,应检查无误后作一个"√"记号,全部操作完毕后进行复查。

(2)《电力安全工作规程》(变电部分)5.3.5.3:高压电气设备都应安装完善的防误操作闭锁装置。防误操作闭锁装置不得随意退出运行,停用防误操作闭锁装置应经设备运维管理单位批准;短时间退出防误操作闭锁装置时,应经变电运维班(站)长或发电厂当班值长批准,并应按程序尽快投入。

【防范措施】

(1)加强安全考核力度,强化安全管理,杜绝习惯性违章行为。

(2)加强人员业务技能培训和安全意识培训。

(3)加强日常设备的检查、维护和试验力度,提高设备维护质量。

(4)狠抓"三违",特别是习惯性违章,彻底整顿在操作过程中麻痹、图省事的思想与行为,并加强工作现场安全监督力度。

【学习自测】

1.(判断题)高压电气设备都应安装完善的防误操作闭锁装置。防误操作闭锁装置不得随意退出运行,停用防误操作闭锁装置应经设备运维管理单位批准;短时间退出防误操作闭锁装置时,应经变电运维班(站)长或发电厂当班值长批准,并应按程序尽快投入。(   )

2.(判断题)操作过程中应按操作票填写的顺序逐项操作。每操作完一步,应检查无误后作一个"对"记号,全部操作完毕后无须复查。(   )

3.(多选题)倒闸操作前不核对设备名称、编号,误操作造成停电事故的直接、间接原因为(   )。

A. 操作人员严重违反规程,操作时没有进行模拟,未执行监护、核对制度

B. 设备闭锁装置故障,没有起到操作闭锁作用

C. 操作人员操作时麻痹大意,操作前不核对设备名称、编号,误入带电间隔,并将"拉开接地刀闸"理解为"合上接地刀闸",带电误合接地刀闸

D. 管理混乱,工作中改变安全措施没有汇报调度,无票进行操作;安全及业务技能培训缺失,致使工作人员和操作人员安全意识、岗位基本技能严重不足

4. (多选题)倒闸操作的制度规定有( )。

A. 现场开始操作前,应先在模拟图(或微机防误装置、微机监控装置)上进行核对性模拟预演,无误后,再进行操作

B. 操作前应先核对系统方式、设备名称、编号和位置,操作中应认真执行监护复诵制度,宜全过程录音

C. 操作过程中应按操作票填写的顺序逐项操作

D. 每操作完一步,应检查无误后作一个"对"记号,全部操作完毕后进行复查

5. (多选题)倒闸操作防止误操作的防范措施有( )。

A. 加强安全考核力度,强化安全管理,杜绝习惯性违章行为

B. 加强人员业务技能培训和安全意识培训

C. 加强日常设备的检查、维护和试验力度,提高设备维护质量

D. 狠抓"三违",特别是习惯性违章,彻底整顿在操作过程中麻痹、图省事的思想与行为,并加强工作现场安全监督力度

参考答案:1. √ 2. × 3. ABCD 4. ABCD 5. ABCD

第四节　井下供电事故案例

案例　甘肃平凉某矿违章接线触电一般事故

【事故经过】

2020年8月20日8时20分,甘肃平凉某矿巷修工区班长张某某带领维护班人员在3煤回风巷下段用喷浆机启动开关替换已烧坏的55 kW绞车启动开关(换向器烧坏)。

因上级馈电开关有故障,馈电开关手把置于分断位置时负荷侧依然带电,维护人员赵某打开绞车启动开关未进行验电、放电、挂接地线,而直接拆线,发生触电死亡。该事故造成1人死亡。

【事故原因】

(一)直接原因

馈电开关手把置于分断位置时负荷侧电缆仍然带电;赵某在未落实验电、放电、挂接地线等安全措施的情况下,违章换绞车开关时直接与带电电缆芯线接触触电。

(二)间接原因

(1)矿井机电设备维护不到位。上级馈电开关在使用过程中产生电弧致使断路器触头粘连,开关手把置于分断位置时不能正常分断线路。

(2)矿井停送电制度执行不严格。巷修工区在安排更换55 kW绞车启动器的过程中,

未指定现场安全负责人和施工负责人,在现场无人监护的情况下违章作业。

(3)现场安全管理混乱。现场多台机电设备未按要求挂牌管理,馈电开关向多个施工地点供电,未明确管理单位和包机人员;当班安全管理人员监督检查不认真,对现场存在的违章作业行为排查治理不力。

(4)矿井安全培训教育不到位。培训质量不高、效果不佳,现场作业人员安全意识淡薄、自保意识差,对维修过程中存在的风险辨识不清。

【制度规定】

(1)《煤矿安全规程》第四百四十二条第二款:"检修或者搬迁前,必须切断上级电源,检查瓦斯,在其巷道风流中甲烷浓度低于1.0%时,再用与电源电压相适应的验电笔检验;检验无电后,方可进行导体对地放电。开关把手在切断电源时必须闭锁,并悬挂'有人工作,不准送电'字样的警示牌,只有执行这项工作的人员才有权取下此牌送电。"

(2)《煤矿安全规程》第四百八十一条第一款:"电气设备的检查、维护和调整,必须由电气维修工进行。高压电气设备和线路的修理和调整工作,应当有工作票和施工措施。"

【防范措施】

(1)加强电气设备管理,各类电气开关停电、闭锁功能正常,确保完好,发现问题立即停止使用。

(2)电气设备检修作业时,必须执行停电、闭锁、验电、放电、挂接地线、挂牌的规定,同时要严格执行"谁停电谁送电"制度,规范停送电操作流程。电气作业时必须使用专业工具,在监护下作业。

(3)加强职工安全知识培训,提升职工安全意识,增强职工风险辨识能力。各类作业人员每次作业前对作业过程中存在的危险、危害因素应进行充分辨识,并采取可靠的安全措施后,方可进行作业。

【学习自测】

1.(判断题)发生人员触电,用干燥的绝缘木棒、竹竿、布带等物将电源线从触电者身上拨离或者将触电者拨离电源。必要时可用绝缘工具(如带有绝缘柄的电工钳、木柄斧头以及锄头)切断电源线。(　　)

2.(判断题)电气设备的检查、维护和调整,必须由电气维修工进行。高压电气设备和线路的修理和调整工作,应当有工作票和施工措施。(　　)

3.(多选题)某煤矿井下违章接线触电事故的直接、间接原因有(　　)。

A. 上级馈电开关在使用过程中产生电弧致使断路器触头粘连,开关手把置于分断位置时不能正常分断线路

B. 矿井停送电制度执行不严格。区队在安排更换启动器的过程中,未指定现场安全负责人和施工负责人,在现场无人监护的情况下违章作业

C. 现场多台机电设备未按要求挂牌管理,馈电开关向多个施工地点供电,未明确管理单位和包机人员;当班安全管理人员监督检查不认真,对现场存在的违章作业行为排查治理不力

D. 现场作业人员安全意识淡薄、自保意识差,对维修过程中存在的风险辨识不清

4.(多选题)电气检修作业时,防止触电事故的预防措施有(　　)。

A. 加强电气设备管理,各类电气开关停电、闭锁功能正常,确保完好,发现问题立即停止使用

B. 电气设备检修作业时,必须执行停电、闭锁、验电、放电、挂接地线、挂牌的规定,同时要严格执行"谁停电谁送电"制度,规范停送电操作流程。电气作业时必须使用专业工具,在监护下作业

C. 加强安全知识学习,提升安全意识,增强风险辨识能力

D. 各类作业人员每次作业前对作业过程中存在的危险、危害因素应进行充分辨识,并采取可靠的安全措施后,方可进行作业

参考答案:1. √ 2. √ 3. ABCD 4. ABCD

第十七章　主要通风机事故

第一节　主要通风机事故概述

【主要通风机事故的成因】

矿井主要通风系统是矿井生产的重要环节,出现事故后易造成全矿井通风受影响,严重者造成井下瓦斯积聚、瓦斯超限,对矿井人员安全及安全生产造成较大影响。

矿井主要通风机事故的原因主要有:主要通风机供电波动造成停机;主要通风机过流、扇叶损坏、风道破坏;风机运行人操作失误等。

【主要通风机事故的特点】

主要通风机事故特点主要有两点:一是事故易造成井下供风不足,影响全矿井安全生产;二是事故发生后易造成井下瓦斯超限。

【主要通风机事故的防范措施】

(1) 改进通风设备的设计制造,提升主要通风机系统的稳定性。

(2) 对主要通风机控制系统进行自动化改造,实现一键开启、一键倒台、一键反风、不停风倒台等功能,提升矿井供风可靠性,减少人员操作失误影响。

(3) 加强安全教育和业务技能培训,提高员工安全意识、操作技能,增强员工工作责任心。

(4) 严格落实设备定期检修制度。每月对 2 台主要通风机机械部分、电气部分全面检查检修 1 次,发现故障及时处理,确保风机完好。

第二节　主要通风机电气事故案例

案例　河南某矿主要通风机受电压波动影响停风一般事故

【事故经过】

2020 年 5 月 17 日 23 时 1 分,受强对流天气影响,某矿 35 kV 变电站 2# 主变 6 kV 电源电压出现波动,602 进线柜失压,主要通风机高压Ⅱ段停电,正在运行的 2# 主要通风机停机,试送后无法开启,值班人员随即进行倒台,由于 1#、2# 主要通风机高压变频柜 UPS 电源模块被击穿,1# 主要通风机变频启动失败。18 日 0 时 7 分,通过操作 2# 高压柜手动合闸,变频柜倒入旁路运行,工频启动 2# 主要通风机。事故造成井下停风 66 min。

【事故原因】

(一)直接原因

(1)强对流天气造成上级电源瞬间短路和大面积供电波动,是 2# 主要通风机停机的直接原因。

(2)机电一队值班人员和通风机房岗位人员业务素质不高,对主要通风机大系统不熟悉,未能在 UPS 电源模块被击穿,不能变频操作的情况下,及时投入旁路,工频启动风机,是造成此次矿井停风时间延长的直接原因。

(二)间接原因

(1)重点岗位人员培训不到位。

(2)机电科没有发挥好业务指导作用,对现场问题的判断不准确。

(3)恶劣天气下,事故预想不充分,防范意识不强,风险辨识评估和管控不到位。

(4)矿调度室值班主任和调度员接到事故信息后,没有及时全面地进行汇报通知。

【制度规定】

(1)《煤矿安全规程》第一百六十一条第一款:"矿井必须制定主要通风机停止运转的应急预案。"

(2)《煤矿安全规程》第六百七十五条:"煤矿企业必须建立应急演练制度。应急演练计划、方案、记录和总结评估报告等资料保存期限不少于 2 年。"

(3)《煤矿安全规程》第一百五十八条第二款第二、三项:"矿井必须采用机械通风。主要通风机的安装和使用应当符合下列要求:(二)必须保证主要通风机连续运转。(三)必须安装 2 套同等能力的主要通风机装置,其中 1 套作备用,备用通风机必须能在 10 min 内开动。"

【防范措施】

(1)加强机电工和岗位工应知应会、操作技能培训学习,提高应急处理问题的能力,并加强演练,专业技能培训抓住重点,注重实效。

(2)加强调度台岗位人员的业务培训,使其熟练掌握应急指挥的步骤和过程,发挥好矿井调度指挥中心的作用。

(3)业务科室提高技术素质,增强现场管理的能力,在处理机电突发事件时做好业务指导。

(4)全面做好重要机房、重点岗位风险辨识评估,针对可能出现的风险做到预想和预控。

(5)强化值班制度,恶劣天气时,安排业务素质高、责任心强的人员值班。

【学习自测】

1.(判断题)新安装的主要通风机在投入使用前,必须进行试运转和通风机性能测定,以后每 5 年至少进行 1 次性能测定。(　　)

2.(判断题)主要通风机每月必须倒机、检查 1 次,确保机械、电控完好,备用通风机必须能在 10 min 内开动。(　　)

3.（判断题）每年至少检查1次反风设施,并进行1次反风演习;当矿井通风系统有较大变化时,应该进行1次反风演习。（　　）

4.（判断题）矿井应当有两回路电源线路(即来自两个不同变电站或者来自不同电源进线的同一变电站的两段母线)。当任一回路发生故障停止供电时,另一回路应当担负矿井全部用电负荷。（　　）

5.（多选题）(　　)等主要设备房,应当各有两回路直接由变(配)电所馈出的供电线路。

A. 主要通风机　　　　　　　　B. 提升人员的提升机
C. 抽采瓦斯泵　　　　　　　　D. 地面安全监控中心

参考答案:1. √　2. √　3. ×　4. √　5. ABCD

第三节　主要通风机机械事故案例

案例　某矿主要通风机风叶扫膛一般事故

【事故经过】

某矿主要通风机于2016年1月11日安装完成,试运行时振动较大,需做动平衡试验。使用M12螺栓将平衡块固定在电机侧轮毂处(因为第二日仍需调整),矿方未与厂家人员协商,两台风机同时开机试运转。1月20日3时59分1#风机异响,软启动柜显示过流跳闸停机,当班人员去现场发现回油管崩断漏油,未对2#风机进行停机操作;4时15分2#风机异响,软启动柜未显示故障,值班人员手动停机。检修人员检查发现两台风机均出现扫膛现象。事故造成1#风机、2#风机同时损坏。

【制度规定】

(1)《煤矿安全规程》第一百五十八条第二款第七项:"新安装的主要通风机投入使用前,必须进行试运转和通风机性能测定,以后每5年至少进行1次性能测定。"

(2)《煤矿设备安装工程施工规范》(GB 51062—2014)6.6.1条:"试运转前的检查应符合下列规定:……4.各连接部位应连接紧固。"

【事故原因】

(一)直接原因

(1)1#风机固定平衡块的螺栓松动被切断,平衡块飞出,使风机瞬间失衡,引起剧振,导致叶片与风机外壳铜圈导爆带接触,叶片断裂,造成风机扫膛。

(2)1#风机扫膛时,风机剧振引起2#风机共振,导致螺帽松动,螺栓脱落,平衡块飞出,风机失衡,造成风机扫膛。

(二)间接原因

矿方安全意识差,主要通风机试运行时,设备厂家、安装单位未到现场。

【防范措施】

(1)试运转时,设备厂家、安装单位的技术人员必须到现场,观察设备运转时的各种参数(振动、温度、声音等)变化,如有异常,立即停机。

(2) 在调试期间,两台主要通风机不得同时试运转。

(3) 在调试期间,矿方必须在得到各厂家工程人员的许可后方可进行下一项工作,严禁未得到厂家工程人员的许可私自开停机。

【学习自测】

1.(判断题)必须安装2套同等能力的主要通风装置,其中1套备用,备用风机必须能在10 min内开动。(　　)

2.(判断题)生产矿井的主要通风机必须装有反风设施,并能在5 min内改变巷道中的风流方向。(　　)

3.(单选题)改变主要通风机转数、叶片角度或者对旋式主要通风机运转级数时,必须经过(　　)批准。

A. 矿长　　　　　　B. 矿通防负责人　　　　　　C. 矿总工程师

4.(单选题)《煤矿在用主通风机系统安全检测检验规范》(AQ 1011—2005)规定:主通风机叶片与机壳(或保护圈)的单侧间隙值应不小于(　　)mm。

A. 2.5　　　　　　B. 3.5　　　　　　C. 4.5

参考答案:1. √　2. ×　3. C　4. A

第十八章 供排水、压风事故

第一节 供排水、压风事故概述

【事故的成因】

矿井供排水、压风系统目前已基本实现自动化、无人值守,因而事故发生原因主要是设备维护、保养不到位导致设备损坏,进而影响矿井正常生产。

【事故的特点】

(1)事故发生多因设备维护不到位。

(2)当事故影响范围扩大时,影响矿井生产,造成较大经济损失。

【事故的防范措施】

(1)严格落实设备维护、保养制度,确保设备安全可靠运行,杜绝设备"带病"作业。

(2)加强安全教育和业务技能培训,提高员工安全意识、操作技能,增强员工工作责任心。

(3)建立完善并严格落实检修、巡检、保护试验等制度,提高检修、巡检质量。

第二节 供排水事故案例

案例 某矿井下供水管漏水伤人一般事故

【事故经过】

2012年10月20日8点班,机电一队跟班干部黄某、班长李某带领职工赵某、张某到－618 m避难硐室安装水管。12时50分,避难硐室口以外10 m处,水管突然发出漏水响声,赵某发现是矿井静压供水管法兰盘连接处漏水,在没有关闭水源的情况下上前查看漏水情况,被压力水冲伤左眼。该事故造成1人受伤。

【事故原因】

(一)直接原因

发现法兰盘连接处漏水后,赵某自保意识差,上前检查漏水情况时,没有按规定先关闭水源阀门。

(二)间接原因

职工在作业过程中存在麻痹大意思想,对危险源辨识不足,安全意识差。

【制度规定】

《安全生产法》第五十七条:"从业人员在作业过程中,应当严格落实岗位安全责任,遵守本单位的安全生产规章制度和操作规程,服从管理,正确佩戴和使用劳动防护用品。"

【防范措施】

(1)强化现场安全管理,处理问题必须按章操作。

(2)严格落实安全措施,作业人员必须详细了解工作地点环境,提高自保、互保意识。

【学习自测】

1.(判断题)水泵、水管、闸阀、配电设备和线路,必须经常检查和维护。在每年雨季之前,必须全面检修1次。(　　)

2.(判断题)下山采区未形成完整的通风、排水等生产系统前,严禁掘进回采巷道。(　　)

3.(单选题)电缆与压风管、供水管在巷道同一侧敷设时,必须敷设在管子上方,并保持(　　)m以上的距离。

A. 0.5　　　　　B. 0.4　　　　　C. 0.3　　　　　D. 0.2

参考答案:1. √　2. √　3. C

第三节　压风事故案例

案例　安徽淮北某矿地面压风机电气火灾一般事故

【事故经过】

2018年6月28日18时18分,安徽淮北某矿地面6号压风机冷却风扇电机电源线老化短路产生火花,引燃橡胶线及隔音海绵,火势扩大进而引燃压力油管,波及7号压风机。18时38分,压风机房明火被扑灭,事故造成6号、7号2台压风机被烧毁。拆除6号、7号压风机相关高低压电线及压风管路后,20时20分,重新启动1~5号压风机,恢复井下压风。事故造成井下大面积停风。

【事故原因】

(一)直接原因

压风机冷却风扇电机电源线老化短路产生火花,引燃橡胶线及隔音海绵。

(二)间接原因

(1)机电设备检查检修不到位,未及时发现、消除事故隐患。

(2)重点岗位消防设施配备不足,导致事故扩大。

【制度规定】

(1)《煤矿安全规程》第四百五十六条第三款:"硐室内必须设置足够数量的扑灭电气火灾的灭火器材。"

(2)《煤矿安全生产标准化管理体系基本要求及评分办法(试行)》表8.5-1煤矿机电标

准化评分表;矿、专业管理部门应建立设备定期检修制度、巡回检查制度等;消防器材齐全合格;大型固定设备更新改造有计划。

【防范措施】

(1)建立完善并严格落实检修、巡检、保护试验等制度,提高检修、巡检质量。

(2)加强润滑油管理。定质、定量用油,定期清扫气缸、气阀。

(3)完善固定设备定期更新制度,对设备重要零部件按要求及时更换。

(4)各类保护齐全可靠,双冷却风扇任意一台停机时,高压主电机必须停止运行,实现高低压闭锁;各种保护应具备声光报警功能。

【学习自测】

1.(判断题)在井下设置的空气压缩设备,应当设自动灭火装置,运行时宜无人值守。(　　)

2.(判断题)储气罐内的温度应当保持在120 ℃以下,并装有超温保护装置,在超温时能自动切断电源并报警。(　　)

3.(单选题)空气压缩机站设备必须使用闪点不低于(　　)℃的压缩机油。

A. 204　　　　　　B. 215　　　　　　C. 220

4.(多选题)下列关于空气压缩机储气罐的表述,正确的有(　　)。

A. 检修后的储气罐,应当用1.5倍空气压缩机工作压力做气压试验

B. 在储气罐出口管路上必须加装释压阀,其口径不得小于出风管的直径

C. 释压阀的释放压力应当为空气压缩机最高工作压力的1.25~1.4倍

D. 风压超常情况下,释压阀先动作,然后安全阀动作

参考答案:1. ×　2. √　3. B　4. BC

第十九章 吊装事故

第一节 吊装事故概述

【吊装事故的成因】

吊装作业是企业生产过程中设备搬运不可或缺的环节,起重机械发挥作用越来越大,这也是减轻作业人员劳动强度,提高生产效率的重要手段。

吊装事故的成因主要包括人的因素和物的因素两个方面。人的因素主要是管理者或使用者存在侥幸、省事和逆反等心理;物的因素主要是其中设备、吊具未按要求进行设计、制造、安装、维修和保养,特别是未按照要求进行检验,"带病"运行。

【吊装事故的特点】

(1) 多因人员违章作业导致事故发生。

(2) 易造成零打碎敲的人身伤害事故。

【吊装事故的防范措施】

(1) 起重机司机、司索、指挥人员要经过专业培训、考核并取证。

(2) 起重机司机、司索、指挥人员严格执行安全操作规程,杜绝违章操作。

(3) 加强安全教育和业务技能培训,提高员工安全意识、操作技能,增强员工工作责任心。

(4) 起重装置和设备应处于检验合格证书有效期内;定期进行吊索、吊具载荷试验。

(5) 按照规范要求对起重机械进行维护、保养,杜绝设备"带病"工作。

第二节 地面起吊事故案例

案例 陕西某项目部人员违章起重一般事故

【事故经过】

2004年7月17日8时50分,陕西某项目部发生一起起重伤害致死事故,造成1人死亡。

项目部吊运一块钢板至加工场地,由于吊车距钢板位置较远,工人用吊车副钩将钢板拉至吊车起吊范围内再进行吊运。焊工段某在别处卸下一个钢制固定卡,紧固在钢板一端,并挂上钢丝绳,起重工周某指挥,将钢板拖至合适位置。钢板一端吊起约1.6 m,准备下方垫方木时,段某突然在起重臂下跑动,周某见状大喊"不要命了",钢板突然落下,砸中段某,段某经抢救无效死亡。

【事故原因】

(一)直接原因

(1)吊车司机杨某违章作业,斜拉、斜吊重物。

(2)受害人段某用紧固卡做吊耳,且违规从起重臂下方穿行。

(二)间接原因

(1)起重吊装作业,班前技术交代不细。

(2)起重工指挥不当,未严格执行大型吊车吊运过程中安全距离之内不准站人的规定。

(3)项目安全员现场监督检查不到位,未发现安全隐患。

(4)人员安全教育、培训不够,自保、互保意识差。

【制度规定】

(1)《建筑施工起重吊装工程安全技术规范》(JGJ 276—2012):"3.0.7 起吊前,应对起重机钢丝绳及连接部位和吊具进行检查。3.0.13 吊起的构件应确保在起重机吊杆顶的正下方,严禁采用斜拉、斜吊,严禁起吊埋于地下或黏结在地面上的构件。3.0.18 严禁在已吊起的构件下面或起重臂下旋转范围内作业或行走。"

(2)《安全生产法》第五十八条:"从业人员应当接受安全生产教育和培训,掌握本职工作所需的安全生产知识,提高安全生产技能,增强事故预防和应急处理能力。"

【防范措施】

(1)严格贯彻执行施工组织设计方案、安全技术交底工作。作业前,充分结合现场环境、道路、架空线路情况,向施工人员进行安全技术交底。

(2)加强教育培训,杜绝违章作业。尤其是对特种设备操作人员要强化安全培训,提高操作技能,提升安全防范及自保、互保意识。

(3)规范管理吊装设备配套的设施及用具,损坏、遗失的及时更换或补充。

【学习自测】

1.(判断题)吊装作业监护人员应全程监督作业活动,严禁离岗,不得做与监护无关的工作。(　　)

2.(单选题)当行车安全装置失灵时,应该(　　)。

A. 继续吊装作业

B. 停止使用安全装置

C. 停止作业

3.(单选题)起重机司机对(　　)发出的紧急停车信号,应立即执行。

A. 任何人　　　　B. 吊装指挥　　　　C. 领导

4.(多选题)《特种设备安全监察条例》所称"特种设备"是指:(　　)。

A. 起重机械　　B. 压力容器　　C. 铁路机车　　D. 锅炉

参考答案:1. √　2. C　3. A　4. ABD

第三节　井下吊装事故案例

案例　某矿井下吊装起吊锚杆失效一般事故

【事故经过】

2009年11月23日8点班,某矿某队在西翼轨道上平台进行风机安装工作。风机起吊用倒链吊住两端吊起,下面用锚索钻机顶住,金某站在一旁观看。13时30分左右起吊锚杆忽然被拉出,由于下方有锚索钻机顶着,所以风机没有垂直下落,而是滑向受力小的方向,在一旁观看的金某由于现场经验不足躲避不及,被风机刮住脖颈动脉处,伤势严重,经抢救无效死亡。事故造成1人死亡。

【事故原因】

(一) 直接原因

(1) 起吊前没有对锚杆的锚固力进行拉力实验,且起吊锚杆是单根一组。

(2) 起吊过程中违规用锚索钻机在下方顶风机。

(二) 间接原因

(1) 安全管理有漏洞,起吊重物期间没有拉设警戒线。

(2) 制度执行不到位,无关人员没有清场就进行起吊作业。

(3) 现场作业人员安全意识差。

【制度规定】

(1)《煤矿安全规程》第一百零二条第三项:"采用锚杆、锚索、锚喷、锚网喷等支护形式时,应当遵守下列规定:(三)锚杆拉拔力、锚索预紧力必须符合设计。"

(2)《安全生产法》第五十八条:"从业人员应当接受安全生产教育和培训,掌握本职工作所需的安全生产知识,提高安全生产技能,增强事故预防和应急处理能力。"

【防范措施】

(1) 严格落实有关安全措施,起吊锚杆锚固时间低于24 h严禁起吊使用,起吊锚杆不能少于2根为一组,并且要同时受力。

(2) 起吊作业开始前必须提前清场,并且拉设危险作业警戒线,无关人员不得进入警戒线内。

(3) 起吊重物期间下方严禁用接触面小的物品进行顶抗。

(4) 加强教育培训,提升安全防范及自保、互保意识。

【学习自测】

1. (判断题)起吊重物可以从人的头顶上越过。(　　)

2. (判断题)吊钩上有裂纹,可以继续使用。(　　)

3. (单选题)钢丝绳在使用过程中,如果长度不够时,可采用(　　)连接。

　　A. 插接　　　　　　B. 卸扣

4.（判断题）捆绑物件钢丝绳在起吊时,钢丝绳和水平工作面夹角越小,则起吊重物能力就越小。（　　）

5.（判断题）卸扣在使用时,只要不超载,就能够横向使用。（　　）

6.（单选题）在吊装作业中,通常采取（　　）方法来逐步找重心,以确定吊点的绑扎位置。

　　A. 高位试吊　　　　B. 低位试吊　　　　C. 中部试吊

参考答案:1. ×　2. ×　3. B　4. √　5. ×　6. B

第二十章　机　械　事　故

第一节　机械事故概述

【机械事故的成因】

矿井生产环节多、人员多、设备复杂且自动化程度不高,各类机械事故多发,对矿井工作人员的人身安全造成一定程度的危害。

矿井机械事故的原因主要有人员误操作、违章作业、设备故障等。

【机械事故的特点】

(1) 事故多发,易造成零打碎敲事故。

(2) 事故多由人员误操作、违章作业造成。

【机械事故的防范措施】

(1) 提升各类设备自动化,努力实现减人增安、少人则安。

(2) 加强安全教育和业务技能培训,提高员工安全意识、操作技能,增强员工工作责任心。

(3) 加强作业现场管理,严格落实各项规章制度、安全措施。

(4) 加强员工培训,使员工熟悉各类设备性能,按章操作。

(5) 严格落实设备检修制度,确保设备完好。

第二节　各类机械事故案例

案例1　四川泸州某矿违章操作采煤机导致工亡一般事故

【事故经过】

2017年1月6日8点班,四川泸州某矿22405综采工作面在割煤期间,采煤机电缆出现故障,采煤机司机李某停机把遥控器放到支架顶梁下后,未按规定断开采煤机隔离开关及离合器,便离开采煤机去处理电缆。这时攉煤工马某为方便作业私自违章启动采煤机,采煤机滚筒撞到工作面临时支护的工字钢梁后,工字钢梁脱落击中马某后脑部位,致使马某经抢救无效死亡。事故造成1人死亡。

【事故原因】

（一）直接原因

攉煤工马某私自违章操作采煤机,导致采煤机滚筒撞到工字钢梁,钢梁脱落击中马某致其死亡。

（二）间接原因

（1）员工未按章作业。采煤机司机李某停机时,未按规定断开采煤机隔离开关及离合器;离开采煤机时,未随身携带遥控器。

（2）员工安全意识不高。攉煤工马某自保意识较差,危险源辨识能力不足。

（3）安全培训不到位。

【制度规定】

（1）《安全生产法》第五十七条："从业人员在作业过程中,应当严格落实岗位安全责任,遵守本单位的安全生产规章制度和操作规程,服从管理,正确佩戴和使用劳动防护用品。"

（2）《煤矿安全规程》第八条第二、三款："从业人员有权制止违章作业,拒绝违章指挥;当工作地点出现险情时,有权立即停止作业,撤到安全地点;当险情没有得到处理不能保证人身安全时,有权拒绝作业。从业人员必须遵守煤矿安全生产规章制度、作业规程和操作规程,严禁违章指挥、违章作业。"

（3）《煤矿安全规程》第一百一十七条第一项："采煤机上装有能停止工作面刮板输送机运行的闭锁装置。启动采煤机前,必须先巡视采煤机四周,发出预警信号,确认人员无危险后,方可接通电源。采煤机因故暂停时,必须打开隔离开关和离合器。采煤机停止工作或者检修时,必须切断采煤机前级供电开关电源并断开其隔离开关,断开采煤机隔离开关,打开截割部离合器。"

【防范措施】

（1）采煤机司机严格遵守采煤机操作规程,处理采煤机故障时必须断开隔离开关和离合器;离开采煤机时,必须随身携带遥控器。

（2）加强职工教育,强化现场管理,严禁非采煤机司机违章操作采煤机。

（3）加强安全培训力度,提高职工的整体素质。

【学习自测】

1.（判断题）采煤机停止工作或者检修时,必须切断采煤机前级供电开关电源并断开其隔离开关,断开采煤机隔离开关,打开截割部离合器。（　　）

2.（判断题）采煤机因故暂停时,可不必打开隔离开关和离合器。（　　）

3.（判断题）启动采煤机前,必须先巡视采煤机四周,发出预警信号,确认人员无危险后,方可接通电源。采煤机因故暂停时,必须打开隔离开关和离合器。（　　）

4.（单选题）从业人员对用人单位管理人员违章指挥、强令冒险作业（　　）。

A. 不得拒绝执行　　B. 先服从后报告　　C. 有权拒绝执行

5.（多选题）更换截齿时要遵守（　　）。

A. 断开隔离开关　　　　　　　　　　B. 打开截割部离合器
C. 闭锁工作面运输机　　　　　　　　D. 敲帮问顶并有专人看守

参考答案:1. √　2. ×　3. √　4. C　5. ABCD

案例 2 山西晋中某矿掘进机司机违章致死一般事故

【事故经过】

2018年9月17日,山西晋中某矿综掘三队15113工作面进行胶带巷掘进、铺道等作业,10时左右,副班长张某岐带领4名支护工和掘进机司机张某强完成支护工作,张某强未将风管完全撤至规定位置,就启动掘进机割底煤。割煤期间,张某岐负责观测掘进机截割情况和联系带式输送机开停。

10时56分许,张某岐听到掘进机运转声音异常,发现张某强不在操作岗位,便立即呼喊他的名字,但没有回应,于是立即停止掘进机运转。张某岐跑到掘进机回转台右侧,发现截割头上缠着风管,张某强躺在掘进机前,随即呼叫周围人员对张某强进行救援。13时36分张某强被抬出地面,经抢救无效死亡。事故造成1人死亡。

【事故原因】

(一)直接原因

掘进机司机张某强离开掘进机操作台时未切断电源,擅自进入掘进机工作区域,被运转的掘进机截割部伤害。

(二)间接原因

(1)现场管理不到位,安全管理未落实到重点环节。开机前,掘进机司机和现场有关人员未对现场进行安全确认,未能发现压风高压胶管仍未撤出;当班安全管理人员未能及时发现并制止工人的违章行为。

(2)岗位责任制落实不到位,安全培训工作有漏洞。现场作业人员未能严格履行岗位职责,职工安全意识淡薄。

【制度规定】

(1)《煤矿安全规程》第一百一十九条:"使用掘进机、掘锚一体机、连续采煤机掘进时,必须遵守下列规定:(三)截割部运行时,严禁人员在截割臂下停留和穿越,机身与煤(岩)壁之间严禁站人。(六)司机离开操作台时,必须切断电源。"

(2)《安全生产法》第五十七条:"从业人员在作业过程中,应当严格落实岗位安全责任,遵守本单位的安全生产规章制度和操作规程,服从管理,正确佩戴和使用劳动防护用品。"

【防范措施】

(1)加强煤矿现场安全监督管理,进一步明确班组长及各岗位操作人员的岗位职责,组织相关人员认真学习并落实,开展对井下作业重点危险区域及操作规程执行情况的监督检查,保证井下施工现场安全管理,杜绝"三违"现象。

(2)加强职工的安全教育培训工作,尤其是要将在危险区域内作业人员的一些习以为常的不安全行为列为重点,进一步提高职工的安全意识和自保意识,消除习惯性不安全行为,坚决做到不安全不生产。

【学习自测】

1.(判断题)掘进机截割部运行时,严禁人员在截割臂下停留和穿越,机身与煤(岩)壁

之间严禁站人。（　　）

2.（判断题）掘进机司机临时离开操作台时可不关闭电源。（　　）

3.（多选题）事故处理"四不放过"原则是（　　）。

A. 事故原因未查清不放过　　　　　　B. 责任人员未处理不放过

C. 整改措施未落实不放过　　　　　　D. 有关人员未受到教育不放过

参考答案：1. √　　2. ×　　3. ABCD

案例3　陕西榆林某矿误开破碎机致死一般事故

【事故经过】

2019年9月1日13时45分，陕西榆林某矿钳工赵某进入井下303西翼胶运大巷带式输送机机头与南翼大巷带式输送机机尾处破碎机箱体检查破碎机注油情况，并让白某启动破碎机润滑油泵。14时48分左右，白某在没有确认破碎机内赵某是否已经检修完毕的情况下，到303带式输送机机头（1联巷）将破碎机开启，导致赵某被破碎机挤压，当场死亡。事故造成1人死亡。

【事故原因】

（一）直接原因

钳工进入破碎机箱体内作业时，未使用滚筒制动卡具和检修平台，电工在未确认安全的情况下启动破碎机，致使钳工被破碎机卷压死亡。

（二）间接原因

（1）未严格执行"双人监护""谁停电谁送电"及"安全确认"制度。

（2）现场管理混乱，检修作业无序开展，且工人检修时不使用卡具和检修平台等安全装置。

（3）日常安全隐患排查存在漏洞，未及时发现工人长期在检修时不使用卡具和检修平台等违章现象。

（4）安全培训效果不佳，工人在作业过程中没有做到自保、互保、联保，安全意识差。

【制度规定】

（1）《煤矿安全规程》第六百三十条："检修作业必须遵守下列规定：（一）检修时必须执行挂牌制度，在控制位置悬挂'正在检修，严禁启动'警示牌。（二）检修时必须设专人协调指挥。多工种联合检修作业时，必须制定安全措施。（三）在设备的隐蔽处及通风不畅的空间内检修时，必须制定安全措施，并设专人监护。"

（2）《安全生产法》第五十七条："从业人员在作业过程中，应当严格落实岗位安全责任，遵守本单位的安全生产规章制度和操作规程，服从管理，正确佩戴和使用劳动防护用品。"

【防范措施】

（1）强化对职工的安全生产教育和培训，提高职工风险辨识能力，增强职工安全生产自保、互保意识，提高职工事故防范能力。

（2）要加强现场安全管理，严格落实作业规程、安全生产责任制、操作规程、停送电制度和作业流程等各项安全技术措施，杜绝违章作业。

(3)夯实安全生产相关部门和人员的责任,提高安全管理职能部门隐患排查质量,消除安全生产管理盲区。

【学习自测】

1.(判断题)《煤矿安全规程》第六百三十条规定:检修时可以设专人协调指挥。多工种联合检修作业时,必须制定安全措施。(　　)

2.(判断题)从业人员有权制止违章作业,拒绝违章指挥。(　　)

3.(单选题)煤矿企业必须对从业人员进行安全教育和培训。培训(　　)不得上岗作业。

A. 合格　　　　　　　　B. 不合格

4.(多选题)《煤矿安全规程》第六百三十条规定:在设备的隐蔽处及通风不畅的空间内检修时,必须(　　),并(　　)。

A. 制定安全措施　　　B. 设专人监护　　　C. 操作规程

参考答案:1. ×　2. √　3. B　4. A,B

其他事故篇

第二十一章　露天煤矿事故

第一节　露天煤矿事故概述

【事故的成因】

露天煤矿事故主要包括采场边坡事故和运输车辆事故、机械事故、起重伤害事故、高处坠落事故等机电运输系统方面事故。采场边坡事故原因为管理不善、乱采滥挖及开采技术条件限制和岩石物理力学性质等。机电运输事故原因有设备陈旧老化、检修维护不到位；操作人员误操作、违章操作；现场管理混乱、违章指挥等。

【事故的特点】

采场边坡事故易造成群死群伤重大事故，机电运输事故易出现各类零打碎敲事故，且多发生在车辆运输方面。

【事故的防范措施】

(1) 认真贯彻"采剥并举，剥离先行"的方针。

(2) 注重边坡检查和问题的处理，尤其是雨季边帮、采场的安全工作。

(3) 精心组织，控制爆破。

(4) 加强人员培训，提升其专业技术素质，杜绝违章作业、违章指挥。

(5) 强化机电运输设备的日常检查维护，对重要设备的各种保护装置，按规定周期组织全面检查，查清各种隐患并及时处理；杜绝设备"带病"运转，坚持"安全第一"、不安全不生产。

(6) 特种作业人员必须按照国家有关规定，经专门的安全作业培训，取得相应资格，方可上岗作业。

(7) 加强矿井自动化、智能化建设，努力达到"少人增安，无人则安"的目标。

第二节　露天煤矿机电运输事故案例

案例1　某矿68 t自卸车着火一般事故

【事故经过】

2007年2月8日15时3分，某矿生产运输部06号小松车司机迟某，在1410电铲作业重车行至西一排土场准备调头卸货时，见前方电41号大车司机张某举手向本车示意，迟某走出驾驶室,发现右侧走台灭火器处有火苗蹿出,火势很猛并迅速蔓延至右侧平台,迟某立刻关闭发动机从车上跳下,让张某用对讲机通知工长和调度室,并与其一起取下该车灭火器灭火。接到调度通知的人员相继赶到西一排土场参加灭火,但由于火势太大很难扑灭,40 min后,市消防队赶到,最终将火扑灭。

【事故原因】

(一)直接原因

自卸车液压油管爆裂,液压油喷射到涡轮增压器上,引起火灾。

(二)间接原因

(1)灭火器未能及时供应。

(2)坑口消防队撤销,消防车未能及时赶到。

(3)该矿水车冬季被封,清洗车冬季未使用,车辆上油垢较多。

【制度规定】

(1)《煤矿安全规程》第四条:"煤矿企业必须建立各种设备、设施检查维修制度,定期进行检查维修,并做好记录。"

(2)《煤矿安全规程》第二百四十九条:"矿井必须设地面消防水池和井下消防管路系统。"

【防范措施】

(1)加强防火日常检查,确保灭火器材齐全有效。

(2)加强设备卫生管理,及时清洗油垢。

(3)强化车辆检修工作,对渗漏的液压管路须及时处理更换。

(4)进一步做好消防应急预案,加强应急演练。

(5)坑口配备消防水车,确保第一时间到达现场扑救。

【学习自测】

1.(判断题)煤矿企业必须建立各种设备、设施检查维修制度,定期进行检查维修,并做好记录。(　　)

2.(单选题)火灾初起阶段是扑救火灾(　　)的阶段。

　A. 最不利　　　　　B. 最有利　　　　　C. 较不利

3.(单选题)灭火的基本方法是(　　)。

　A. 冷却、窒息、抑制　　　　　　　　B. 冷却、隔离、抑制

　C. 冷却、窒息、隔离　　　　　　　　D. 冷却、窒息、隔离、抑制

4.(多选题)燃烧的三个必要条件是(　　)。

　A. 可燃物　　　　B. 助燃物　　　　C. 日光灯　　　　D. 火源

参考答案:1. √　2. B　3. D　4. ABD

案例 2　内蒙古锡林浩特某露天煤矿"6·25"较大运输事故

【事故经过】

2012年6月25日9时许,内蒙古锡林浩特某露天煤矿侯某某驾驶的14号自卸车在排

土场卸完土后准备返回露天坑装车地点,车辆行驶到运输线下坡段距丁字路口 80 m 处,侯某某心脏病突发(根据法医鉴定)失去车辆驾驶能力,造成车辆失控,致使车辆沿下坡高速下滑,到达丁字路口处窜入重车道,先与满载上行的邢某某驾驶的 21066 号自卸车相撞,随后又与薛某驾驶的正在对 21066 超车的 21005 号满载自卸车相撞,将邢某某和薛某撞伤死亡,侯某某甩出车外,最终造成 3 名驾驶员死亡,事故直接经济损失 290.9 万元。

【事故原因】

(一)直接原因

司机侯某某驾驶自卸车行驶到运输线下坡段距丁字路口 80 m 处,心脏病突发(根据法医鉴定)失去车辆驾驶能力,造成车辆失控、超速下滑,与满载上行的邢某某驾驶的 21066 号重型自卸车和薛某驾驶的 21005 号重型自卸车先后相撞,造成 3 名驾驶员死亡。

(二)间接原因

(1)侯某某驾驶车辆时没有系安全带。

(2)21005 号自卸车重车对同为满载重车的 21066 号自卸车违章超车时被撞,造成事故扩大。

(3)发生事故路段车辆行车间距过小,安全行车距离不够。

(4)现场缺乏有效的安全监督、检查、管理。

【制度规定】

《安全生产法》第五十七条:"从业人员在作业过程中,应当严格落实岗位安全责任,遵守本单位的安全生产规章制度和操作规程,服从管理,正确佩戴和使用劳动防护用品。"

【防范措施】

(1)对从业人员入矿要严格把关,做好体检及病史排查工作,杜绝患有不适合煤矿工作岗位病症的人员上岗作业。

(2)加强安全管理,提高驾驶员安全意识,必须强制执行驾驶车辆系安全带的措施。

(3)要加强现场安全管理,严厉惩处违章超车及行车安全距离不够的行为,杜绝行车安全隐患。

(4)必须按有关规定对矿用自卸车进行检测检验。

(5)加强外用工的入矿培训及教育,提高员工遵章守纪的自觉性。

【学习自测】

1.(判断题)从业人员在作业过程中,应当严格落实岗位安全责任,遵守本单位的安全生产规章制度和操作规程,服从管理,正确佩戴和使用劳动防护用品。(　　)

2.(单选题)关于在采掘现场行走时的注意事项,说法错误的是(　　)。

A. 不要进入设备盲区

B. 远离台阶边缘行走时注意大块伤人

C. 远离台阶边缘

3.(多选题)以下关于驾驶员的叙述,正确的是(　　)。

A. 严禁酒后驾驶　　　　　　　　　　B. 过度疲劳后不得驾驶

C. 必须经过专门培训合格并取得合格证　D. 可以边开车边打手机

参考答案:1. √　2. B　3. ABC

案例 3　内蒙古呼伦贝尔某露天矿"9·21"排土卡车碾压致死较大事故

【事故经过】

2018年9月21日8时35分,技术员张某某电话通知工务段排土场协管员孙某某等到640排土场放点(确定排土范围和地点),到达排土场后,张某某和生产技术部其他2名技术员共同在640排土场放点,放点工作结束后,生产技术部3名技术员开车到625水平交叉路口北侧等待生产技术部部长李某飞开展其他工作。11时30分,李某忠驾驶7号皮卡指挥车搭乘朱某、王某某、包某某、张某某4人一同从坑下南部东帮沿辅路升坑吃午餐。11时39分,行至625平盘交叉路口时,遭到从主运输道右转前往640排土场卸载的孙某某驾驶的2228号220 t排土卡车碾压。事故造成4人死亡,1人受伤,事故直接经济损失498.5万元。

【事故原因】

(一) 直接原因

李某忠驾驶的7号皮卡指挥车通过625平盘交叉路口时,未按照《煤矿安全规程》第五百六十六条第一款的规定减速让行右转弯行驶的2228号卡车,抢行通过路口,由于2228号卡车存在视觉盲区(该车右侧盲区53 m,前方盲区15 m),司机也没有发现正在右侧辅路上同向行驶的7号皮卡指挥车,导致事故发生。

(二) 间接原因

(1) 现场管理不到位。625平盘交叉口安全挡墙开口扩大未执行《露天煤矿安全挡墙管理办法》中的"如需在安全挡墙上开口,必须填写'露天煤矿安全挡墙开口审批单'"的规定,工务段现场领导擅自安排推土机司机扩大安全挡墙开口且未采取设置警示桶等安全措施,在不具备安全通车的情况下调动大型载重车辆通行。

(2) 《生产计划管理制度》执行不到位。该制度第六条第(三)项规定"生产过程及其他因素改变导致计划无法实施时,应及时变更并审批",在计划确定的580排土场不能满足排土需要转移到640排土场前未及时变更并审批,矿生产技术部编制的《作业调整通知书》未审批,工务段未编制《作业指导书》。

(3) 安全教育不到位。职工安全意识不强,不认真执行《煤矿安全规程》及煤矿安全管理的相关规定。

(4) 露天矿生产调度统一协调指挥机制存在漏洞,使得工务段负责排土场现场管理的人员能随意指挥调度运输段大型自卸车。

【制度规定】

(1) 《煤矿安全规程》第八条:"从业人员必须遵守煤矿安全生产规章制度、作业规程和操作规程,严禁违章指挥、违章作业。"

(2) 《煤矿安全规程》第五百六十六条第一款:"严禁矿用卡车在矿内各种道路上超速行驶;同类汽车正常行驶不得超车;特殊路况(修路、弯道、单行道等)下,任何车辆都不得超车;除正在维护道路的设备和应急救援车辆外,各种车辆应为矿用卡车让行。"

【防范措施】

（1）强化现场安全管理，加强对指挥车辆驾驶员的考核管理。所有车辆在通过交叉路口前必须提前减速慢行、鸣笛。交叉路口支线两侧设置减速带。主运输道路与辅助道路交叉路口应设专人看守；道路安全挡墙开口、运输路线改线必须执行报告、审批、验收、告知、培训等手续，否则严禁开口、改线。全面开展露天煤矿各运输道路安全警示标志检查工作。

（2）进一步强化技术管理。变更生产计划、调整排土场等工作必须提前规划，编制安全设计并履行审批手续。

（3）加强对职工安全教育，提高职工安全生产意识。煤矿职工在生产作业时，要严格遵守安全生产的法律法规和规章制度，杜绝"三违"行为，自觉抵制和纠正违章指挥和违章作业行为。

（4）确保煤矿调度对现场的集中统一指挥工作，制定完善相关规章制度并认真执行。

【学习自测】

1.（判断题）从业人员必须遵守煤矿安全生产规章制度、作业规程和操作规程，严禁违章指挥、违章作业。（　　）

2.（判断题）车辆行驶时遇见特殊路况（修路、弯道、单行道等），谨慎超车。（　　）

3.（判断题）《煤矿安全规程》规定，严禁矿用卡车在矿内各种道路上超速行驶。（　　）

4.（单选题）矿用大型汽车的悬挂装置必须充入（　　）。

A．氧气　　　　　　B．氮气　　　　　　C．二氧化碳

5.（单选题）矿内各种汽车道路，应根据具体情况（弯度、坡度、危险地段）设置反光路标和（　　）标志。

A．限时　　　　　　B．显示　　　　　　C．限速

参考答案：1.√　2.×　3.√　4.B　5.C

案例4　内蒙古锡林郭勒某矿"4·21"自卸车侧翻一般事故

【事故经过】

2020年4月21日0点班，二标段0点班带班工长谭某某安排人员往二标段新建检修区联络道北侧排土修路，2时30分许，编号137号自卸车在事发地点排土过程中发生侧翻，升起的厢斗右前角压在刚排完土准备驶离的编号278号自卸车驾驶室左前角上，造成该车驾驶员王某某被困车中。2时40分许，谭某某在巡视过程中发现有车辆侧翻，立即组织救援，15 min后，被困人员救出，后因抢救无效死亡。事故造成1人死亡，直接经济损失115.1万元。

【事故原因】

（一）直接原因

137号自卸车在排土过程中发生侧翻，升起的厢斗将相邻的278号自卸车驾驶室挤压变形，导致278号自卸车司机死亡。

(二)间接原因

(1) 该矿项目部未经煤矿允许,擅自组织车辆往非矿方生产作业计划区域排土作业,未排除现场安全隐患,未安排专人在现场指挥排土作业,未配备推土机等设备配合作业。

(2) 安全管理混乱,现场施工组织和安全管理只有一名带班工长,无项目部管理人员现场跟班;项目部只有一名安全员,无法有效实施安全监督检查;事发作业区排土施工未制定安全技术措施,未按照作业规程作业。

(3) 该矿项目部未执行矿方应急救援预案,未及时将事故发生和救援情况向矿方汇报,且未按照"就近施救"原则组织救援。

(4) 安全生产主体责任落实不到位,未将外委施工项目部切实纳入本矿安全体系中统一管理,对项目部执行安全生产法律法规、管理人员落实安全生产管理制度、履行安全生产工作职责情况缺乏有效的监督检查;对项目部的日常安全检查不到位,未能够及时发现和解决项目部安全管理工作中存在的突出问题;对项目部未经煤矿允许,擅自组织车辆往非矿方生产作业计划区域内排土作业的行为未采取有效措施加以制止;对项目部作业现场安全检查不到位,未能及时发现和制止现场违规、违章作业行为。

(5) 职工安全培训教育不到位,从业人员安全意识不强。

【制度规定】

(1)《安全生产法》第五十八条:"从业人员应当接受安全生产教育和培训,掌握本职工作所需的安全生产知识,提高安全生产技能,增强事故预防和应急处理能力。"

(2)《煤矿安全规程》第八条:"从业人员必须遵守煤矿安全生产规章制度、作业规程和操作规程,严禁违章指挥、违章作业。"

【防范措施】

(1) 切实落实企业安全生产主体责任,加强对外委施工项目部的安全管理工作,要将外委施工项目部切实纳入本矿安全管理体系中,实行一体化管理。

(2) 推进项目部设备大型化,设备安装防碰撞、安全监控系统等工作。

(3) 加强对生产现场的监督检查,配备足够的现场安全管理人员,切实做到跟班监督检查,有效杜绝"三违"现象。

(4) 强化企业应急救援体系建设,全员贯彻培训应急预案及应急救援知识,坚持以人为本、生命至上的原则,切实提高从业人员的应急处置意识,增强其事故应急处置能力,保障职工的生命安全。

【学习自测】

1. (判断题)从业人员在作业过程中,无权拒绝违章指挥。(　　　)
2. (单选题)露天矿边坡最主要的危险是(　　　)。
   A. 滑坡　　　　　　　　　　　B. 孤石的崩落
   C. 边坡滚石　　　　　　　　　D. 泥石流
3. (单选题)搬运伤员最好的方法是采用(　　　)搬运法。
   A. 背负　　　　　　　　　　　B. 椅式
   C. 平托　　　　　　　　　　　D. 担架

参考答案:1. ×　 2. A　 3. D

第三节　露天煤矿坍塌事故案例

案例1　内蒙古某露天煤矿采空区塌陷一般事故

【事故经过】

内蒙古某露天煤矿下达文件,对该矿2022年小窑采空区精准探测与治理工程正式立项,工程主要内容是:① 采空区综合物探勘察;② 采空区精细化勘察(打钻孔间距20 m×20 m,孔径不小于100 mm,每个钻孔深度约为95 m,在探测重点区域应对钻孔孔距进行加密);③ 采空区带压注砂充填治理等。

2022年10月3日,当班注砂工作分3组同时进行。D15~19号钻孔的注砂作业由3人负责,金某驾驶30装载机往漏斗装载砂料,搅拌工周某和李某控制注砂水量、砂量。3人于8时55分左右到达钻孔附近开始施工。12时10分左右,金某驾驶30装载机在该钻孔的东侧进行注砂作业,李某站在钻孔的南侧、周某站在钻孔的西侧观察漏斗流动情况时,该钻孔及周边区域突然坍塌,金某及30装载机掉入坑内被掩埋,周某、李某跳到安全区域。正在距事故地点约200 m处巡视的曾某立即赶到事故地点,先后拨打119、120报警,并向矿调度室报告。

事故发生后,公司立即成立应急救援指挥部,组织救援。2022年10月4日14时10分,在事故地点的深部约18 m处,发现被困车辆及人员。16时,受困人员金某被救援人员抬出,现场医护人员进行施救。16时20分,经现场医生确认无生命体征,宣布死亡。事故造成1人死亡,直接经济损失158.2万元。

【事故原因】

(一)直接原因

冒险使用装载机进行充填,金某驾驶30装载机进入危险区域作业,作业区下部采空区塌陷,车辆及人员被掩埋,导致事故发生。

(二)间接原因

(1)技术管理不到位。《某露天煤矿2022年小窑采空区精准探测与治理工程项目施工方案》(以下简称《施工方案》)不可靠。赶进度,冒险使用装载机充填,施工工艺风险极高,采取的治理措施不能保障现场作业人员的安全。

(2)安全监督检查不到位。项目部日常管理混乱,安全监管工作严重缺失,安全风险分级管控与隐患排查治理工作开展不到位,用工随意性强。金某入场作业20天,某地勘公司未与其签订劳务用工合同,未对其进行安全培训,其驾驶的30装载机不符合《施工方案》要求(方案中要求使用20装载机),现场安全监管形同虚设。

(3)法律意识薄弱。某地勘公司安全意识、法治意识淡薄,安全管理层层弱化,变相非法转包。使用项目经理夏某的资质进行投标,但任命的管理人员大部分未到岗履行岗位职责,导致项目部对施工现场安全监督检查不到位;利用战略合作协议将工程变相转包给某地质勘探队管理,并将部分注砂工程分包给曹某个人。

(4)安全培训教育不到位。该露天矿现场安全监管工作存在漏洞。一是未发现金某未经培训上岗作业、使用的30装载机不符合施工方案要求。二是未真正将外委施工队伍纳入统一管理,安全监管流于形式,责任悬空,未及时发现项目部、《施工方案》和现场存在的管理漏洞和事故隐患。

(5)安全生产主体责任不落实。某公司作为煤矿上级公司,对某地勘公司变相转包行为失察,且未将该治理工程及项目部纳入包保范围,以包代管、包而不管,致使项目部和《施工方案》中存在的安全风险长期存在,最终酿成事故。

【制度规定】

(1)《煤矿安全规程》第八条:"从业人员必须遵守煤矿安全生产规章制度、作业规程和操作规程,严禁违章指挥、违章作业。"

(2)《煤矿安全规程》第九条:"煤矿企业必须对从业人员进行安全教育和培训。培训不合格的,不得上岗作业。"

(3)《安全生产法》第五十八条:"从业人员应当接受安全生产教育和培训,掌握本职工作所需的安全生产知识,提高安全生产技能,增强事故预防和应急处理能力。"

【防范措施】

(1)切实加强技术管理。要结合现场实际,认真编制安全技术方案,细化工作流程和作业工序,进一步提高技术管理的针对性和实用性。

(2)切实加强现场安全监督管理。各级安全生产管理人员要认真落实安全监督职责,加强重点工序、重点环节的安全巡查和重点盯守。

(3)切实加强安全培训教育工作。强化日常安全生产培训和教育工作,采取有效措施切实提高作业人员的危险辨识能力和安全防护能力;加强安全文化建设,规范职工安全行为,形成自我约束机制,杜绝生产中的不安全行为。

(4)认真吸取事故教训。认真分析查找事故发生的深层次原因,采取有效措施强化安全监管,严防安全管理不严不实;进一步增强责任心,认真落实各级安全生产责任制,严防事故的发生。

【学习自测】

1.(判断题)本矿存在冒险使用装载机进行充填,驾驶装载机人员进入危险区域作业,作业区下部采空区塌陷,车辆及人员被掩埋,最终导致事故发生。(   )

2.(单选题)(   )联合作业时,必须制定安全措施,并符合相关技术标准。

A. 多工种、多系统   B. 多工种、多设备   C. 多岗位、多设备

3.(多选题)在露天煤矿内行走的人员必须遵守下列规定:(   )。

A. 必须走人行通道或者梯子

B. 因工作需要沿铁路线和矿山道路行走的人员,必须时刻注意前后方向来车。躲车时,必须躲到安全地点

C. 横过铁路线或者矿山道路时,必须止步瞭望

D. 跨越带式输送机时,必须沿着装有栏杆的栈桥通过

E. 严禁在有塌落危险的坡顶、坡底行走或者逗留

参考答案:1. √   2. B   3. ABCDE

案例 2　内蒙古乌海某矿台阶坍塌一般事故

【事故经过】

2020年10月14日早班，矿长组织召开早调会，会议强调了安全方面的注意事项，安排安全员张某1负责+1 225 m水平剥离平盘南部已爆破区域现场安全管理，安排安全员刘某负责+1 225 m水平剥离平盘北部未爆破区域现场安全管理。之后安全员张某1安排6名挖掘机在已爆破区域采装爆堆；刘某安排06号挖掘机司机张某2及其他2名挖掘机司机在未爆破区域北部进行台阶修整工作。11时30分左右，张某2完成了台阶修整工作后，再次被张某1安排至+1 225 m水平剥离平盘从南至北300 m处进行采装作业。中午12时，采场内机械和人员撤出休息。13时30分左右，张某2及其他人员到达原作业地点继续进行采装作业。16时20分左右，正在作业的张某2发现工作台上部台阶坡面有掉灰现象，随即用对讲机通知张某1："爆堆上方开始掉灰"，张某1收到张某2的报告后说："我上去看看，你往远撤一些"，随后张某2将挖掘机开至安全区域后继续装车，张某1驾驶皮卡车前往上部台阶进行查看。到达上部台阶后，张某1先到掉灰点南侧瞭望查看，又到北侧瞭望查看。16时38分，张某1进入爆破交界处的台阶坡顶距边缘约2 m位置向下查看，并用对讲机对张某2说："刚打了炮眼，应该没事"，此时张某2发现张某1所站位置南侧掉渣加剧，紧急提醒正在装车的118号自卸车司机冯某撤离，撤出约10 m，张某2也紧急撤离工作台。16时40分，正在撤离过程中的张某2听到挖掘机后方"轰隆"响声，转头看到了一片灰尘扬起，他将挖掘机停稳，等灰尘散尽后，张某2立即用对讲机多次呼叫张某1，但张某1没有应答。张某2立即向挖掘机调度员王某报告了该情况，王某驾驶皮卡车赶到事故现场看了看，接着又到上部台阶寻找张某1，在上部台阶发现了张某1的皮卡车，但未发现张某1。王某从爆堆爬上去寻找，发现张某1被压埋在碎石下方，随即喊人。带班矿长及其他现场安全管理人员从对讲机中听闻事故后，陆续赶到，启动了应急救援预案，联系开展救援，同时向有关部门报告。19时24分，张某1被救出，已无生命体征，确认死亡。事故造成1人死亡，直接经济损失161.34万元。

【事故原因】

（一）直接原因

安全员违章进入有塌落危险的区域查看，其脚下岩体在自身重力作用下沿节理面突然坍塌，安全员随之坠落被压埋致死。

（二）间接原因

（1）安全意识薄弱。安全员张某1本人安全意识和自保意识差。在得知台阶出现掉渣、塌落迹象后，现场处置不当，未按煤矿有关规定处置，且违反《煤矿安全规程》五百一十二条第（五）项的规定，擅自冒险进入有塌落危险的区域查看。

（2）煤矿安全技术管理不规范。煤矿编制的《采剥工程安全技术措施》中规定的当"发现台阶崩落或有滑动迹象时"汇报程序模糊，处置权限不明确，可操作性不强。

（3）煤矿现场安全管理不到位。采场内的区队长、带班矿领导从对讲机中收到台阶有掉渣迹象的信号后，未引起足够的重视，未及时作出进一步现场处置安排。

【制度规定】

(1)《煤矿安全规程》第八条:"从业人员必须遵守煤矿安全生产规章制度、作业规程和操作规程,严禁违章指挥、违章作业。"

(2)《煤矿安全规程》第九条:"煤矿企业必须对从业人员进行安全教育和培训。培训不合格的,不得上岗作业。"

(3)《安全生产法》第五十八条:"从业人员应当接受安全生产教育和培训,掌握本职工作所需的安全生产知识,提高安全生产技能,增强事故预防和应急处理能力。"

(4)《煤矿安全规程》第五百一十二条,在露天煤矿内行走的人员必须遵守下列规定:严禁在有塌落危险的坡顶、坡底行走或者逗留。

【防范措施】

(1)加强安全培训教育工作。煤矿要利用班前会、调度会、安全办公会及定期培训等,经常性地开展员工安全教育,反复加强《煤矿安全规程》及煤矿规章制度规定的宣贯学习。针对事故,开展安全警示教育,切实增强员工的安全意识和自保意识,杜绝违章违规行为。

(2)加强安全技术管理。煤矿要加强安全技术管理,补充完善诸如台阶出现塌落迹象等重大安全隐患排查和现场处置的安全技术措施,进一步明确汇报程序、处理方法及处置权限,提高安全技术措施的针对性和可操作性。

(3)加强现场安全监督管理。煤矿要树牢"生命至上,安全第一"的理念,强化现场安全管理。各级安全管理人员要切实提高对风险隐患排查处置的重视程度,增强鉴别力和敏锐感,对各类安全隐患要及时处置、及时跟进,防止类似事故再次发生。

【学习自测】

1.(判断题)本次事故中安全员违章进入有塌落危险的区域查看,脚下岩体在自身重力作用下沿节理面突然坍塌,导致安全员坠落被压埋致死。( )

2.(单选题)以下做法正确的是( )。

A. 人员可以不走人行通道或者梯子,但必须快速通过

B. 横过铁路线或者矿山道路时,可直接通过

C. 严禁在有塌落危险的坡顶、坡底行走或者逗留

D. 因工作需要沿铁路线和矿山道路行走的人员,必须时刻注意左右来车

3.(多选题)采掘、运输、排土等机械设备作业时,( )。

A. 严禁检修和维护

B. 严禁人员上下设备

C. 在危及人身安全的作业范围内,严禁人员和设备停留或者通过

参考答案:1. √ 2. C 3. ABC

案例3 内蒙古鄂尔多斯某矿台阶落石一般事故

【事故经过】

2020年5月8日19时30分夜班,某项目部D队当班队长李某组织召开班前会,布置安排了当班任务。约21时20分受短时降雨影响,现场暂停作业。约22时雨停后各队陆续

恢复作业,D 队于 5 月 9 日凌晨 1 时左右恢复作业。因 1120 北部剥离台阶有伞檐、浮石未清理干净,在此作业的 36# 挖掘机司机鲁某在挖掘机右侧(以下均指面对台阶时方向)用一铲斗土石方做了挡墙,欲将双向进车装车改为单向进车装车。在鲁某给其他自卸车装车时,张某驾驶 Z36-391 号自卸车越过挡墙进入 36# 挖掘机右侧,将自卸车停靠在 1120 剥离台阶坡底,车头背离台阶偏向右侧。在等待装车过程中,1120 剥离台阶滑落石块砸中自卸车驾驶室,造成自卸车驾驶室变形,导致车内张某受伤。36# 挖掘机司机鲁某发现 Z36-391 号自卸车被砸后,通过对讲机向李某报告,李某随即赶到事发地点进行处置救援,同时将事故情况向 D 队施工队长范某报告。范某拨打了 120 急救电话。李某等 4 人共同将张某从自卸车中抬出放到陈某驾驶的皮卡车后座上并送往医院。5 月 9 日凌晨 2 时 55 分,张某经抢救无效死亡。事故造成 1 人死亡,直接经济损失 243.8 万元。

(一)直接原因

Z36-391 号自卸车司机张某在雨后进行作业时,安全防范意识差,驾驶自卸车越过 36# 挖掘机右侧挡墙,进入伞檐、浮石未清理彻底的爆堆附近,在台阶坡底等待装车时被 1120 台阶滑落石块砸中自卸车并致死。

(二)间接原因

(1)安全教育培训不到位。该煤矿、某项目部对现场作业人员安全教育培训不到位,作业人员安全意识淡薄,对现场安全隐患认识不足,自保、互保能力差。

(2)作业现场隐患排查治理不彻底。在雨后恢复作业前对台阶伞檐、浮石清理不干净,作业区域安全挡墙设置不符合要求,未能有效起到阻车作用。

(3)现场安全检查不到位。安全管理人员对作业现场存在的安全隐檐患排查不深入,对作业人员安全技术措施执行监督不到位。

【制度规定】

(1)《煤矿安全规程》第五百八十三条:"露天煤矿应当进行专门的边坡工程、地质勘探工程和稳定性分析评价。应当定期巡视采场及排土场边坡,发现有滑坡征兆时,必须设明显标志牌。对设有运输道路、采运机械和重要设施的边坡,必须及时采取安全措施。"

(2)《煤矿安全规程》第五百八十四条:"非工作帮形成一定范围的到界台阶后,应当定期进行边坡稳定分析和评价,对影响生产安全的不稳定边坡必须采取安全措施。"

(3)《煤矿安全规程》第五百八十八条:"排土场边坡管理必须遵守下列规定:(一)定期对排土场边坡进行稳定性分析,必要时采取防治措施。(二)内排土场建设前,查明基底形态、岩层的赋存状态及岩石物理力学性质,测定排弃物料的力学参数,进行排土场设计和边坡稳定计算,清除基底上不利于边坡稳定的松软土岩。(三)内排土场最下部台阶的坡底与采掘台阶坡底之间必须留有足够的安全距离。(四)排土场必须采取有效的防排水措施,防止或者减少水流入排土场。"

【防范措施】

(1)全面落实安全生产主体责任,加强对外委队伍日常安全管理。加大对外委队伍的检查力度、频度,严厉打击各种违法违规行为,着力降低人员、设备、机械等安全生产风险与隐患。

(2)加强安全教育培训。该煤矿及外委施工队要加强安全教育培训,加大规章制度、规程措施、岗位安全生产责任制等贯彻力度,增强作业人员安全防范意识,提高作业人员风险识别、安全作业及安全自保、互保能力。

(3) 深入开展隐患排查治理。该煤矿及外委施工队要深入开展隐患排查治理,严格落实隐患排查治理制度和领导带班管理规定,加强对外委施工区域、雨后复工复产、深孔爆破后等重要区域、重要节点的安全检查巡查,及时采取有效措施消除生产安全事故隐患。

【学习自测】

1. (判断题)发现事故预兆和险情时,不采取防止事故的措施,又不及时报告,应追究领导责任。(   )

2. (单选题)煤矿企业安全检查必须由本企业的(   )亲自组织。
   A. 主要负责人　　　　B. 分管安全的领导　　　　C. 安全管理部

3. (单选题)矿用汽车运输管理除必须执行国家制定的交通规则外,还应补充制定适合于(   )矿用汽车安全生产的规章制度。
   A. 矿山内部　　　　B. 矿山外部　　　　C. 矿山内部或外部

4. (多选题)生产经营单位应当对从业人员进行安全生产教育和培训,保证从业人员(   ),未经安全生产教育和培训合格的从业人员,不得上岗作业。
   A. 具备必要的安全生产知识
   B. 熟悉有关的安全生产规章制度和安全操作规程
   C. 掌握本岗位的安全操作技能
   D. 了解事故应急处理措施,知悉自身在安全生产方面的权利和义务

参考答案:1. ×　2. A　3. A　4. ABCD

案例 4　内蒙古包头某矿剥离平台垮塌一般事故

【事故经过】

2021年8月20日上午,内蒙古包头某矿矿长田某带领生产副矿长梁某、总工程师李某、安全副矿长牛某到1630剥离平台进行查看,发现此处道路被岩石堵塞,4人商议后,决定安排某公司项目部施工队清理道路上的渣石。约19时10分,项目部施工队班组长王某指挥任某驾驶159号液压挖掘机开始在1630剥离平台从西向东清理道路上的渣石。21日约2时10分,已清理路面约30 m,这时突然从南端帮掉落几块大岩石,砸中159号液压挖掘机,将液压挖掘机驾驶室及任某一同砸落到1630剥离平台北坡下。事故发生后,王某通过电话告诉该项目部组长潘某说:"出事了,赶紧通知矿部",赶来的救援人员约3时在平台北坡下约+1 570 m的位置找到了任某,现场人员将任某送往山下,经120救护车随车医生检查确认任某已经死亡。事故造成1人死亡,直接经济损失194.5万元。

【事故原因】

(一) 直接原因

任某驾驶159号挖掘机在1630剥离平台清理道路渣石时,被南端帮掉落的大块岩石砸中,导致挖掘机驾驶室与其一同掉落到平台北坡下,致其死亡。

(二)间接原因

(1)该项目部安全管理机构不健全。分管相关副经理、安全检查人员配备不足;安全教育培训不到位,作业人员安全意识淡薄,冒险违章作业;作业时未安排专职安全员进行现场监护。

(2)该煤矿对该项目部监督管理不到位。未发现和纠正项目部存在的问题;维修1630平台道路时未制定专门的安全技术措施;作业现场不具备施工条件,平台宽度不符合作业规程规定且无安全挡墙;安排该项目部在不具备作业条件的地点进行施工作业;带班矿领导脱岗,未在现场进行监督。

【制度规定】

(1)《煤矿安全规程》第八条:"从业人员必须遵守煤矿安全生产规章制度、作业规程和操作规程,严禁违章指挥、违章作业。"

(2)《煤矿安全规程》第九条:"煤矿企业必须对从业人员进行安全教育和培训。培训不合格的,不得上岗作业。"

(3)《安全生产法》第五十八条:"从业人员应当接受安全生产教育和培训,掌握本职工作所需的安全生产知识,提高安全生产技能,增强事故预防和应急处理能力。"

【防范措施】

(1)该煤矿要做好停产整顿工作。要对照安全生产大排查标准开展停产整改,从思想、作风、管理、制度、教育培训等方面全面排查隐患;要制定方案,明确停产整改的内容、时间、验收标准和责任人,分专业、分系统、分区域逐项整改。整改方案报经地方监管部门审批同意后方可实施,并由地方监管部门组织验收,驻地监察部门和地方政府安全监管部门逐项审查,合格一项方可复工(复产)一项。

(2)该煤矿要严格落实安全生产主体责任,强化对外委施工队伍的监督管理。零星工程和非常规作业要制定专门的安全技术措施,并贯彻到每名作业人员和管理人员;严格执行矿领导带班制度,严格落实地方政府相关部门的要求和指示。

(3)该项目部安全管理机构不健全、人员配备不足,不具备煤矿安全生产条件。建议该煤矿终止承包,予以清退。

(4)应急管理部门要加强对煤矿的监督检查。强化监管力量,监督该煤矿做好停产整改工作,严把复工复产关口,煤矿不具备安全生产条件决不允许复工复产。

【学习自测】

1.(判断题)矿场道路应当设置安全挡墙,高度为矿用卡车轮胎直径的2/5～3/5。(　　)

2.(单选题)铁路运输路基必须填筑坚实,并保持稳定和完好。装车线路的中心线至坡底线或者爆堆边缘的距离不得小于(　　)m。

A. 2　　　　　　　　B. 3　　　　　　　　C. 5

3.(多选题)轮斗挖掘机作业必须遵守下列规定:(　　)。

A. 严禁斗轮工作装置带负荷启动
B. 严禁挖掘卡堵和损坏输送带的异物
C. 调整位置时,必须设地面指挥人员

参考答案:1. √　2. B　3. ABC

案例 5　山西晋中某露天煤矿边坡滑坡重大事故

【事故经过】

2017年8月11日上午,山西晋中某矿四采区A7区取煤工王某、刘某受A7区负责人指派,调度指挥31号挖掘机司机方某、21号挖掘机司机曹某、58号挖掘机司机张某、80号挖掘机司机黄某在下取煤平台作业,同时在下取煤平台的还有A6区工程队现场管理员杜某。A6区取煤工洪某调度指挥63号挖掘机司机李某、86号挖掘机司机臧某、666号工程车司机李某、72号工程车司机于某等在上取煤平台作业。15时30分左右,该矿加油站员工冯某等2人驾驶加油车在A7区施工现场为机具加油时发生滑坡事故。在上取煤平台作业的取煤工洪某等5人各自驾驶机具逃生。臧某驾驶86号挖掘机被滑坡土石推落至工区底部,随后被甩入工区底部积水坑内,最终获救。在下取煤平台作业的王某、刘某,A6区工程队现场管理员杜某、31号挖掘机司机方某、21号挖掘机司机曹某、58号挖掘机司机张某、80号挖掘机司机黄某和加油站员工冯某、刘某某被埋遇难。

事故发生后,该矿未向上级有关部门报告事故情况,而是自行展开抢救。

至9月8日,9名遇难人员(包括该矿自行搜救4人)和被埋压的5台挖掘机、1辆加油车、1辆皮卡车全部找到,抢险救援工作结束。事故造成9人死亡,直接经济损失3 432万元。

【事故原因】

(一)直接原因

该矿四采区A6、A7区段西帮边坡顺倾高陡,底板赋存稳定弱层且倾角大,在底板岩层完整性被破坏且连续降雨的情况下,矿方违规冒险作业,引起边坡失稳,导致滑坡事故发生。

(二)间接原因

(1)该矿隐患排查和领导带班制度落实不到位。2017年7月23日至29日连续7天降雨后,该矿未按规定巡视采场边坡,盲目恢复生产;8月10日自行组织安全大检查时,没有对事故采场进行检查;带班领导存在不进入采场巡查边坡的情况。

(2)该矿安全管理混乱。该矿安全管理机构设置名不符实,2017年该矿安全管理机构设置文件中的生产技术科、机电科、地测防治水科等科室负责人及科员实际不从事文件规定的工作;超能力组织生产;违规将采剥工程切块分包,将四采区划分成不同块段分包转包,违反《国务院关于预防煤矿生产安全事故的特别规定》(国务院令第446号)第八条第二款第(十三)项和《某公司露天煤矿管理办法(试行)》第十五条规定;超批准临时用地采矿,2013年9月山西省国土资源厅批准该矿临时用地155.490 7 hm²,截至2017年9月10日,该矿实际已开挖占地面积约1 098 hm²,超批准临时用地942.5 hm²,违反了山西省国土资源厅《露天采矿临时用地管理暂行办法》(晋国土资发〔2012〕508号)第十一条规定;事故发生后,有预谋、有计划、有组织地瞒报事故。

(3)分公司安全主体责任落实不到位,安全生产有关规定和制度执行不严格。分公司未对该煤矿实现"真投入、真管理",该煤矿成立时分公司投入注册资金1 020万元,生产建设中再未投入任何资金;对该煤矿安全、生产及经营情况不掌控,仅按煤炭产量收取管理费用;违规向该煤矿下达超能力生产计划;公司组织的挂牌责任安全检查、标准化验收工作不到位;对该煤矿日常安全生产工作掌控不到位,对该煤矿雨季巡查工作督促指导不力。

(4) 集团安全生产管理责任落实不到位。集团对下属分公司及煤矿安全管理不力;未组织标准化验收;对分公司和该矿开展的安全大检查工作督促不力;对分公司未对该矿实现"真管理"的问题督促整改不到位。

(5) 县、乡两级政府及市、县有关部门对该矿监管不到位;对举报事故核查工作不认真。

【制度规定】

(1)《国务院关于预防煤矿生产安全事故的特别规定》第八条第二款第(十三)项:"煤矿有下列重大安全生产隐患和行为的,应当立即停止生产,排除隐患:(十三) 煤矿实行整体承包生产经营后,未重新取得安全生产许可证,从事生产的,或者承包方再次转包的,以及煤矿将井下采掘工作面和井巷维修作业进行劳务承包的。"

(2)《煤矿安全规程》第九条:"煤矿企业必须对从业人员进行安全教育和培训。培训不合格的,不得上岗作业。"

(3)《安全生产法》第五十八条:"从业人员应当接受安全生产教育和培训,掌握本职工作所需的安全生产知识,提高安全生产技能,增强事故预防和应急处理能力。"

【防范措施】

(1) 牢固树立"红线"意识,强化法制观念。煤矿企业要深刻认识和反思事故中暴露出的突出问题,牢固树立以人为本、安全发展的理念,强化安全意识,增强责任意识,健全工作制度,狠抓责任落实,真正抓好抓实安全生产工作。要加强安全生产法律法规的宣传教育和贯彻落实,进一步强化法制观念,坚持依法办矿、依法管矿,严禁层层转包、以包代管,严禁超批准用地采矿,严禁超能力组织生产。

(2) 夯实安全生产基础,认真落实安全生产主体责任。煤矿企业要认真落实安全生产主体责任,健全安全管理机构,完善安全管理制度,明确职责,强化落实。加强对重点作业地点、重点工艺环节、重点灾害的隐患排查治理。建立汛期灾害预警机制,强化防治水及地面各类地质灾害防治工作,及时消除安全隐患。露天煤矿要严格落实边坡管理制度,加强对边坡的监测监控预警工作,定期巡视采场及排土场边坡,对排水设施和防排水工程不完善等安全隐患要采取有效措施进行重点治理,发现滑坡等事故征兆,要立即停产撤人,并设立明显标志,不得冒险组织作业。

(3) 严格落实兼并重组主体企业安全管理责任。兼并重组主体企业要严格履行安全生产管理责任,将兼并重组煤矿纳入统一管理,做到"真投入、真控股、真管理",杜绝管不了、管不住或控股权、管理权"两张皮"现象,对未实现"三真"的煤矿要采取有效措施进行整改。要严格对所属二级公司及煤矿的管理,加强对所属煤矿安全生产状况的动态掌控,加大监管力度,强化监督检查。

(4) 地方政府及有关职能部门要强化责任意识,提升监管实效。各级政府及监管部门要以对人民生命财产高度负责的态度,认真落实国家安全生产方针、政策,把安全生产工作放在重中之重的位置,健全安全监管工作机制,完善工作制度,创新工作方法,提高工作人员的业务水平和履职能力,加大监管力度,落实监管责任,强化监督考核,提升监管实效。严格检查兼并重组主体企业安全生产管理团队是否到位,对所属矿井安全管理责任是否落实、被兼并重组煤矿安全生产管理机构及制度是否健全、安全责任是否落实。严格整治兼并重组主体企业"假整合、假控股""只挂名、不真管"现象,严厉打击使用包工队或将采掘工作面进行承包、转包等违法违规行为。强化露天煤矿临时用地的审批和监管,严肃查处违规用地行为。

(5) 严格事故报告和举报核查工作。煤矿企业发生事故后要按规定及时、如实、准确向相关部门报告,任何单位或个人不得迟报、瞒报、谎报事故。地方各级政府和部门要以高度负责的态度,严肃对待煤矿事故举报核查工作,忠实履行职责,认真开展核查,核查结论必须客观公正,严禁敷衍塞责、弄虚作假。相关职能部门要及时处置公众舆情,鼓励群众举报、媒体监督,充分发挥群众和舆论的监督作用。

【学习自测】

1.(判断题)煤矿实行整体承包生产经营后,未重新取得安全生产许可证,从事生产的,或者承包方再次转包的,以及煤矿将井下采掘工作面和井巷维修作业进行劳务承包的,应当立即停止生产,排除隐患。(　　)

2.(单选题)拉斗铲作业时,机组人员和配合作业的辅助设备进出拉斗铲作业范围必须做好呼唤应答。铲斗(　　)拖地回转、在空中急停和在其他设备上方通过。

A. 严禁　　　　　　B. 可以　　　　　　C. 应该

3.(多选题)推土机、装载机排土必须遵守下列规定:(　　)。

A. 司机必须随时观察排土台阶的稳定情况

B. 严禁平行于坡顶线作业

C. 与矿用卡车之间保持足够的安全距离

D. 严禁以高速冲击的方式铲推物料

参考答案:1.√　2. A　3. ABCD

案例6　内蒙古鄂尔多斯某露天煤矿爆破飞石致亡一般事故

【事故经过】

2022年5月26日14时30分许,安全员高某(项目部安全员)在某公司项目部院内组织当日爆破工作人员召开班前会议。

16时许,爆破人员先后到达位于该煤矿+1 240 m、+1 250 m作业平台,到达后组织该煤矿工作人员撤离爆破现场,在装药、填塞、放线、连线完成后,警戒员燕某未按照爆破设计要求的300 m安全距离进行躲炮,躲炮位置距爆破作业最前沿的距离为140 m。

18时30分许爆破现场总指挥、项目部负责人兼技术负责人史某,安全员兼起爆员高某在未发现警戒员违章警戒(躲炮)的情况下进行了起爆,起爆后爆破飞石击中警戒员燕某头部,造成燕某头部受重伤,在送往医院抢救的途中死亡。事故造成1人死亡,直接经济损失148万元。

【事故原因】

(一)直接原因

警戒员燕某未按设计要求的警戒距离躲炮且未在掩体后躲避,爆破后的飞石击中其头部,导致事故发生。

（二）间接原因

（1）某公司项目部爆破现场安全管理混乱，爆破警戒员违章警戒（躲炮）时有发生，现场管理人员监督检查不到位。

（2）某公司项目部安全警戒的设施、设备落后，导致警戒员使用步测、目测的方法确定的警戒（躲炮）距离不准确。

（3）某公司对项目部岗位人员配备不足，安全监管不到位，日常安全检查流于形式，对员工安全教育培训不到位，爆破作业人员安全意识淡薄，经常性违章作业。

（4）该煤矿对爆破施工队伍以包代管，现场安全监督管理人员不足，安全监督检查不到位。

【制度规定】

（1）《煤矿安全规程》第五百二十八条："爆破安全警戒必须遵守下列规定：（一）必须有安全警戒负责人，并向爆破区周围派出警戒人员。（二）爆破区域负责人与警戒人员之间实行'三联系制'。（三）因爆破中断生产时，立即报告矿调度室，采取措施后方可解除警戒。"

（2）《煤矿安全规程》第五百二十九条："安全警戒距离应当符合下列要求：（一）抛掷爆破（孔深小于45 m）：爆破区正向不得小于1 000 m，其余方向不得小于600 m。（二）深孔松动爆破（孔深大于5 m）：距爆破区边缘，软岩不得小于100 m，硬岩不得小于200 m。（三）浅孔爆破（孔深小于5 m）：无充填预裂爆破，不得小于300 m。（四）二次爆破：炮眼爆破不得小于200 m。"

（3）《煤矿安全规程》第五百三十二条："设备、设施距抛掷爆破区外端的安全距离：爆破区正向不得小于600 m；两侧有自由面方向及背向不得小于300 m；无自由面方向不得小于200 m。"

（4）《民用爆炸物品安全管理条例》第四十八条："违反本条例规定，从事爆破作业的单位有下列情形之一的，由公安机关责令停止违法行为或者限期改正，处10万元以上50万元以下的罚款；逾期不改正的，责令停产停业整顿；情节严重的，吊销《爆破作业单位许可证》：（一）爆破作业单位未按照其资质等级从事爆破作业的；（二）营业性爆破作业单位跨省、自治区、直辖市行政区域实施爆破作业，未按照规定事先向爆破作业所在地的县级人民政府公安机关报告的；（三）爆破作业单位未按照规定建立民用爆炸物品领取登记制度、保存领取登记记录的；（四）违反国家有关标准和规范实施爆破作业的。爆破作业人员违反国家有关标准和规范的规定实施爆破作业的，由公安机关责令限期改正，情节严重的，吊销《爆破作业人员许可证》。"

（5）《安全生产法》第九十四条："生产经营单位的主要负责人未履行本法规定的安全生产管理职责的，责令限期改正，处二万元以上五万元以下的罚款；逾期未改正的，处五万元以上十万元以下的罚款，责令生产经营单位停产停业整顿。生产经营单位的主要负责人有前款违法行为，导致发生生产安全事故的，给予撤职处分；构成犯罪的，依照刑法有关规定追究刑事责任。生产经营单位的主要负责人依照前款规定受刑事处罚或者撤职处分的，自刑罚执行完毕或者受处分之日起，五年内不得担任任何生产经营单位的主要负责人；对重大、特别重大生产安全事故负有责任的，终身不得担任本行业生产经营单位的主要负责人。"

（6）《安全生产法》第九十六条："生产经营单位的其他负责人和安全生产管理人员未履行本法规定的安全生产管理职责的，责令限期改正，处一万元以上三万元以下的罚款；导致发生生产安全事故的,暂停或者吊销其与安全生产有关的资格,并处上一年年收入百分之二十以上百分之五十以下的罚款;构成犯罪的,依照刑法有关规定追究刑事责任。"

(7)《安全生产法》第九十五条:"生产经营单位的主要负责人未履行本法规定的安全生产管理职责,导致发生生产安全事故的,由应急管理部门依照下列规定处以罚款:(一)发生一般事故的,处上一年年收入百分之四十的罚款;(二)发生较大事故的,处上一年年收入百分之六十的罚款;(三)发生重大事故的,处上一年年收入百分之八十的罚款;(四)发生特别重大事故的,处上一年年收入百分之一百的罚款。"

【防范措施】

(1)该煤矿要立即停止采剥生产,全面开展事故隐患大排查。从思想、作风、管理、制度、教育培训等方面进行全面排查整改。配齐配足配强煤矿爆破作业监督管理人员,强化现场监督检查,有效制止职工违章作业。

(2)某公司项目部要切实加强安全教育培训工作。反思事故暴露出的安全生产责任落实不到位的思想问题,进一步加强全员安全教育培训,切实增强职工遵章守纪和自保、互保意识。

(3)某公司要成立驻矿(项目部)包保工作组,加强对项目部的监督检查,强化爆破现场安全管理工作。认真落实安全管理人员现场安全管理责任,严查重处"三违"行为。

(4)煤矿要认真落实煤矿企业安全生产主体责任。深刻吸取事故教训,牢固树立安全红线意识,处理好安全与效益的关系,不断筑牢安全生产的思想根基,层层压实安全生产责任制,加强对爆破公司项目部安全监督管理,加大对爆破作业现场的监督检查力度。要认真落实《安全生产法》《煤矿安全监察条例》《生产安全事故报告和调查处理条例》,煤矿发生事故后要立即报告当地政府及监管监察部门,坚决杜绝瞒报、谎报、迟报、漏报行为。

(5)要深刻吸取事故教训,认真落实企业主体责任。切实做好安全生产工作,有效防范化解安全风险,确保安全生产形势持续稳定。驻地监察执法处、矿山安全监管部门要将该起事故向辖区矿山企业进行通报,并针对该起事故暴露出的突出问题进行全面排查整治,加大监管监察力度,严防类似事故再次发生。

【学习自测】

1. (判断题)爆破危害主要考虑爆破地震效应危害、空气冲击波危害、个别碎石飞散危害和爆破有毒气体危害,爆破安全距离按各种爆破效应分别计算,最后取最大值。(　　)

2. (单选题)爆破作业应在(　　)进行,雾天和夜间爆破必须采取安全技术措施。严禁在雷雨时进行爆破作业。

A. 夜间　　　　　　B. 白天　　　　　　C. 早晨

3. (多选题)爆破危害主要有(　　)。

A. 爆破地震效应危害　　　　　　B. 空气冲击波危害
C. 个别碎石飞散危害　　　　　　D. 爆破有毒气体危害
E. 心理危害

参考答案:1. √　2. B　3. ABCD

第二十二章　选煤厂事故

第一节　选煤厂事故概述

选煤是煤炭深加工的一个不可缺少的工序。从矿井中直接开采出来的煤炭叫原煤,原煤在开采过程中混入了许多杂质,而且煤炭的品质不同,内在灰分小和灰分大的煤常混杂在一起。选煤就是将原煤中的杂质剔除,或将优质煤和劣质煤进行分选的一种工艺。

选煤后的产品一般有矸石、中煤、乙级精煤、甲级精煤。经过选煤过程后的成品煤通常叫精煤。通过选煤,可以降低煤炭运输成本,提高煤炭的利用率。

【选煤厂事故的成因】

(1) 机电设备检修维护不到位。

(2) 机电设备使用不规范。

(3) 安全管理体系不完善。

(4) 从业人员素质偏低,违章操作。

【选煤厂事故的特点】

(1) 选煤厂机电设备多,维护不足。

(2) 选煤厂设备多为固定设备,事故多是人为原因造成的。

【选煤厂事故的防范措施】

(1) 优化设备的设计制造,提升选煤厂设备自动化、智能化水平,实现"少人增安,无人则安"。

(2) 加强安全教育和业务技能培训,提高员工安全意识、操作技能,增强员工工作责任心,提升员工综合素质。

(3) 严格落实设备检修制度,确保对各类机电设备检查、维护、维修到位,提升各系统稳定性、安全性。

第二节　选煤厂各类事故案例

案例1　湖北某选煤厂"3·22"机械伤害一般事故

【事故经过】

2004年3月22日13时30分,正在主厂房7100带式输送机机尾工作的环卫车间清扫工杨某、薛某看见李某在 7030 带式输送机机尾用铁锹干活。13 时 50 分,正在 7100 带式输送机机尾工作的杨某、薛某、邵某、张某听到 7030 带式输送机机尾"咣"的一声,4 人马上过去查看,发现李某已倒在 7030 带式输送机机尾滚筒下,杨某立即按下了 7030 带式输送机的停止开关,输送机立即停止运转,随后总调度室立即通知了某露天公司急救站,急救大夫大约于 14 时 5 分到达现场,并对伤者进行了紧急处置后送往医院,经医生检查,李某已无脉搏、瞳孔放大扩散、心电图无波,确诊死亡。事故造成 1 人死亡。

【事故原因】

(一)直接原因

卫生清扫工李某违章操作,擅自进入正在运行的 7030 带式输送机机尾输送带下进行清扫工作,头部被运转的输送带卷入输送带与滚筒之间,发生挤压,导致死亡,是造成这起事故的直接原因。

(二)间接原因

(1)选煤厂 7030 带式输送机机尾安全防护不完善,人员能够自由出入,安全生产管理人员对职工安全管理不到位,是造成这起事故的主要原因。

(2)选煤厂对临时聘用人员安全教育培训不够,安全监督管理不力,是造成这起事故的重要原因。

【制度规定】

(1)《选煤厂安全规程》5.2.6 条:"各种设备的传动部分必须安设可靠的防护装置。网状防护装置的网孔不得大于 50 mm×50 mm。各种传动输送带选型必须符合技术要求,安装松紧适度。"

(2)《选煤厂安全规程》11.1.4 条:"带式输送机必须设置清扫器。输送机运转过程中,禁止清理或更换托辊,禁止清理机架和滚筒上的存煤,禁止站在机架上铲煤、扫水、触摸输送带。机架较高的带式输送机,必须设置防护遮板。清理托辊、机头、机尾滚筒时,必须执行停电挂牌制度。"

【防范措施】

(1)强化岗前培训。加强对员工岗位危险源辨识和风险预控措施的针对性培训,严禁安排新员工、实习员工单岗作业。

(2)完善带式输送机防护装置。按标准加装防护网、防护罩,张贴警示标志。

(3)加大检查力度,纠正员工违章行为。

【学习自测】

1.(单选题)各种设备的传动部分必须安设可靠的防护装置。网状防护装置的网孔不得大于( )。各种传动输送带选型必须符合技术要求,安装松紧适度。

A. 200 mm×200 mm   B. 50 mm×50 mm   C. 300 mm×300 mm

2.(多选题)煤仓和原煤准备、干选、干燥车间等煤尘比较集中的地点,必须遵守下列规定:( )。

A. 定期清理地面和设备,防止煤尘堆积

B. 电气设备必须防爆或采取防爆措施

C. 不得明火作业(特殊情况必须办理有关手续)和吸烟

D. 空气中煤尘含量不得超过 8 mg/m³

参考答案:1. B 2. ABC

案例 2 某选煤厂"4·23"振动筛滚轴伤人一般事故

【事故经过】

2004年4月23日,早班14时20分左右,一楼放矸工李某发现放矸楼电机无法运行,并发出"嗡嗡"的响声,信号也不响,便向当班维护员丁某及班长荣某汇报。维护员丁某随即到一楼电板处检查,发现开关柜内刀闸一相触点有熔点痕迹,经处理重新合闸送电后,信号及放矸楼电机恢复正常。

班长荣某为防止因电源缺相烧坏电机,便由下向上通知各岗位司机,要求在启动胶带和振动筛时,注意观察电机运行情况。荣某约14时30分到三楼时,发现司机胡某被振动筛滚轴绞住并躺倒在振动筛内,便呼喊并抢救,胡某经抢救无效死亡。事故造成1人死亡。

【事故原因】

(一)直接原因

胡某违反操作规程规定,在振动筛运行过程中,违章进入振动筛内清理滞炭,衣服被振动筛滚轴绞住,这是造成事故的直接原因。

(二)间接原因

(1)现场管理不到位,现场管理人员对职工的违章操作行为检查监督不力,这是造成事故的重要原因。

(2)岗位人员安全意识淡薄,自我保安能力差。

【制度规定】

(1)《安全生产法》第五十八条:"从业人员应当接受安全生产教育和培训,掌握本职工作所需的安全生产知识,提高安全生产技能,增强事故预防和应急处理能力。"

(2)《安全生产法》第五十七条:"从业人员在作业过程中,应当严格落实岗位安全责任,遵守本单位的安全生产规章制度和操作规程,服从管理,正确佩戴和使用劳动防护用品。"

【防范措施】

(1)进一步加强对所有岗位人员的安全意识教育,提高安全教育效果。

(2)全面系统排查各专业、各岗位存在的安全隐患和非正规操作行为,制定并落实整改措施,消除隐患,提高每一工种、每位职工正规操作的自觉性。

(3)狠反"三违",进一步加大对"三违"行为的打击力度,杜绝"三违"行为。

【学习自测】

1. (判断题)从业人员应当接受安全生产教育和培训,掌握本职工作所需的安全生产知识,提高安全生产技能,增强事故预防和应急处理能力。(   )

2. (判断题)从业人员无权拒绝违章指挥。(   )

3. (多选题)从业人员在作业过程中,应当严格落实岗位安全责任,遵守本单位的安全生产(   ),服从管理,正确佩戴和使用劳动防护用品。

A. 规章制度　　　　B. 操作规程　　　　C. 工作要求

参考答案:1. √　2. ×　3. AB

案例 3　山西某选煤厂"12·1"高处坠落一般事故

【事故经过】

2004 年 12 月 1 日凌晨 2 时 30 分左右,由于供水泵停水,带班工长龚某某到底层查看情况,在底层发现罗某不在工作岗位。凌晨 3 时左右,龚某某和其他二人在处理完 1 号原煤系统堵塞工作后,仍然没有发现罗某,便在现场附近寻找,没有结果。约 3 时 30 分,龚某某通知 A 班值班经理张某某协助一起寻找。7 时 30 分,龚某某向部领导和矿领导进行了汇报,部领导立即组织全厂职工找人,同时矿领导组织有关人员召开紧急会议制定方案,决定通过返煤来找人。12 月 1 日 10 时 20 分左右,从 3401 机头胶带发现一只鞋,并在检查 216-03 给料机时,在二号缓冲仓 216-03 给料机溜槽中发现了罗某,并确认已死亡。事故造成 1 人死亡。

【事故原因】

(一)直接原因

工人在选煤部 1 号卸载站二次筛分破碎车间二层 111 号分级筛末煤下料溜槽检查口观察溜槽堵塞处理情况时,未采取有效的防范措施,违章将头部伸入检查口,受煤泥冲击,落入溜槽,被拉运、转载、碰撞伤害致死,是造成这起事故的直接原因。

(二)间接原因

(1) 现场管理不到位,现场管理人员对职工的违章操作行为检查监督不力,这是造成事故的重要原因。

(2) 岗位人员安全意识淡薄,自我保安能力差。

【制度规定】

(1)《安全生产法》第五十八条:"从业人员应当接受安全生产教育和培训,掌握本职工作所需的安全生产知识,提高安全生产技能,增强事故预防和应急处理能力。"

(2)《安全生产法》第五十七条:"从业人员在作业过程中,应当严格落实岗位安全责任,遵守本单位的安全生产规章制度和操作规程,服从管理,正确佩戴和使用劳动防护用品。"

【防范措施】

(1) 完善原煤系统下料溜槽检查口的安全防范设施,对所有设备进行彻底的安全检查,对不符合规程要求的,一律停止使用。

(2) 进一步制定完善各工种岗位责任制、操作规程,对职工进行全方位培训教育,加强安全管理。同时,对连班、加班进行妥善安排,防止因工人劳动强度大而引发事故。

(3) 加强所属各部门的安全管理,进一步明确安全管理职责,深化安全检查和职工安全培训教育,防止同类事故的再次发生。

【学习自测】

1. (判断题)从业人员在作业过程中,应当严格落实岗位安全责任,遵守本单位的安全

生产规章制度和操作规程,服从管理,根据需要佩戴和保存劳动防护用品。(　　)

2.(判断题)经医生诊断,患有高处作业禁忌病症的人员不得进行高处作业。(　　)

3.(单选题)高处作业是指:在坠落高度基准面(　　)以上的位置进行的作业。

A. 1 m　　　　　　B. 2 m　　　　　　C. 3 m

4.(多选题)从业人员在安全生产过程中享受以下(　　)权利。

A. 劳动保护权　　　　　　　　　　B. 安全知情权
C. 安全生产监督权　　　　　　　　D. 随时终止劳动合同权

参考答案:1. ×　2. √　3. B　4. ABC

案例4　某选煤厂"1·21"工伤一般事故

【事故经过】

2005年1月21日17时52分许,某选煤厂主厂房3~4层楼司机刘某发现3109浅槽刮板链断,便立即按了现场急停按钮。控制室人员观察工业电视监视画面发现链斜,于是就通知主选车间主任兼当日值班长刘某。刘某立即召集庞某某、王某、杨某某现场处理,约19时30分将链接住,准备垫链。王某在刮板中间垫链,杨某某站在机尾,王某某让郭某某找木头,郭某某喊王某垫机头,王某答应一声,但未看到郭某某已上去开始垫,庞某某看中间垫好就让刘某点动开,刘某上到3239筛旁解除闭锁点动了一下,王某某这时发现上边有人,郭某某头被挤在链与铁板之间,拉不出来。刘某某、王某某到现场用氧气割开链条,把郭某某抬下送往医院,经医院检查为左胳膊骨折。事故造成1人受伤。

【事故原因】

(一)直接原因

郭某某自保意识不强,未通知现场人员自己在机头垫链,开车前告知本人撤出,是造成事故的直接原因。

(二)间接原因

(1)技术员刘某听到庞某某让开车的命令后,也未检查确认人员是否已全部撤离就违章开车,是造成事故的主要原因。

(2)现场人员指挥混乱,机电班副班长庞某某、小班班长王某某等人,开车前未检查确认人员是否已全部撤出就违章指挥开车,是造成事故的重要原因。

(3)选煤厂及车间平时对职工安全教育和技术培训不到位,现场管理混乱,是造成事故的管理原因。

【制度规定】

《安全生产法》第五十八条:"从业人员应当接受安全生产教育和培训,掌握本职工作所需的安全生产知识,提高安全生产技能,增强事故预防和应急处理能力。"

【防范措施】

(1)现场检修或处理设备事故要明确项目负责人、安全负责人、技术负责人,规范现场管理,把好现场关,严格执行停送电制度,必须认真检查,确认人员已全部撤离,工具、材料已全部撤至安全地点,方可送电试车。

(2) 各车间必须设置安全副主任,强化车间安全管理,不断提高职工自保互保意识、能力。

(3) 强化全体职工安全意识,提高事故防范能力,逐步制定完善事故抢修安全技术措施。

(4) 对车间所辖现场基础设施认真进行检查,如照明、栏杆等。结合处理事故(如登高作业等)查找环境可能存在的不足或缺陷,逐步整改完善。

【学习自测】

1．(判断题)从业人员无权拒绝没有职业病防护措施的作业。(　　)

2．(判断题)机械设备因故障停车或存在异常情况,在检查、维修时必须执行"停电挂牌"制度。(　　)

3．(多选题)刮板输送机的缺点有(　　)。

A．运行阻力大,耗电量高,中部槽磨损严重

B．易出现掉链、飘链、卡链、断链

C．运输距离受限

D．运输距离远

参考答案:1．× 2．√ 3．ABC

案例5　山西某选煤厂"6·21"地面运输一般事故

【事故经过】

2007年6月21日9时30分许,李某安排张某1给夜班推煤机(1#、4#、8#)加油。10时50分许,在煤山旁检修的李某发现8#推煤机(PD320Y-1型)无人驾驶沿煤山边缘往护坡上倒,于是急忙喊叫:"煤山边缘的推煤机快翻了"。在3#铲车上试验连接销的车间安全副主任张某2听到后,急忙跑过去,从左履带板一侧爬上推煤机,进入驾驶室看到推煤机挡挂在倒挡位置,手油门拉到底,他见状往左边拉了一下转向杆,挡位换成前进挡,将推煤机往煤山下开,行驶5~6 m时,听到车辆维护工宋某在机头旁喊:"前面的煤山上躺着一个人"。张某2将推煤机熄火后下来发现张某1趴在煤山上,腰部以下被煤埋压,他叫了几声没有应答。随后救援人员赶到现场,用该车间的工具车将张某1送往矿医院抢救,后经医院确认张某1已死亡。事故造成1人死亡。

【事故原因】

(一) 直接原因

推煤机司机张某1在油路未畅通的情况下违章启动推煤机后退,并在推煤机停止后退后、发动机未熄火、挡位未挂至空挡的情况下,又违章离开驾驶室开启供油阀,推煤机突然启动后退,使其掉入运行的履带上,被挤压、挂伤后,又掉到左履带外侧煤山上,被推煤机铲板压轧至死,是造成本次事故的直接原因。

(二) 间接原因

(1) 选煤厂尾煤车间安全管理有漏洞,对职工日常安全教育不够,存在习惯性违章行为;安全技术培训不到位,职工自保能力差,是造成这起事故的一个主要原因。

(2) 选煤厂尾煤车间制定的《推煤机司机安全技术操作规程》有漏洞,未明确"在启动前

应检查燃油、机油、传动油、冷却水等是否合乎标准"。

(3) 推煤机的发动机供油阀门设计在驾驶室外,不利于司机操控供油阀门。

(4) 用工制度不规范,不利于职工的安全管理和教育。

(5) 没有明确选煤厂的业务保安部门,安监部门监督检查不到位。

(6) 领导对职工安全思想教育不够。

【制度规定】

(1)《安全生产法》第五十八条:"从业人员应当接受安全生产教育和培训,掌握本职工作所需的安全生产知识,提高安全生产技能,增强事故预防和应急处理能力。"

(2)《安全生产法》第五十七条:"从业人员在作业过程中,应当严格落实岗位安全责任,遵守本单位的安全生产规章制度和操作规程,服从管理,正确佩戴和使用劳动防护用品。"

(3)《煤矿安全规程》第八条:"从业人员必须遵守安全生产规章制度、作业规程和操作规程,严禁违章指挥、违章作业。"

【防范措施】

(1) 立即开展安全生产隐患排查活动,通过严格安全管理,来规范职工的操作行为;通过强化现场管理,加强安全技术操作规程的落实,完善监督检查机制,确保操作人员按章作业,杜绝习惯性违章。

(2) 规范劳动用工管理,切实加强安全技术培训,严格持证上岗;搞好安全文化建设,依靠先进文化、先进理念的宣传和渗透,来提高职工的安全意识,增强职工的自主保安能力。

(3) 明确对选煤厂安全管理的业务保安部门,加大对选煤厂的安全管理力度,加强对选煤厂生产现场的安全监督检查,严格把关,确保监督检查到位。

(4) 进一步修订完善《机电设备操作规程》和《岗位安全责任制》,规范职工的操作行为。

【学习自测】

1.(判断题)推煤机属于特种车辆,操作人员应取得驾驶证后方可独立上岗操作。( )

2.(判断题)推煤机专项离合器操纵杆自由行程过小会使转向失灵。( )

3.(单选题)推煤机推煤时宜用( ),这样易推平。

A. 低速挡　　　　B. 中速挡　　　　C. 高速挡　　　　D. 怠速挡

参考答案:1. √　2. ×　3. B

案例6　某选煤厂"11·23"输送带卷人一般事故

【事故经过】

2011年11月23日,某新建选煤厂按计划带负荷调试,2时50分,239原煤转载带式输送机司机实习生白某,用铁锹清理机尾清扫器下方积煤时不小心将铁锹卷入机尾滚筒,在拉拽铁锹过程中被铁锹把带到正在运行的输送带滚筒里,头部被卡在机尾滚筒与输送带之间,输送带跑偏,防跑偏保护动作,调度人员通过集控显示屏发现设备停机,立即组织人员查看,发现白某被卷入机尾滚筒,抢救人员立即割断输送带,拆下滚筒后将其救出,经确认白某已死亡。事故造成1人死亡。

【事故原因】

(一) 直接原因

白某在带式输送机运行的情况下,违章清理机尾撒煤时,铁锹卷入机尾滚筒,在拽铁锹的过程中,被卷入机尾滚筒。

(二) 间接原因

(1) 带式输送机旋转部位未设置防护装置,致使人员可进入设备旋转部位。

(2) 安全培训不到位,职工岗位危险源辨识和风险管控能力差。

(3) 未执行师带徒制度,安排实操经验不足、缺乏应急处置能力的实习生独自上岗作业。

【制度规定】

(1)《选煤厂安全规程》5.2.6 条:"各种设备的传动部分必须安设可靠的防护装置。网状防护装置的网孔不得大于 50 mm×50 mm。各种传动输送带选型必须符合技术要求,安装松紧适度。"

(2)《选煤厂安全规程》11.1.4 条:"带式输送机必须设置清扫器。输送机运转过程中,禁止清理或更换托辊,禁止清理机架和滚筒上的存煤,禁止站在机架上铲煤、扫水、触摸输送带。机架较高的带式输送机,必须设置防护遮板。清理托辊、机头、机尾滚筒时,必须执行停电挂牌制度。"

【防范措施】

(1) 强化岗前培训。加强对员工岗位危险源辨识和风险预控措施的针对性培训,严禁安排新员工、实习员工单岗作业。

(2) 完善带式输送机防护装置。按标准加装防护网、防护罩,张贴警示标志。

(3) 加大检查力度,纠正员工违章行为。

【学习自测】

1. (判断题)禁止带式输送机超负荷强行启动。禁止在运行中使用刮滚筒积煤的方法进行调偏。( )

2. (判断题)手选输送带宽度超过 1 m 时,应当在两侧分别设手选台。( )

3. (判断题)清理托辊、机头、机尾滚筒时,必须执行停电挂牌制度。( )

4. (多选题)《选煤厂安全规程》规定倾斜带式输送机必须设置( )停机保护装置。

A. 防偏　　　　　B. 止逆　　　　　C. 过载　　　　　D. 防滑

参考答案:1. √　2. ×　3. √　4. ABCD

案例 7　新疆某选煤厂"6·27"人员坠仓一般事故

【事故经过】

2013 年 6 月 27 日,新疆某选煤厂发生一起人员坠仓事故,造成 1 人死亡。职工申某在清理洗选车间地面杂物、作业时,趁同事不注意,准备将杂物从煤仓观察口倒入,随即打开煤仓口盖板,后退清扫的时候,未注意身后盖板已打开,不慎坠入,在给煤机出口处被人发现,经抢救无效后死亡。

【事故原因】

(一) 直接原因

职工申某擅自打开煤仓观察口,向里面倾倒杂物,不慎坠入仓内。

(二) 间接原因

(1) 安全培训不到位。职工未能辨识打开煤仓口盖板带来的坠仓风险。

(2) 职工违章操作。煤仓内不准倾倒垃圾等杂物。

【制度规定】

《选煤厂安全规程》6.2.1条:"煤仓的检查孔必须加盖板,入料口必须设置坚固的箅格防护,箅格网眼不应大于 200 mm×200 mm。非特殊情况,不准拿掉箅格防护。"

【防范措施】

(1) 加强风险源的辨识工作,作业前对作业环境进行风险评估。

(2) 加大检查力度,纠正员工违章行为。

(3) 强化三级培训,提升职工自保、互保意识。

【学习自测】

1.(单选题)煤仓的检查孔必须加盖板,入料口必须设置坚固的箅格防护,箅格网眼不应大于( )。非特殊情况,不准拿掉箅格防护。

A. 200 mm×200 mm

B. 250 mm×250 mm

C. 300 mm×300 mm

2.(单选题)高处作业是指在距坠落高度基准面( )及以上的位置进行的作业。

A. 1 m B. 2 m C. 3 m

参考答案:1. A 2. B

案例 8　甘肃某选煤厂"12·8"带式输送机卷人一般事故

【事故经过】

2019年12月8日17时24分,裴某某打开101带式输送机机头护栏清理落煤,17时46分,他使用耙子清理落煤时,突然被卷入底输送带和托辊之间,头部撞到托辊上。19时51分,李某某发现裴某某被夹在底输送带和托辊之间,立即停止带式输送机,并向上级汇报。选运队值班队长陶某某赶到现场后,组织人员将101带式输送机的底输送带割开,将裴某某救出。赶到现场的矿山救护队将裴某某送往医院进行抢救,经抢救无效死亡。事故造成1人死亡,直接经济损失81.80万元。

【事故原因】

(一) 直接原因

当班带式输送机司机裴某某在101带式输送机运行期间违规打开机头护栏清理落煤时,卷入底输送带和托辊之间致死。

(二)间接原因

(1) 安全防护设施不可靠。101摩擦带式输送机落煤严重,机头处防护栏未固定闭锁,可随意拆卸。

(2) 隐患排查治理和现场安全管理工作不到位。该煤矿未排查出单岗作业人员在带式输送机运转时清理落煤的隐患。当班巡检人员未按要求巡检,未安排人员对视频进行监控,不能及时发现现场作业人员的违章行为。

(3) 安全管理制度不完善。该煤矿选运系统管理制度中未规定交接班清理落煤时带式输送机必须停止运转,导致在实际操作中无法严格落实"机动人不动"。

(4) 职工安全教育培训工作不到位。未认真吸取同类事故教训,安全培训工作未采用"一岗一策",从业人员对本岗位风险认知不足,不清楚、不掌握现场作业时存的安全风险,带式输送机司机习惯性在带式输送机运行时清理落煤。

【制度规定】

(1)《选煤厂安全规程》5.2.6条:"各种设备的传动部分必须安设可靠的防护装置"。

(2)《选煤厂安全规程》11.1.2条:"带式输送机长度超过50 m时,各重要工作地点必须设置中间'紧急停机'按钮或拉线开关"。

(3)《安全生产法》第五十八条:"从业人员应当接受安全生产教育和培训,掌握本职工作所需的安全生产知识,提高安全生产技能,增强事故预防和应急处理能力。"

【防范措施】

(1) 全面改造提升煤矿选运系统安全防护和自动化水平。要对全矿运输系统安全防护装置进行系统排查,完善防护设施、视频监控和远程集中控制系统,采取可靠措施减少运输环节的落煤堆煤,确保设备安全可靠运行,所有视频监控必须专人监控,实现自动报警,严格落实"一优三减四化",努力实现本质安全。

(2) 完善隐患排查治理体系,切实提高现场安全管理水平,狠反"三违",坚决防范和遏制事故的发生。

(3) 完善煤矿选运系统相关规章制度,严格落实安全生产责任制。科学研判风险点和危险源,制定并完善符合实际操作的各项安全管理制度,严格落实"机动人不动"。

(4) 加强安全生产教育和培训工作。对各岗位人员要有针对性地进行培训,让从业人员充分了解所在作业场所和工作岗位存在的安全风险和安全管控措施,提高从业人员实际操作技能和自主保安、群体保安意识,坚决杜绝"三违"。

【学习自测】

1. (判断题)各种设备的传动部分必须安设可靠的防护装置。(　　)

2. (判断题)从业人员应当接受安全生产教育和培训,掌握本职工作所需的安全生产知识,提高安全生产技能,增强事故预防和应急处理能力。(　　)

3. (单选题)带式输送机长度超过(　　)m时,各重要工作地点必须设置中间"紧急停机"按钮或拉线开关。

A. 20　　　　　　　　B. 50　　　　　　　　C. 100

4. (单选题)手选式带式输送机向上输送,倾角不得大于(　　)。

A. 12°　　　　　　　B. 15°　　　　　　　C. 16°

5. (多选题)输送机必须设置(　　　)及紧急拉绳开关等保护装置,倾斜输送机还需设置制动装置。

　　A. 防偏　　　　　　B. 过载　　　　　　C. 打滑

参考答案:1. √　2. √　3. B　4. A　5. ABC

案例9　某选煤厂"4·13"原煤输送带撕裂一般事故

【事故经过】

2020年4月13日0点班,某选煤厂正常组织生产,101原煤带式输送机正常运行(12日中午检修后一直运行),8时20分选煤厂岗位巡检人员张某巡检该带式输送机正常运行后离开;8时59分12秒给煤机(给煤机属矿井管理)下方导料槽焊接的钢板(长约950 mm、宽500 mm)开始脱落(选煤厂监控显示),9时14分101原煤输送带(北侧)撕裂(选煤厂监控显示)。9时30分左右某矿给煤机司机时某接班后例行巡检,走到101原煤带式输送机机尾护栏外时(中间增加一道栅栏门,与选煤厂隔开,平时不开),发现带式输送机机尾积渣,他通知矿机修人员前来查明原因,然后去找选煤厂检修人员;9时41分选煤厂检修人员来此处开始查看情况,此时撒渣越来越多,造成机尾积渣堆煤;9时45分矿给煤机司机将给煤机停下;9时48分选煤厂检修人员拉下急停开关,将101原煤带式输送机停下,选煤厂检修人员这时候才发现输送带北侧纵向撕裂宽158 mm左右,长500 m,然后选煤厂组织人员更换输送带,至4月14日0时更换完成后投入正常运行。事故造成101原煤带式输送机停机,输送带大面积撕裂。

【事故原因】

(一)直接原因

矿主井口卸载煤仓给煤机下方的导料槽焊接的钢板开焊脱落,是造成输送带撕裂的直接原因。

(二)间接原因

(1)设备检查维护不到位。原煤给料机下方溜槽导料板日常维护不及时,检修巡查不到位,导致导料槽焊接的钢板长期受振动松动开焊脱落后卡住给料机下部,撕毁输送带。

(2)岗位制度不完善,巡视检查有待加强,应急处置能力有待提高。选煤厂管理制度不健全,缺少保护试验制度及干部上岗制度,选煤厂制定的巡检制度过于简单,可操作性差,没有规定巡检时间及频次。矿、厂两单位职工没有及时巡视发现故障,在异常情况下,应急意识差,岗位工应急处理不到位,应急处理方法不对。

(3)保护未起作用,机电设备管理差。101原煤带式输送机防撕裂保护安装位置不对,未能及时动作,起到停机作用。

【制度规定】

(1)《煤矿安全规程》第三百七十四条:采用滚筒驱动的带式输送机时,必须装设防打滑、跑偏、堆煤、撕裂等保护装置,同时应当装设温度、烟雾监测装置和自动洒水装置。

(2)《煤矿安全规程》第六百三十条:"在带式输送机上更换、维修输送带时,应当制定安全措施。"

(3)《煤矿在用滚筒驱动带式输送机安全运行规范》(NB/T 10048—2018)7.5条:带式输送机防撕裂保护应满足每个受料点安装一组防撕裂保护,防撕裂保护距落料点不得超过5 m(顺煤流前方)。

【防范措施】

(1)加强机电设备管理。切实提高维护人员的责任心及检修质量,加强设施、设备检修维护、日常保养、定期巡检、调校试验和隐患排查治理,严防设备"带病"运行;完善带式输送机各种保护,按照规范要求安装相应保护并按规定时间定期试验;无人值守设备要上齐视频监控系统,且摄像头的清晰度及周围亮度必须满足需要。

(2)明确岗位职责,完善岗位制度。明确各岗位职责,建立健全保护试验制度、干部上岗制度以及巡检制度等,按章作业,按制度操作,严格落实考核。

(3)加大职工培训力度。强化应急处置预案演练,提高安全意识和应急处置能力。

【学习自测】

1.(判断题)在大于16°的倾斜井巷中使用带式输送机,必须设置防护网,并采取防止物料下滑、滚落等的安全措施。(   )

2.(判断题)机头、机尾、驱动滚筒和改向滚筒处,应当设防护栏及警示牌。行人跨越带式输送机处,应当设过桥。(   )

3.(判断题)采用滚筒驱动带式输送机运输时可以不使用阻燃输送带。(   )

4.(多选题)下列说法正确的有(   )。

A. 输送机运转过程中,禁止清理或更换托辊,禁止清理机架和滚筒上的存煤,禁止站在机架上铲煤、扫水、触摸输送带

B. 机架较高的带式输送机,必须设置防护遮板

C. 清理托辊、机头、机尾滚筒时,必须执行停电挂牌制度

D. 带式输送机必须设置清扫器

参考答案:1. × 2. √ 3. × 4. ABCD

案例10　内蒙古乌兰木伦某选煤厂"5·17"高空坠落一般事故

【事故经过】

2022年5月17日,内蒙古乌兰木伦某选煤厂发生一起高空坠落事故。职工黄某通过爬梯上至压风机房进气室准备对进风口进行检查,刚走20 m,脚底压型板焊点处开焊,造成压型板和其一起坠落,导致黄某摔伤。事故造成1人受伤。

【事故原因】

(一)直接原因

爬梯脚底压型板焊点开焊,受力脱落,造成人员坠落。

(二)间接原因

(1)黄某未检查作业环境。在进入压风机上层进气室前,黄某未对作业环境进行风险评估,未检查地面压型板的可靠性。

(2)未对设备定期检查维护。选煤厂对生产系统中人员不常进入的压风机房进气室夹

层日常检查管理不到位,存在死角,未及时发现压风机房进气室地面压型板锈蚀开焊隐患。

(3)隐患整改措施未落实。对近期公司和洗选中心安排的安全生产大检查工作落实不到位,已排查出压风机房顶彩钢板锈蚀隐患,未"举一反三"排查下部夹层进气室内的钢结构和压型板的固定情况。

【制度规定】

《安全生产法》第五十八条:"从业人员应当接受安全生产教育和培训,掌握本职工作所需的安全生产知识,提高安全生产技能,增强事故预防和应急处理能力。"

【防范措施】

(1)建立完善并严格落实设备、设施检查检修制度,提高检修、巡检质量,确保设备、设施状态完好。

(2)加强风险源的辨识工作,作业前,对作业环境进行风险评估。

(3)强化隐患排查工作,严格落实隐患整改措施,举一反三,发现治理同类隐患。

(4)加强教育培训,提升安全防范及自保、互保意识。

【学习自测】

1.(判断题)常用焊接质量检验方法中,泄漏试验属于破坏性试验。(　　)

2.(多选题)焊接工程常用无损检测方法主要有(　　)。

A. 射线检测　　　　　　　　　　B. 超声检测
C. 磁粉检测　　　　　　　　　　D. 渗透检测
E. 目视检测

3.(多选题)焊缝表面不允许存在的缺陷包括:(　　)。

A. 未焊透、未熔合、未焊满　　　B. 裂纹
C. 表面气孔　　　　　　　　　　D. 外露夹渣

参考答案:1. ×　2. ABCDE　3. ABCD

第二十三章　焦化厂事故

第一节　焦化厂事故概述

炼焦是指将炼焦煤在隔绝空气条件下加热到 1 000 ℃左右（高温干馏），通过热分解和结焦产生焦炭、焦炉煤气和炼焦化学产品的工艺过程。

焦化厂的主要生产车间有备煤车间、炼焦车间、煤气净化车间及其公共辅助设施，焦化厂生产过程中存在高热环境，人员易出现疲劳操作、违章操作。

【焦化厂事故的成因】

（1）机电设备检修维护不到位。

（2）机电设备使用不规范。

（3）安全管理体系不完善。

（4）从业人员素质偏低，违章操作。

【焦化厂事故的特点】

（1）焦化厂机电设备多，维护不足。

（2）焦化厂设备多为固定设备，出现事故多是人员违章操作造成的。

【焦化厂事故的防范措施】

（1）优化设备的设计制造，提升选煤厂设备自动化、智能化，实现"少人增安，无人则安"。

（2）加强安全教育和业务技能培训，提高员工安全意识、操作技能，增强员工工作责任心，提升员工综合素质。

（3）严格落实设备检修制度，确保对各类机电设备检查、维护、维修到位，提升各系统稳定性、安全性。

第二节　焦化厂事故案例

案例1　山西太原某焦化厂"11·21"车辆伤害一般事故

【事故经过】

2001年11月21日，某焦化厂炼焦车间丙班1号熄焦车司机秦某某、副司机王某7时40分出完当班最后一炉（105号炉）熄焦控水时，副司机王某于熄焦塔南侧下车，待熄焦车向放焦台行走后，王某进入熄焦道进行清道。秦某某放完焦后，于7时45分将车开到1号、

2号炉中风叉向来接班的丁班熄焦车司机赵某某、副司机梁某二人交班,只讲本班无事,并未交代副司机王某还在熄焦道清道。丁班熄焦车司机赵某某、副司机梁某2人从中风叉上车接班,在未看到上班副司机王某的情况下也未提出疑问就上岗试车。7时46分,司机赵某某鸣笛开车并赴3号焦炉值班室取计划,约7时50分,驾驶熄焦车返回至2号焦炉炉门修理站时发现道轨上有障碍物,立即停车查看,发现有人被轧,他马上通知当班工长及厂有关部门。随后经厂区医务人员对被轧人进行鉴定确定已死亡。事故造成1人死亡,直接经济损失10万元。

【事故原因】

(一)直接原因

在交接班过程中,接班司机在没有确认轨道是否有人或障碍物的情况下进行试车,是造成这次事故的直接原因。

(二)间接原因

(1)熄焦车岗位交接班过程中未能严格执行交接班制度,没有做到安全确认,是造成这次事故的重要原因。

(2)交接班制度不严、不细,是造成这次事故的主要原因。

(3)安全生产管理存在漏洞,对职工安全培训教育不够是造成这次事故的又一原因。

(4)受害人安全意识淡薄,自我保护意识不强,也是造成这次事故的一个原因。

【制度规定】

(1)《安全生产法》第五十八条:"从业人员应当接受安全生产教育和培训,掌握本职工作所需的安全生产知识,提高安全生产技能,增强事故预防和应急处理能力。"

(2)《安全生产法》第五十七条:"从业人员在作业过程中,应当严格落实岗位安全责任,遵守本单位的安全生产规章制度和操作规程,服从管理,正确佩戴和使用劳动防护用品。"

【防范措施】

(1)建立健全全员安全生产责任制。进一步明确各岗位人员的职责,组织修订安全生产规章制度和安全操作规程,做到有章可循,有规可依。

(2)完善安全管理组织体系。压紧压实各级各部门和岗位人员的安全生产责任;扎实开展全员安全和业务培训,提升员工安全技能;加强反违章检查力度,杜绝违章作业;加强安全生产考核奖励,提升安全管控能力。

(3)加强作业现场安全管理。强化交接班管理,严格执行交接班制度。

(4)强化人员培训工作。组织员工学习,举一反三,吸取教训,警钟长鸣,提高员工的安全意识,防范生产安全事故的发生。

【学习自测】

1.(判断题)从业人员在作业过程中,应当严格落实岗位安全责任,遵守本单位的安全生产规章制度和操作规程,服从管理,在安全的情况下可以不佩戴劳动防护用品。(　　)

2.(单选题)机动车辆装载超高,提高了货物的中心位置,主要影响了行驶的(　　)。

A. 速度　　　　　　B. 稳定性　　　　　　C. 动力性

3.(多选题)班组安全教育培训的重点有(　　)。

A. 岗位安全操作规程　　　　　　B. 岗位之间工作衔接配合

C. 作业过程的安全风险分析方法和控制对策　　D. 事故案例

参考答案:1. ×　2. B　3. ABCD

案例 2　某焦化厂"6·14"带式输送机伤害一般事故

【事故经过】

2003 年 6 月 14 日 15 时,某焦化厂备煤车间 3 号带式输送机岗位操作工郝某从操作室进入 3 号带式输送机进行交接班前检查清理,约 15 时 10 分,捅煤工刘某发现 3 号带式输送机断煤,于是到受煤斗处检查,捅煤后发现输送带跑偏,就地调整无效后,他立即向 3 号带式输送机尾轮部位走去,离机尾 5~6 m 处,看到有折断的铁锹把在尾轮北侧,未见郝某本人,意识到情况严重,随即将带式输送机停下,并报告有关人员。有关人员到现场后,发现郝某面朝下趴在 3 号带式输送机尾轮下,头部伤势严重,于是立即将其送医院,经抢救无效死亡。事故造成 1 人死亡。

【事故原因】

(一) 直接原因

操作工郝某在未停车的情况下处理机尾轮沾煤,违反了该厂"运行中的机器设备不许擦拭、检修或进行故障处理"的规定,是导致本起事故的直接原因。

(二) 间接原因

(1) 带式输送机没有紧急停车装置,机尾没有防护栏杆,是造成这起事故的重要原因。

(2) 该厂安全管理不到位,对职工安全教育不够,安全防护设施不完善,是造成这起事故的原因之一。

【制度规定】

(1)《安全生产法》第五十八条:"从业人员应当接受安全生产教育和培训,掌握本职工作所需的安全生产知识,提高安全生产技能,增强事故预防和应急处理能力。"

(2)《安全生产法》第五十七条:"从业人员在作业过程中,应当严格落实岗位安全责任,遵守本单位的安全生产规章制度和操作规程,服从管理,正确佩戴和使用劳动防护用品。"

【防范措施】

(1) 加强对带式输送机维护,确保各项防护设施完善,各类保护灵敏可靠。

(2) 在公司内开展安全教育培训活动。组织员工学习,举一反三,吸取教训,警钟长鸣,提高员工的安全意识,防范生产安全事故的发生。

(3) 加强作业现场安全管理,提高现场作业人员安全意识,确保作业现场人员安全。

【学习自测】

1. (判断题)各种设备的传动部分必须安设可靠的防护装置。(　　)

2. (单选题)带式输送机长度超过(　　)m 时,各重要工作地点必须设置中间"紧急停机"按钮或拉线开关。

　　A. 20　　　　　　B. 50　　　　　　C. 100　　　　　　D. 35

3. (单选题)手选式带式输送机向上输送,倾角不得大于(　　)。

A. 12°　　　　　　B. 15°　　　　　　C. 16°

4.（多选题）输送机必须设置（　　）及紧急拉绳开关等保护装置,倾斜输送机还需设置制动装置。

A. 防偏　　　　　B. 过载　　　　　C. 打滑

参考答案:1. √　2. B　3. A　4. ABC

案例3　某焦化厂"11·30"坠落一般事故

【事故经过】

2007年11月30日,某焦化厂煤车司机连某,在煤车从2号炉返回煤塔途中,跨坐在车上西南角栏杆拐角处,当车行至煤塔下时被一绑在塔柱上的架杆当胸拦下煤车,坠落在炉顶上,造成头部内伤,住院休息一年多后痊愈。事故造成1人轻伤。

【事故原因】

(一)直接原因

连某违反规定,在栏杆上跨坐。

(二)间接原因

连某安全意识淡薄、精神不集中。

【制度规定】

(1)《安全生产法》第五十八条:"从业人员应当接受安全生产教育和培训,掌握本职工作所需的安全生产知识,提高安全生产技能,增强事故预防和应急处理能力。"

(2)《安全生产法》第五十七条:"从业人员在作业过程中,应当严格落实岗位安全责任,遵守本单位的安全生产规章制度和操作规程,服从管理,正确佩戴和使用劳动防护用品。"

【防范措施】

(1)加强员工安全教育,增强员工安全意识。

(2)开展班前、班后会议,提醒工人注意遵守安全操作规程。

(3)加强管理人员巡查制度。

【学习自测】

1.（判断题）从业人员应当接受安全生产教育和培训,掌握本职工作所需的安全生产知识,提高安全生产技能,增强事故预防和应急处理能力。(　　)

2.（单选题）紧急情况避险时,应沉着冷静,坚持(　　)的处理原则。

A. 先避人后避物　　　　　　　　　　B. 先避车后避物

C. 先避车后避人　　　　　　　　　　D. 先避物后避人

参考答案:1. √　2. A

案例4　某焦化厂"2·17"车辆伤害一般事故

【事故经过】

2009年2月17日9时20分左右,某运输公司铲车司机张某在原煤场铲煤倒车时,目测车后无障碍物,于是开始向后倒车。约倒车 10 m 时发现异常,看到前方煤坑有人挥手示意有紧急情况时立即停止倒车,并向前开一下,下车检查发现选煤厂员工张某躺在车轮下边。经查问,张某进入煤场后,误认为铲车倒车速度不快,快速与倒车的铲车抢道行走,结果被铲车撞翻压伤。事故造成 1 人重伤。

【事故原因】

(一) 直接原因

选煤厂员工张某没有按照"宁停三分,不抢一秒"的规则执行,强行与正在倒车的铲车抢道。

(二) 间接原因

(1) 铲车司机张某安全意识较差,没有完全按照倒车规则操作,忽视后边是车辆和人员进出口,随时都可能有车辆和行人的出入,倒车时没有观察后方的动态情况。

(2) 运输单位安全教育和管理不到位,安全设施不齐全,多辆铲车无倒车镜和后视灯,曾多次发生撞坏设备事件,没有处理到位,致使撞物演变为撞人。

【制度规定】

《安全生产法》第五十八条:"从业人员应当接受安全生产教育和培训,掌握本职工作所需的安全生产知识,提高安全生产技能,增强事故预防和应急处理能力。"

【防范措施】

(1) 要求运输部门加强安全技能培训,做好车辆检查、维护,使各种安全设施齐全可靠。

(2) 在公司内开展安全教育培训活动。组织员工学习,举一反三,吸取教训,警钟长鸣,提高员工的安全意识,防范生产安全事故的发生。

(3) 加强作业现场安全管理,提高现场作业人员安全意识,确保作业现场人员安全。

【学习自测】

1. (判断题)装载机不工作时,应停在干燥、通风良好的安全地方。(　　)
2. (单选题)从事特种作业的人员,经过专门的培训和考核,取得(　　)后方可独立操作。

A. 上岗证　　　　　B. 技能证　　　　　C. 特种作业操作证

参考答案:1. √　2. C

案例 5　某焦化厂"8·9"熄焦车伤人一般事故

【事故经过】

2009 年 8 月 9 日 13 时,某公司焦化厂三炼焦甲班出完本班最后一孔焦后,按照计划进入检修时间。当班作业长王某安排熄焦车驾驶员吕某到 3# 焦炉检测熄焦车滑线,并嘱咐检验标准及注意事项。同一时间,甲班焦线生产组长张某 1 安排刮板输送机岗位工张某 2 等 3 名员工到地面站检查除尘布袋使用情况。当时张某 2 说 2# 刮板输送机压辊有损坏,需要找钳工处理,张某 1 同意,并嘱咐做好配合与监护(事后调查发现检修中心未接到此项检修要求)。13 时 20 分,当熄焦车检测完滑线后由东向西行进,行至炉间台时,吕某听到有人喊停车,立即刹车,下车检查情况,发现刮板输送机岗位工张某2头部向西,顺卧在熄焦轨道中间,右腿出血。随后用对讲机汇报当班作业长王某,王某初步判断张某2为右腿骨折。事故造成1人受伤。

【事故原因】

(一)直接原因

张某2安全意识不强,违反操作规程,擅自进入熄焦车轨道。

(二)间接原因

(1)熄焦车瞭望不好,由于设计原因,熄焦车由东向西行驶时,车厢完全挡住熄焦车司机的视线。

(2)焦化厂各级管理人员对员工管理不严格,导致员工劳动组织纪律涣散。

(3)作业长和班组长对设备状况不清,检修工作安排不详细,同时未能了解和落实检修项目,任由员工自圆其说。

【制度规定】

(1)《安全生产法》第五十八条:"从业人员应当接受安全生产教育和培训,掌握本职工作所需的安全生产知识,提高安全生产技能,增强事故预防和应急处理能力。"

(2)《安全生产法》第五十七条:"从业人员在作业过程中,应当严格落实岗位安全责任,遵守本单位的安全生产规章制度和操作规程,服从管理,正确佩戴和使用劳动防护用品。"

【防范措施】

(1)将熄焦车运行区域用护栏进行封闭,禁止熄焦车司机以外人员进入。

(2)熄焦车运行区域增设安全警示标志。

(3)可以安装可视探头进行全过程监控。

(4)对员工进行安全教育培训,提高员工危险辨识能力和避免危险发生的能力。

【学习自测】

1.(判断题)从业人员在作业过程中,应当严格落实岗位安全责任,遵守本单位的安全生产规章制度和操作规程。( )

2.(判断题)熄焦车运行区域应用护栏进行封闭,禁止熄焦车司机以外人员进入。( )

3.(单选题)生产经营单位发生安全事故后,事故现场有关人员应当立即报告( )。

A. 本单位负责人　　B. 安全生产监督部门　　C. 本单位安全部门

参考答案:1. √　2. √　3. A

案例6　山东临沂某焦化公司"1·31"较大爆炸事故

【事故经过】

2015年1月31日7时55分左右,山东临沂某焦化公司粗苯车间组织检修工作,采用不动火方式更换2#终冷器进出口DN1200煤气管道阀组,终冷器发生爆炸,造成4人死亡、

4人受伤,直接经济损失426万元。

【事故原因】

(一)直接原因

检修人员违反作业规程,没有采取有效的隔绝、置换措施,致使2#终冷器内进入煤气形成爆炸性混合气体,遇点火源引发爆炸。

(二)间接原因

(1)事故隐患排查治理工作不到位。对终冷器进出口煤气管道阀长期损坏的安全隐患不重视、不整改。

(2)检修施工方案、安全措施审核把关不严。未明确吹扫后煤气含量检测分析、作业安全监护等安全技术措施;现场检修、维修安全组织指挥工作不到位,作业许可证管理流于形式,没有严格落实隔绝、置换等措施;作业前的风险分析不全面,未对终冷器内煤气吹扫置换的混合气体进行成分检测分析,检修开工前没有按照规定落实现场安全交底措施。

(3)安全教育培训不到位。检修、维修作业人员安全意识淡薄,违反检修、维修管理制度和特殊作业票证管理规定,违章冒险作业。

【制度规定】

《危险化学品企业特殊作业安全规范》(GB 30871—2022)7.6条:"在火灾爆炸危险场所进行盲板抽堵作业时,作业人员应穿防静电工作服、工作鞋,并使用防爆工具;距盲板抽堵作业地点30 m内不应有动火作业。"

【防范措施】

(1)建立健全全员安全生产责任制。进一步明确各岗位人员的职责,组织修订安全生产规章制度和安全操作规程,做到有章可循,有规可依。

(2)完善安全管理组织体系。压紧压实各级、各部门和各岗位人员的安全生产责任;加强反违章检查力度,杜绝违章作业;加强安全生产考核奖励,提升安全管控能力。

(3)加强作业现场安全管理。如实告知作业场所和工作岗位存在的危险因素、防范措施,强化生产装置开停车作业票证办理和检查,及时消除作业现场事故隐患。

(4)强化人员培训工作。组织员工学习事故案例,举一反三,吸取教训,警钟长鸣,提高员工的安全意识,防范生产安全事故的发生。

【学习自测】

1.(判断题)盲板抽堵作业实行一块盲板一张作业证管理。(　　)

2.(单选题)在火灾爆炸危险场所进行盲板抽堵作业时,距作业地点(　　)m范围内不得有动火作业。

A. 20　　　　　　　B. 30　　　　　　　C. 40

3.(单选题)一级动火作业票时限是(　　)。

A. 8 h　　　　　　B. 24 h　　　　　　C. 72 h

4.(单选题)二级动火作业票时限是(　　)。

A. 8 h　　　　　　B. 24 h　　　　　　C. 72 h

5.(多选题)动火作业分为(　　)。

A. 特殊动火作业　　　　　　　　　　B. 特级动火作业
C. 一级动火作业　　　　　　　　　　D. 二级动火作业

6. (多选题)下列进入受限空间作业应采取的措施，说法正确的是(　　)。
A. 缺氧或有毒的受限空间，作业前应进行清洗(吹扫)或置换
B. 腐蚀性介质的受限空间，应穿戴防护服、防护鞋等
C. 作业前60 min内，应对受限空间进行气体分析
D. 中断作业超过60 min，应重新进行气体分析

参考答案：1. √　2. B　3. A　4. C　5. BCD　6. ABD

案例7　内蒙古某焦化公司"6·27"较大爆炸事故

【事故经过】

2017年6月27日，某焦化公司化产机修班长向脱硫工段长提出要在3#脱硫溶液循环罐加设一条管道。16时30分，在未办理特殊动火、高处作业、临时用电安全作业证的情况下，机修工甲通过组合脚手架上到脱硫泵房西墙管道上，用电焊切断管道，焊好堵头盲板，在管道堵头前段上部切割出直径约50 mm接口，对接已做好的管道。17时左右，管道焊接完毕，脱硫工段长、机修工乙、机修工丙等人都回到了地面。17时10分左右脱硫工段长发现机修工乙和机修工丙在3号脱硫溶液循环罐上作业，当即指派脱硫班长上灌顶查看。17时20分左右3#脱硫溶液循环罐发生爆炸，正在灌顶作业的机修工乙、机修工丙和上罐顶查看的脱硫班长当场死亡。事故造成3人死亡，直接经济损失428.28万元。

【事故原因】

(一)直接原因

该焦化厂机修车间化产机修班长、化产车间脱硫工段长违反企业变更管理制度和特殊作业安全管理制度，在未办理特殊动火、高处作业及临时用电安全作业证的情况下，机修工乙、机修工丙违章在正常运行的3#脱硫溶液循环罐顶部进行管道电焊作业，产生明火导致爆炸。

(二)间接原因

(1) 特殊作业安全管理制度执行不严，特殊作业管理不到位。
(2) 变更管理制度、工艺管理制度执行不严格，致使管线变更不履行变更手续。
(3) 检修、维修安全管理责任落实不到位。
(4) 安全管理不到位，未全面履行安全生产主体责任。

【制度规定】

(1)《安全生产法》第五十八条："从业人员应当接受安全生产教育和培训，掌握本职工作所需的安全生产知识，提高安全生产技能，增强事故预防和应急处理能力。"

(2)《安全生产法》第五十七条："从业人员在作业过程中，应当严格落实岗位安全责任，遵守本单位的安全生产规章制度和操作规程，服从管理，正确佩戴和使用劳动防护用品。"

【防范措施】

(1) 企业应加强特殊作业安全管理。严格落实特殊作业管理规定及安全技术措施。

(2)加强安全培训,提高各级人员安全生产意识。
(3)加强作业现场安全管理,提高现场作业人员安全意识,确保作业现场人员安全。
(4)规范变更管理,通过各级严格审核,有效控制各类风险。

【学习自测】

1. (判断题)特种动火作业不需要办理动火作业证。(　　)
2. (单选题)在受限空间内进行动火作业时,受限空间内氧含量不应低于(　　)。
A. 23.5%　　　　　　B. 21%　　　　　　C. 18%
3. (单选题)在生产、使用、储存氧气的设备上进行动火作业,氧含量不得超过(　　)。
A. 23.5%　　　　　　B. 21%　　　　　　C. 18%

参考答案:1. ×　2. C　3. A

案例8　江西新余某焦化厂"4·11"煤气中毒一般事故

【事故经过】

2022年4月11日5时36分左右,江西新余某焦化厂7 m焦炉硫铵工序操作人员在进行饱和器倒换作业过程中,发生一起煤气中毒事故,造成2人死亡、2人受伤,直接经济损失约300万元。

【事故原因】

(一)直接原因

操作人员在进行饱和器倒换作业过程中,未按照《煤气净化岗位作业指导书》进行操作,煤气从1#饱和器满流管进入满流槽液封槽,冲破液封造成煤气大量泄漏,导致事故发生。

(二)间接原因

(1)《煤气净化岗位作业指导书》关于饱和器开停工作业操作流程不具体,内容不全,可操作性不强。操作规程修订流于形式,审核把关不严。

(2)硫铵工序安全风险辨识走过场,对饱和器满流槽煤气冲破液封存在安全风险认识不足,未采取有效安全管控措施。

(3)作业现场安全管理不到位,现场组织协调不力,人员未定岗定员,职责不清,任务不明。

(4)转岗人员岗前培训不到位,不熟悉有关安全生产规章制度和操作规程,未掌握本岗位的安全技能和事故应急处置措施,煤气作业人员未取得煤气作业操作证,在培训教育管理方面存在缺陷。

(5)安全生产责任制未压实,组织开展安全生产检查工作不力,未及时排查生产安全事故隐患,安全规章制度和操作规程执行不严,违章作业安全考核流于形式。

(6)饱和器区域有毒气体检测点与释放源的距离不符合规范要求。

(7)操作人员违反公司相关规定,进入涉煤气作业场所,未佩戴便携式煤气报警器,进入现场救援未佩戴空气呼吸器,安全防护用品使用监督管理不严。

【制度规定】

《石油化工可燃气体和有毒气体检测报警设计标准》(GB/T 50493—2019)规定:"释放

源处于封闭式厂房或局部通风不良的半敞开厂房内,可燃气体探测器距其所覆盖范围内的任一释放源的水平距离不宜大于5 m;有毒气体探测器距其所覆盖范围内的任一释放源的水平距离不宜大于2 m。进入爆炸性气体环境或有毒气体环境的现场作业人员,应配备便携式可燃气体和(或)有毒气体探测器。进入的环境同时存在爆炸性气体和有毒气体时,便携式可燃气体和有毒气体探测器可采用多传感器类型。"

【防范措施】

(1)建立健全全员安全生产责任制。进一步明确各岗位人员的职责,组织修订安全生产规章制度和安全操作规程,做到有章可循,有规可依。

(2)完善安全管理组织体系。压紧压实各级各部门和岗位人员的安全生产责任;扎实开展全员安全和业务培训,提升员工安全技能;加强反违章检查力度,杜绝违章作业;加强安全生产考核奖励,提升安全管控能力。

(3)加强作业现场安全管理。开展系统性、全方位硫铵单元隐患排查,如实告知作业场所和工作岗位存在的危险因素、防范措施,强化生产装置开停车作业票证办理和检查,及时消除作业现场事故隐患。

(4)健全完善应急预案体系。针对硫铵单元主要风险,完善专项预案和现场处置方案,及时开展演练和培训,提高员工安全施救意识和能力,配备必要的防护装备,确保及时处置各类突发事件。

(5)强化人员培训工作。组织员工学习事故案例,举一反三,吸取教训,警钟长鸣,提高员工的安全意识,防范生产安全事故的发生。

【学习自测】

1.(判断题)三级安全教育培训是指厂、车间、个人培训。(　　)

2.(判断题)进入爆炸性气体环境或有毒气体环境的现场作业人员,应配备便携式可燃气体和(或)有毒气体探测器。(　　)

3.(单选题)有毒气体探测器距其所覆盖范围内的任一释放源的水平距离不宜大于(　　)m。

A. 2　　　　　　　B. 3　　　　　　　C. 4

4.(多选题)班组安全教育培训的重点有(　　)。

A. 岗位安全操作规程

B. 岗位之间工作衔接配合

C. 作业过程的安全风险分析方法和控制对策

D. 事故案例

参考答案:1. ×　2. √　3. A　4. ABCD

参 考 文 献

[1] 卜素.《中华人民共和国安全生产法》专家解读[M].徐州:中国矿业大学出版社,2021.
[2] 国家矿山安全监察局.煤矿安全规程及细则:一规程四细则[M].北京:应急管理出版社,2022.
[3] 黄学志,王洪权,时国庆,等.《煤矿防灭火细则》专家解读[M].徐州:中国矿业大学出版社,2021.
[4] 李爽,贺超,毛吉星.《煤矿安全生产标准化管理体系基本要求及评分方法(试行)》专家解读[M].徐州:中国矿业大学出版社,2020.
[5] 袁河津.《煤矿安全规程》专家解读:井工煤矿[M].2022年修订版.徐州:中国矿业大学出版社,2022.